기본 건축구조역학

FUNDAMENTALS OF STRUCTURAL MECHANICS

이원호 저

도서출판 구미서관

머리말

Preface

"구조역학은 매우 어렵다"라고 합니다.

구조역학을 시작하면 눈에 보이지 않는 힘을 계산하게 되고 수학이 필요하다는 생각을 하게 됩니다. 만일, 수학이 서투를 경우 구조역학도 서투르다고 생각하는 경향도 있는 듯합니다. 이 책에서는 「어려운 것을 알기 쉽게 한다」를 기본으로 하고 있습니다. 확실히, 구조역학의 공부에 수학은 필요합니다. 힘의 계산으로부터 시작해, 제곱근이나 삼각비가 갑자기 등장하지만, 중학교에서 배우는 정도의 수학만으로도 가능하므로 구조역학이 어렵다는 생각을 버려야 합니다.

힘이 눈에 보이지 않기 때문에 구조역학이 어렵다는 생각은 잘못된 생각입니다. 힘이란 만원 전철이나 버스 안에서 사람들에 의해 눌릴 때, 모멘트의 개념은 힘이 작용하는 거리가 관계되어 시소를 탈 때 느낄 수 있어야 합니다.

컴퓨터의 발달로 단순한 계산이나 간단한 제도 등에서 해방되고 있으며, 구조역학은 필요 없는 과목이라는 생각보다는 문제의 본질을 잘 이해하고, 자신이 필요한 정보를 컴퓨터에서 얻을 수 있도록 한층 고도의 지적인 작업을 담당하기 위해서는 계산하는 것 보다 생각하는 방법이나 힘의 흐름을 이해하여야 하며, 구조역학의 이해는 필수적입니다.

이상의 3가지 생각으로 이 책을 집필하게 되었으며, 이 책을 통하여 "쉬운 구조역학"이 되었으면 합니다.

대학재학 시 구조역학은 함성권 교수님의 명저인 "기본건축구조공학"을 통하여 배웠는데, 너무 방대한 탓인지 아직도 어려운 느낌이 들어, "쉬운 구조역학"으로 만들기 위해서 외국의 기준이나 도표 등과 다소 필요성을 못 느끼는 내용을 털어내고, 그동안 광운대학교에서 30년 동안 사용하였던 강의교재와 합쳐서 14개의 장으로 구성하였습니다.

제1장은 '구조설계와 일반론', 제2장~제6장은 정정구조물을 대상으로 "기본 건축구조역학(FUNDAMENTALS OF STRUCTURAL MECHANICS)"의 입문편으로 하고, 힘의 평형으로 시작해서 복잡한 정정구조물의 응력해석까지를 대상으로 하고 있습니다. 제7장~제8장은 '응력도 및 변형도'로서, 구조부재 각부에 생기는 응력도 및 변형도를 구하고, 구조물의 단면설계와 관계가 있는 응력도 및 변형도의 이미지를 대상으로 하고 있습니다. 제9장~제10장은 '보와 기둥의 단면설계'를 설명하고 있습니다. 제11장~제12장은 구조물에 하중이 작용하여 생기는 변형과 이 변형을 사용하여 부정정구조물을 풀이하는 고전적 응력법을 설명하고 있습니다. 제13장~제14장은 부정정구조물의 응력해석법 중에서 변위법인 처짐각법과 모멘트분배법을 설명하고 있습니다.

독자들이 원서를 볼 때를 위하여 용어에 영어 및 한자를 사용하였는데 구조역학을 배우면서 한자를 익혀서 일본이나 중화권 나라의 이해에 큰 도움이 되었으면 합니다.

구조역학은 건축학 중에서 필수적인 것임에도 불구하고 어렵다는 생각이었지만, 이 책의 출판으로 건축학을 전공하는 분들에게 다소라도 도움이 되었으면 다행으로 생각하는 바입니다.

이 책은 2017년도 광운대학교 연구년에 의해 연구된 결과이며, 이 책의 저술에 많은 도움을 주신 ㈜상영엔지니어링의 나정민 대표에게 큰 감사를 드리며, 인쇄에 많은 수고를 아끼지 않으신 도서출판 구미서관의 임해진 사장님을 비롯한 직원 여러분께 깊은 감사를 드립니다. 마지막으로 저를 낳아주시고 길러주신 어머니와 40여 년을 옆에서 지켜준 아내에게 이 책을 받칩니다.

2021. 5. 義湛(의담) 李 元 虎

차 례

Contents

C/H/A/P/T/E/R 01 구조설계 일반론 1

1.1 건축설계와 구조공학 3
1.2 구조설계의 중요성 3
1.3 구조설계의 목표 5
1.4 구조설계의 방침 9
1.5 구조설계의 흐름 10
1.6 구조설계자의 자세 17

C/H/A/P/T/E/R 02 힘과 힘의 평형 21

2.1 힘이란? 22
2.2 힘의 합성과 분해 25
2.3 힘의 모멘트와 우력 34
2.4 힘의 수식합성 36
2.5 힘의 평형 40
2.6 SI단위 및 계산정도 44

C/H/A/P/T/E/R 03 구조물의 개론 49

3.1 구조물의 지점 및 절점 50
3.2 구조물의 판정 55
3.3 구조물의 종류 59
3.4 하중 67
3.5 하중조합 81
3.6 하중 모델 83

C/H/A/P/T/E/R 04 정정보 87

4.1 자유물체도와 부재응력 89
4.2 단순보의 외응력 93
4.3 하중·전단력·휨모멘트의 관계 103
4.4 캔틸레버의 외응력 106
4.5 내민보의 외응력 116
4.6 겔버보의 외응력 121

C/H/A/P/T/E/R 05 정정 골조 및 아치 127

5.1 정정 골조 128
5.2 정정아치 142

C/H/A/P/T/E/R 05 정정 트러스 149

6.1 트러스 구조의 특성 150
6.2 트러스 부재응력의 특징 154
6.3 절점법 157
6.4 절단법 162
6.5 합성골조 165

C/H/A/P/T/E/R 07 단면의 성질 173

7.1 구조 부재의 단면 174
7.2 단면1차모멘트 175
7.3 도심 177
7.4 단면2차모멘트 179
7.5 단면계수 183
7.6 단면2차반경 189
7.7 단면극2차모멘트 191
7.8 단면상승모멘트 194
7.9 최소2차반경 195
7.10 단면의 주축 195

차 례

Contents

C/H/A/P/T/E/R 08 구조재료의 역학적 성질 201
8.1 응력도 202
8.2 응력도의 관계 204
8.3 변형도 205
8.4 탄성계수 207
8.5 재료의 강도 215

C/H/A/P/T/E/R 09 보 및 휨재의 응력도 225
9.1 축방향응력도 226
9.2 휨응력도 228
9.3 전단응력도 233
9.4 합성응력도 240
9.5 보의 단면설계 244

C/H/A/P/T/E/R 10 기둥 253
10.1 장주와 단주 255
10.2 오일러의 좌굴하중 256
10.3 좌굴응력도 259
10.4 장주의 단면설계법 260
10.5 기둥의 응력도 267
10.6 단면의 핵 271

C/H/A/P/T/E/R 11 정정구조물의 변형 277
11.1 탄성곡선법 279
11.2 휨모멘트 면적법 285
11.3 탄성하중법 289
11.4 일과 에너지 296
11.5 단위하중법 303
11.6 Castigliano의 정리 312

C/H/A/P/T/E/R 12 부정구조물의 해법 323
12.1 부정정구조물의 해법 개요 324
12.2 변형일치법 326
12.3 Castigliano의 제2 정리 332
12.4 특수한 부정정 보 334

C/H/A/P/T/E/R 13 처짐각법 341
13.1 처짐각법의 기본사항 342
13.2 처짐각법의 기본식 345
13.3 핀지점과 대칭조건 346
13.4 평형방정식 349

C/H/A/P/T/E/R 14 모멘트분배법 367
14.1 모멘트분배법의 기본사항 368
14.2 모멘트분배법의 계산순서 373
14.3 모멘트분배법 작표계산의 순서 374
14.4 유효강비 376

참고문헌 399
찾아보기 401

CHAPTER

01 구조설계 일반론

1.1 건축설계와 구조공학

1.2 구조설계의 중요성

1.3 구조설계의 목표

1.4 구조설계의 방침

1.5 구조설계의 흐름

1.6 구조설계자의 자세

CHAPTER 01

구조설계 일반론[1)]

건축구조설계의 목표는 건축물을 안전하고, 사용하기에 무리가 없으며, 경제적으로 건설하는 데 있다. 이것은 건축물이 예상 수명기간 동안의 하중조건에 대하여 안전하여야 하며, 사용성에 적합하고, 경제적인 비용으로 건설되도록 설계되어야 한다는 뜻이다. 구조적인 안전성(安全性, safety) 및 사용성(使用性, serviceability)은 건축법규, 구조설계기준, 시방서 등에 따른 최소한의 요구조건과 함께 구조설계자의 공학적인 판단에 근거하게 된다. 그리고 경제성(經濟性, economy)은 구조설계를 포함한 설계 및 시공의 모든 과정을 고려하여 평가하여야 하는데, 구조부재 물량 또는 시공과정의 최적화를 통하여 얻을 수 있다.

일반적으로 구조설계 작업은 발주자의 사업계획, 관청의 행정적인 관리 및 설계작업의 과정에서 다음과 같은 5단계의 순차적인 과정으로 진행되지만, 경우에 따라 건축계획이나 설계조건의 변경 등으로 반복작업을 거치기도 한다.

① 기획업무
② 계획설계
③ 중간설계
④ 실시설계
⑤ 사후설계관리업무

그러나 구조설계자에 의한 실무적인 구조설계는 구조물에 대한 외력 전달방식의 검토, 골조 형태와 배치의 결정, 구성부재의 크기와 단면의 설계 등 일련의 과정이며, 작업의 단계별로 구조계획, 구조해석 및 부재설계, 그리고 구조도서의 작성의 순으로 진행된다.

1장에서는 건축설계와 구조공학, 구조설계의 중요성, 구조설계의 목표, 구조설계의 방침, 구조설계의 흐름 그리고 구조 설계자의 자세에 대하여 소개한다.

---

1) 제1장의 구조설계 일반론의 내용은 “건축구조설계의 이해(Design of Building Structures, 이원호 외 5인 공저, 기문당, 2003)”의 내용을 발췌·수정하였음.

1.1 건축설계와 구조공학

건축물은 실용적으로는 인간의 생활공간을 추위와 비바람 등 외기의 환경적인 영향으로부터 보호하는 용기이고, 예술적으로는 인간문화를 나타내는 가장 중요한 것의 하나이다. 건축물의 설계를 뒷받침하는 학문으로는 건물의 기능을 대상으로 하는 건축계획학과 건물의 외관, 내부 공간, 색채 등을 대상으로 하는 건축의장학, 건물의 역학적 안전성과 경제성을 추구하는 구조공학 등이 있다.

건축물의 설계는 건축계획학이나 건축의장학 하나만으로 이루어 질 수도 없고, 구조공학 하나 만으로 이루어지는 것도 아니다. 건축가는 통상 자기 자신의 전공분야를 가지는 것이지만 우수한 건축가가 되기 위해서는 건축계획학이나 건축의장학 이외에 건축구조공학에 대한 상당한 지식을 가지고 있어야 한다.

건축물이 설계될 때 건축계획 또는 건축의장과 구조계획은 서로 개별적으로 작성되는 것이 아니라 상호 관련하여 만들어져야 한다. 건축물의 설계는 미리 마련된 건축계획 또는 건축의장에 따라 구조체가 결정되기 보다는 구조체의 가능한 형태에 따라 건축계획 또는 건축의장이 꾸며진다는 것이 자연적이고 무리가 없는 것이다.

건축물에서 구조체가 역학적 이론에 따라 합리성을 띠었을 때 그 자체가 미를 나타내며, 이와 같은 미를 구조미라 부른다. 현대건축에서는 구조미가 건축미의 근간을 이루고 있다. 이런 점에서 구조공학은 공장건물과 같은 순구조물의 설계에 있어서 중요할 뿐만 아니라 의장을 요하는 건축물에 있어서도 설계상 주가 되는 것이라 할 수 있다.

1.2 구조설계의 중요성

건축설계는 바람, 지진, 기후변화 등 일상생활에 관계된 환경적 조건으로부터 생활환경의 쾌적함을 지속적으로 유지함과 동시에 미적인 공간을 구성하는 것이다. 구조설계는 이러한 공간이 바람이나 지진 등 자연적인 조건에 대응하여 안전하도록 재료를 선택하고 건축물 각 부재의 크기 등을 결정하는 것이다.

구조설계(構造設計, structural analysis and design)는 구조계획과 구조계산의 과정을 거쳐 구조설계도서를 작성함으로 마무리 된다. 구조설계의 작업을 크게 나누면 〈그림 1.1〉과 같이 분류할 수 있다.

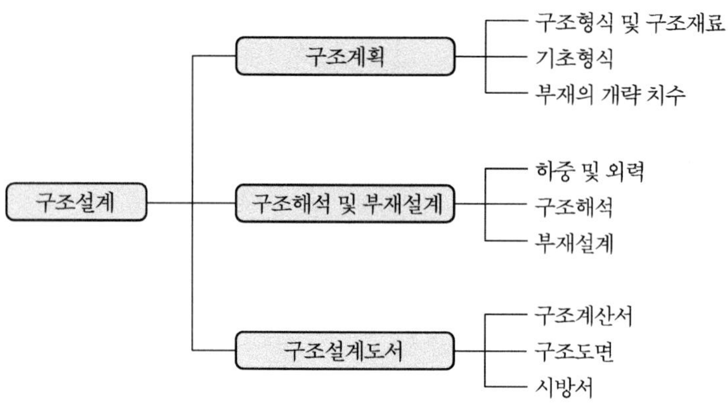

〈그림 1.1〉 구조설계 작업

〈그림 1.1〉의 각 단계는 건물의 안전성, 사용성, 경제성 등에 중요한 영향을 미치므로 어느 하나라도 소홀히 해서는 안 된다. 구조계산이 건물의 안전성 및 경제성에 영향을 미치는데 비하여, 구조계획은 건물의 안전성 및 경제성 그리고 사용성 및 예술성에까지 영향을 주게 되어 아주 중요하다. 구조계획에 무리가 있으면, 이후의 설계 진행이 잘 이루어지지 않을 뿐만 아니라 구조계산에서의 노력이 더욱 많아지게 된다.

구조계획(構造計劃, structural planning)은 구조설계의 초기단계로 구조형식, 구조재료, 부재의 개략 치수 그리고 기초형식을 정하는 등의 예비적인 계획을 수립하는 단계이며, 구조계산 및 구조도서 작성 등의 단계를 거치는 과정에서 반복진행 될 수 있다. 즉 후속작업을 진행하는 과정에서 문제가 발생하면, 구조계획의 단계부터 다시 검토하여야 한다는 의미이다. 이 때 구조설계자(構造設計者, structural engineer)는 건축주(建築主, client) 및 건축가(建築家, architect)와 가능한 여러 구조형식의 장단점에 대하여 수시로 논의하여야 한다. 따라서 구조설계자는 제시한 안에 대해 정확하고, 알기 쉬운 비교를 할 수 있는 능력을 갖추어야 한다.

구조계산(構造計算, structural calculation)은 구조해석 및 부재설계의 단계로 나누어진다. 구조해석은 선정된 구조형식과 구조부재를 수치적으로 이상화하고, 계산을 수행하여 각 부재에 작용하는 부재력 및 변위 등을 산출하는 단계이다. 그리고 부재설계는 구조해석에서 산출된 부재력을 이용하여 부재를 설계하고, 강도 및 사용성을 검증하는 단계이다. 이 단계에서 부재응력 및 변형량의 산정에는 구조역학이 필수 불가결이다. 구조역학의 지식은 구조계산에 필요한 일부분이지만 가장 기본적인 것이다. 건축구조물의 성능확인과 구조설계의 수법으로서 구조역학이 어떤 위치를 차지하고 있는 가를 나타낸 것이 〈그림 1.2〉이다. 구조역학으로 배우고 있는 것이 실제 건축구조물과 어떤 관계가 있는 가를 나타내고 있다. 이 흐름을 이해하여 구조역학을 익숙한 것으로 느낀다면 다행이다. 각 영역의 쉬운 이해를 위하여 구조물의 설계조건이 되는 요인을 , 1학기에 배우는 내용인 정정역학은 , 2학기에 배우는 내용인 부정정역학은 로 나타내었다.

구조설계도서(構造設計図書, structural drawing and specification)는 구조계산서, 구조도면, 시방서로 구성되며, 자세한 내용은 1.5절에 기술되어 있다.

이상과 같은 구조설계의 내용을 더 상세히 알기를 원하는 경우에는 "건축구조설계의 이해(Design of Building Structures, 이원호 외 5인 공저, 기문당, 2003)"를 참조하기를 바라며, 시소의 원리로 힘을 느끼는 것처럼 "건축구조설계의 이해"를 통해 구조설계를 느꼈으면 한다.

1.3 구조설계의 목표

건축은 시각적 안정성과 균형을 가지는 공간을 요구하고 있으며, 구조체는 3차원의 형태로 건축물을 지지하기 때문에, 구조의 역할은 매우 중요하다. 설계란 무에서 유를 창조하는 수단이므로, 목표가 분명하고 순서가 명확하여야 한다. 따라서 구조설계에 있어서 주된 요소인 안전성 및 내구성, 사용성 및 기능성, 경제성 및 시공성 등이 조화를 이뤄야 하며, 구조설계자는 건축주와 건축가의 요구를 적정하게 파악하고, 다른 분야의 기술자와 협력하여 건축물을 설계하여야 한다.

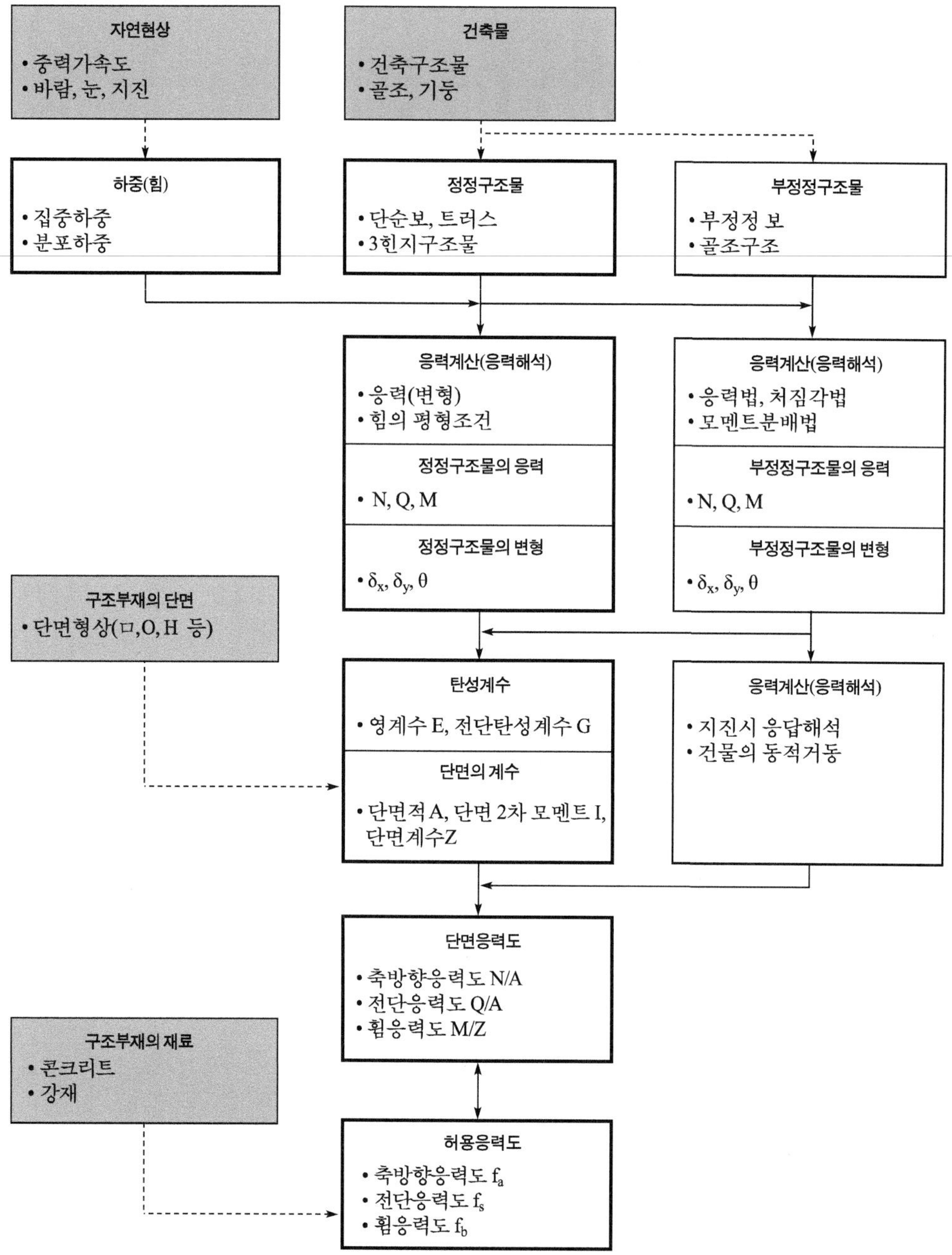

〈그림 1.2〉 구조설계와 구조역학

1.3.1 안전성 및 내구성

건축물의 안전성은 건물의 수명기간 동안 목적한 기능을 만족하여야 하는 조건이며, 내구성은 건축물의 안전성을 일정 수준으로 유지하기 위해서 필요한 것이다. 안전성 및 내구성 확보는 인명 보호, 재산 보전 및 건축물 기능 유지를 목적으로 하고, 최소한의 기준은 국가 또는 지역마다 약간의 차이가 있다. 따라서 구조설계는 안전성 및 내구성에 관한 각종 기준이나 규정의 본질과 그 배후의 철학이 반영되어야 한다.

구조설계자는 건물사용 상황을 적절하게 파악하고, 변동하는 하중의 조건을 정리하여 설계하중을 결정하여야 한다. 특히 자연현상에 따른 지진·풍·설하중은 그 변동폭이 크기 때문에, 재현기간과 지역특성을 고려하여야 한다. 또한 건축물의 요구성능을 만족하기 위한 하중값과 하중조합을 적절하게 결정하여야 한다.

1) 안전성

구조물의 안전성(安全性, safety)은 법률로 정한 최소 기준을 준수하여야 하며, 건축주의 의향이나 건축물의 중요도에 따라 적절한 안전성 수준을 설정할 필요가 있다. 구조물은 예측된 모든 하중이나 시공조건을 고려한 안전성이 얻어지도록 설계하여야 한다.

안전성 확보를 위해서는 설계 오류가 발생하지 않도록 하여야 하며, 공사감리에 의하여 시공의 오차를 최소화하는 노력을 하여야 한다. 또한 건물관리자 및 사용자에게 설계조건을 잘 이해시키고, 설계단계에서의 사용용도에서 크게 벗어나지 않도록 하여 구조물의 안전성을 유지하여야 한다.

2) 내구성

구조물의 안전성이 보호 및 유지되기 위해서는 구조물이 충분한 내구성(耐久性, durability)을 가져야 한다. 내구성을 해치는 요인으로 강재의 녹, 콘크리트의 중성화·크리프·균열의 진행 등을 들 수 있다. 구조물의 유지관리 조건을 명시하고, 준공 후 건물관리자 또는 사용자가 필요한 유지관리를 실시하도록 하는 것도 중요하다.

1.3.2 사용성 및 기능성

건축물은 원래 의도된 건축적 기능, 즉 생활공간·집무공간 또는 생산공간 등의 기능을 만족하여야 한다. 이러한 기능은 요구성능으로 구체화되며, 건축주가 설정한 것, 건축가나 설비기술자와의 협의에 따라 기능상 요구되는 것, 구조 계획상 필요한 것 등으로 구분된다. 구조설계란 이러한 여러 요구성능을 균형 있게 조정하는 것이다.

구조물이 불안정하여 건물사용자에게 불안감이나 불쾌감 등을 주어서는 안 된다. 따라서 구조물은 안전성이 확보되어야 하고, 기능유지를 위한 방수성, 단열성, 방음성, 내구성 등이 고려되어야 한다.

1) 사용성

구조물은 용도, 구조종별, 마감재의 종류 등에 따라 변형의 허용범위를 적절하게 정하여 사용성(使用性, serviceability)을 만족하여야 한다. 특히 지진이나 바람 등에 의하여 발생하는 구조물의 수평변위로 인한 마감재 등의 2차 부재가 변형을 수용할 수 있어야 한다. 철근콘크리트 구조물에 있어서 크리프에 의한 변형이 증대할 가능성이 있을 경우, 변형에 따라 기능성 및 거주성이 훼손되는 일이 없도록 하여야 한다.

기초구조의 설계에 있어서 부등침하에 따른 장해가 발생하지 않도록 하여야 한다. 지지지반이 동일하지 않거나 부등침하가 예측되는 경우에는 기초구조 및 상부구조 등에 그 대책을 강구하여야 한다. 또한 구조물의 진동은 용도에 따라 결정되는 기준치 이하로 하여 진동장해가 발생하지 않도록 하여야 한다. 경우에 따라 진동원(음진동, 사람의 이동, 기계진동, 교통진동 등)과 전파경로를 검사하여 진동을 저감하는 대책을 강구하여야 한다.

2) 기능성

구조물은 요구되는 기능성(機能性, function)을 만족하여야 하므로, 경제성을 고려하여 최적의 기둥 경간이나 층고를 갖도록 하여야 한다. 긴 경간의 구조물이 다양한 기능에 대응할 수 있는 장점이 있으나, 경제성을 도외시하고 택하는 것은 바람직하지 않다. 비상시 기능에 따른 요구 때문에, 일상적 기능이 손상되지 않도록 한다.

1.3.3 경제성 및 시공성

건설산업은 거액의 자금을 필요로 하는 경제활동이므로 경제성(經濟性, economy)이 있는 구조물로 건설되도록 하여야 한다. 건물의 경제성 유무는 투입된 자본과 이에 따라 얻어지는 효용의 질과 양의 균형에 따라서 결정되지만, 시대와 지역에 따라 달라질 수 있다. 그러나 경제성만을 추구하여 구조물의 질이 낮아지며 건축공간의 효용이 저하되고 안전성까지 낮출 수는 없다. 구조물의 설계는 안전성, 사용성 및 경제성의 적절한 균형을 고려하여야 한다.

구조설계에 있어서 시공성(施工性, constructability)이나 생산성에 대한 배려가 필요하다. 재료 및 시공기술의 이해를 깊게 하는 것과 동시에, 설계의도를 명확하게 하여 시공성이나 생산성을 향상시키도록 하여야 한다. 따라서 생산현장의 실정과 시공상 발생할 수 있는 문제점 등을 충분히 검토하여야 한다. 시공성을 고려하지 않은 구조설계는 구조적으로 큰 무리가 뒤 따르게 됨을 인식하여야 한다.

1.4 구조설계의 방침

건축이나 토목의 시설물에서 하중을 지지하는 부분을 구조체 또는 구조물(構造物, structure)이라 한다. 그리고 구조물에 대한 역학적 관계를 연구하는 학문을 구조역학(構造力學, theory of structural analysis and design)이라 하며, 구조물의 설계와 시공기술을 논하는 학문을 구조공학(構造工學, structural engineering)이라 부른다.

구조역학과 구조공학은 불가분의 관계가 있으며, 구조역학은 구조공학을 위하여 있고, 구조공학은 구조역학의 뒷받침 없이는 발전할 수 없다. 구조역학은 순수 학문인 반면에 구조공학은 공학인 만큼 실사구시를 추구한다.

구조공학에서 요구하는 실사구시, 즉 실용성은 대체적으로 다음과 같은 것이며, 이것이 구조물을 설계할 때 구조기술자(構造技術者, structural engineer)가 취하여야 할 방침인 동시에 구조공학의 목적인 것이다.

① 구조물의 건설에 요하는 재료의 경제

② 구조물의 설계와 건설에 요하는 노력과 시간의 절약

구조설계에 있어서 구조기술자는 구조물에 주어진 여러 가지 조건에 따라 먼저 구조계획을 한다. 구조계획(構造計劃, structural planning)이라는 것은 구조체의 주 재료와 역학적 형태의 선정을 말한다. 구조물은 구조체의 주 재료와 구조체의 형태에 따라 공사비용 및 공사시간에 상당한 차이를 가져온다. 구조계획은 구조설계의 매우 중요한 부분이며, 이것은 구조설계에 대한 많은 연구와 경험에 의하여 축적되어 진다.

구조물의 설계에 있어서 만족할 만한 구조계획을 얻은 다음에는 구조물의 부재를 설계하게 된다. 구조계획에 따라 구조물의 부재를 역학적으로 해석하고 부재의 크기 등을 결정하는 과정을 구조계산(構造計算, structural calculation)이라 부른다. 구조계산의 결과에 따라 구조체에 대한 도면작성을 끝내면 구조설계가 완료된다.

이 책에서는 구조물을 설계할 때 알아두어야 할 사항, 즉 구조역학의 기본이론, 구조계획 방법, 구조계산의 실제적 수법 등에 대하여 앞으로 각 장에서 상세히 설명한다.

1.5 구조설계의 흐름

1.5.1 구조설계의 5단계

현행 건축관련 규정에서 정하고 있는 '설계도서작성기준'에서는 설계의 단계를 '기획업무', '계획설계', '중간설계', '실시설계', '사후설계관리업무' 등 5단계로 구분하고 있다. 업무의 내용을 살펴보면 〈표 1.1〉과 같다.

1) 기획업무

기획업무(企劃業務, project planning)란 건축물의 건설을 위하여 규모검토, 현장조사, 설계지침 등 사전에 정리하는 업무를 말한다. 기획업무 단계에서는 건축 가능여부의 조사 및 사업성 검토에 필요한 최소한의 자료조사 및 법규검토를 한다. 시설계획과 경제적 타당성 검토, 프로젝트 일정과 예산 확립, 품질, 소요시간, 비용 등을 검토하여 건물의 규모와 건립장소 및 시기 등을 결정을 한다.

〈표 1.1〉 설계 단계별 조사 및 검토 내용

단계	조사 및 검토 내용
기획업무	건설 부지의 지형, 환경, 역사, 위치, 규모, 개략 공사비
계획설계	측량, 지반, 눈, 바람, 지진, 인접 구조물, 법의 규제 하중, 형태, 골조, 재료, 지정, 설비와의 관계
중간설계	건설부지 주변의 하부구조, 공장(철골, 레미콘)의 소재지 및 능력 골조, 부재단면, 지정, 공사비, 공사기간
실시설계	구조계산서, 구조도면, 시방서
사후설계관리업무	검사준비

건설부지 주변의 지형을 관찰하고, 근년의 변화를 살피는 것과 동시에, 부지의 환경을 조사한다. 평탄한 부지일지라도 과거에 습지 또는 하천이었거나, 홍수의 피해를 입은 경우, 연약 지반에 따른 문제를 고려하여야 한다. 또한 옛 지도가 있으면 현재와 맞춰서 판독하고, 그 지방의 지형변화 내력을 파악한다.

건물의 용도에 맞는 규모(용적률 및 층수)와 개략적인 공사비 등을 검토한다. 아직 건축물의 이미지가 뚜렷하지 않은 단계이므로, 부지의 적정성, 층수의 가능성, 기초나 말뚝의 공사비의 적정성 등을 검토한다.

2) 계획설계

계획설계(計劃設計, schematic design)는 기획업무 내용을 참작하여 건축물의 규모, 예산, 기능, 질, 미관적 측면에서 설계목표를 정하고 가능한 건축적 해법을 제시하는 단계이다. 설계 개념의 설정 및 구조, 기계, 전기, 토목, 조경 등 관련 분야에 의해 종합적으로 검토된 계획안을 건축주에게 제안하여 승인을 받는다. 프로젝트의 일반적인 조건, 개념설계, 구성요소의 규모 및 관계를 설정하여야 하므로, 건물의 기능, 규모, 형태, 구조, 재료 등 건물 자체에 대한 종합적인 방침을 수립하여 건축주 또는 건축가의 이해와 승인을 획득한다.

적용 공법 및 구조형식을 보다 구체적으로 검토한다. 부지 내 주변의 지질자료를 가급적 많이 조사하며, 주변 구조물의 지정 및 지반조사를 한다. 눈·바람·지진에 대한 설계하중을 조사한다. 설하중은 겨울철 그 지방에서 주가 되는 풍향 또는 주변의 지형·주변 구조물의 영향 등으로 적설량이 크게 달라지므로, 구조설계자는 부지를 답사하도록 한다. 주변 구조물에 지하실이 있는가, 지하굴착으로 주변에 피해를 준 일은 없는 가 등도 조사해 두면 좋다.

조사한 자료에 입각하여, 구조물에 맞는 하중·모양·골조의 종류, 구조체의 재료, 기초의 형식과 말뚝의 종류, 설비기기의 하중이나 덕트 관통 여부, 휨이나 진동에 대한 한도, 공사비나 공사기간 등을 검토한다. 주변에 주택이나 병원 등이 있는 경우, 진동이나 소음을 내는 공법은 피한다. 특히 말뚝의 종류를 정할 경우 무진동 공법과 이에 맞는 공사비를 생각해 둘 필요가 있다. 지하부분을 깊게 굴착할 경우 흙막이 공법에 제약이 생겨 공사기간이나 공사비에 큰 영향을 주므로 주의가 필요하다.

3) 중간설계

중간설계(中間設計, design development)는 계획설계 내용을 구체화하여 실시설계 단계에서의 변경 가능성을 최소화하기 위한 다각적인 검토가 이루어지는 단계이다. 구조형식 확정에 따라 각종 자재, 장비의 규모, 용량이 구체화된 설계도서를 작성한다. 따라서 계획설계에서 설정된 기본구상이 실시설계까지 반영되도록 계획설계에서 나타난 문제점을 해결하고 프로젝트의 모든 중요한 사항을 정의하고 실시설계를 준비한다.

계획설계에서 결정된 구조를 건설하는데 있어 장애가 되지 않도록 주변 지하구조 등을 조사한다. 도로의 폭, 교량의 하중제한, 긴 부재의 수송가능 여부, 자재 야적장의 확보, 용수 또는 전기의 즉시 사용가능 여부, 레미콘 공장의 거리, 철근 및 철골 가공공장의 수준 및 그 공장으로부터의 거리를 조사하여 공사비에 반영하여야 한다.

4) 실시설계

실시설계(實施設計, construction documents)는 중간설계를 바탕으로 하여 입찰, 계약 및 공사에 필요한 설계도서를 작성하는 단계이다. 공사의 범위, 양, 질, 치수, 위치, 재질, 질감, 색상 등을 결정하여 설계도서를 작성한다. 실시설계 도서는 공사에 관련된 모든 사항에 대하여 건축주의 의사를 시공자에게 전달하는 역할을 하며, 공사를 착수할 수 있는 기간과 비용에 대한 근거 자료가 된다.

구조물의 구성방법이나 부재의 치수는 구조계산을 병행하면서 결정한다. 기초나 말뚝에 대한 것도 상세하게 결정하여, 중간설계 단계에서 예정된 범위로 가능한 가를 검토한다. 하중에 대하여 내력상 안전할 것은 물론, 휨이나 진동에 대해서도 문제가 없도록 한다. 그리고 공사비 및 공사기간에 대해서도 검토하여 크게 달라지는 일이 없도록 한다. 특수한 재료나 공법을 사용할 경우 시방서에 내용을 나타내야 한다. 좋은 건물, 안전한 건물이 되는 가의 여부는 공사의 질에 따르는 바가 크므로 시방서의 작성에 충분한 주의와 정성을 기울이도록 한다.

5) 사후설계관리업무

사후설계관리업무(事後設計管理業務, construction administration)는 실시설계가 완료된 후 공사시공 과정에서 설계의도가 충분히 반영되도록 설계도서의 해석, 자문, 현장여건 변화 및 업체선정에 따른 자재와 장비의 치수 · 위치 · 재질 · 질감 · 색상 등의 선정 및 변경에 대한 검토 · 보완 등을 위하여 수행하는 설계 업무이다.

공사현장에서 시공자가 설계도서에 적합한 자재를 선정하여 시방서에 따라 시공하는지 관리 · 감독하고, 현장상황의 돌발변수에 대해서도 적절한 대책을 세워 시공자가 공정에 맞게 공사를 진행할 수 있도록 한다. 건축물의 설계에 대응한 시공의 수준과 공사감리가 필요하므로, 기획업무 단계에서부터 미리 예측하여 준비하도록 한다. 설계도에는 최고의 기술을 반영해 놓고, 이에 상응하는 공사비를 염두에 두지 않은 경우에는 그 설계도는 실효성이 없는 것이 된다.

이상에서 설명한 구조설계의 5단계 및 각 설계단계에서 검토하여야 하는 주요 항목과 구조설계와의 관계를 정리하여 나타내면 〈그림 1.3〉과 같다.

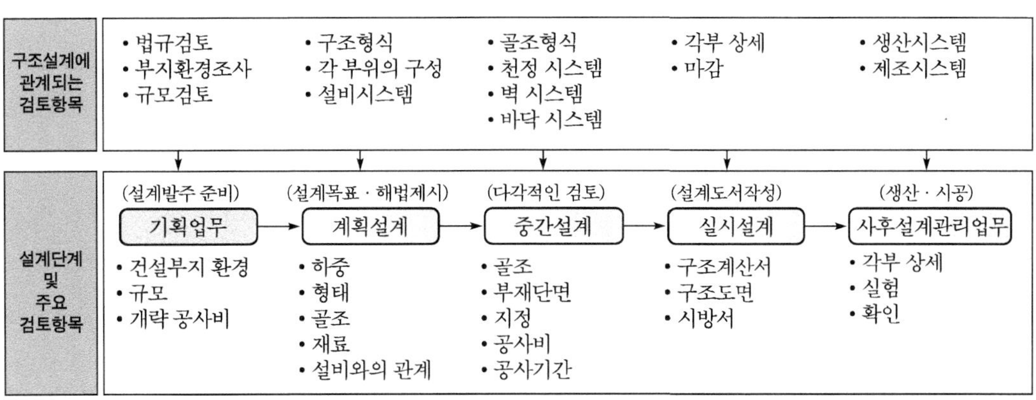

〈그림 1.3〉 구조설계의 흐름

1.5.2 구조설계의 실무절차

1) 설계조건의 정리

구조설계를 시작하기 전에, 우선 짓기로 한 건축물에 필요한 설계조건을 설정하는 것이 중요하다. 설계의 질은 설계조건을 정확하고 현명하게 처리하여 실현하는 가에 달려 있다. 때로는 건축주의 의향에 따라, 건축물의 안전성·사용성·경제성의 목표가 설정된다. 물론 건축주의 의향이 구조물에 대한 잘못된 인식에 기초할 경우, 이의 시정에 노력을 하여야 한다.

건설 부지의 환경적인 요인이 결정적인 설계조건이 되어 지역·위치에 따라 하중·재료·시공법 등에 차이나 제한이 있으므로 유의하여야 한다. 건축물의 입지조건으로 지반조건은 매우 중요하다. 안전하고 합리적으로 건축물의 중량을 지지하도록 하여야 한다.

다음의 설계조건은 하중조건으로 건축물이 존속하여야 할 기간을 예정하고, 그 사이에 작용한다고 예상되는 하중에 대하여, 건축물의 안전성 및 내구성 그리고 사용성 및 기능성이 손상되지 않도록 한다.

2) 구조계획의 진행

구조설계를 진행함에 있어 우선 구조의 개념을 설정할 필요가 있다. 그리고 그 개념을 발전시켜 구체적인 구조 제원을 결정한다. 필요에 따라 간단한 모델에 의한 해석 등 설계의 폭 넓은 가능성을 모색한다. 당초의 계획이나 구조 개념의 적합성을 검토한다. 구조물에 있어서 힘의 흐름은 단순 명쾌하여야 한다. 명쾌한 것에 해결방법이 있다는 것은 자연의 이치이다.

구조계획에서 빼놓을 수 없는 것이 시공성의 점검이다. 설계된 구조물은 일반적인 시공기술로 가능한 것이 바람직하다. 설계 기술력의 부족을 시공에 책임을 넘기지 않도록 하여야 한다. 고도의 시공기술을 충분히 검토하여 미리 제시하고 설계를 진행하는 것도 경우에 따라 필요하다.

3) 구조해석의 진행

최종적으로 이상화된 구조물에 대해서 상세한 구조해석을 한다. 그리고 해석한 결과의 적절성을 판단하는 기준이 필요하다. 결과를 판단하는 기준이 없다면, 해석 결과는 설계에 대하여 아무 역할을 하지 못한다. 따라서 해석의 목적을 명확하게 한 후 해석작업을 하는데, 목적하는 구조물의 응력 및 변형의 정도에 따라 구조물의 이상화와 해석기법은 다르게 된다. 구조해석에 있어서 구조물의 이상화는 중요한 요소이다. 이상화가 적절하면 유효한 해석결과를 얻을 수 있다. 반대로 이상화가 부적절하면, 그 결과는 아무 의미도 없게 된다. 구조물의 실체와 해석 모델의 차이를 충분히 의식하면서 해석결과를 항상 판단하는 것이 필요하다.

4) 부재설계에 따른 상세설계

설계의도를 구체화함에 있어 중요 부분의 상세설계는 불가결한 요소이다. 설계의도에 맞지 않는 상세는 설계의 품질을 떨어뜨릴 뿐만 아니라, 경우에 따라 불의의 사고로 이어지는 경우도 있다. 일반적으로 단순할수록 좋은 상세라고 할 수 있으며, 복잡한 상세는 구조적인 확실성을 불투명하게도 하고, 불량한 시공이 되는 경우도 있다.

5) 구조설계도서의 작성

구조설계도서는 구조계산서 · 구조도면 · 시방서로 구성된다.

구조계산서(構造計算書, structural calculation sheet)는 설계의도에 기초하여 구조물의 안전성을 수치적으로 확인하는 것으로서 구조계획 및 구조계산의 단계에서 이루어진 일련의 과정과 결과를 나타내는 문서이다. 제3자의 구조검토가 필요할 경우에 대비하여 구조계산과정을 간단명료하게 서술한다.

구조도면(構造図面, structural drawing)에는 부재의 크기 및 위치, 사용재료, 기둥배치, 바닥판의 위치 등 모든 정보들이 상세히 기록되어야 하며, 이들은 구조설계자 의도를 충분히 전달할 수 있어야 한다. 그리고 철골구조의 접합부 상세 또는 철근콘크리트구조의 배근도 등은 현장 작업자가 충분히 쉽게 이해할 수 있도록 작성한다.

시방서(示方書, specifications)는 구조계획 및 구조계산의 단계에서 의도하였던 사항들이 실제로 현장에서 반영될 수 있도록 하기 위한 지침서이다. 시방서에 의하여 재료와 시공법의 품질이 결정되므로 건축물에 요구되는 품질에 대응한 재료나 적용하고자 하는 공법 또는 부재제작 및 조립 등의 과정에서 주의하여야 할 사항들을 상세히 기록한다.

6) 감리

시공단계에서의 감리는 설계된 내용이 현장에서 확실하게 시공되는 지를 확인하는 중요한 행위이다. 시공현장에서 설계의도가 충분히 이해되고, 시공되는 지를 점검한다.

1.5.3 구조계산의 과정

구조물을 역학적으로 해석하고 설계할 때, 제일 먼저 하여야 하는 일은 구조물의 구체적인 골조재료와 형식을 선택하는 일로서, 콘크리트, 목재, 강재 등의 재료 종류를 정하고 구조형식을 선택하여야 한다.

다음은 하중(荷重, load)의 산정이다. 구조물에 작용하는 하중을 구분하면 중력에 의한 고정하중(固定荷重, dead load), 활하중(活荷重, live load), 설하중(雪荷重, snow load), 횡력으로 작용하는 풍하중(風荷重, wind load), 지진하중(地震荷重, seismic load) 등이 있다. 각종 하중에 대한 설명은 3장에 기술되어 있다.

구조계산에 있어 구조물에 작용하는 모든 하중을 산정한 다음에는 구조물의 지점에 생기는 힘인 반력(反力, reaction)을 산정하여야 한다.

구조물에 작용하는 하중과 반력, 즉 구조물에 작용하는 모든 외력(外力, external force)을 산정한 다음, 구조계산의 다음 단계는 구조물에 작용하는 모든 외력들의 세력이 구조물 상에 어떻게 분포되는 가를 조사하는데, 이를 외응력(外應力, external stresses)의 산정이라 한다. 구조물에 생기는 외응력에는 휨모멘트(bending moment), 전단력(剪斷力, shear force), 축력(軸力, axial force) 등의 종류가 있다. 구조물의 설계는 외력의 영향이 큰 부분일수록 더 보강하는 것이므로 구조물에 대한 외응력의 계산은 그 최대값과 최대값이 생기는 위치 뿐만 아니라 외응력의 세력이 구조물 상에서 어떻게 분포되는 분포상태까지를 조사하여야 한다.

구조계산에 있어서 주어진 하중에 대하여 외응력을 산정한 다음에는 외응력에 의하여 구조물의 단면 내에 생기는 내응력(內應力, internal stresses)을 산정하여야 한다. 구조물에 생기는 내응력에는 휨모멘트(bending moment)에 의한 휨응력(휨應力, bending stress), 전단력(剪斷力, shear force)에 의한 전단응력(剪斷應力, shear stress), 축력(軸力, axial force)에 의한 인장응력(引張應力, tensile stress) 또는 압축응력(壓縮應力, compressive stress) 등의 종류가 있다.

구조물의 단면 내에 생기는 내응력이 조사된 다음 구조계산의 마지막 단계는 재료의 허용강도(許容强度, allowable stress)와 내응력의 크기를 서로 비교하는 일이다. 재료의 허용강도라는 것은 구조기준에 규정된 재료의 설계용 강도를 말한다. 재료의 허용강도는 재료의 파괴강도에 대하여 상당한 안전도가 고려되어 있다. 설계에 있어 가정된 단면에 생기는 내응력의 최대치가 재료의 허용강도를 넘지 않고 비슷할 때 구조계산은 안전하고 경제적인 결과를 얻었다고 할 수 있다.

이상을 요약하면 구조계산의 순서는 대체적으로 다음과 같다.

① 사용재료의 선택 (콘크리트, 목재, 강재 등의 재료 종류 및 골조형식)
② 하중 산정 (고정하중, 활하중, 설하중, 풍하중, 지진하중 등)
③ 반력 산정 (연직반력, 수평반력, 모멘트 반력, 비틀림 반력 등)
④ 구조물에 생기는 외응력 산정 (축방향력, 전단력, 휨모멘트)
⑤ 내응력 산정 (인장 및 압축 응력도, 전단응력도, 휨응력도, 비틀림 응력도)
⑥ 내응력과 재료 허용강도의 비교 (허용인장/압축응력도, 허용 전단응력도, 허용 휨응력도)
⑦ 구조물 변형량의 산정 (연직변형, 수평변형)
⑧ 사용성 검토 (상시 건물기능의 확보)
⑨ 안전성 검토 (상시, 비상시의 안전성 검토)

1.6 구조설계자의 자세

건축설계란 구조·의장·설비 담당자가 서로 협력하여 설계의 완성을 목표로 하는 설계조직간 공동의 작업이다. 각 담당자 사이의 협력 작업에 불신감이 발생하는 경우에는 그 후의 작업에 적지 않은 영향을 미치며, 경우에 따라 건축물의 완성도에 큰 영향을 주기도 한다. 구조설계자는 의장설계 및 설비설계 담당자의 설계의도를 충분히 파악한 후 구조전문가로서 대안을 구상하여 제안하여야 한다. 여러 가지 안을 고려하여 판단한 결과 각각의 조건이 분명하지 않을 때에는 변경 안을 세우고, 의장설계 및 설비설계 담당자를 이해시키도록 한다. 설계에서는 인내심을 갖고 대응하며 각자의 입장을 존중하는 것이 중요하고, 다음과 같은 일에 유의하여야 한다.

① 기술력 향상 : 흥미 있는 것부터 우선 지식을 흡수하고, 각종 문헌 등에서 자료를 얻어, 한층 더 깊게 지식·기술을 얻도록 한다.

② 문제제기 : 이치에 맞지 않는 것에 대한 문제제기를 할 수 있어야 하며, 문제제기를 한 경우 가능한 빨리 처리하여야 한다.

③ 능력 활용 : 풍부한 경험으로부터 능력을 배양하고 구조설계의 보람을 찾도록 한다.

④ 경제적 관념 : 경제성은 매우 중요하므로 자료의 분석과 축적을 실행한다.

⑤ 인간성 : 설계는 공동작업이므로 담당자간 화합과 조화의 분위기에서 이루어지도록 노력한다.

⑥ 일정관리 : 정해진 설계일정에 맞도록 업무를 하며, 설계비용과 인력 투입 등을 염두에 두고 항상 시간과 노력의 배분을 생각한다.

⑦ 설계도서 : 의도한 것을 설계도서에 충분히 반영하도록 한다. 건물이 완성된 후에 평가의 대상이 되므로 후회 없도록 한다.

이러한 의미에서 설계의 과정은 창작을 위한 사고, 제안, 협의 및 제작에 이르는 일련의 과정이다. 따라서 담당자의 사명관·윤리관·기술력에 의존한 결과가 되는 경우가 많다. 이 때문에 구조설계자에게는 직능의 확립과 구조설계의 철학 및 구조설계자의 윤리에 관한 규범이 필요하다. 이러한 윤리강령 및 규범을 염두에 두어야 하며 '한국건축구조기술사회의 윤리규약'이 참고가 될 것이다.

윤 리 규 약

2005년 06월 13일 제정
2005년 12월 05일 개정
2010년 06월 29일 개정

제1조 회원은 건축구조분야의 책임기술자로서 각자가 맡은바 직무를 양심적으로 수행하여 국민의 생명과 재산을 보호하고, 항상 자신의 기술향상발전에 노력하며 국가기술발전에 기여하여 건축구조기술사의 명예를 지킨다.

제2조 회원은 건축물 및 공작물의 구조안전 확보를 위해 건축구조기준(KBC)을 준수하여 재해가 발생하지 않도록 노력한다.

제3조 회원은 국가로부터 위임된 건축물 및 공작물의 구조설계를 비롯한 구조감리 및 안전진단업무를 성실히 수행하여 책임과 의무를 다한다.

제4조 회원은 국민의 생명과 안전을 위해하는 어떠한 부당행위에 동참하지 아니하며 단호히 이를 거부한다.

제5조 회원은 건축구조기준(KBC)에 따른 책무를 성실히 수행하기 위하여 열악한 용역환경을 개선하고 기술개발을 위하여 제정/공포한 적정수준의 용역대가기준을 성실히 준수하고 양질의 기술 서비스를 제공한다.

제6조 회원은 건축구조기술사의 역할과 업무의 중요성을 적극적으로 홍보함으로서 국민의 생명과 재산을 보호하고 지키며 재해발생을 예방할 수 있도록 노력한다.

제7조 회원은 왜곡된 제도 및 불합리한 법의 개선을 위하여 최선의 노력을 한다.

제8조 본 윤리규약을 실시하기 위하여 윤리위원회를 조직한다.

제9조 회원은 **윤리위원회 규정**에 의한 윤리위원회의 결정에 따라야 한다.

부 칙

제1조(시행일) 이 지침은 이사회의 승인을 얻는 날로부터 시행한다.

연습문제 *exercise*

1-1

구조설계자의 자세에 대해 설명하시오.

1-2

구조계산의 과정에 대해 설명하시오.

1-3

구조설계의 실무절차에 대해 설명하시오.

1-4

구조설계의 5단계에 대해 설명하시오.

1-5

구조설계의 방침에 대해 설명하시오.

1-6

구조설계의 목표에 대해 설명하시오.

1-7

구조설계의 중요성에 대해 설명하시오.

CHAPTER

02 힘과 힘의 평형

2.1 힘이란?

2.2 힘의 합성과 분해

2.3 힘의 모멘트와 우력

2.4 힘의 수식합성

2.5 힘의 평형

2.6 SI단위 및 계산정도

CHAPTER 02

힘과 힘의 평형

2장에서는 힘과 힘의 평형에 대한 기본을 공부한다. 힘을 「질량에 가속도를 곱한 것」이라고 정의해도 좀처럼 실감나지 않는다. 오히려 무거운 물건을 들고 있을 때 자신에게 작용하는 힘, 또는 만원 전철이나 버스 속에서 사람들에 의해 눌릴 때의 힘을 상상하는 것이 감각적으로 이해할 수 있을 것이다. 각 개인이 자신 나름대로의 감각으로 힘의 작용을 실감하였으면 한다.

우선, 「힘이란 무엇인가?」에 대한 정의를 한 후, 1점에 작용하는 힘의 평형을 공부하고, 이어서 많은 힘이 다수의 점에 작용하는 경우를 생각한다. 많은 힘이 작용하면, 작용위치가 다름에 따라 「모멘트 (힘의 모멘트)」가 생기므로 X, Y 방향의 힘의 평형에 추가하여 모멘트의 평형을 생각할 필요가 있다.

모멘트는 어느 거리를 두고 힘이 작용할 때, 그 점을 중심으로 회전하게 하는 회전력이다. 모멘트의 개념은 힘이 작용하는 거리가 관계되어 이해하기 어려운 점이 있으므로, 시소의 원리를 상상하여 이해하였으면 한다.

2.1 힘이란?

2.1.1 힘의 정의와 단위

힘 (force)이란, 정지하고 있는 물체에 작용하여 물체를 변형시키기도 하고, 어떤 운동을 일으키거나 또는 움직이고 있는 물체에 작용하여 그 속도나 방향을 변하게 하는 것을 말한다. 또한 힘은 뉴턴 제2법칙에 따라 정의되고 있다. 즉, 물체에 작용하는 힘 F는 가속도 a 및 질량 m에 비례한다.

힘의 단위로서 SI 단위계(SI 單位系, SI unit)의 N(뉴턴)을 이용한다. 종래의 중력단위계에서는 힘을 중량으로 인식하여 kgf(kg무게 : 1kg의 무게에 상당하는 힘)와 tonf를 이용하였고, 건축분야에서는 관용적으로 f를 생략하여 kg과 ton으로 기술해 왔으나, KBC 2005부터 SI 단위계를 사용하고 있다.

또한, 가속도의 방향과 힘의 방향은 동일한 방향이 된다. 여기서 말한 가속도라 함은 문자 그대로 「단위시간당의 속도(m/s)의 변화율」이고, (m/s^2)의 단위를 갖고, 중량에 상당하는 힘은 중력가속도 $9.8 m/s^2$을 질량에 곱하여 사용한다. 즉, $1\ kgf = 1\ kg \times 9.8\ m/s^2 = 9.8\ kg \cdot m/s^2 = 9.8\ N$이 되지만, 대략 1 kgf = 10 N으로 생각하면 좋다. 뉴턴의 제2법칙에 따라 힘은 질량과 가속도의 곱으로 될 수 있으며, 다음의 식으로 된다.

$$F = m \times a \tag{2.1}$$

여기서, F = 힘 (N : kgm/s^2)
m = 질량 (kg)
a = 가속도 (m/s^2)

미니지식 **아이작 뉴턴 (Isaac Newton : 영국 1642~1727)**

영국의 수학자·물리학자로 빛의 스펙트럼분해, 만유인력과 미적분법의 3대 발견으로 근대과학의 할아버지로 불리운다. 역학에서는 그의 3대 법칙 (관성의 법칙, 가속도의 법칙, 작용반작용의 법칙)에 근거하여 역학체계를 세웠다. 뉴턴의 운동 법칙은 1687년에 출판된 〈프린키피아(Principia, Mathematical Principles of Natural Philosophy ; 자연철학의 수학적 원리)〉를 통해 발표되었다. 인류의 과학사에서 가장 중요한 업적이라고 일컬어지는 〈프린키피아〉는 운동 법칙 외에도 만유인력의 법칙과 케플러법칙의 유도 과정도 포함되어 있다. 만물은 서로 끌어당기는 힘을 가지고 있다는 만유인력의 원리를 세상에 처음으로 널리 알린 것으로 유명하다. 이 이론에 따라 혹성의 운동이 검토되고, 예측에서 벗어난 천왕성의 운동이 해왕성의 발견으로 설명되어, 역학의 유효성을 입증했다. 우리들이 배우는 역학은 거의 이 이론의 연장이다. 뉴턴은 물리학 이론을 표현하기 위해 미적분법(微積分法, calculus)을 고안하여 사용하였다.

[출처 : 네이버 지식백과]

2.1.2 힘의 3요소

그림에서 점 O는 힘의 작용점(作用点, point of application) 또는 힘의 통과점이고, 직선 OA는 힘의 방위(方位, direction)이고, 화살표는 힘의 방향(方向, sign or sense), 선분 OA는 미리 마련된 축척에 의하여 힘의 크기(magnitude)를 나타낸다. ① 힘의 크기, ② 방위와 방향, ③ 작용점을 힘의 3요소(elements of force)라 한다(〈그림 2.1〉 참조).

힘을 벡터(vector)로 표현하는 것은 물리학에서 사용하고 있는 것으로, $\overrightarrow{OA}$와 벡터 F로서 표시해야만 하지만, 구조역학에서는 습관적으로 그 크기를 표시하는 스칼라(scala) 량 F로서 표시한다. 그러나 이것은 편의적인 방법이므로 힘의 방향과 작용점을 항시 염두에 두고 생각할 필요가 있다.

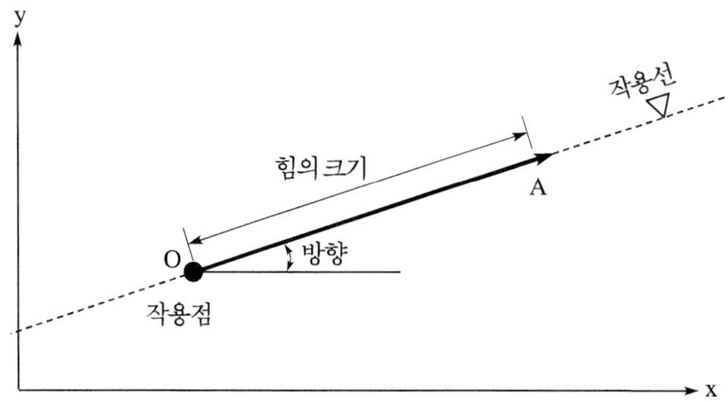

〈그림 2.1〉 힘의 3요소

힘은 기호(記號, sign) F 또는 W (N, kN)로서 표시하고, 힘의 크기를 어떤 축척 (예 : 1 kN = 1 cm, 1 N = 1 cm 등)으로 표시한다. F_m과 같이 표시된 기호는 힘 F의 m방향 성분을 말한다. F_x 또는 F_h(x : 수평좌표축, h : horizontal)는 힘의 수평성분, F_y 또는 F_v(y : 연직좌표축, v : vertical)는 힘의 연직성분을 의미한다. 힘의 방향은 좌표축의 X축에 대하여 몇 도 기울어지고, 어느 쪽으로 향하고 있는 지를 화살표로서 표시한다. 작용점은 힘이 작용하고 있는 점으로서, ◦, × 등으로 표시한다. 힘의 부호는 좌표축 원점에 대하여 x축을 따라 오른쪽으로 이동하는 것을 정(plus, +), 왼쪽으로 이동하는 것을 부(minus, −), y축을 따라 상향하는 것을 정(plus, +), 하향하는 것을 부(minus, −)로 한다.

뉴턴의 운동법칙(運動法則, law of motion)

① 운동 제1법칙(first law of motion ; 관성의 법칙)

물체에 힘이 가해지지 않으면 그 속도(velocity)는 변하지 않는다. 즉, 정지된 물체는 계속 정지한 채 머무르고, 운동하고 있는 물체는 속도와 방향을 유지하며 운동을 계속한다.

② 운동 제2법칙(second law of motion ; 가속도의 법칙)

물체에 힘이 작용하면, 가속도(acceleration)가 발생하고, 가속도 a의 값은 힘 F에 비례하고 질량 m에 반비례한다. 즉

$$a \propto F/m, \quad F \propto m \cdot a$$

로 된다. 지구상의 물체에는 중력가속도($g = 9.8m/s^2$)이 작용하고 있고, 낙하하는 물체는 공기저항을 무시해도, 매초당 속도가 9.8m/s씩 크게 된다.

③ 운동 제3법칙(third law of motion ; 작용·반작용의 법칙)

힘이 어느 물체에서 다른 물체에 작용할 때, 작용하고 있는 힘과 같은 크기의 힘이 반대방향으로 반드시 작용하고 있다. 이 두 힘을 각각 작용력, 반작용력이라고 하며, 두 힘은 항상 쌍으로 존재한다. 이것을 작용반작용의 법칙(作用反作用의 法則, law of action and reaction)이라고도 한다.

2.2 힘의 합성과 분해

2.2.1 힘의 합성

구조물에 작용하는 여러 개의 힘을 1개의 힘으로 합성(合成, composition)하였을 때, 그 힘의 구조물 전체에 대한 역학적 효과가 힘의 합성 전과 동일하다고 할 때 1개로 대치된 힘을 주어진 여러 개의 힘들에 대한 합력(合力, resultant)이라 한다. 힘은 벡터이므로, 합성으로 구하는 방법은 그림을 이용한 방법인 도식해법(図式解法, graphical method)과 계산에 의한 방법인 수식해법(數式解法, mathematical method)이 있다. 구조해석은 항상 수식해법 및 도식해법으로 해석할 수 있고 그 결과는 동일하다.

2.2.2 1점에 작용하는 힘의 도식합성

구조해석에 있어 구조물 전체에 대한 역학적 관계를 따질 때, 예를 들어 반력을 구하거나 구조물의 전도를 검토할 때, 구조물에 작용하는 힘은 그 작용선 상의 어떤 위치에 옮겨가도 관계없다. 이것은 힘이 그 작용선상의 어떤 위치에 옮겨져도 구조물 전체에 대한 역학적 관계에는 아무런 변동도 일으키지 않는 까닭이다.

동일 평면 내에 있고(coplanar), 작용선이 서로 만나는(concurrent) 두 힘의 합력은 〈그림 2.2〉와 같이 그려진다. 〈그림 2.2a〉는 먼저 주어진 힘 F_1, F_2를 두 힘의 교점 O로 옮긴 다음 평행사변형(平行四邊形, force parallelogram)을 그려서 합력 R을 구한 것이고, 합력 R의 크기는 선분 $\overline{OA}$를 스케일(scale)로 측정하여 구할 수 있고, 방향은 c-c선과 $\overrightarrow{OA}$ 화살표에 의해 알아낼 수 있다. 이것을 힘의 평행사변형 법칙이라 한다. 합력의 작용위치는 알 필요가 없고 합력의 크기, 방향만을 알려고 할 때에는 〈그림 2.2b〉와 〈그림 2.2c〉와 같이 그려서 구할 수 있다. 이것을 힘의 삼각형 법칙이라 한다. 힘 F_1과 평행이동한 힘 F_2 에 따라 삼각형을 그려서 합성을 할 때에는 합성하는 순서를 바꿔도 벡터의 성질에 따라 합성결과는 동일하고,

$$F_1 + F_2 = F_2 + F_1 = R$$

로 된다.

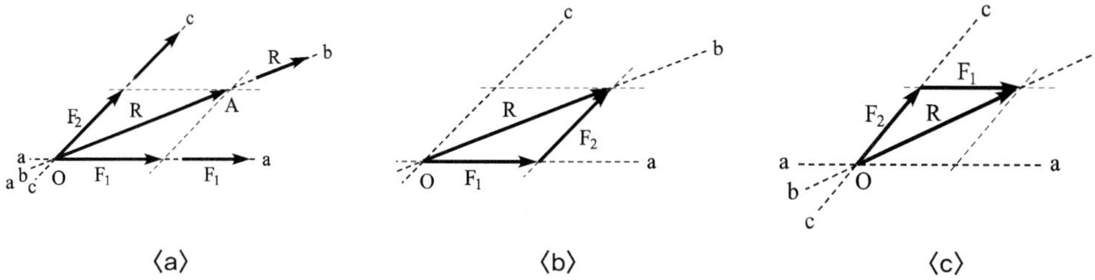

〈그림 2.2〉 힘의 합성

힘의 합성 분해의 그림에서 〈그림 2.2a〉와 같이 힘들의 공간상의 위치까지 표시한 그림을 공간도(空間図, space diagram)라 부르고, 공간도상의 작도를 연력도(連力図, linked or funicular polygon)라 부르며, 〈그림 2.2b〉와 〈그림 2.2c〉와 같이 힘의 공간상의 위치는 무시하고, 힘의 크기와 방향만을 작도한 그림을 시력도(示力図, force polygon)라 부른다.

〈그림 2.3a〉처럼 4개의 힘이 작용한 경우의 순서는 〈그림 2.3b〉에서와 같이

① $F_1 + F_2 = F_{12}$, ② $F_{12} + F_3 = F_{123}$, ③ $F_{123} + F_4 = R$

로 산정된다. 또는,

① $F_1 + F_2 = F_{12}$, ② $F_3 + F_4 = F_{34}$, ③ $F_{12} + F_{34} = R$

로 되어, 4개의 힘을 합성하기 위해서는 합성 순서와 다르게 3단계 조작이 필요하게 된다. 다른 해법으로 순차적으로 각 힘을 평행이동하는 방법으로서 〈그림 2.3c〉와 같이 순차적으로 힘의 삼각형을 만들어 합력 R을 구할 수 있다. 이 경우 다각형 OABCD를 시력도라고 한다.

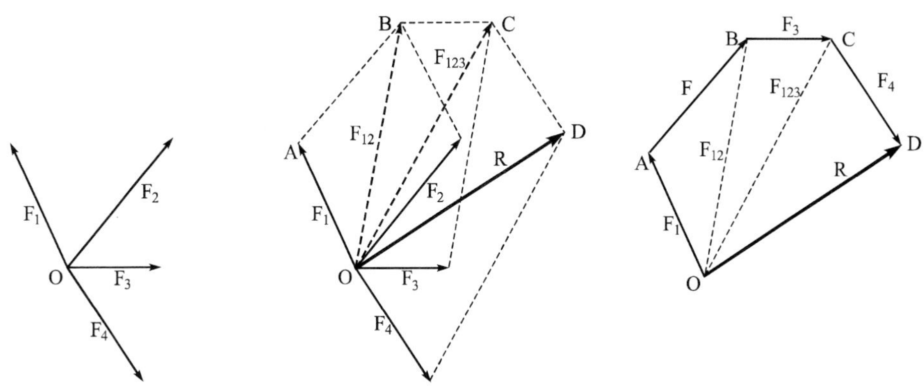

〈그림 2.3a〉 1점에 작용하는 힘 〈그림 2.3b〉 힘의 합성 〈그림 2.3c〉 여러 힘의 합성

2.2.3 1점에 작용하는 힘의 수식합성

어느 점에 복수의 힘이 작용하고 있는 경우, 그들 힘의 합력은 다음의 수식해법으로 구할 수 있다. 2개의 힘이 작용하는 경우 다음 식으로 합력 F를 구할 수 있다.

– 직교좌표축의 경우(〈그림 2.4a〉)

$$F = \sqrt{F_x^2 + F_y^2} \tag{2.2}$$

$$\theta = \tan^{-1}\left(\frac{F_y}{F_x}\right), \quad \tan\theta = \frac{F_y}{F_x} \tag{2.3}$$

– 경사좌표축의 경우(〈그림 2.4b〉)

$$F = \sqrt{(F_1 + F_2\cos\alpha)^2 + F_2\sin^2\alpha} = \sqrt{F_1^2 + F_2^2 + 2F_1F_2\cos\alpha} \tag{2.4}$$

$$\theta = \tan^{-1}\left(\frac{F_2\sin\alpha}{F_1 + F_2\cos\alpha}\right), \quad \tan\theta = \frac{F_2\sin\alpha}{F_1 + F_2\cos\alpha} \tag{2.5}$$

에 따라, 합력 F의 크기와 방향 θ를 구할 수 있다.

〈그림 2.4〉와 같이 여러 힘이 1점에 작용하는 경우에는 직교축 (X, Y)를 고려하여, 합력 F_i의 X축, Y축 방향성분을 이용하여 다음과 같이 산정할 수 있다(j : 작용하는 힘의 개수).

또한, 평행한 힘의 합성은 2.4.3항에 표시한다.

$$F_x = \sum_{i=1}^{j} F_i\cos\alpha_i, \quad F_y = \sum_{i=1}^{j} F_i\sin\alpha_i \tag{2.6}$$

$$F = \sqrt{F_x^2 + F_y^2}, \quad \tan\theta = \frac{F_y}{F_x} \tag{2.7}$$

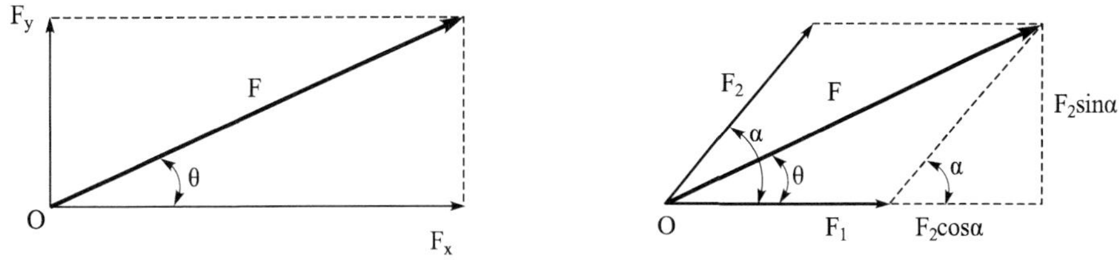

(a) 직교좌표축의 경우 (b) 경사좌표축의 경우

〈그림 2.4〉 힘의 수식 합성

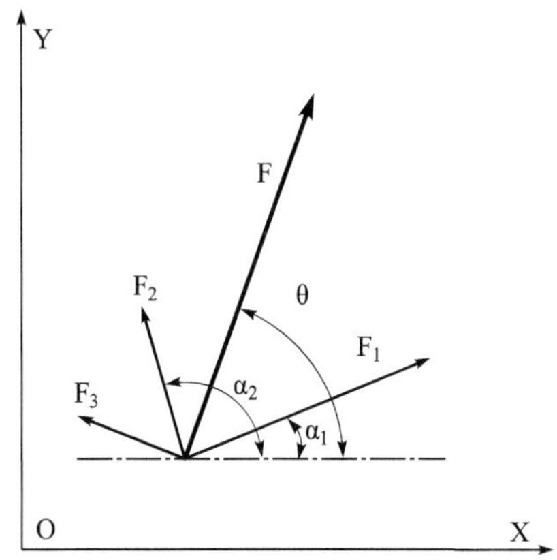

〈그림 2.5〉 여러 힘의 합성

예제 2.1 힘의 합성

그림 (1), (2), (3)과 같은 힘의 합력을 수식해법으로 구하시오.

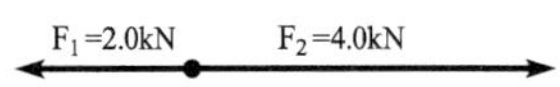

그림 (1)

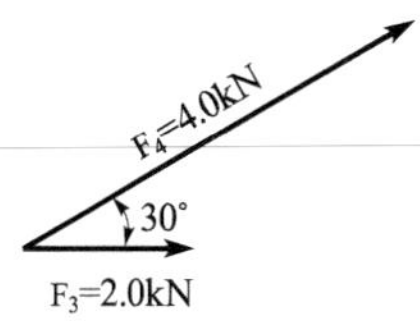

그림 (2)

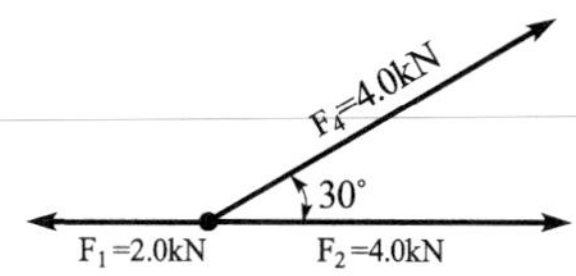

그림 (3)

풀이

그림 (1) ; 수평 우방향으로 2.0kN의 합력이 된다. $R = F_2 - F_1 = 4.0 - 2.0 = 2.0\,\text{kN}$

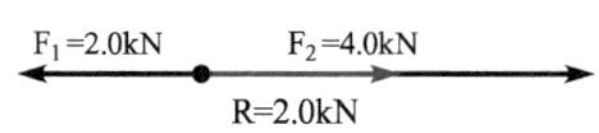

그림 (2) ; 도식해법에 따라 합력 5.8kN을 구할 수 있다. 또한, 다음 계산에 따라 수식해석으로 R을 구한다.

$$R = \sqrt{(F_3 + F_4\cos 30°)^2 + (F_4 \sin 30°)^2} = \sqrt{5.5^2 + 2.0^2} = 5.8\ \text{kN}$$

$$\tan\theta = \frac{2.0}{5.5} = 0.36,\ \theta = 20°$$

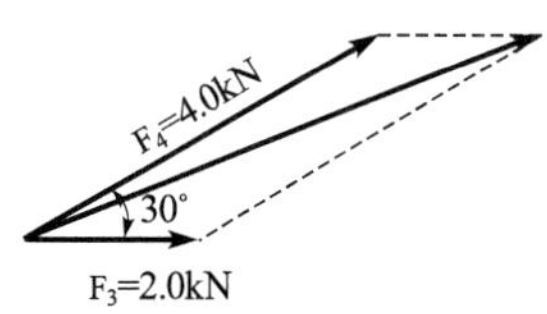

그림 (3) ; F_1과 F_2의 합력은 F_3로 된다. 구하는 합력은 F_3와 F_4의 합력이 되므로 그림 (2)의 경우와 같다.

예제 2.2 **힘의 합성**

그림과 같은 힘의 합력을 도식해법과 수식해법으로 구하시오.
다만, F_1=2.0kN, F_2=3.0kN, F_3=4.0kN 이다.

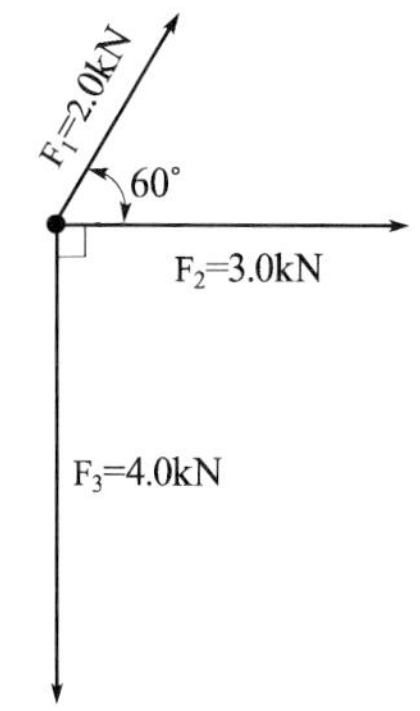

풀이

도식해법에 따라 그림과 같이 합력 R을 구할 수 있으며, 그 크기는 R = 4.6 kN이 된다. 수식해법으로 구하면 다음과 같다.

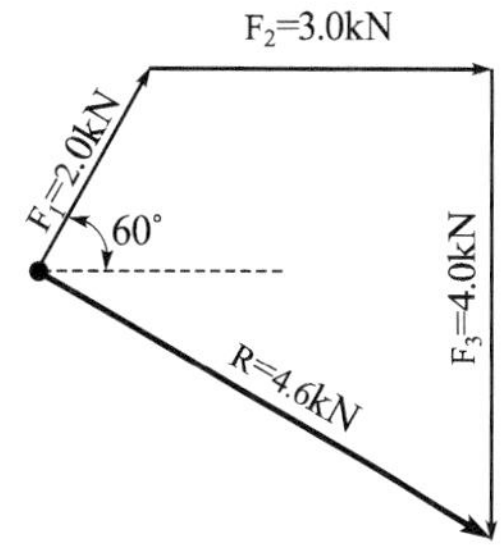

$$R = \sqrt{(F_1 \cos 60° + F_2)^2 + (F_1 \sin 60° - F_3)^2}$$
$$= \sqrt{(2.0 \times 0.5 + 3.0)^2 + (2.0 \times 0.87 - 4.0)^2} = 4.6\,\text{kN}$$
$$\tan\theta = -\frac{4.0}{2.26} = -1.77,\ \theta = 60.5°$$

2.2.4 힘의 분해

합성과 반대로 여러 개의 힘으로 분해(分解, resolution)할 때, 이 분해된 여러 개의 힘들을 주어진 1개의 힘에 대한 분력(分力, component)이라 한다. 어느 점에 경사방향으로 힘이 작용하고 있을 때에는 힘을 평면 내에서 좌표축 방향으로 분해하여 생각한다.

임의의 방향으로 힘을 분해하기 위해서는 〈그림 2.6〉과 같이 m축과 n축에 평행한 평행사변형을 작성하면 좋다. 평행사변형의 2변의 길이 F_m과 F_n이 경사방향력 F의 m방향과 n방향의 성분이다. 이 경우 m축과 n축은 반드시 직교하여야 할 필요는 없다.

수식에 따라 분력을 계산하는 방법은 다음과 같다.

– 직교좌표축의 경우(〈그림 2.7a〉)

$$F_x = F\cos\theta \tag{2.8}$$

$$F_y = F\sin\theta \tag{2.9}$$

$$\theta = \tan^{-1}\left(\frac{F_y}{F_x}\right),\ \tan\theta = \frac{F_y}{F_x} \tag{2.10}$$

– 경사좌표축의 경우(〈그림 2.7b〉)

$$F_m = F\cos\theta_m - \frac{F\sin\theta_m}{\tan(\theta_m + \theta_n)} = F\cos\theta_m - F\sin\theta_m\cot(\theta_m + \theta_n) \tag{2.11}$$

$$F_n = \frac{F\sin\theta_m}{\sin(\theta_m + \theta_n)} = F\sin\theta_m\operatorname{cosec}(\theta_m + \theta_n) \tag{2.12}$$

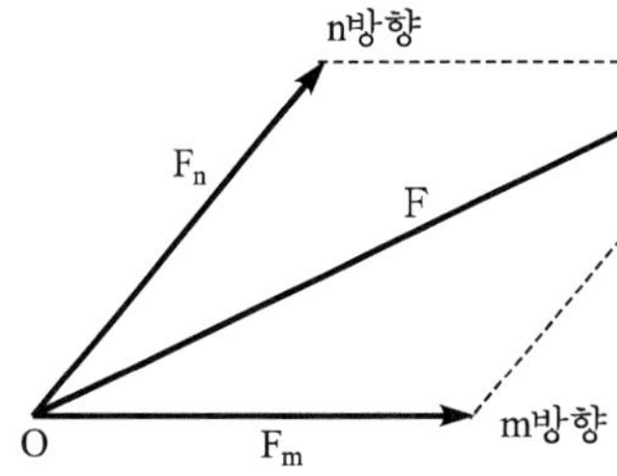

〈그림 2.6〉 힘의 분해

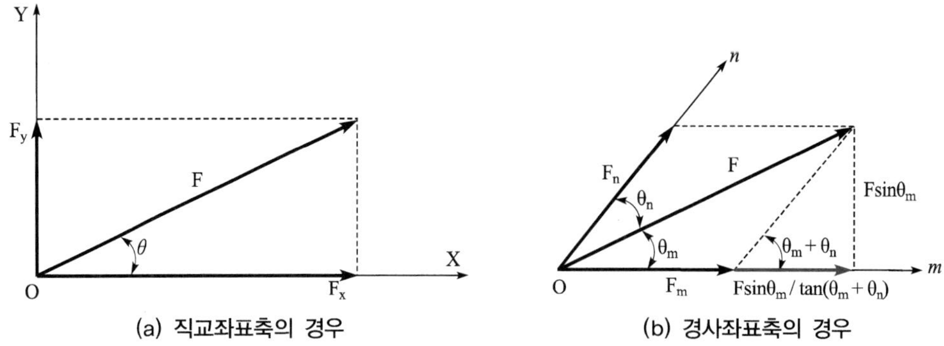

〈그림 2.7〉 힘의 수식분해

예제 2.3 힘의 분해

그림(1), (2)에 표시한 힘 F_1 의 u, v방향의 분력 F_u 및 F_v를 구하시오.

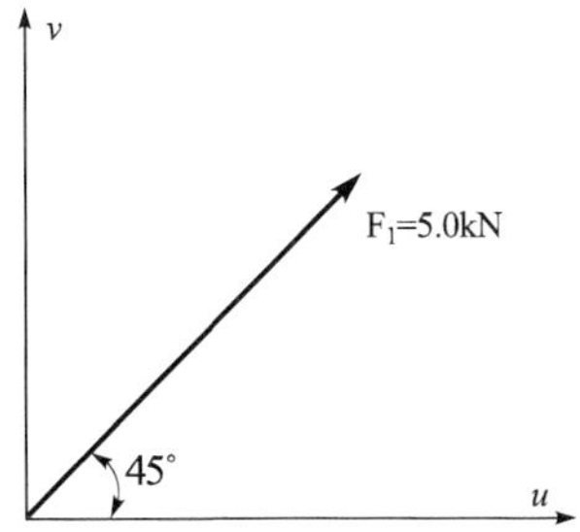

그림 (1)

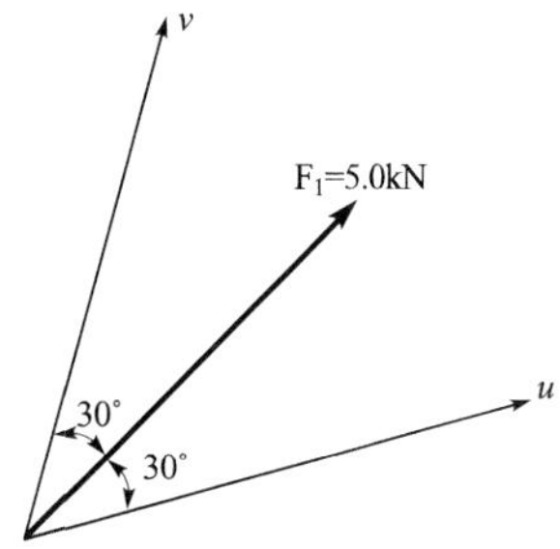

그림 (2)

풀이

그림(1)은 다음과 같이 F_u와 F_v는 각각 3.6kN이 된다.

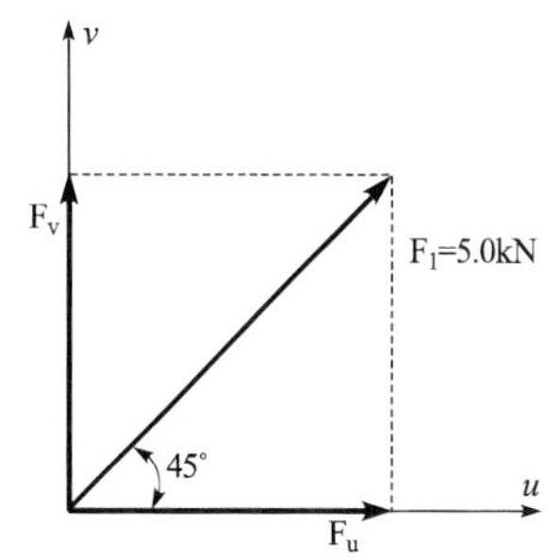

$$F_u = F_1 \cos 45^\circ = 5.0 \times 0.71 = 3.6\,\text{kN}$$
$$F_v = F_1 \sin 45^\circ = 5.0 \times 0.71 = 3.6\,\text{kN}$$

그림 (2) ; 식 (2.11) 및 식 (2.12)에 따라 다음과 같이 된다.

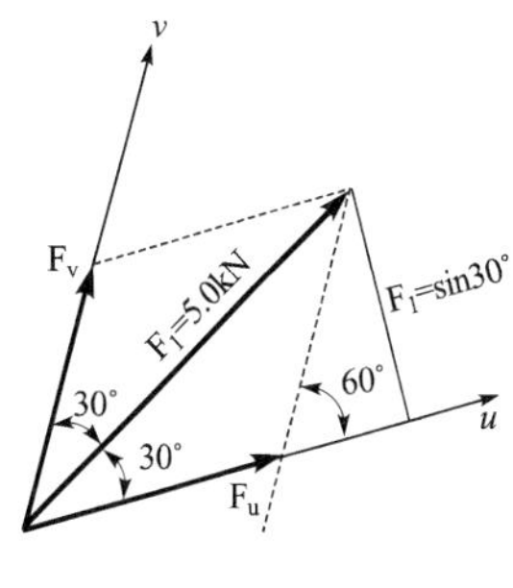

$$F_u = F_1 \cos 30^\circ - F_1 \sin 30^\circ \cot 60^\circ$$
$$= 5.0(0.87 - 0.5 \times 0.58) = 2.9\,\text{kN}$$

$$F_v = F_1 \sin 30^\circ \operatorname{cosec} 60^\circ$$
$$= 5.0 \times 0.5 \times 1.15 = 2.9\,\text{kN}$$

그림 (1)과 비교하여, 각도가 변하면 분력도 변화하는 것에 주의하여야 한다.

2.3 힘의 모멘트와 우력

2.3.1 모멘트

힘의 모멘트(moment of force)란 〈그림 2.8〉에서와 같이 어떤 점을 축으로 해서 회전하려고 하는 힘의 효과를 말한다. 모멘트의 크기는 힘 F의 크기와 어떤 점으로부터 F의 작용선까지의 수직거리 L의 곱으로 표시한다. 모멘트를 구하는 점 O를 모멘트 중심(中心, center of moment), 모멘트 중심으로부터 힘까지 거리 L을 모멘트의 팔(moment arm)이라고 부른다. 모멘트의 기호를 M_O와 같이 표시 하였을 때 첨자 O는 일반적으로 모멘트 중심을 표시한다.

모멘트의 부호는 모멘트의 회전방향이 시계침방향(clockwise)일 때 정(plus, +), 시계침 반대방향(counter-clockwise)일 때 부(minus, -)로 한다.

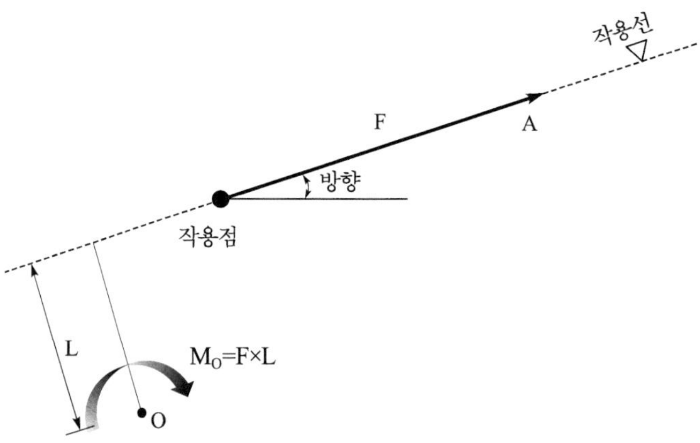

〈그림 2.8〉 힘의 모멘트

$$M_o = F \times \mathbf{L} \text{ (단위 : kNm=kN×m)} \tag{2.13}$$

여기서, M_o = O점에 대한 모멘트

F = 힘의 단위

L = 길이의 단위

2.3.2 우력

〈그림 2.9〉 및 〈그림 2.10〉에서와 같이 크기가 같고, 작용선이 평행하고, 방향이 반대인 한 쌍의 힘을 우력(偶力, couple of forces)이라 한다. 물체에 우력이 작용하면 물체는 회전운동을 일으킨다. 이와 같은 한 쌍의 힘에 의한 회전효과를 우력 모멘트라 한다.

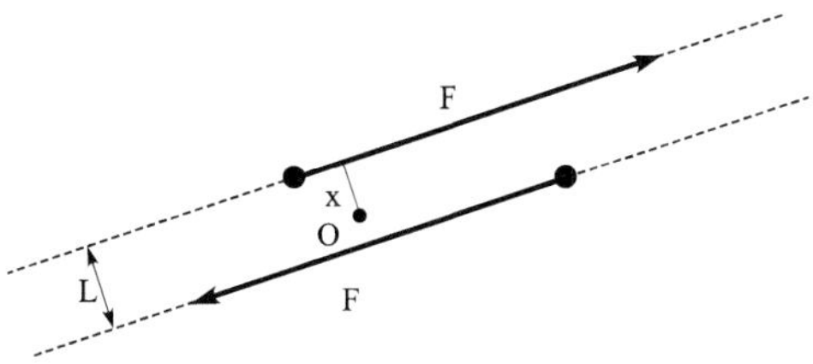

〈그림 2.9〉 우력 모멘트(1)

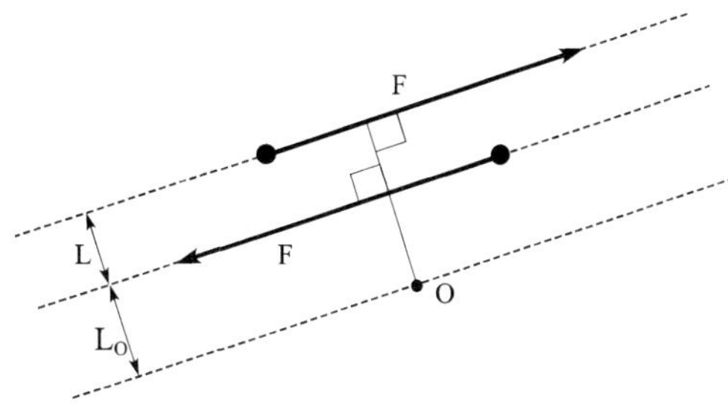

〈그림 2.10〉 우력 모멘트(2)

〈그림 2.9〉에서 모멘트 중심인 O점이 우력의 사이에 있을 때에도

$$M_O = Fx + F(L - x) = FL$$

〈그림 2.10〉에서 모멘트 중심인 O점이 우력의 바깥에 있을 때에도

$$M_O = Fx - F(x - L) = FL$$

우력의 모멘트는 모멘트 중심의 위치 여하를 막론하고 크기가 일정하다. 즉, 우력은 「임의로 선택한 점에 대하여 항상 같은 모멘트 값을 부여한다」고 하는 성질이 있다.

2.3.3 힘과 모멘트의 부호

힘의 부호는 좌표축을 기본으로 하여, 〈표 2.1〉과 같이 약속한다.

〈표 2.1〉 힘과 모멘트의 부호

힘 (kN, N)				모멘트 (kN·m, N·mm)	
→	←	↑	↓	↷	↶
우방향	좌방향	상방향	하방향	시계침방향	반시계침방향
+	−	+	−	+	−

예제 2.4 **작용모멘트**

도시한 힘이 작용하고 있을 때, O점에 대한 힘의 모멘트를 구하시오.

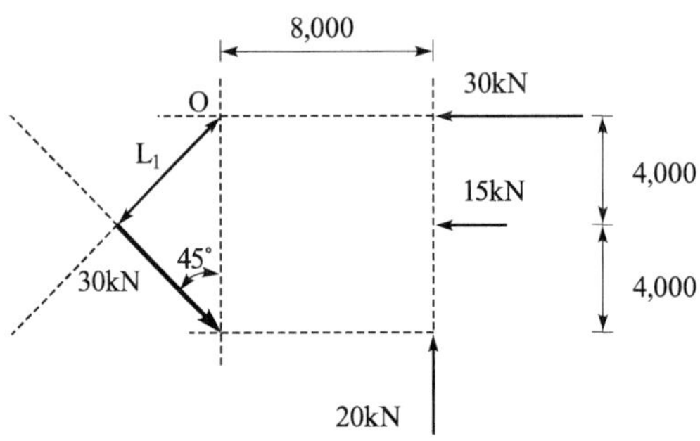

풀이

수평방향으로 작용하는 30kN은 O점을 통하므로 모멘트가 생기지 않는다.
또한, L_1 = 8.0 sin45^0 = 5.6m이다. 따라서,

$\sum M_O = 15 \times 4.0 - 20 \times 8.0 - 30 \times 5.6 = -268$ kNm

2.4 힘의 수식합성

2.4.1 여러 힘의 수식합성

평면 내에 있는 몇 개의 힘의 수식합성은 힘이 1점에 작용하는 경우와 기본적으로 같다. 작용하는 힘을 F_i, 각도를 α_i라고 하면, 식 (2.6)과 식 (2.7)에 따라 합력의 크기와 방향(각도)을 구할 수 있다.

2.4.2 2개의 평행력

〈그림 2.11〉과 같이 2개의 평행력의 합력 R이 A점을 통과한다고 한다.

$$R = F_1 + F_2 \tag{2.14}$$

로 되어, A점의 모멘트가 0이 되므로,

$$F_1 \times L_1 = F_2 \times L_2$$
$$\frac{F_1}{F_2} = \frac{L_2}{L_1} \tag{2.15}$$

로 된다. 즉, 2개의 평행력이 작용하는 경우 그 합력은 2개 힘의 합이 되고, 그 작용선은 2개 힘의 거리를 힘의 크기에 반비례하여 분할된 점을 통과한다.

2.4.3 평행력의 합성

1점에 교차하지 않고 평행인 복수의 평행력의 합력은 그 작용중심위치에 작용하는 단순합의 힘으로 된다. 〈그림 2.12〉처럼 Y축에 평행한 하향 힘 $F_1 \sim F_3$가 작용한 경우를 생각하면, 다음과 같이 합력을 구할 수 있다.

$$\text{합 력}\ \ R = F_1 + F_2 + F_3 = \sum F_i \tag{2.16}$$

$$\text{작용위치}\ \ x_0 = \frac{M_O}{R} = \frac{\sum (F_i \times x_i)}{\sum F_i} \tag{2.17}$$

여기서, M_O : F_i에 의한 O점에서의 모멘트 합

즉, 「O점에 대한 여러 힘에 의한 모멘트의 합 M_O는 그 합력 R의 O점에 대한 모멘트와 같다」. 이것을 바리농의 정리(Varignon's Theorem)라고 한다.

$$M_O = \sum(F_i \times x_i) = R \times x_0 \tag{2.18}$$

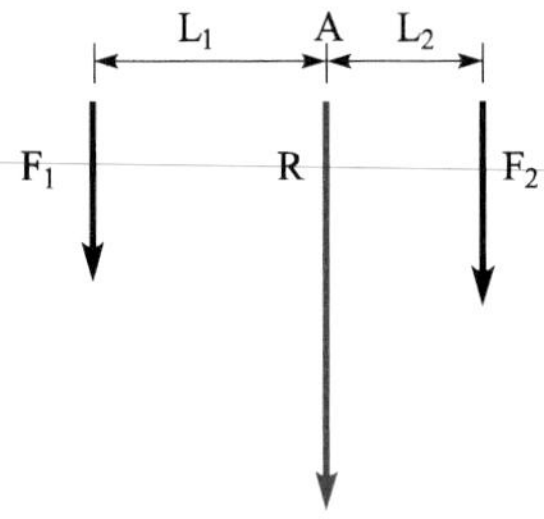

〈그림 2.11〉 2개의 평행력

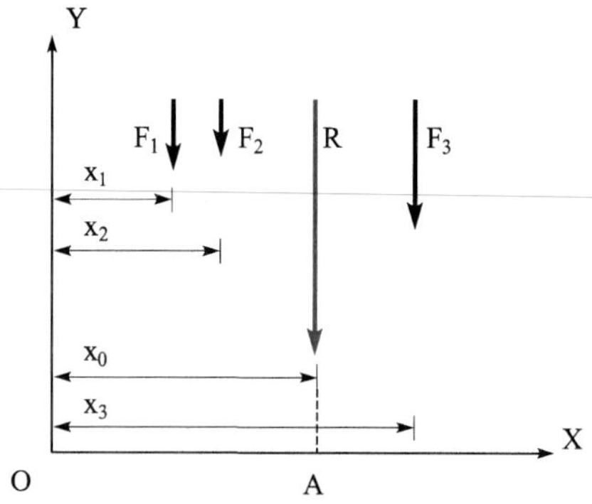

〈그림 2.12〉 평행한 힘의 합성

바리농의 정리를 이용하면 여러 힘이 작용한 경우 그 합력과 합력의 작용위치를 사용하는 것으로, 모멘트 계산을 단순하게 할 수 있다.

또한, 합력의 작용점인 A점 부근의 모멘트를 구하면,

$$M_A = \sum F_i \times (x_i - x_0) = \sum(F_i \times x_i) - x_0 \sum F_i \tag{2.19}$$

로 되어, 식 (2.18)의 관계에 따라, $M_A = 0$ 로 됨을 알 수 있다. 즉, 여러 평행력의 합력위치 부근의 모멘트는 0이 된다.

바리농의 정리(Varignon's Theorem)

같은 평면상에 있는 한 점에 작용하는 여러 힘에 대해, 평면의 임의 점에서의 모멘트 대수합은 동일 점에 대한 이들 힘의 합력 모멘트와 같다

즉, 분력들에 의한 모멘트의 합은 합력에 의한 모멘트와 같다.

미니지식 **삐에르 바리뇽(Pierre Varignon : 프랑스 1654~1722.12.23)**

그래픽 통계와 역학을 연구한 프랑스 수학자로서, 예수회 대학과 캉 대학에서 교육을 받았으며, 1682년에 석사학위를 받았다. 그는 1688년 파리의 Collège Mazarin에서 수학교수가 되었고, 같은 해 Acadèmie Royale des Sciences에 선출되었다. 1704년 Collège Mazarin에서 학과장을 역임했으며, Collège Royal에서 수학교수가 되었다. 1713년 베를린 아카데미, 1718년 왕립 학회에 선출되었다. Newton, Leibniz 및 Bernoulli의 친구였던 Varignon은 수학적으로 큰 기여를 하지 않았지만, Leibniz의 미적분을 Newton Principia의 관성 역학에 적용하여 분석 역학을 개발하였다. 그의 작품 중 상당수는 사망한 지 3년 후인 1725년 파리에서 출판되었다.

[출처 : 위키피디아]

예제 2.4 **평행한 힘의 합력**

힘 F_3는 F_1과 F_2의 합력이다. 길이 L_2와 힘 F_3를 구하시오.

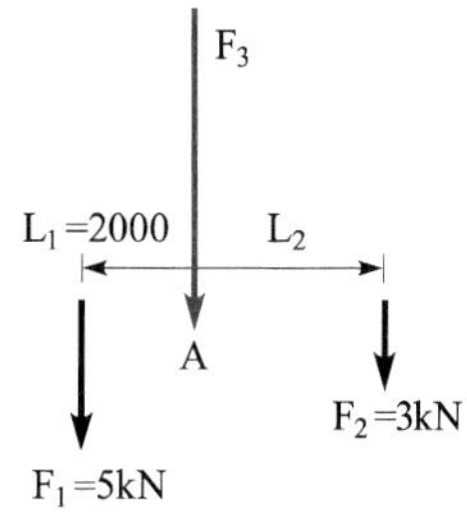

풀이

F_3는 F_1과 F_2의 합이다. $F_3 = F_1 + F_2 = 8\,kN$

A점에 대한 모멘트의 평형을 구하면,

$$\sum M_A = -F_1 \times L_1 + F_2 \times L_2 = 0$$

따라서, $L_2 = 3.3\,m$

2.5 힘의 평형

2.5.1 평면력의 평형

물체가 힘의 작용을 받으면서도 움직임이 없이 정지하고 있을 때, 그 작용력의 합력은 0이다. 정지하고 있는 상태에서 가속도값은 0이 되고, 뉴턴의 제2법칙에 따라, 결과로서 작용력이 0이 된다.

이러한 작용력의 합력이 0 이고, 물체가 정지하고 있는 상태인 것을「평형되어 있다 : in equilibrium」이라 한다. 건축구조물은 통상 정지된 상태에 있으므로 반드시 평형상태에 있다. 이 상태의 구조물을 대상으로 하는 역학을 정역학(靜力學, statics)라고 한다. 평면 내에 있는 n개의 힘(평면력)이 평형을 이루기 위한 조건은 다음의 3조건이다.

$$\sum_{i=1}^{n} F_{xi} = 0, \quad \sum_{i=1}^{n} F_{yi} = 0, \quad \sum_{i=1}^{n} M_i = 0 \tag{2.20}$$

여기서, $F_{xi} \cdot F_{yi}$: 힘 F_i의 X, Y축방향의 분력이고, 좌표축방향을 정(+)의 힘으로 함.

ΣM_i는 임의의 점에 대한 각 힘의 모멘트의 합이고, 합력에 의한 모멘트를 사용하여도 좋다(〈그림 2.13〉).

이 관계는 구조물 전체에 대해서도 구조물의 일부분을 취급하는 경우에도 반드시 성립하고 있는 중요한 관계이다. 평형조건식이 3개이므로, 작용하고 있는 힘의 크기와 그 방향에 대하여 3개까지의 미지량을 식 (2.20)의 관계를 이용하여 구할 수 있다.

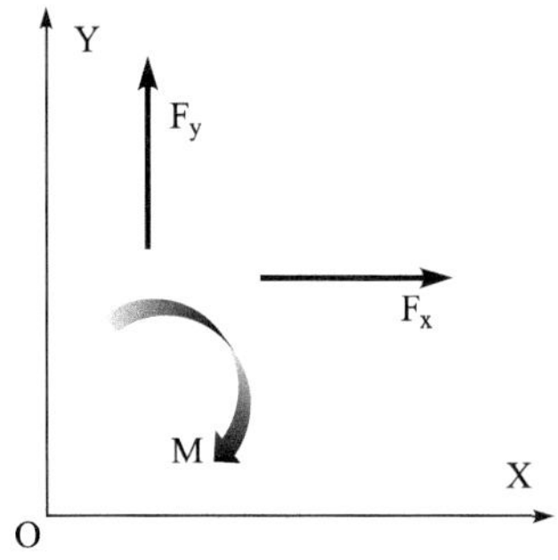

〈그림 2.13〉 평면력

2.5.2 1점에 가해지는 힘의 균형

1점에 가해지는 힘의 평형에는 「모멘트의 합 = 0」의 조건은 자동적으로 만족되므로 평형 조건식은 다음의 2식이 된다.

$$\sum_{i=1}^{n} F_{xi} = 0, \quad \sum_{i=1}^{n} F_{yi} = 0 \tag{2.21}$$

〈그림 2.14〉와 같이, 일반적인 임의 방향의 힘에 대해서 힘 F_i를 X, Y방향으로 분해한 F_{xi}, F_{yi}로 사용하므로, 전체를 X, Y 방향에 대하여 합산한다. 평형식이 2개이므로 작용하는 힘의 크기와 그 방향에 대하여 2개까지의 미지량을 식 (2.21)의 관계를 사용하여 구할 수 있다.

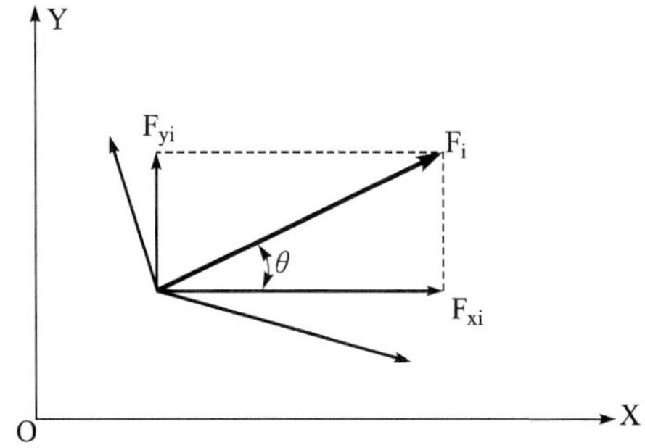

〈그림 2.14〉 1점에 가해지는 힘

예제 2.6 **평행한 힘**

평행한 힘 F_1, F_2, F_3, F_4는 평형되어 있다. 힘의 균형조건을 고려하여 F_2, F_3의 값을 구하시오.

풀이

수식해법에 따라 답을 구한다.

A점에 대한 모멘트의 평형에서

$$\sum M_A = -F_1 \times 4.0 - F_3 \times 6.0 + F_4 \times 10.0 = 0$$

$$6F_3 = -120 + 500 = 380$$

$$F_3 = 63\,\mathrm{kN}$$

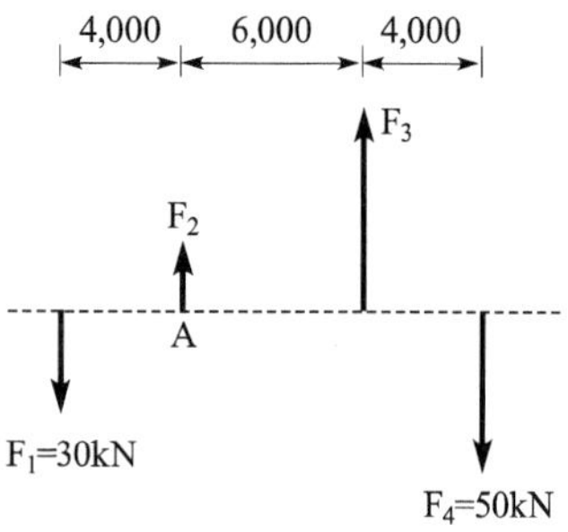

Y방향 힘의 평형에서 (상향을 정(+)로 하여)

$$\sum Y = -F_1 + F_2 + F_3 - F_4 = 0$$

$$F_2 + F_3 = 80$$

따라서, $F_2 = 17\,\mathrm{kN}$, $F_3 = 63\,\mathrm{kN}$

예제 2.7 **1점에 모이지 않는 힘**

도시한 5개의 힘의 A점에 대한 모멘트의 합 ΣM_A를 구하시오.

풀이

A점과 F_i의 거리를 L_i로 한다.

$$L_1 = \sqrt{(2.0)^2 + (1.5)^2} = 2.5\,\mathrm{m}$$

$$L_2 = 1.5\,\mathrm{m},\ L_3 = 3.0\,\mathrm{m}$$

$$L_4 = 0.0\,\mathrm{m},\ L_5 = 2.0\,\mathrm{m}$$

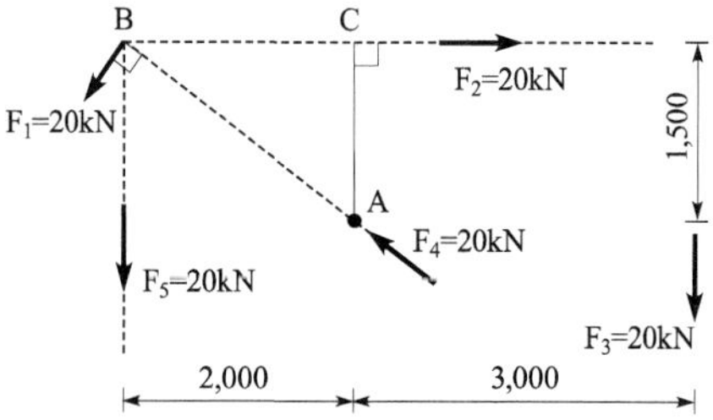

모멘트 부호는 시계침 방향을 정(+)로 한다.

$$\sum M_A = \sum F_i L_i$$

$$= -20 \times 2.5 + 20 \times 1.5 + 20 \times 3.0 + 20 \times 0.0 - 20 \times 2.0$$

$$= 0\,\mathrm{kNm}$$

예제 2.8 **여러 힘의 평형**

도시한 5개의 힘이 평형을 이루기 위해서는, F_1, F_2, F_3의 값은 각각 어느 정도 되어야 하는가?

풀이

5개의 힘이 평형을 이루기 위해서는 $\sum F_x=0$, $\sum F_y=0$, $\sum M=0$의 3조건을 만족할 필요가 있다.

(1) $\sum F_X = 0$; $\sum F_X = -F_2 + 40 = 0$, $F_2 = 40\,\text{kN}$

(2) $\sum F_Y = 0$; $\sum F_Y = F_1 + F_3 - 60 = 0$, $F_1 + F_3 = 60\,\text{kN}$

(3) $\sum M = 0$; $\sum M_A = \sum F_i \times L_i = 0$

$F_1 \times 0.0 + F_2 \times 0.0 - F_3 \times 5.0 + 40 \times 5.0 + 60 \times 2.0 = 0$;

$F_3 = 64\,\text{kN}$

이상으로부터,

F_1 = −4 kN(그림과 반대방향), F_2 = 40kN(그림 방향), F_3 = 64kN(그림 방향)

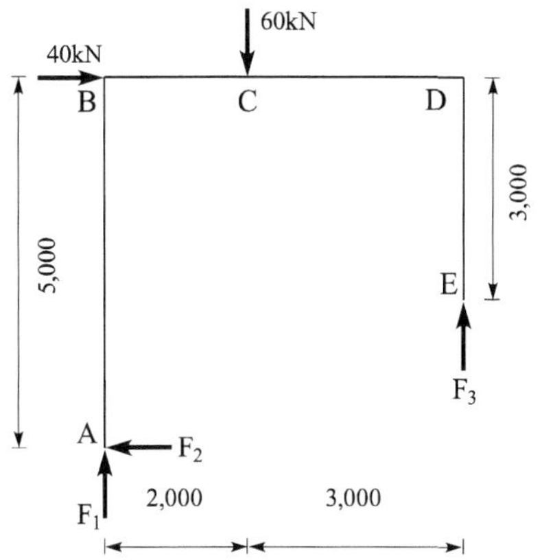

2.6 SI단위 및 계산정도

2.6.1 SI단위

공학일반에 있어서 당연한 것이지만, 단위가 상당히 중요한 의미를 갖고 있다. 단위의 이해없이 계산을 하는 것은 무의미하다고 말해도 좋으며, 식 등에 있어서도 단위를 고려하면서 이해에 노력하는 것이 필요하다. 단위(單位, unit)는 인위적으로 정한 크기를 기준으로 차원을 표현하기 위하여 사용되는 것으로서 여러 가지가 있으며, 이중 SI단위(SI單位, SI unit)는 국제표준기구(국제 도량형 총회)에서 단위를 통일하여 국제적으로 통용되도록 채택한 국제단위계(System of International unit, SI단위계)이다. SI단위에는 7개의 기본 단위(질량, 길이, 시간, 온도, 물질량, 전류, 광도)와 2개의 보조 단위(평면각, 입체각 ; 각은 차원이 없는 무차원량임)가 있다. 우리나라는 KBC2005부터 SI단위계를 적용하고 있다.

구조역학에서 사용할 수 있는 단위의 예를 〈표 2.2〉에 표시하고, 숫자를 취급하기 쉽도록 적정 단위계를 선택하고 있다. 또한 식의 유도와 계산결과가 바른지 어떤지를 조사하기 위해서 단위를 체크하는 것이 유효한 수단이 된다.

〈표 2.2〉 구조역학에서 사용하는 단위

	사용 대상	통상 사용하는 단위	이 책에서 사용하는 단위
1	부재치수	mm, cm, m	mm
2	거리	mm, cm, m	mm, cm, m
3	단면적	mm^2, cm^2, m^2	cm^2
4	힘	N, kN	kN
5	모멘트	kN cm, kN m	kN m
6	응력도	N/mm^2, kN/cm^2	kN/cm^2
7	일, 에너지	kN cm, kN m	kN cm

예를 들면, 제11장에서 산정되어 있는 변형 $\delta = PL^3/48EI$의 단위는 $(kN)(cm^3)/(kN/cm^2)(cm^4) = cm^3/cm^2 = cm$로 되어, δ는 길이의 단위(cm)인 것을 확인할 수 있다. 또한 예제 등에서 도시한 치수는 건축도면에서 통상 사용하고 있는 mm로 한다. 실제 수치계산에서는 m와 cm로 사용하고 있으므로 주의하여야 한다.

SI 단위계를 이용해서 크거나 작은 수를 나타낼 때 영(zero)을 나열해서 표시하는 대신에 〈표 2.3〉과 같은 SI 단위의 접두사를 사용한다. 예를 들어 $7\,\text{km} = 7 \times 10^3\,\text{m}$, $3\,\text{mm} = 3 \times 10^{-3}\,\text{m}$이다.

〈표 2.3〉 SI 단위의 접두사

곱해지는 수	명칭	기호	곱해지는 수	명칭	기호
10^1	deca	da	10^{-1}	deci	d
10^2	hecto	h	10^{-2}	centi	c
10^3	kilo	k	10^{-3}	milli	m
10^6	mega	M	10^{-6}	micro	μ
10^9	giga	G	10^{-9}	nano	n
10^{12}	tera	T	10^{-12}	pico	p

2.6.2 계산 정밀도

현재는 구조역학 계산을 컴퓨터와 소형 전자계산기를 사용해서 진행하므로 계산결과의 유효자릿수를 고려하지 않고 결과를 표시하는 것이 잘 진행되고 있다. 공학계산에서 지금 「어느 자리수의 정밀도를 구하여」 계산을 하고 있는 가를 인식하는 것이 대단히 중요하다. 건축구조계산에서 통상적으로 2자릿수 내지 3자릿수 유효정밀도가 있으면 충분하다. 쓸데없이, 자릿수 많은 수치를 취급하는 것은 무의미하다. 당연히 최후 자리의 수치는 사사오입한다.

공학에서 대상으로 하는 숫자에는 반드시 유효자릿수가 있다. 공학에 있어서는 4/3 = 1.3은 바른 표현이라고 인식하여 당당히 기술하고 4/3 =1.3333 등과 같이 불필요하게 표현할 필요는 없다.

이 책에서 취급하는 공학적 수치는 각각이 실제의 공학적 의미를 갖고 있는 수량이다. 10m 경간의 보가 변형하는 경우에는 2m씩 연직방향으로 변형하는 것은 고려하기 어렵고, 고작 2cm 정도이므로, 경간의 1/500 정도 (2cm/1,000cm = 1/500)라고 생각할 수 있다. 변형량 등을 단순한 수치가 아닌, 크기를 갖는 실감있는 수량으로 인식하기 바란다.

연습문제 *exercise*

2-1 힘의 합성

그림과 같은 힘이 작용하고 있을 때, 힘 F_1, F_2, F_3의 합력 R을 도식해법과 수식해법으로 구하시오.

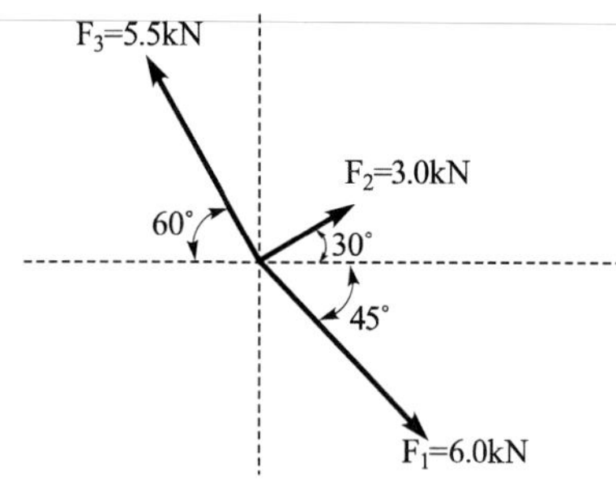

2-2 1점에 가해지는 힘의 합성

그림과 같은 4개 힘의 합력 R을 도식해법과 수식해법으로 구하시오.

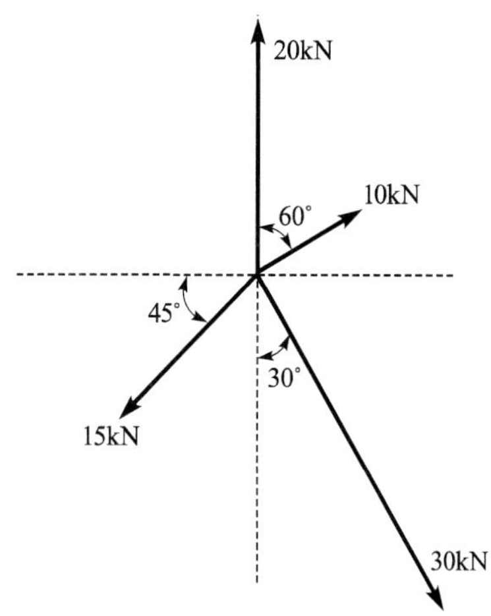

2-3 힘의 분해

F_1과 F_2의 합력을 OA, OB 방향으로 분해한 때의 분력 F_A와 F_B의 크기를 수식해법을 이용하여 구하시오.

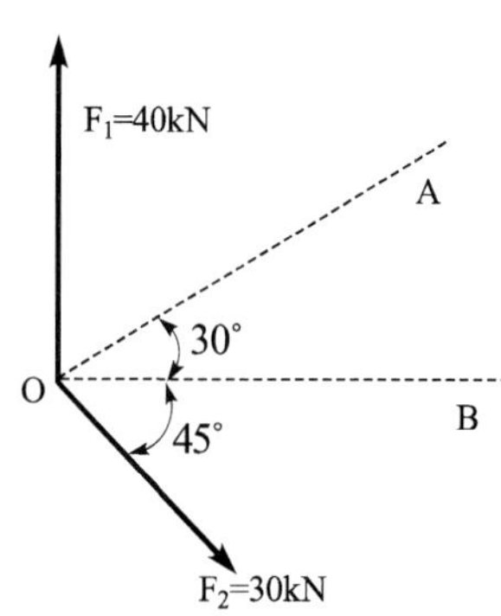

2-4 힘의 평형 1

F_1, F_2 2개의 힘과 평형을 유지하기 위하여, 어떠한 힘 1개를 작용시키면 좋은 가를 수식해법으로 구하시오.

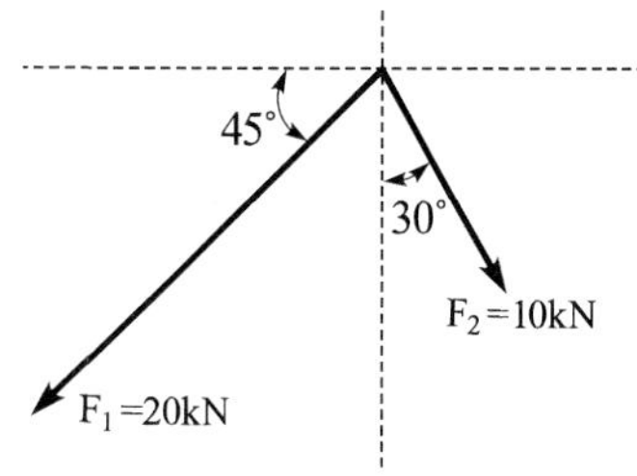

2-5 힘의 평형 2

그림과 같은 힘들은 평형을 이루고 있는가를 확인하시오.

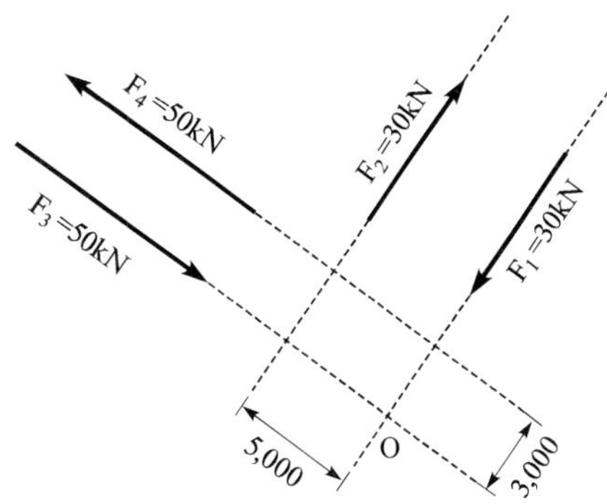

2-6 힘의 평형 3

그림과 같은 힘들은 평형을 이루고 있는가를 확인하시오.

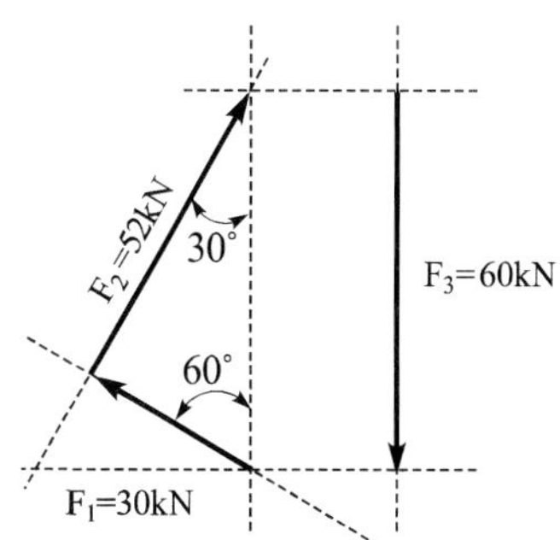

2-7 평행한 힘의 합성

평행한 힘이 합력 F의 크기, 방향, 작용선을 수식해법을 이용해서 구하시오

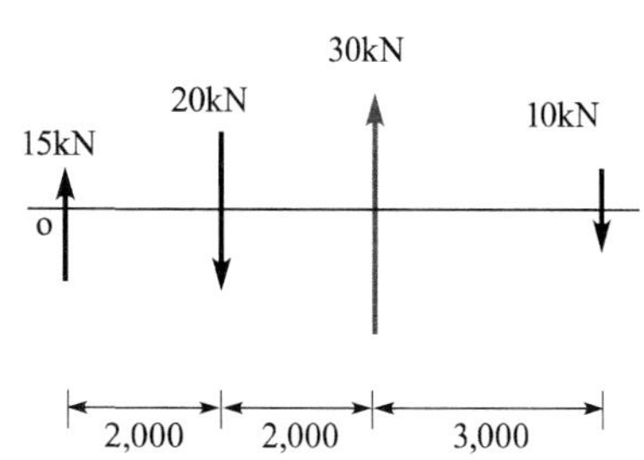

2-8 일반 힘의 합력

임의의 점에 작용하는 3개의 힘 F_1, F_2, F_3의 합력을 도식해법으로 구하고, 또한 시력도를 작성하시오.

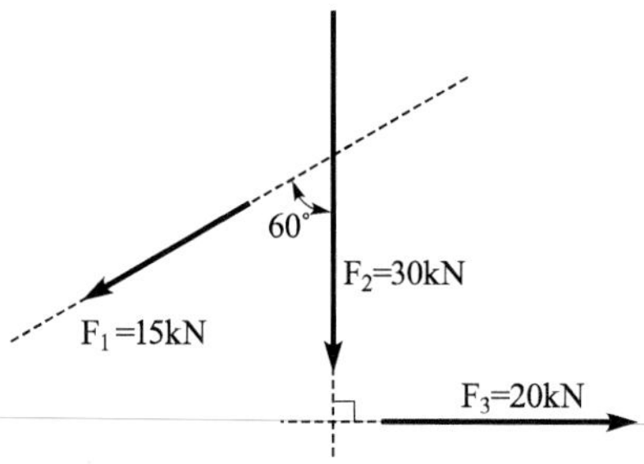

2-9 강체에 작용하는 힘

B점에 제3의 힘인 F_B가 작용하고 있을 때, 전체로서 3개의 힘 F_A, F_B, F_C가 평형을 이루기 위해서 F_B는 어떠한 힘이어야 하는가를 도식해법으로 구하시오.

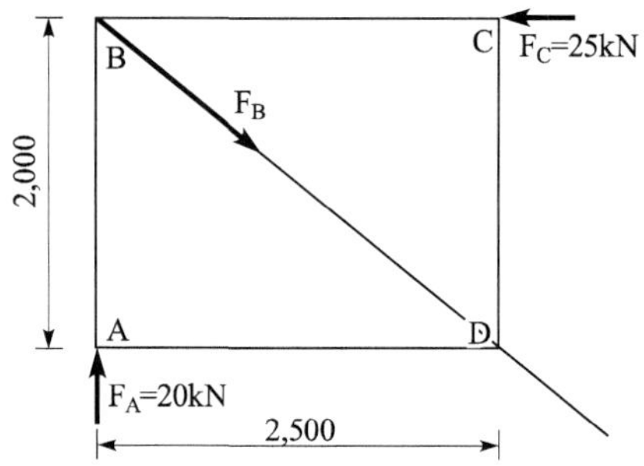

CHAPTER

03 구조물의 개론

3.1 구조물의 지점 및 절점
3.2 구조물의 판정
3.3 구조물의 종류
3.4 하중
3.5 하중조합
3.6 하중모델

CHAPTER 03

구조물의 개론

건축구조물은 기둥과 보 부재로 구성되어 있다. 이들 부재는 3차원으로 조립될 수 있지만, 간단히 하기 위하여 2차원의 연직 면내에 있는 평면구조물로서 고려한다.

또한, 부재는 폭과 높이(춤)을 갖고 있지만, 그들 부재 중심에 있는 선상의 부재, 즉, 선재로 간주하여 모델링한다. 기둥 · 보 부재는 직선형태가 많으므로, 이 책에서는 직선형태의 부재를 대상으로 하고 있다.

건축물에 작용하는 하중은 주로 자연조건에 따라 정해진다. 자연조건으로서 눈, 바람, 지진 등을 들 수 있다. 건물자중도, 건물 건축부지의 중력가속도에 따른 것이고, 넓은 의미로 자연조건으로 간주하는 것이 좋다.

다만, 건물 내에 있어서의 인간의 활동에 따른 활하중(적재하중)은 「사람의 활동」에 따른 것이고, 시대에 따라 변화해 간다는 것을 주의하여야 한다.

3.1 구조물의 지점 및 절점

3.1 구조물의 지점 및 절점

〈그림 3.1〉과 같이 기둥과 보로 구성된 구조물은 선재로서 평면적인 역학 모델로 모델링할 수 있다. 다음에 그 역학모델을 구성하는 지점, 절점, 부재에 대하여 〈그림 3.2〉와 같이 설명하고, 구조물이 안정, 불안정, 부정정의 어느 것이 되는 가를 나타낸다.

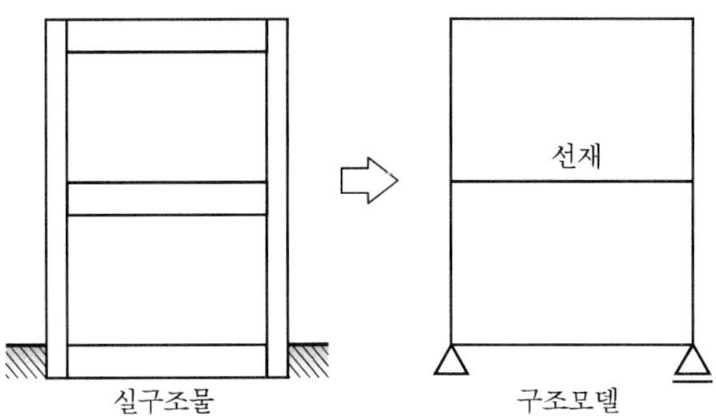

〈그림 3.1〉 선재 모델

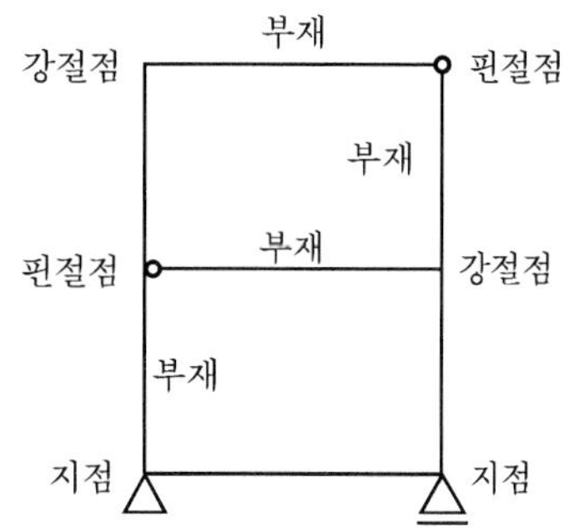

〈그림 3.2〉 지점, 절점, 부재

3.1.1 지점의 종류와 반력

구조물에 하중(荷重, load)이 작용하면 지점(支点, support)에는 반력(反力, reaction)이 생긴다. 반력이라는 것은 하중에 의하여 구조물에 부수적으로 생기는 것이지만 구조물의 역학적 해석에 대한 반력의 중요성은 하중과 마찬가지로 중요하다. 구조물은 하중과 반력에 의하여 힘의 평형을 이루고 있는 것인 만큼 만약 구조물의 역학적 해석에 있어서 반력을 무시한다면 구조물이 평형을 이루고 있어서 정지하고 있다는 전제에 어긋나게 된다. 이런 의미로서 구조물에 작용하는 외력(外力, external force)에는 항상 하중과 함께 반력도 포함된다.

구조물과 지반 또는 구조물과 구조물을 연결하는 점인 지점에 반력이 생길 때에 구조물은 그 지점에서 자유로운 운동을 억제 당한다. 물체의 운동은 수평이동, 연직이동, 회전의 3가지로 나눌 수 있으므로, 구조물이 생기는 반력에는 수평반력(水平反力, horizontal reaction), 연직반력(鉛直反力, vertical reaction), 모멘트반력(모멘트反力, rotational reaction)의 3가지가 있다. 또한, 구조물이 외력에 의하여 비틀릴 때에는 비틀림반력(비틀림反力, torsional reaction)도 생긴다.

움직이는 방향에는 반력이 생기지 않으므로 반력은 지점의 직각 방향인 운동이 구속된 방향으로 생긴다. 지점의 종류로는 이동지점, 회전지점, 고정지점 등이 있다. 〈그림 3.3〉 및 〈표 3.1〉과 같이 수평방향 반력을 H, 연직방향 반력을 V, 모멘트 반력을 M으로 한다.

(1) 이동지점(移動支点, roller support) : 〈그림 3.3(a)〉
- 지점이 연직방향으로 운동이 구속되고, 나머지 방향으로는 자유롭게 움직일 수 있다.
- 반력수 : 1(연직방향)

(2) 회전지점(回転支点, hinged support) : 〈그림 3.3(b)〉
- 지점이 어느 방향(연직, 수평)으로도 움직이지는 않으나 회전만은 자유이다.
- 반력수 : 2(연직방향, 수평방향)

(3) 고정지점(固定支点, fixed support) : 〈그림 3.3(c)〉
- 두 방향의 반력 외에 우력(偶力)이 생길 수 있으며, 우력은 지점의 회전을 방지하는 역할을 하므로 이를 고정 모멘트(固定 모멘트, fixed moment)라 한다.
- 반력수 : 3(연직방향, 수평방향, 회전)

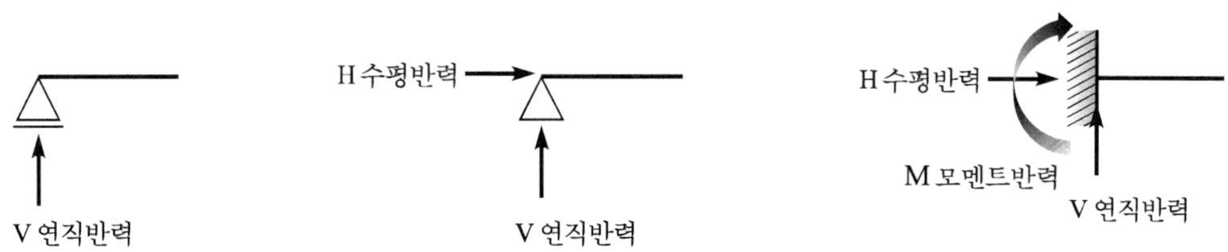

(a) 롤러 지점 (b) 힌지 지점 (c) 고정 지점

〈그림 3.3〉 지점의 종류

〈표 3.1〉 지점과 절점

	롤러	힌지	고정
지점	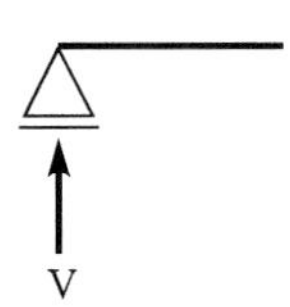 반력 V	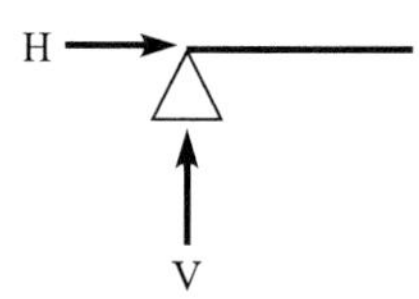 반력 V, H	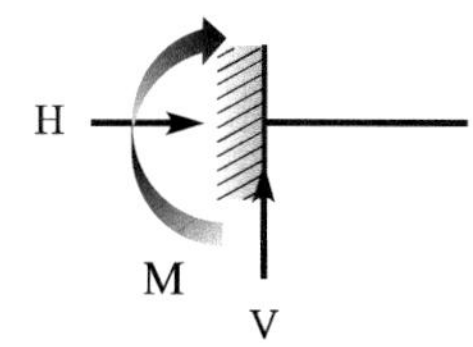 반력 V, H, M
절점	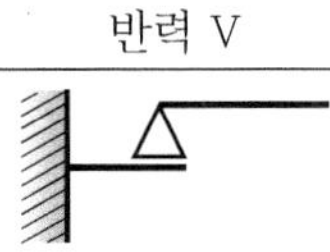 절점력 F_y	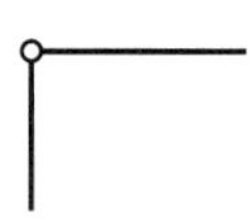 절점력 F_y, F_x	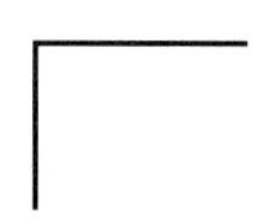 절점력 F_y, F_x, F_m
반력 및 절점력의 수	1	2	3

3.1.2 절점의 종류

2개 이상의 부재가 만나는 점을 절점(節点, joint, node)이라고 한다. 즉, 부재를 구분하고 있는 것이 절점이다. 어느 범위가 1개의 부재인가는 생각보다 일정하지는 않지만, 통상은 기둥과 보 등의 구성 부재 단위로 구분하고 있다.

〈그림 3.4〉 및 〈표 3.1〉에서와 같이 3종류의 절점이 정의된다. 실제에는 건축구조물에 있어서의 절점은 형상적으로 명확히 힌지와 롤러 절점으로 설계되어 있는 것은 적고, 그처럼 가정된 경우가 대부분이다. 그러나 건축적인 표현수단의 하나로서 힌지 절점이 채택된 경우도 있다.

(1) 이동절점

이동절점(移動節点, roller joint)은 연직방향력만을 전달하는 절점이다. 현실에서는 별로 이용되지 않고, 예외적으로 온도에 의한 신축을 좌우방향으로 자유롭게 이동하여 흡수한다고 하는 경우에 사용된다. 절점에서 전달되는 힘은 F_y만 있다.

(2) 회전절점

회전절점(回転節点, hinge joint, pin joint)은 연직방향력과 수평방향력을 전달하는 절점이고, 휨모멘트는 전달하지 않는다. 힌지 절점에서 모멘트는 0이고, 부재는 단부에서 회전하면 부재간의 각도는 변화한다. 절점에서 전달되는 힘은 F_y와 F_x 2개이다.

(3) 강절점

강절점(剛節点, fixed joint)은 연직방향력, 수평방향력 및 모멘트를 전달하는 절점이다. 부재단부는 강접합으로 연결되어 있으므로, 절점이 회전하여도 부재가 이루는 각도는 변화하지 않는다. 절점에서 전달되는 힘은 F_y, F_x, F_m 3개이다.

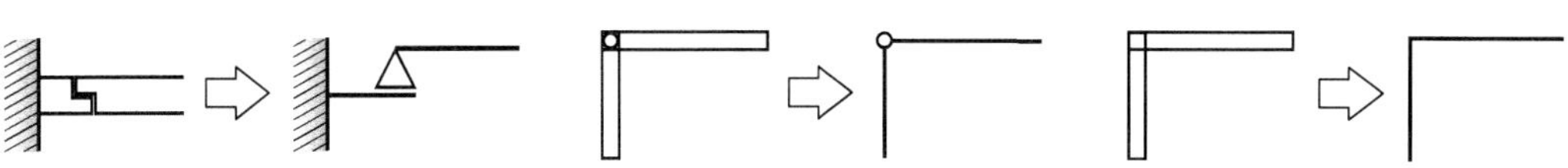

(a) 롤러 절점　(b) 힌지 절점　(c) 강 절점

〈그림 3.4〉 절점의 종류

3.1.3 부재응력의 종류와 부호

부재라고 불리는 통상의 구조부재에는 축방향력(N), 전단력(Q), 휨모멘트(M) 3종류의 부재응력이 생긴다. 부재응력은 부재의 축을 따라 단면 내에 존재하는 힘이고, 눈에 보이지 않는다. 그러나 부분적으로 부재를 작은 단면으로 절단하면, 그 단면의 양단에 생기는 힘으로 생각하는 것이 편리하며, 이것을 자유물체도(自由物体図, free body diagram)이라 한다. 자유물체도란 구조물의 전체 또는 일부분에 작용하는 하중과 구조물의 반력 및 응력을 힘으로 나타내어 평형조건을 유지하도록 한 그림이다.

(1) 축방향력

축방향력(軸方向力, axial force ; N)은 부재의 재축방향으로 당기거나 누르거나 하는 힘에 의한 것이다. 양측으로 당길 때에는 인장응력(引張応力, tensile stress), 누를 때에는 압축응력(壓縮応力, compressive stress)이라 한다. 통상적으로 〈그림 3.5(a)〉와 같이 인장응력을 정(+)으로 하고, 압축응력을 부(−)로 하며, 축방향력의 단위는 N과 kN을 사용한다.

(3) 전단력

전단력(剪斷力, shear force ; Q)은 부재의 축에 직각방향으로 작용하는 힘이고, 부재를 자르려고 하는(전단하는) 힘이다. 가위 또는 칼 등으로 부재를 절단한다고 생각하면 좋으며, 한 쌍의 반대방향의 힘이 된다. 전단력의 부호는 〈그림 3.5(b)〉와 같이 한 쌍의 힘이 부재를 시계침 방향으로 회전시킬 때에는 정(+), 반시계침 방향인 경우에는 부(−)로 하며, 전단력의 단위는 N과 kN을 사용한다.

(3) 휨모멘트

휨모멘트(bending moment ; M)는 부재의 양측에서 작용하여 휘어진다고 하는 힘이다. 휨모멘트의 부호는 〈그림 3.5(c)〉와 같이 하부측이 늘어나는 상태를 정(+), 상부측이 늘어나는 상태를 부(−)로 하며, 휨모멘트의 단위는 힘에 길이를 곱한 것인 모멘트와 동일하고, Ncm와 kNm을 사용한다.

(4) 외력과 반력의 부호

부재응력의 부호는 〈그림 3.5〉와 같이 각각의 부재응력에 따라 정해진다. 이것에 대하여 외력과 반력의 부호는 <그림 3.6>과 같이 H와 V는 각각 X축 및 Y축의 정방향을, 모멘트 M에 대해서는 시계침 방향을 정으로 하므로 사용에 주의를 하여야 한다.

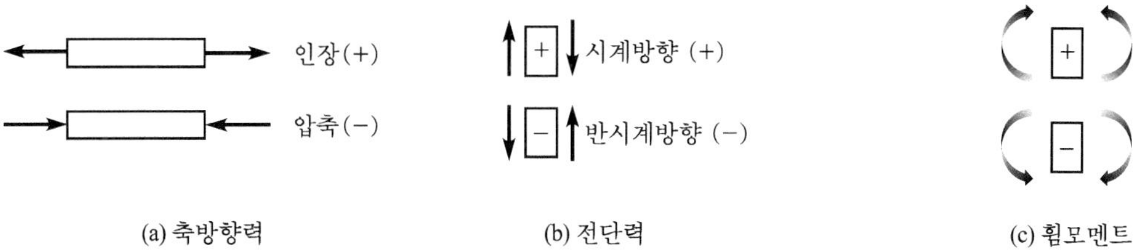

<그림 3.5> 부재응력의 종류

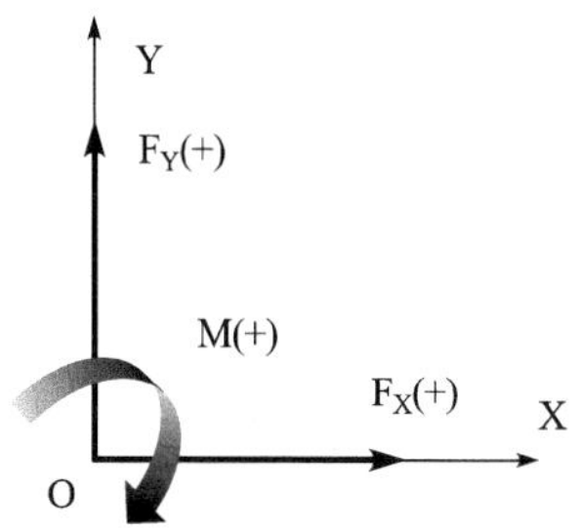

<그림 3.6> 외력과 반력의 부호

3.2 구조물의 판정

3.2.1 구조물의 안정과 불안정

구조물은 외력에 대하여 안정(安定, stable)하여야 한다. 구조물에 힘이 작용했을 때 모양이 변하지 않아야 한다. 즉, 구조물에 외력이 작용하였을 때, 구조물의 상태가 변하지 않고 또한 지점의 위치가 움직이지 않는 구조물을 안정구조물(安定構造物, stable structure)이라 한다. 그 반대로 외력에 의하여 쉽게 형태가 변하거나 지점이 이동하는 구조물은 불안정구조물(不安定構造物, unstable structure)이라 한다. 구조물이 안정인가 어떤가는 구조물의 절점과 지점이 어떻게 구성되어 있는가에 따른다.

〈그림 3.7〉에 불안정구조물의 예를 표시했지만, 수평 또는 연직방향의 힘이 가해지면, 크게 회전하거나 이동하게 된다. 〈그림 3.8〉에 표시한 안정구조물은 작용 외력에 대하여 안정되어 있다. 이처럼, 한번 보아서 불안정으로 이해되는 것도 있지만, 형태가 복잡하다면 부재의 결합상태(절점의 조건)와 지점조건에 따라 안정인가 불안정인가를 정하게 된다.

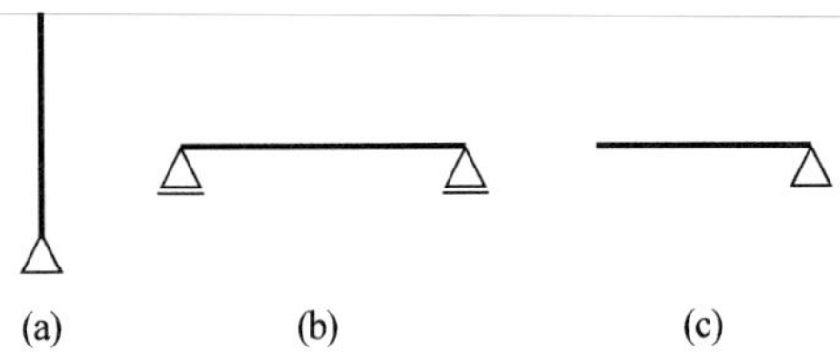

〈그림 3.7〉 불안정구조물

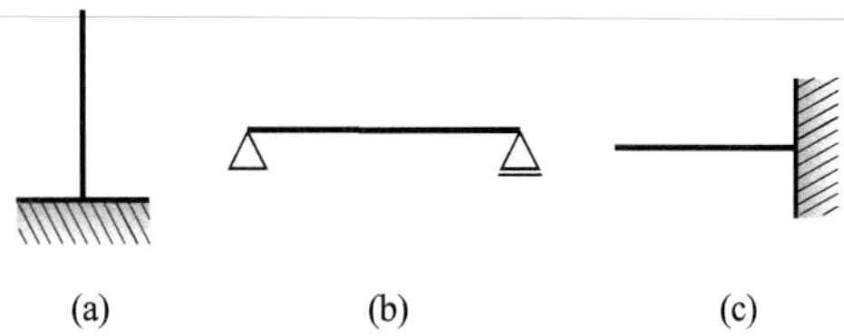

〈그림 3.8〉 안정구조물

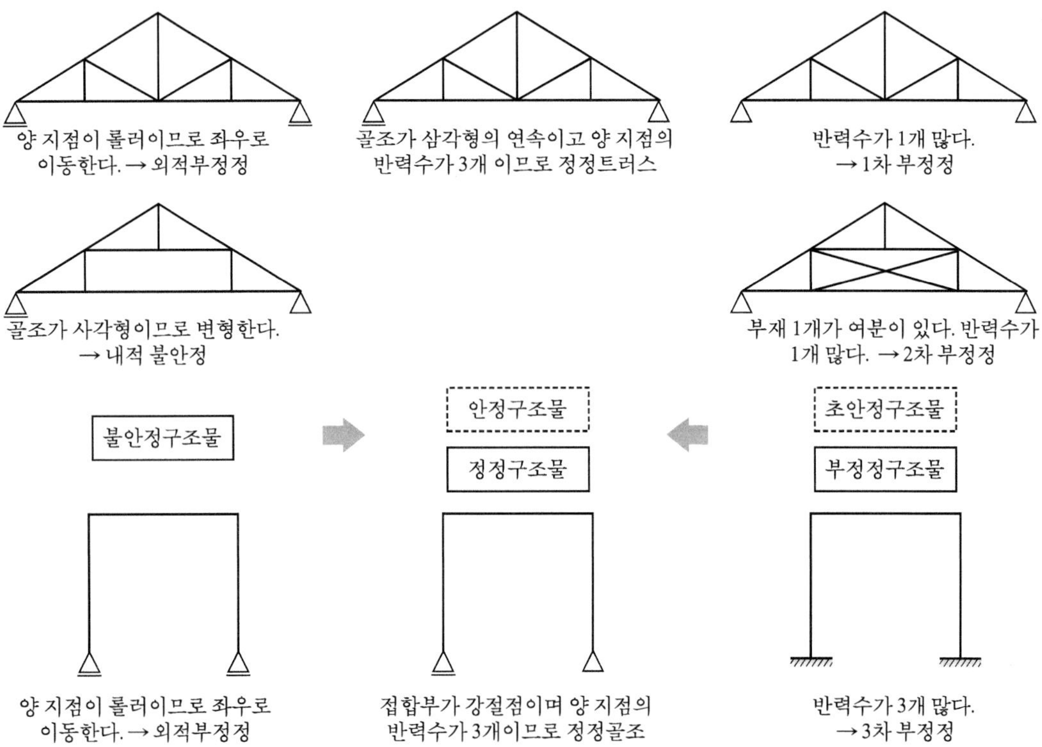

〈그림 3.9〉 구조물의 안정과 불안정

3.2.2 구조물의 정정과 부정정

(1) 정정구조물

안정구조물 중에서 임의의 힘의 작용에 대해 힘의 평형조건($\Sigma F_x = 0$, $\Sigma F_y = 0$, $\Sigma M = 0$의 3조건)만으로 전체 반력과 부재응력이 구하여지는 것을 정정구조물(靜定構造物, statically determinate structure)라 한다. 정정구조물은 어떤 외력에 대해서도 힘의 평형조건만으로 구조물의 반력이나 부재응력을 구할 수 있으므로 그 값은 사용재료의 성질이나 단면의 크기에는 관계가 없으며 단지 부재의 구성방법이나 지지방법에 따라 정해진다. 또한, 온도의 변화 · 지반의 침하 · 부재의 수축 팽창으로 인하여 구조물에 생기는 적은 변형은 구조물의 응력 계획에 아무런 영향을 끼치지 않는다고 생각한다.

(2) 부정정구조물

정정이지 않는 구조물은 구조물의 변형에 따라서 부재 응력이 생기게 되어, 이를 부정정구조물(不靜定構造物, statically indeterminate structure)라고 부른다. 부정정구조물의 응력해석은 힘의 평형과 변형 적합조건(각 절점에 있어서의 연속조건과 각 지점에 있어서의 구속조건)을 만족하는 해답을 구하게 된다. 구체적으로는 변형과 부재응력을 미지수로 하여 연립방정식을 풀면 답을 구할 수 있다. 또한, 부정정 차수에 대응하는 잉여력이라고 부르는 반력을 해제하는 것으로 정정구조물로서의 답을 구할 수도 있다.

(3) 구조물의 분류

일반구조물을 분류하면 다음과 같다.

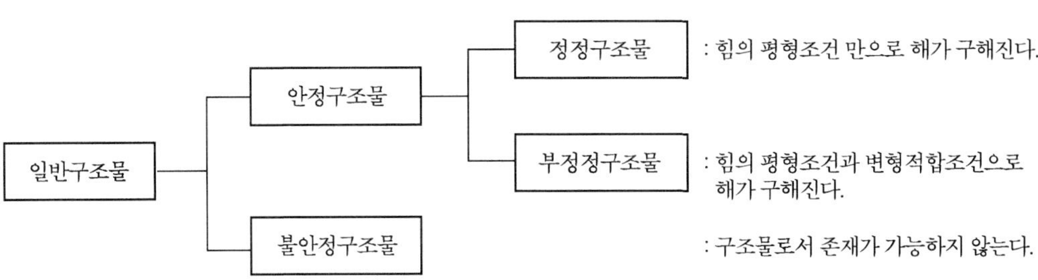

3.2.3 구조물의 판별식

안정과 불안정 그리고 정정과 부정정을 판별식에 따라 판별할 수 있다. 이 식은 미지의 응력수와 평형식의 수를 비교하여 구조물의 성질을 판정한다.

(1) 구조물의 전체 부정정 차수

$$m = n + s + r - 2k \tag{3.1}$$

여기서, m : 부정정 차수

$m > 0$; 안정 및 부정정 (m의 숫자가 부정정 차수임)

$m = 0$; 안정 및 정정 **(3.2)**

$m < 0$; 불안정

n : 반력수 (反力數) ; 이동지점=1, 회전지점=2, 고정지점=3의 합계 수

s : 부재수 (部材數) ; 지점, 절점, 자유단으로 분절되는 부재 수의 총합

r : 강절점수 (剛節點數) ; 각 절점에서 1개의 부재에 강접합으로 접합되어 있는 부재 개수의 총합(〈표 3.2〉)

k : 절점수 (節點數) ; 지점과 자유단도 절점으로 취급함

n, s, r : 증가요소

k : 감소요소

n : 외적부정정차수의 증가

s, r : 내적 부정정 차수의 증가

〈표 3.2〉 부재의 조합에 따른 강절점수

부재	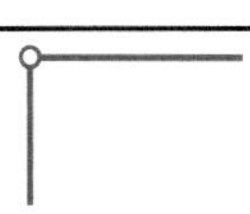	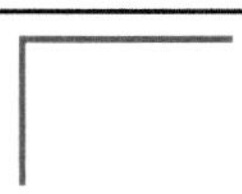	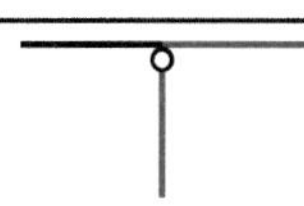	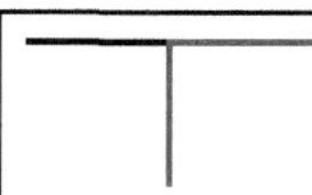	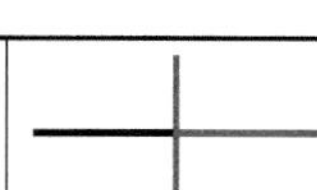
절점수	1	1	1	1	1
부재수	2	2	3	3	4
강절점수	0	1	1	2	3

※ 강절점수 (剛節点数) : 각 절점에서 하나의 부재에 강접합된 다른 부재 개수의 총합

(2) 구조물의 내적·외적 부정정 차수

외적 : $m_e = n - 3$

내적 : $m_i = m - m_e$

m이 정(+)의 값이 되는 부정정구조물에서는 m개의 미지수가 힘의 평형조건만으로는 구할 수 없게 되어 별도의 조건, 즉 변형적합조건(變形適合條件, compatibility condition)을 도입할 필요가 있다. 또한, m이 정(+)인 경우에도 안정되지 않은 특수한 경우가 있음에 주의하여야 한다.

〈그림 3.10〉의 경우는 n=3, s=7, r=2, k=6이고, m=0이 되지만, (a)는 안정, (b)는 불안정이다. (b)의 경우는 전체가 좌우로 넘어지는 경우 막을 기구가 없어서 불안정이 된다. 이처럼, 판별식에 추가하여 변형상태를 예상하여 안정인가 아닌가를 검토하는 것이 필요한 경우가 있다.

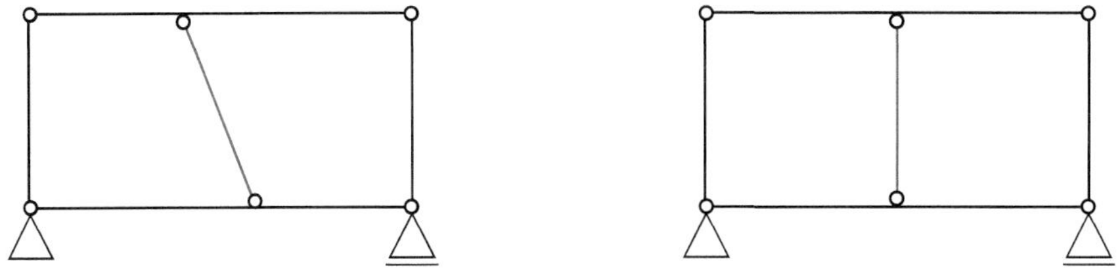

(a) 안정구조물 (b) 불안정구조물

〈그림 3.10〉 안정과 불안정

3.3 구조물의 종류

3.3.1 역학적 모델에 따른 분류

건축구조물을 역학적인 모델에 따라 분류하면 〈그림 3.11〉과 같이 몇 개의 기본형으로 분류할 수 있다.

(1) 정정보

정정구조의 보이며, 대표적인 정정보로는 다음 4가지가 있다.

① 캔틸레버 (cantilever) : 1단만이 고정 지지되어 있는 보이고, 발코니를 지지하는 보 등에 이용된다. 고정단에서 보가 돌출된 상태이며, 한쪽에서 지지되어 있다고 하는 의미에서 캔틸레버라 부른다.

② 단순보 (simple beam) : 1단은 회전지점(힌지), 다른 단은 이동지점(롤러)으로 지지되어 있는 보로서, 가장 일반적인 정정보이다. 바닥을 지지하는 작은 보와 도로교 등에 많이 이용되고 있다.

③ 내민보 (cantilevered beam) : 단순보의 1단이 돌출되어 있는 보로서 캔틸레버와 단순보가 조합된 형식이다.

④ 겔버보 (hinged beam) : 중간에 힌지 절점을 갖고 있는 보로서, 얼듯 보기에 복잡하게 보이지만 중간의 힌지 조건을 고려하면 정정구조물이다. 또한, 힌지의 위치를 알게 되면, 그림⑤의 연속보와 같은 응력상태가 된다. 그림④의 경우는 판별식 m = n+s+r−2k = (5+5+2)−2x6 = 0가 되어 정정구조물임을 알 수 있다.

(2) 부정정보

정정보 지지조건의 고정도가 증가하면 부정정보가 된다. 대표적인 부정정보로는 다음 2가지가 있다.

⑤ 연속보 (continuous beam) : 2개 이상의 보가 연속하여 접합되고, 이동지점(롤러) 또는 회전지점(힌지, 핀)으로 지지되어 있는 보로서 지점 위로 모멘트가 생긴다. 외견상은 동일해도 몇 개의 단순보 (양단이 핀과 롤러)의 집합과는 다름에 주의한다.

⑥ 고정보 (fixed end beam) : 1단 이상이 고정되어 있는 보로서, 양단 고정보와 1단 고정보(1단 고정+타단 롤러) 등이 있다.

(3) 기타 구조

⑦ 트러스 (truss) : 전체 절점이 핀절점이고, 부재가 삼각형을 구성하고 있는 구조물을 트러스구조라고 한다. 트러스의 구조응력에는 절점이 핀이므로 축방향력 밖에 생기지 않고, 휨모멘트와 전단력이 없는 것이 특징이다. 트러스에는 정정트러스와 부정정트러스가 있다.

⑧ 골조 (rigid frame, rahmen) : 기둥과 보로 부재가 구성되고, 부재 서로가 강접합되어 있는 강접구조골조를 라멘구조라고 한다. 1층 1경간 구조물을 문형골조 (portal frame)이라 부르고, 골조구조의 층수가 높아지고, 경간수도 많아지면 다층골조구조

(multi-story frame)이 되며, 일반적인 건축구조로서 가장 널리 이용되고 있는 구조이다.

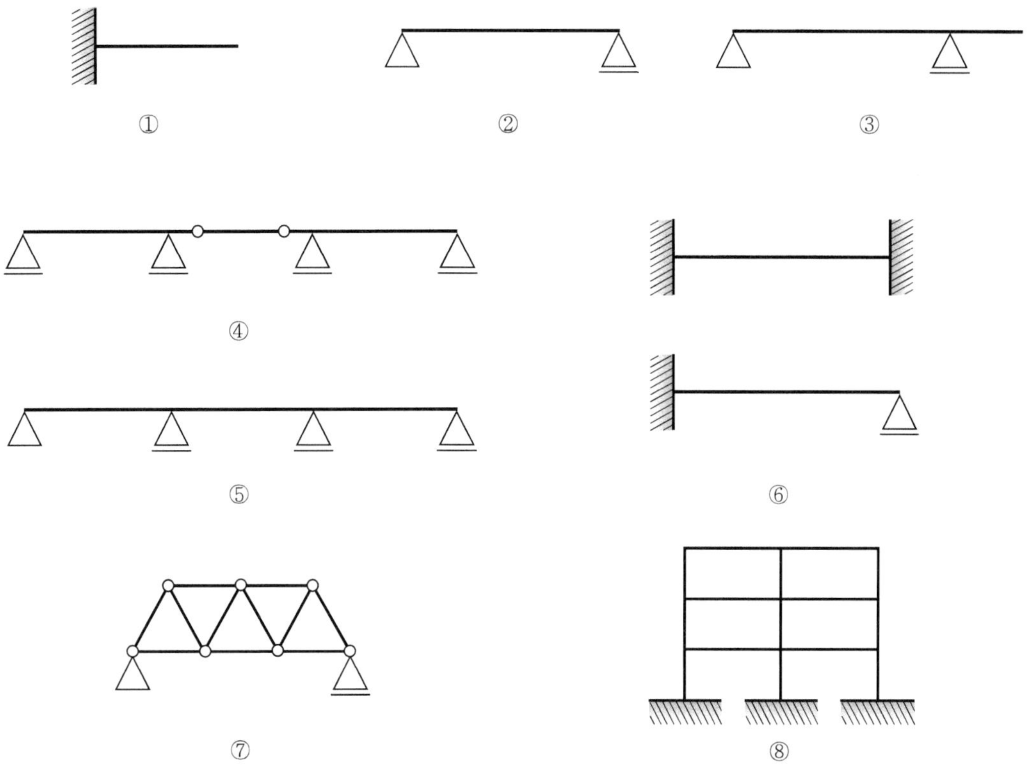

〈그림 3.11〉 역학적 모델로 분류한 구조물의 종류

미니지식 하인리히 고트프리드 거버 (Heinrich Gottfried Gerber, 독일 ; 1832–1912)

하인리히 고트프리드 거버는 뉘른베르크와 뮌헨에 있는 폴리테크닉 학교에서 공부했고, 1852년 바이에른 스타츠바우딘스트에 입사하여 철도에 관한 일을 했다. 그는 그로헤셀로허 다리의 계획을 도왔고 1857년에 다리가 완성되었다. 다리가 완공된 후 거버는 뉘른베르크에 있는 마스키넨파브리크 클렛 다리 부서의 수석 엔지니어로 임명되었다.

뉘른베르크에서 그는 더 간단하게 계산할 수 있는 연속적인 구조시스템을 연구하고 있었다. 1866년 바이에른의 특허를 받았으며, 1867년 밤베르크에 있는 레그니츠 강 위의 다리와 하푸르트의 다리에 처음 실현되었다. 이 공사는 급속히 확산되어 세계적으로 겔버보로 알려지게 되었다.

1873년 뮌헨의 MAN–Werk Gustavsburg와 그의 뮌헨 사무소는 뮌헨의 Südeutsche Bridge AG에 합병되어 독일로부터 최고 경영자로 독립하였다. 그의 제안으로, 이 회사는 1884년에 마스키넨바우–아크티엔젤샤프트 뉘른베르크 (현재의 MAN)로 합병되었다. 거버는 그곳에서 이사였고, 연구와 컨설팅 활동을 계속하는데 전념했다.

[출처 ; 위키피디아®]

3.3.2 작용되는 힘에 따른 분류

① 인장재 (引張材, tension member) : 부재의 축방향으로 인장력을 받는 부재
② 압축재 (圧縮材, compression member) : 부재의 축방향으로 압축력을 받는 부재
③ 휨재 (휨材, bending member) : 부재 축의 직각방향으로 작용하는 힘에 저항하는 부재

〈표 3.3〉 구조물의 종류

<table>
<tr><th>종류</th><th colspan="6">정정구조물</th><th colspan="6">부정정구조물</th></tr>
<tr><td rowspan="2">보</td><td colspan="3"></td><td colspan="3"></td><td colspan="3"></td><td colspan="3"></td></tr>
<tr><td colspan="3">캔틸레버</td><td colspan="3">단순보</td><td colspan="3">고정보</td><td colspan="3">연속보</td></tr>
<tr><td rowspan="4">트러스</td><td colspan="3">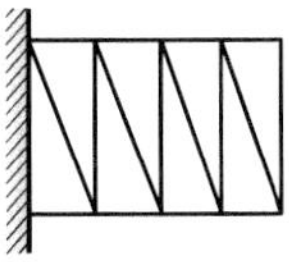</td><td colspan="3">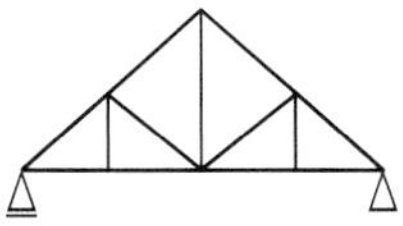</td><td colspan="3" rowspan="3">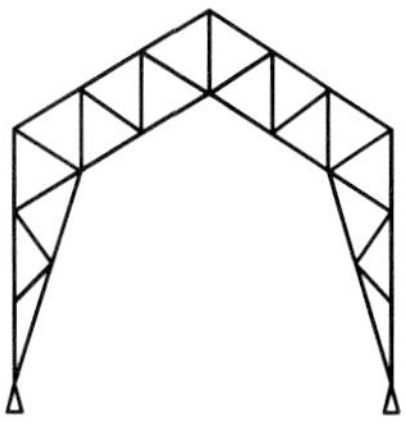</td><td colspan="3" rowspan="3">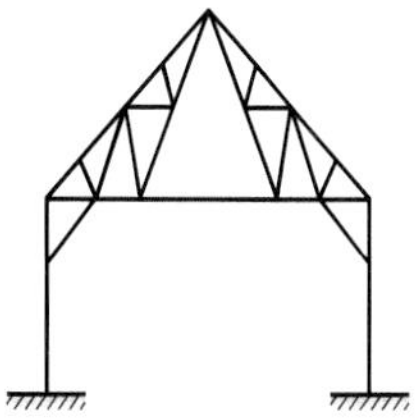</td></tr>
<tr><td colspan="3">캔틸레버형 트러스</td><td colspan="3">단순보형 트러스</td></tr>
<tr><td colspan="3">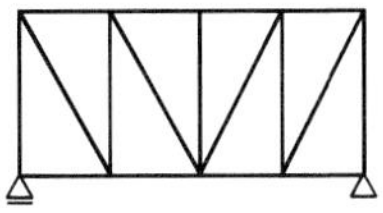</td><td colspan="3">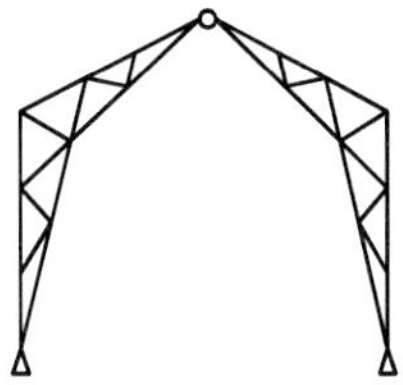</td></tr>
<tr><td colspan="3">하우트러스</td><td colspan="3">3힌지 트러스</td><td colspan="3">2힌지 트러스</td><td colspan="3">핑크트러스</td></tr>
<tr><td rowspan="2">모멘트
저항
골조</td><td colspan="2"></td><td colspan="2">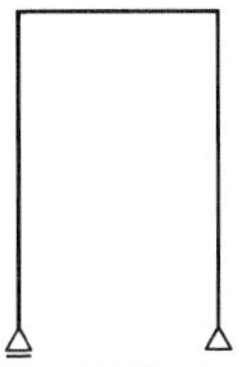</td><td colspan="2">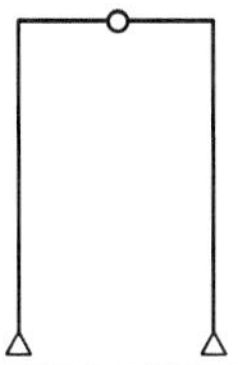</td><td colspan="2">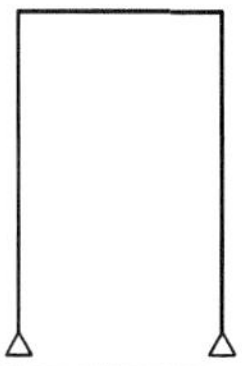</td><td colspan="2">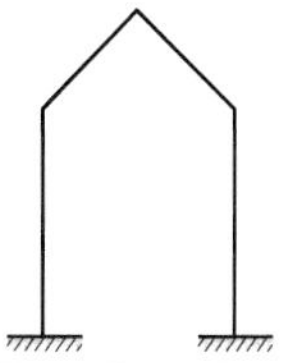</td><td colspan="2">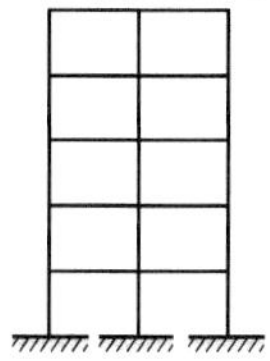</td></tr>
<tr><td colspan="2">캔틸레버형
골조</td><td colspan="2">단순보형
골조</td><td colspan="2">3힌지
골조</td><td colspan="2">2힌지
골조</td><td colspan="2">산형
골조</td><td colspan="2">장방형
골조</td></tr>
<tr><td rowspan="2">아치</td><td colspan="6">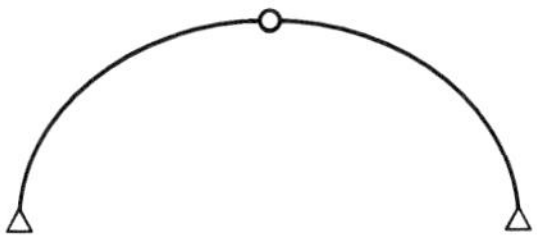</td><td colspan="3"></td><td colspan="3"></td></tr>
<tr><td colspan="6">3힌지 아치</td><td colspan="3">2힌지 아치</td><td colspan="3">고정 아치</td></tr>
<tr><td rowspan="2">기타</td><td colspan="3">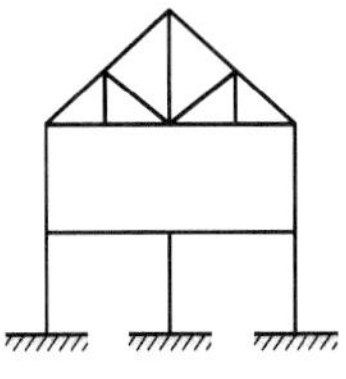</td><td colspan="3">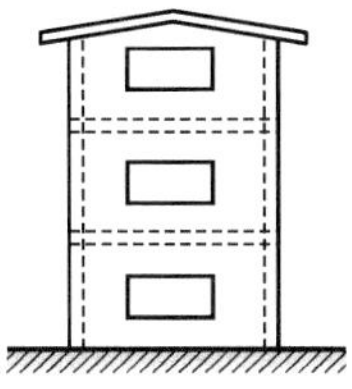</td><td colspan="3"></td><td colspan="3">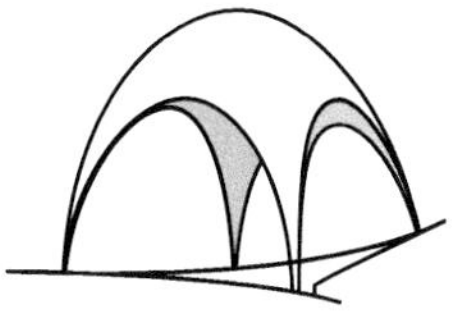</td></tr>
<tr><td colspan="3">합성골조</td><td colspan="3">벽식구조</td><td colspan="3">절판구조</td><td colspan="3">쉘</td></tr>
</table>

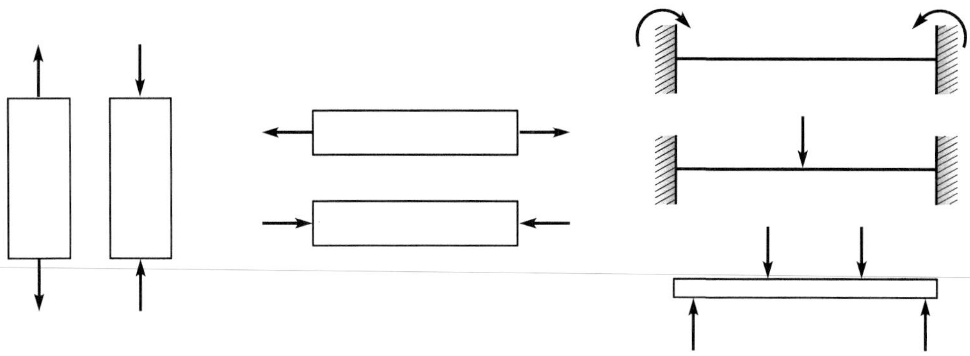

〈그림 3.12〉 작용되는 힘에 따른 부재의 종류

3.3.3 구성 부재에 따른 분류

1) 선재(line member)

① 보(beam) : 부재축에 연직한 분력을 가지는 힘의 작용을 받는 부재를 몇 개의 지점으로 받쳐서 주로 휨모멘트와 전단력을 지지하는 수평방향의 구조물이다.

정정보 → 단순보, 캔틸레버, 내민보, 겔버보

부정정보 → 고정보, 연속보

② 기둥(column) : 주로 압축력을 받는 연직방향의 부재이다.

③ 골조 (moment resisting frame, rahmen) : 보와 기둥을 조합한 구조로서 인장재, 압축재, 휨재를 고정 또는 회전절점으로 구성한 구조물이다.

④ 트러스(truss) : 부재가 인장재 또는 압축재로서 모두 회전절점으로 짜여진 구조물(인장재와 압축재가 모두 핀으로 되어있는 골조)이다.

⑤ 아치(arch) : 부재 축이 직선이 아닌 곡선으로 하여 휨모멘트를 최소화하고 주로 압축력을 받는 구조물이다.

⑥ 케이블(cable) : 강선 등을 이용하여 인장력만으로 하중을 지지하는 구조물이다.

2) 면재(surface member)

① 슬래브(slab) : 구조물의 바닥판으로서 수평하게 설치되어 하중을 지지하는 부재이다.

② 벽(wall) : 수직으로 설치되어 연직력과 바람이나 지진 등의 횡력(수평력)을 지지하는 부재이다.

③ 쉘(shell) : 곡면판으로 외력을 받도록 한 구조물로서 선형부재의 아치와 같이 주로 압축력만 지지하도록 한 구조물이다.

예제 3.1 안정 · 불안정 및 정정 · 부정정 (보의 예)

(1) 보 1

$n=2$(반력수), $s=1$ (부재수),
$r=0$(강절점수), $k=2$(절점수)
$m=n+s+r-2k=2+1+0-2\times2=-1$
불안정구조물(수평으로 이동함)

(2) 보 2

$n=3$, $s=1$, $r=0$, $k=2$
$m=(3+1+0)-2\times2=0$
안정 · 정정구조물

(3) 보 3

$n=4$, $s=1$, $r=0$, $k=2$
$m=(4+1+0)-2\times2=1$
안정 · 1차 부정정구조물

(4) 연속보 1

$n=4$, $s=2$, $r=1$, $k=3$
$m=(4+2+1)-2\times3=1$
안정 · 1차 부정정구조물

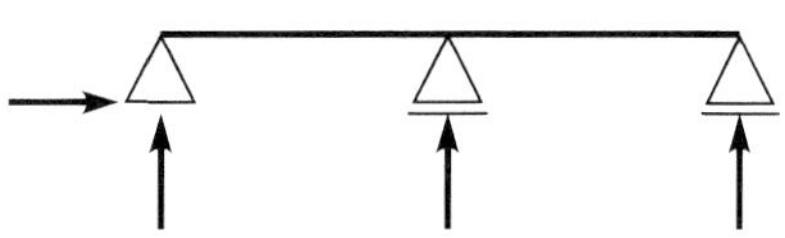

(5) 연속보 2

$n=5$, $s=2$, $r=1$, $k=3$
$m=(5+2+1)-2\times3=2$
안정 · 2차 부정정구조물

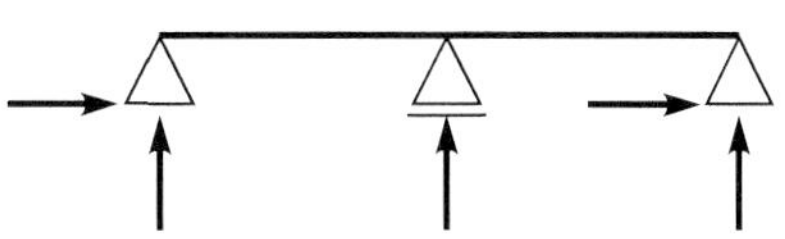

(6) 고정보

$n=4$, $s=1$, $r=0$, $k=2$
$m=(4+1+0)-2\times2=1$
안정 · 1차 부정정구조물

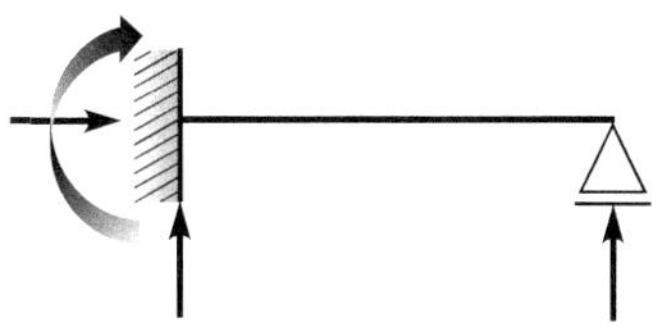

예제 3.2 안정 · 불안정 및 정정 · 부정정 (골조와 트러스의 예)

(1) 골조 1

n=3, s=3, r=2, k=4

m=(3+3+2)−2×4=0

안정 · 정정구조물

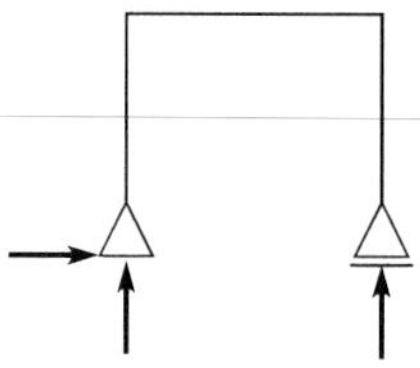

(2) 골조 2

n=4, s=3, r=2, k=4

m=(4+3+2)−2×4=1

안정 · 1차 부정정구조물

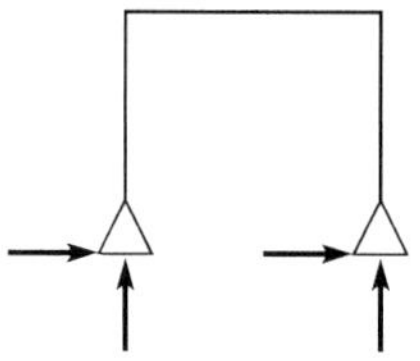

(3) 골조 3

n=4, s=4, r=2, k=5

m=(4+4+2)−2×5=0

안정 · 정정구조물

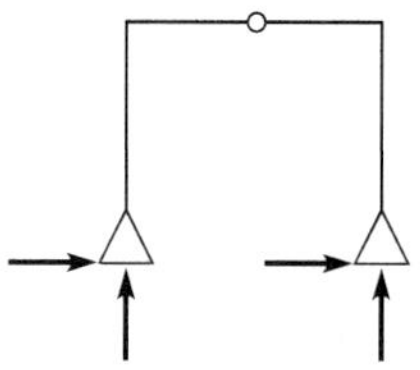

(4) 골조 4

n=6, s=3, r=2, k=4

m=(6+3+2)−2×4=3

안정 · 3차 부정정구조물

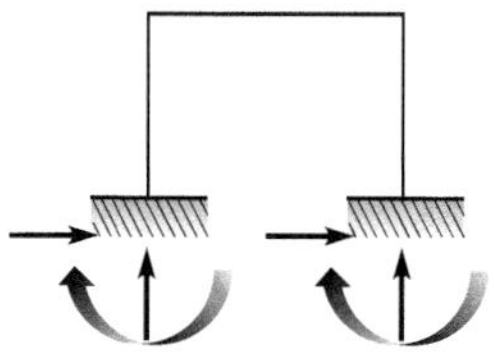

(5) 트러스

n=3, s=11, r=0, k=7

m=(3+11+0)−2×7=0

안정 · 정정구조물

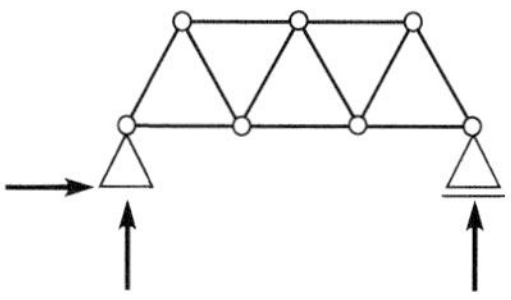

3.4 하중

구조물은 수명기간에 예상되는 모든 하중소선에 대하여 안전하여야 하므로 구조물에 작용하는 하중을 명확하게 평가하는 것은 매우 중요하다. 일반적으로 설계하중은 구조물의 용도와 경제적 및 환경적 요인 등을 고려하여 계수하중을 적용한다. 우리나라에서는 건물설계기준의 최소한의 설계하중으로 'KDS 41 10 15 : 2019, 건축구조기준 설계하중(국가건설기준센터, www.kcsc.re.kr)'을 따른다.

설계하중별 세부적인 산정 방법은 '건축구조기준 설계하중'을 참조하기 바라며, 여기서는 다음과 같은 주요 설계하중에 대하여 개요만을 설명하고자 한다.

① 고정하중 또는 사하중(dead load)
② 활하중 또는 적재하중(live load)
③ 적설하중(snow load)
④ 풍하중(wind load)
⑤ 지진하중(earthquake load)

그리고 구조물과 구조부재는 위에 열거한 하중들의 조합에 의하여 계산한 소요강도 이상의 설계강도를 갖도록 설계하여야 한다.

3.4.1 고정하중

고정하중(또는 사하중, dead load, DL)은 구조체 자체의 무게나 구조물의 존재기간 중 지속적으로 구조물에 작용하는 하중으로 구조체, 마감재, 구조물에 부가된 시설(수도관, 전기선 및 전기설비, 에어컨과 난방 덕트, 바닥마감, 천정마감) 등 이동하지 않는 기본적인 하중이다. 따라서 고정하중은 중력방향의 정적하중으로 구조물의 수명기간 동안 변하지 않는 하중이다. 일반적으로 고정하중은 건축재료에 따른 고정하중을 수록한 자료나 기준을 이용하여 각 부분의 실상에 따라 산정한다.

각 부분의 중량은 재료의 밀도, 단위 체적중량, 조합중량을 사용하여 계산하며, 주요 재료의 단위중량(단위: $kN/m^3(tonf/m^3)$)은 아래와 같다.

① 강재 : 78.5 (7.85)

② 알루미늄 : 27.0 (2.70)

③ 철근콘크리트 : 24.0 (2.40)

④ 무근콘크리트 : 23.0 (2.30)

⑥ 경량콘크리트 : 16.0 ~ 20.0 (1.60 ~ 2.00)

표준적인 마감재료는 하중기준에서 단위 면적당 중량으로 제시하고 있으므로 이를 활용하여 산정한다. 그러나 슬래브의 자중을 제외한 마감하중은 건축설계자의 의도에 따라 상당한 가변성이 있으므로, 하중의 불확실성이 크다고 할 수 있다. 따라서 고정하중은 초기 설계단계에서 결정하기 보다는 최종적인 마무리 단계에서 정리되며, 초기단계에서는 일반적으로 경험을 근거로 가정한다. 예를 들면 공동주택에서는 온돌(판넬히팅)을 고려하여 1.7~2.0kN/m^2(170~200kgf/m^2), 사무소 건물에서는 0.6kN/m^2(60kgf/m^2)를 적용하기도 한다. 또한 간막이용 조적벽체의 경우 위치 및 집중도에 따라 차이가 있으므로, 최소한 1.5kN/m^2(150kgf/m^2)를 추가하여 산정할 수 있다.

3.4.2 활하중 또는 적재하중

활하중 또는 적재하중(活荷重 또는 積載荷重, live load, LL)은 구조물의 사용 중에 발생하는 하중(인간, 물품, 기기, 그리고 저장물 등의 중량)이며, 구조물의 수명기간 동안 크기가 변할 수 있다. 그러나 활하중은 항상 이동하므로 하중의 분포에 대한 정확한 예측이 어렵고 하중크기의 변동폭도 비교적 크다.

하중기준에서는 건물의 용도에 따라 보통 단위 면적당 분포하중으로 제시하고 있다. 그러나 하중기준에서 제시하는 활하중은 구조물의 안전성을 고려한 최소한의 값이므로, 실제로 구조물에 작용하는 활하중이 기준에서 정한 값보다 큰 경우에는 실제 하중을 적용하여야 한다. 또한 실제로 작용하는 하중이 기준에서 제시한 하중보다 작은 경우에도 향후의 용도 변경 등을 감안하여 하중을 적용하는 것이 바람직하다. 예를 들면 사무실 등과 같은 용도의 건물에서는 가동성 경량간막이 등이 설치될 가능성이 있는 경우에는 간막이벽 하중으로 최소 1.0kN/m^2(100kgf/m^2)을 추가한다. 그리고 활하중이 집중하여 재하되는 경우에는 적절한 방법으로 고려하여야 한다.

구조물에서 활하중의 부담면적이 커지거나 층수가 많아질 경우 모든 활하중이 구조물에 동시에 작용할 확률은 상대적으로 줄어들게 된다. 이러한 경우 하중 기준에서는 활하중의 저감을 허용하고 있는데, 부재별로 다른 크기의 영향면적에 따라 저감계수(低減係數, reduction factor)를 사용하도록 하고 있다.

옥상층 바닥의 물탱크 등과 같이 반영구적인 설비하중일 경우에는 고정하중으로 취급한다. 바닥면적 중 일부분에 작용하는 하중은 실제 해당면적에 하중을 적용시키는 것이 이상적이다. 그러나 계산의 간략화를 위해 설비하중 전체를 일련의 보로 구획된 면적으로 나눈 분포하중으로 환산하여 바닥하중에 추가하는 방법을 사용하기도 한다. 〈표 3.4〉에는 등분포 활하중, 〈표 3.5〉에는 집중 활하중의 최소값을 나타내었다.

〈표 3.4〉 등분포 활하중 (단위 : kN/m^2 (kgf/m^2))

용도	건축물의 부분	활하중
주택	가. 주거용 건축물의 거실, 공용실, 복도	2.0 (200)
	나. 공동주택의 발코니	3.0 (300)
병원	가. 병실과 해당 복도	2.0 (200)
	나. 수술실, 공용실과 해당 복도	3.0 (300)
숙박시설	가. 객실과 해당 복도	2.0 (200)
	나. 공용실과 해당 복도	5.0 (500)
사무실	가. 일반 사무실과 해당 복도	2.5 (250)
	나. 로비	4.0 (400)
	다. 특수용도사무실과 해당 복도	5.0 (500)
	라. 문서 보관실	5.0 (500)
학교	가. 교실과 해당 복도	3.0 (300)
	나. 로비	4.0 (400)
	다. 일반 실험실	3.0 (300)
	라. 중량물 실험실	5.0 (500)
판매장	가. 상점, 백화점 (1층 부분)	5.0 (500)
	나. 상점, 백화점 (2층 이상 부분)	4.0 (400)
	다. 창고형 매장	6.0 (600)
집회 및 유흥장	가. 로비, 복도	5.0 (500)
	나. 무대	7.0 (700)
	다. 식당	5.0 (500)
	라. 주방 (영업용)	7.0 (700)
	마. 극장 및 집회장 (고정식)	4.0 (400)
	바. 집회장 (이동식)	5.0 (500)

〈표 3.4〉 등분포 활하중 (단위 : kN/m^2 (kgf/m^2)) (계속)

용도		건축물의 부분	활하중
		사. 연회장, 무도장	5.0 (500)
체육시설		가. 체육관 바닥, 옥외경기장	5.0 (500)
		나. 스탠드 (고정식)	4.0 (400)
		다. 스탠드 (이동식)	5.0 (500)
도서관		가. 열람실과 해당 복도	3.0 (300)
		나. 서고	7.5 (750)
주차장	옥내 주차구역	가. 승용차 전용	4.0 (400)
		나. 경량트럭 및 빈 버스 용도	8.0 (800)
		다. 총중량 18톤 이하 트럭, 중량차량 용도	12.0 (1,200)
	옥내 차로와 경사로	가. 승용차 전용	6.0 (600)
		나. 경량트럭 및 빈 버스 용도	10.0 (1,000)
		다. 총중량 18톤 이하 트럭, 중량차량 용도	16.0 (1,600)
	옥외	가. 승용차, 경량트럭 및 빈 버스 용도	12.0 (1,200)
		나. 총중량 18톤 이하의 트럭 용도	16.0 (1,600)
창고		가. 경량품 저장창고	6.0 (600)
		나. 중량품 저장창고	12.0 (1,200)
공장		가. 경공업 공장	6.0 (600)
		나. 중공업 공장	12.0 (1,200)
지붕		가. 접근이 곤란한 지붕	1.0 (100)
		나. 적재물이 거의 없는 지붕	2.0 (200)
		다. 정원 및 집회 용도	5.0 (500)
		라. 헬리콥터 정착장(대형인 경우 제외)	5.0 (500)
기계실		가. 공조실, 전기실, 기계실 등	5.0 (500)
광장		가. 옥외광장	12.0 (1,200)

〈표 3.5〉 집중 활하중 (단위 : kN (kgf))

건축물의 용도 또는 부분		집중하중	2면전단 검토시의 접촉면적 (m^2(cm^2))
교실, 도서관		5.0 (500)	0.5 (5,000)
사무실, 병실, 경공업공장		10 (1,000)	0.5 (5,000)
주차장	승용차전용	10 (1,000)	0.013 (130)
	트럭, 버스	최대 바퀴하중	0.013 (130)
접근이 곤란한 옥상		1.5 (150)	0.5 (5,000)
계단디딤판(디딤판 중앙에 적용)		1.35 (135)	0.0025 (25)
헬리콥터 정착장		최대 이륙하중	−

3.4.3 적설하중

적설하중(積雪荷重, snow load, SL)은 눈이 구조체에 쌓여서 발생하는 하중이다. 적설하중도 중력방향의 하중으로 활하중과 유사한 면이 있다. 그러나 특정지역의 기후적 상황이나 구조물형상, 특히 지붕의 형상에 많은 영향을 받기 때문에 별도로 구분하여 적용하여야 한다. 또한 눈은 쌓이면서 눌리는 특성이 있으므로, 적설 깊이에 비례하여 단위중량을 크게 본다. 적설하중의 산정식은 식 (3.3)과 같다.

$$S_f = C_b \cdot C_e \cdot C_t \cdot I_s \cdot S_g \quad (3.3)$$

여기서, S_f = 평지붕적설하중

C_b = 기본적설하중계수

C_e = 노출계수

C_t = 온도계수

I_s = 중요도계수

S_g = 지상적설하중

일반적으로 특정지역의 적설량은 다년간의 통계적 분석을 통해서 얻어지며, 건물 사용기간 동안 예상되는 최대 적설량을 확률적으로 예측한 것을 적용한다. 각 지역별 적설하중의 기본값은 하중기준에 명시된 값을 적용한다. 우리나라의 지상 적설하중의 기본 값은 100년 재현주기 기대 적설값을 기준으로 정한 것이다. 하중기준에서 정한 지상적설하중의 최소값은 0.5kN/m^2(50kgf/m^2)이고, 지붕의 활하중 최소값은 1.0kN/m^2(100kgf/m^2)이므로, 적설하중은 그 영향이 지붕 활하중보다 클 때에만 적용한다. 지역별 지상 적설하중은 〈표 3.6〉과 같다.

〈표 3.6〉 지상적설하중 (S_g) (단위: kN/m^2 (kgf/m^2))

지역	지상 적설하중
서울, 수원, 춘천, 서산, 청주, 대전, 추풍령, 포항, 군산, 대구, 전주, 울산, 광주, 부산, 충무, 목포, 여수, 제주, 서귀포, 진주, 울진, 이천	0.5 (50)
인천	0.8 (80)
속초	2.0 (200)
강릉	3.0 (300)
울릉도, 대관령	7.0 (700)

3.4.4 풍하중

풍하중(風荷重, wind load, WL)은 바람의 운동에너지가 압력형태의 위치 에너지로 변환되면서 발생하는 하중으로 파괴력이 큰 동적 하중이다. 풍하중은 공기 밀도, 속도, 그리고 바람이 불어오는 각도 등의 기류적 특성과 건물의 형상과 표면상태 등 구조체의 특성에 따라 달라진다. 하중기준에는 기본풍속이 지역별로 각각 제시되어 있으며, 20~45m/s 범위의 값을 적용하도록 되어 있다. 그리고 이는 노풍도 구분 C인 지역의 지표면으로부터 10m 높이에서 측정한 10분간 최대 평균 풍속으로 100년 재현 기대 풍속이다. 〈표 3.7〉에 지역별 기본풍속이 나타나 있다.

일반적으로 구조설계용 풍하중은 구조체에 가해지는 동적 횡하중을 등가정적하중으로 치환하여 산정한다. 설계용 풍하중은 구조골조용 풍하중(W_f), 지붕골조용 풍하중(W_r), 외장재용 풍하중(W_c)으로 구분하고 각각의 설계풍력에 유효 수압면적을 곱하여 산정하도록 되어 있다.

구조골조용 풍하중은 밀폐형, 개방형 또는 기타구조물로 구분하여 산정한다.

$$
\begin{aligned}
&W_f = p_f \cdot A \\
&\qquad p_f = q_z \cdot G_f \cdot C_{pe1} - q_h \cdot G_f \cdot C_{pe2} \ (\text{밀폐형}) \\
&\qquad p_f = q_z \cdot G_f \cdot C_f \ (\text{개방형, 기타구조물}) \\
&W_r = p_r \cdot A \\
&\qquad p_r = q_h (G_f \cdot C_{pe} - G_i \cdot C_{pi}) \ (\text{밀폐형}) \\
&\qquad p_r = q_h \cdot G_f \cdot C_f \ (\text{독립지붕}) \\
&W_c = p_c \cdot A \\
&\qquad p_c = q_z (G \cdot C_{pe} - G \cdot C_{pi})
\end{aligned}
\qquad (3.4)
$$

여기서, p_f = 구조골조용 설계풍력

p_r = 지붕골조용 설계풍력

p_c = 외장재설계용 설계풍력

A = 유효 수압면적(m^2)

q_z = 지표면에서 임의높이 Z에 대한 설계속도압(kN/m^2) = $1/2\ V_{z2}$

q_h = 지붕면 평균높이 h에 대한 설계속도압(kN/m^2)=$1/2\ V_{h2}$

G_f = 구조골조용 가스트 영향계수

C_{pe1} = 풍상벽의 외압계수

C_{pe2} = 풍하벽의 외압계수

C_f = 풍력계수

G_i = 내압 가스트 영향세수

C_{pe} = 외압계수

C_{pi} = 내압계수

GC_{pe} = 외장재 설계용 가스트 외압계수

GC_{pi} = 외장재 설계용 가스트 내압계수

〈표 3.7〉 지역별 기본풍속(V_0)

	지역	V_0(m/sec)
서울, 경기도	서울, 인천, 김포, 부천, 부평, 구리, 오산, 송탄, 평택, 시흥, 과천,안양, 수원, 안산, 군포, 의왕, 안성, 강화	30
	양평, 성남, 하남, 용인, 의정부, 동두천, 포천, 파주, 광주, 기흥, 미금, 여주, 이천, 신갈, 장호원	25
강원도	속초, 강릉, 양양, 주문진	40
	거진, 간성, 동해, 삼척, 원덕	35
	춘천, 화천, 양구, 철원, 김화, 인제, 영월, 정선, 태백, 원주, 평창, 홍천	30
충청도	장항	40
	태안, 서산, 청주, 대천, 서천, 안면도, 조치원, 천안, 홍성, 광천, 아산	35
	대전, 당진, 합덕, 성환, 진천, 증평, 온양	30
	음성, 청양, 금산, 영동, 공주, 논산, 제천, 충주, 부여, 보은, 단양, 괴산, 옥천	25
경상도	포항, 울릉도, 구룡포, 오천, 홍해, 감포	45
	부산, 기장, 장안, 연일, 외동, 가덕도	40
	울산, 통영, 거제, 고성, 진해, 김해, 마산, 창원, 양산, 진영, 울진,평해, 안강, 경주, 남해, 삼천포	35
	건천, 가야, 삼랑진, 영덕, 사천	30
	대구, 영주, 구미, 김천, 영천, 안동, 봉화, 풍기, 예천, 청송, 영양, 하양, 경산, 청도, 남지, 의령, 추풍령, 상주, 선산, 군위, 의성, 문경, 점촌, 함창, 진주, 거창, 함양, 산청, 고령, 창령, 합천, 밀양	25
전라도	군산, 미성	40
	목포, 여수, 완도, 진도, 옥구, 노화, 익산, 금일, 해남, 관산, 대덕,도양, 고흥	35
	광주, 나주, 화순, 영암, 일노, 강진, 장흥, 보성, 벌교, 순천, 광양,무안, 함평, 영광	30
	전주, 함열, 진안, 무주, 삼례, 담양, 부안, 남원, 순창, 구례, 고창,정읍, 장수, 승주, 임실, 태인	25
제주도	전지역	40

설계풍력은 가스트 영향계수, 외압계수, 내압계수, 기본풍속, 풍속의 고도분포계수, 지형에 따른 풍속할증계수, 중요도계수 등을 고려하여 계산한다.

$$V_z = V_0 \cdot K_{zr} \cdot K_{zt} \cdot I_w \tag{3.5}$$

여기서, V_z = 설계지역의 지표면으로부터 임의 높이 Z에 대한 설계풍속(m/s)

V_0 = 기본풍속(m/s)

K_{zr} = 풍속의 고도분포계수

K_{zt} = 지형에 의한 풍속할증계수

I_w = 건축물의 중요도계수

일반적으로 구조설계용 풍하중은 구조물의 최대 변형과 동일한 변형을 유발시키는 등가정적하중을 사용하며, 구조물의 풍방향 진동을 대상으로 정한 것이다. 따라서 세장한 고층건물의 경우에는 풍향직각방향의 진동과 비틀림진동, 와류진동 공기력 불안정진동 등에 대한 동적 영향 및 사용성 평가를 하여야 한다.

풍하중에서 사용되는 주요 용어는 다음과 같은 용어가 있다.

① "가스트 영향계수"란 바람의 난류로 인해서 발생되는 구조물의 동적 거동성분을 나타내는 것으로 평균값에 대한 피크값의 비를 통계적인 값으로 나타낸 계수

② "강성중심"이란 강성을 갖는 건축구조물의 강성중심

③ "강체구조물"이란 가스트 영향계수를 높이별로 구분하지 않아도 되는 공기역학적으로 안정적인 강한 구조물로서 건축물의 형상비에 따라 구분된다.

④ "개방형 건축물"이란 건축물의 내부 외부가 개방되어 강풍시에 바람의 유입을 차단하는 장치가 없는 건축물

⑤ "유연구조물"이란 공기역학적인 특성에 의해 가스트 영향계수를 높이에 따라 산정해야 하는 경우의 유연한 구조물을 말하는 것으로 건축물의 형상비에 따라 구분된다.

⑥ "기본풍속"이란 노풍도구분 C인 지역의 지표면으로부터 10m 높이에서 측정한 10분간 평균풍속에 대한 100년 재현기대풍속이며, 지형을 고려하여 정한 풍속이다.

⑦ "기준경도풍높이"란 지표면의 조도에 대한 영향을 거의 받지 않는 풍속이 되는 지상으로부터의 높이를 말한다.

⑧ "설계풍속"이란 기본풍속에 대하여 건설지점의 지표면상태에 따른 풍속의 고도분포와 지형조건에 따른 풍속의 할증 및 설계재현기간을 고려한 풍속으로 설계속도압 산정의 기본이 되는 풍속을 말한다.
⑨ "풍력계수"란 작용하는 바람에 대한 구조물 골조에 작용하는 풍력의 계수로서 기준높이에서의 속도압에 대한 비를 말한다.
⑩ "풍압계수"란 작용하는 바람에 의한 건축물 임의수압면에 작용하는 풍압력을 나타내는 계수로서 기준높이에서의 속도압에 대한 비를 말한다.

3.4.5 지진하중

지진하중(地震荷重, seismic load, earthquake load, SL, EL)은 지반운동에 따른 건물의 관성력에 의한 하중이다. 지진하중에 대한 구조물 설계는 최대 지진발생시 구조물의 붕괴와 같은 심각한 손상이나 인명피해를 방지하고, 여진에 의한 구조물의 피해 및 경제적 손실을 최소화하는 것을 목적으로 한다.

(1) 지진의 규모와 진도

지진의 크기를 나타내는 수치로서 절대적인 개념의 '규모(規模, magnitude, M)'와 상대적인 개념의 '진도(震度, seismic intensity)'가 주로 사용된다. 규모는 지진으로 인하여 발생하는 탄성에너지(진동에너지)의 총량을 의미하며, 지진 자체의 크기를 나타낸다. 1935년 미국의 지진학자 리히터(Richter)에 의해서 제안된 개념으로 '리히터 스케일'이라고도 하며, 지진의 규모를 1에서 9까지의 숫자를 사용하여 정량적으로 표현한다.

진도는 어떤 장소에 나타난 지진동의 정도를 인체의 감각과 구조물이나 자연계가 받는 영향의 정도를 나타낸다. 현재 세계 지역별 사회적 여건과 구조물의 차이점을 고려하여 다른 계급표를 사용하고 있다. 진도 표시체계는 이탈리아에서 최초로 사용한 로시-포렐(Rossi-Forel) 진도계급(10계급), 미국의 MM (Modified Mercalli scale) 진도계급(12계급), 일본기상청의 JMA (Japan Meteorological Agency) 진도계급(10계급), 동유럽 등 구소련을 중심으로 발달한 MSK (Medvedev-Sponheus-Karnik scale) 진도계급(12계급) 등이 있다. 〈표 3.8〉에 각 진도계급과 규모의 비교를 나타내었다.

(2) 등가정적해석법

지진하중의 산정 방법은 등가정적해석법과 동적해석법이 있다. 등가정적해석법(等価靜的解析法, equivalent static analysis method)은 지진의 영향을 등가의 정적하중으로 환산하여 정적해석을 수행하는 방법이다. 그러나 비정형 구조물과 같은 동적특성이 특이한 구조물에 대해서는 적용하기 곤란하다.

〈표 3.8〉 지진의 진도와 규모의 비교

<table>
<tr><td rowspan="3">진도</td><td>MM</td><td>I</td><td colspan="2">II</td><td colspan="2">III</td><td>IV</td><td colspan="2">V</td><td colspan="2">VI</td><td colspan="2">VII</td><td colspan="2">VIII</td><td colspan="2">IX</td><td colspan="2">X</td><td colspan="2">XI</td><td>XII</td></tr>
<tr><td>JMA</td><td colspan="5">I</td><td>II</td><td colspan="2">III</td><td colspan="2">IV</td><td colspan="4">V−L, U</td><td colspan="4">VI−L, U</td><td colspan="3">VII</td></tr>
<tr><td>MSK</td><td colspan="2">II</td><td colspan="2">III</td><td colspan="3">IV</td><td colspan="2">V</td><td colspan="2">VI</td><td colspan="2">VII</td><td colspan="2">VIII</td><td colspan="2">IX</td><td colspan="2">X</td><td>XI</td><td>XII</td></tr>
<tr><td colspan="2">규모</td><td colspan="3">2</td><td colspan="2">3</td><td colspan="3">4</td><td colspan="3">5</td><td colspan="3">6</td><td colspan="4">7</td><td colspan="2">8</td><td>9</td></tr>
</table>

등가정적해석법에서는 다음과 같은 밑면전단력(밑면剪斷力, base shear)을 계산한다.

$$V = \frac{A\,I_E\,C}{R} W \tag{3.6}$$

여기서, V : 밑면전단력 (밑면剪斷力, base shear)

A : 지역계수 (地域係数, site coefficient)

I_E : 중요도계수 (重要度係数, importance factor)

C : 동적계수 (動的係数, dynamic coefficient)

R : 반응수정계수 (反応修整係数, response modification coefficient)

W : 건축물의 전 중량

동적계수는 다음 식에 의하여 산정한다.

$$C = \frac{S}{1.2\sqrt{T}} \leq 1.75 \tag{3.7}$$

여기서, T = 건축물의 기본진동주기(sec)
　　　　S = 지반계수

지역계수는 지역별 지진의 위험도를 나타내며, 중요도 계수는 인명피해를 막기 위하여 건물의 중요도를 분류하는 계수이다. 그리고 동적계수는 건물의 기본진동주기와 지반의 상태(지반계수)를 고려한 계수이며, 반응수정계수는 구조물의 비선형거동에 의한 에너지 소산능력을 고려하기 위한 계수이다. 이상과 같은 방법으로 계산된 밑면전단력은 건물의 1차 진동모드를 주로 고려하여 각 층의 바닥판의 위치에 작용하는 것으로 한다. 우리나라의 밑면전단력 산정식은 유효최대지반가속도 0.11g와 0.07g의 지진에 대하여 50년 주기에 10%의 발생확률을 근거로 하고 있다. 따라서 이를 재현주기로 환산하면 대략 500년이 된다. 참고로 지진의 진도와 규모는 유효최대지반가속도가 아닌 최대지반가속도에 따른 것이므로 주의하여야 한다. 지진구역에 따른 지역계수는 〈표 3.9〉, 중요도계수는 〈표 3.10〉, 지반계수는 〈표 3.11〉, 반응수정계수는 〈표 3.12〉에 나타나 있다.

〈표 3.9〉 지역계수(A)

<table>
<tr><th>지진 구역</th><th colspan="2">해당 지역</th><th>지역계수</th></tr>
<tr><td rowspan="2">I</td><td>시</td><td>서울특별시, 인천광역시, 대전광역시, 부산광역시, 울산광역시, 광주광역시</td><td rowspan="2">0.11</td></tr>
<tr><td>도</td><td>경기도, 강원도남부, 충청북도, 충청남도, 경상북도, 경상남도, 전라북도, 전라남도 북동부</td></tr>
<tr><td>II</td><td>도</td><td>강원도 북부, 전라남도 남서부, 제주도</td><td>0.07</td></tr>
</table>

〈표 3.10〉 중요도계수(I_E)

<table>
<tr><th rowspan="2">중요도 구분</th><th rowspan="2">건축물의 용도 및 규모</th><th colspan="2">중요도 계수</th></tr>
<tr><th>도시계획 구역</th><th>그 외의 지역</th></tr>
<tr><td>(특)</td><td>연면적이 1천 제곱미터 이상인 위험물 저장 및 처리시설, 종합병원, 병원, 방송국, 전신전화국, 발전소, 소방서, 공공업무시설 및 노약자 시설, 1층 이상의 아파트</td><td>1.5</td><td>1.2</td></tr>
<tr><td>(1)</td><td>연면적이 1천 제곱미터 이상인 관람집회시설, 운동시설, 운수시설, 전시시설 및 판매시설, 층 이상인 숙박시설, 오피스텔, 기숙사 및 아파트</td><td>1.2</td><td>1.0</td></tr>
<tr><td>(2)</td><td>중요도 구분 (특) 및 (1)에 해당하지 않는 건축물</td><td>1.0</td><td>0.8</td></tr>
</table>

〈표 3.11〉 지반계수(S)

지반종별	지반상태	지반계수
지반 1	1) 암반과 같은 재료로써 전단파의 속도가 70m/s 이상인 지반 2) 암반의 상부에 분포된 보통 단단한 모래 이상의 지반 또는 보통 단단한 점토 이상의 지반으로 구성된 지반의 전체 깊이가 60m 미만	1.0
지반 2	보통 단단한 모래 이상의 지반 또는 보통 단단한 점토 이상의 지반으로 구성된 지반의 전체 깊이가 60m 이상	1.2
지반 3	보통 단단한 점토 이하의 지반이 6m 이상으로써 단단하기가 보통 이하인 점토의 깊이가 12m 미만	1.5
지반 4	전단파의 속도가 150m/s 미만인 단단하기가 보통 이하인 점토의 깊이가 12m 이상인 지반	2.0

건축물의 기본진동주기는 다음 식에 따라 산정하거나 고유치해석법에 의하여 산정한다. 다만 고유치해석법에 의하여 산정한 기본진동주기가 식 (3.8)의 (a)와 (b) 또는 (c)에 의하여 구한 기본진동주기에 1.2배를 곱한 값을 초과하는 경우에는 그 1.2를 곱한 값을 적용한다.

$$T = 0.0853(h_n)^{3/4} \text{ (모멘트골조인 경우의 철골구조)} \tag{3.8a}$$

$$T = 0.0731(h_n)^{3/4} \text{ (모멘트골조인 경우의 철근콘크리트구조)} \tag{3.8b}$$

$$T = 0.0488(h_n)^{3/4} \text{ ((a), (b)를 제외한 구조)} \tag{3.8c}$$

여기서, h_n=밑면으로부터 최상층까지의 건축물의 높이(m)

〈표 3.12〉 반응수정계수(R)

<table>
<tr><th>구조 방식</th><th colspan="2">수직 지진저항 시스템</th><th>반응수정계수</th></tr>
<tr><td>내력벽 방식 :
수직하중과 횡력을 전단벽이 부담하는 구조방식</td><td colspan="2">철근콘크리트 전단벽</td><td>3.0</td></tr>
<tr><td rowspan="4">모멘트 골조방식 :
수직하중과 횡력을 보와 기둥으로 구성된 골조가 저항하는 구조방식</td><td rowspan="2">연성모멘트골조</td><td>철근콘크리트</td><td>5.0</td></tr>
<tr><td>철골</td><td>6.0</td></tr>
<tr><td rowspan="2">보통모멘트골조</td><td>철근콘크리트</td><td>3.5</td></tr>
<tr><td>철골</td><td>4.5</td></tr>
<tr><td rowspan="3">이중 골조 방식 :
횡력의 25퍼센트 이상을 부담하는 연성모멘트 골조가 전단벽이나 가새골조와 조합되어 있는 구조방식</td><td colspan="2">철근콘크리트 전단벽과
철골 연성모멘트골조</td><td>6.0</td></tr>
<tr><td colspan="2">철근콘크리트 전단벽과
철근콘크리트 연성모멘트골조</td><td>5.5</td></tr>
<tr><td colspan="2">철골 가새골조와 연성모멘트골조</td><td>4.5</td></tr>
<tr><td rowspan="2">건물 골조 방식 :
수직하중은 입체골조가 저항하고 지진하중은 전단벽이나 가새골조가 저항하는 구조방식</td><td colspan="2">철근콘크리트 전단벽</td><td>4.0</td></tr>
<tr><td colspan="2">가새골조</td><td>3.5</td></tr>
<tr><td colspan="3">연직 캔틸레버 구조 방식 : 고가수조, 관제탑, 전망대, 사일로, 굴뚝, 철탑 등</td><td>1.5</td></tr>
<tr><td colspan="3">기타 구조 방식</td><td>3.0</td></tr>
</table>

다만 콘크리트 전단벽구조일 경우에는 (c) 대신에 (d)를 사용할 수 있다.

$$T = 0.0743(h_n)^{3/4} / \sqrt{A_c}$$
$$A_c = \sum A_e [0.2 + (D_e / h_n)^2] \quad \textbf{(3.8d)}$$

여기서, D_e/h_n은 0.9를 초과할 수 없다.

A_e = 1층에서 지진하중 방향에 평행한 전단벽의 전단 단면적(m^2)

D_e = 1층에서 지진하중 방향에 평행한 전단벽의 길이(m)

지진하중의 산정시 사용하는 변수 중에서 건물의 기본진동주기와 반응수정계수에 대해서는 이들의 특징에 관한 충분한 이해가 필요하다. 구조물의 강성이 증가할수록 고유주기는 짧아지고, 이는 동적계수를 크게 하기 때문에 밑면전단력은 증가하게 된다. 그리고 반응수정계수는 구조물의 비선형 거동특성을 반영하기 위하여 사용하는 값이다. 지진하중에 대해서는 어느 정도의 건물손상을 허용하고 있기 때문에 구조물은 소성거동을 하게 되고, 이로 인하여 에너지를 흡수한다. 그러나 구조해석은 탄성거동 혹은 선형거동을 가정하고 있기 때문에 반응수정계수를 통하여 이러한 차이를 고려하고 있다. 연성능력이 우수한 구조물은 에너지 소산능력이 크므로, 큰 값의 반응수정계수를 사용할 수 있다. 따라서 구조시스템의 선정시 이를 함께 고려하는 것이 바람직하다. 그러나 층간변위를 계산할 때에는 반응수정계수가 고려된 탄성해석에서 얻어진 층간변위 값에 다시 반응수정계수를 곱하여 계산하여야 한다.

(3) 동적해석법

동적해석법(動的解析法, dynamic analysis method)에서는 지진발생시 구조체의 가속도, 속도, 변위의 최대 응답값을 나타내는 응답스펙트럼을 이용하는 응답스펙트럼해석법(応答스펙트럼解析法, response spectrum analysis)과 실제 지진에 대한 구조체의 반응이력을 계산하는 시간이력해석법(時間履歷解析法, time history analysis)이 있다. 중요도가 (특) 또는 (1)에 해당되는 구조물이 다음에 해당하는 경우 동적해석법을 사용하여야 한다.

① 높이 70m 이상 또는 21층 이상의 정형 구조물
② 높이 20m 이상 또는 6층 이상의 비정형 구조물

지반운동은 재현주기 50년에 발생할 가능성이 10% 이상의 것으로서 등가정적해석법에서 사용되는 설계용 응답스펙트럼 또는 특정지역에 대한 실제 지진의 지반운동을 대표하는 것 중의 하나를 사용한다. 시간이력으로부터 얻게 되는 응답스펙트럼은 등가정적해석법에 의한 설계스펙트럼을 근사적으로 나타낼 수 있어야 한다.

동적해석에 사용하는 모드수는 수평방향 응답의 계산에 포함되는 질량참여율(質量參與率, modal participation factor)이 90% 이상이 되도록 하여야 한다. 그런데 동적해석법에 의해서 산정된 밑면전단력 값이 등가정적해석법에 의한 값보다 작은 경우에는 등가정적해석법에 의한 밑면전단력과 크기가 같도록 상향조정하여야 한다. 이 때 등가정적해석법에 의한 값은 이에 따른 산정주기에 적절한 값(정형:1.5, 비정형:1.2)을 곱한 값을 사용하여 계산된 값이다.

3.5 하중조합

하중조합의 내용은 'KDS 41 12 00 : 2019, 건축물 설계하중(국가건설기준센터, www.kcsc.re.kr)'의 1.5절 하중조합의 내용과 같다.

(1) 건축구조물은 이 장에서 규정한 하중을 기본으로 다음의 하중조합에 의한 하중효과에 저항하도록 설계하여야 한다.
(2) 다음의 하중조합에서 고정하중 외의 하중에 대해서는 하나 또는 그 이상의 하중이 작용하지 않을 경우도 검토하여야 한다.
(3) 구조재료에 따라 별도로 규정한 하중조합이 있는 경우에는 그 규정에 따라야 한다.

3.5.1 강도설계법 또는 한계상태설계법의 하중조합

강도설계법 또는 한계상태설계법으로 구조물을 설계하는 경우에는 다음의 하중조합으로 소요강도를 구하여야 한다.

$1.4(D+F)$

$1.2(D+F+T)+1.6L+0.5(L_r$ 또는 S 또는 $R)$

하천 저지대 와 해안침수 지역

$1.2D+1.0W+2.0F_a+L+0.5(L_r$ 또는 S 또는 $R)$

또는 $0.9D+1.0W+2.0F_a+1.6H$

기타 지역

$1.2D+0.5W+1.0F_a+L+0.5(L_r$ 또는 S 또는 $R)$

또는 $0.9D+0.5W+1.0F_a+1.6H$

$1.2D+1.6(L_r$ 또는 S 또는 $R)+(1.0L$ 또는 $0.5W)$

$1.2D+1.0W+1.0L+0.5(L_r$ 또는 S 또는 $R)$

$1.2D+1.0E+1.0L+0.2S$

$0.9D+1.0W$

$0.9D+1.0E$

3.5.2 허용응력설계법의 하중조합

허용응력설계법으로 구조물을 설계하는 경우에는 다음의 하중조합으로 작용응력을 구하여야 한다.

$D+F$

$D+F+L+T$

$D+F+(L_r$ 또는 S 또는 $R)$

$D+F+0.75(L+T)+0.75(L_r$ 또는 S 또는 $R)$

하천저지대 및 해안지역

$D+F+1.5F_a+0.75(L+T)+0.75(L_r$ 또는 S 또는 $R)$

기타지역

$D+F+0.75F_a+0.75(L+T)+0.75(L_r$ 또는 S 또는 $R)$

$D+F+(0.75W$ 또는 $0.7E)$

$D+F+0.75(0.75W$ 또는 $0.7E)+0.75L+0.75(L_r$ 또는 S 또는 $R)$

$0.6D+0.75W$

$0.6D+0.7E$

3.5.3 돌발하중에 대한 하중조합

건축구조물이 화재, 폭발, 차량충돌 등에 의한 돌발하중에 저항하여 **비비례붕괴**[2]를 방지하도록 강도와 안정성을 확보하기 위해서는 다음의 하중조합을 사용하여 검토한다.

---

2) 비비례붕괴는 돌발하중에 의한 결과가 하중효과에 비례적으로 직접 예상되지 않는 붕괴를 의미한다. 예를 들어, 충돌로 보가 붕괴되었을때, 작은 보라면 구조물 전체의 영향은 미미하나 붕괴된 보가 큰 보라면 주변 부재의 붕괴를 동반할 수 있다는 의미이다. 따라서 기준에서는 구조요소를 가상으로 제거하고 검토하도록 규정하고 있다.

$(0.9$ 또는 $1.2)D + A_k + 0.5L + 0.2S$

여기서, A_k = 돌발사고 A에 의한 하중

돌발하중에 의하여 손상을 입은 구조물의 잔존저항능력은 책임구조기술자가 식별하여 선정한 구조요소를 가상적으로 제거하고, 다음의 하중조합으로 평가한다.

$(0.9$ 또는 $1.2)D + 0.5L + 0.2(L_r$ 또는 S 또는 $R)$

3.6 하중 모델

앞에서 설명한 각종 하중이 구조물에 작용하는데, 구조해석에서는 이들을 모델화하여 단순한 하중으로 취급한다. 하중모델로서는 〈그림 3.13〉에 나타낸 집중하중, 등분포하중, 등변분포하중, 모멘트하중, 이동하중 등을 들 수 있다.

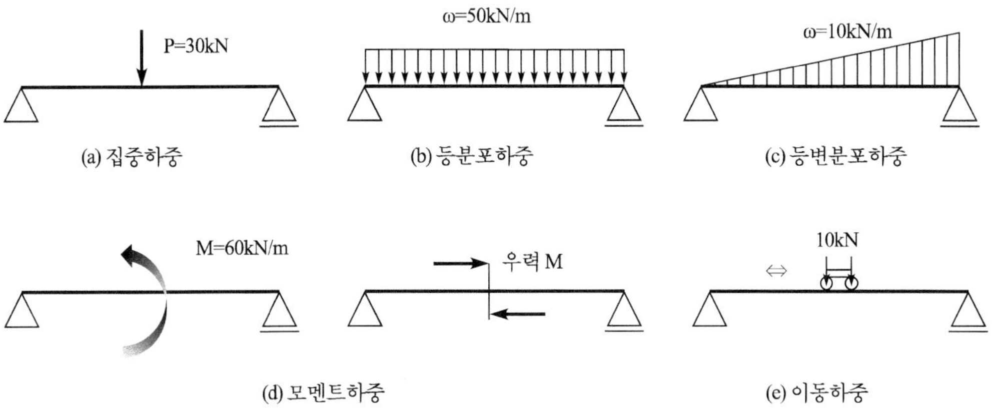

〈그림 3.13〉 하중의 종류

3.6.1 집중하중

집중하중(集中荷重, concentrated load)은 한 점에 집중되어 있다고 생각하는 하중이다. 실제로는 한 점에 집중하지 않고 작은 면적에 분포하거나 근접하여 여러 하중이 작용하고 있는 것을 근사적으로 한 점에 작용한다고 간주한다. 가령 사람의 체중은 양쪽 발에 작용하지만 중심에 집중한다고 가정하는 경우가 있다. 단위로는 N이나 kN을 사용한다.

3.6.2 등분포하중

등분포하중(等分布荷重, uniformly distributed load)은 부재의 축을 따라 길이당 균등하게 분포되어있는 하중이다. 예를 들어, 철근 콘크리트 보나 기둥의 자중은 길이당 얼마로 산정된다. 예를 들어 폭 300mm × 높이 600mm 철근 콘크리트 보의 중량은 0.3×0.6×24 = 4.3 kN/m가 된다. 단위로는 N/m 또는 kN/m을 사용한다.

3.6.3 등변분포하중

등변분포하중(等邊分布荷重, uniformly varying load)은 토압이나 수압에 의한 하중과 같이 부재의 축방향으로 직선적으로 변화하는 하중이다. 변화율이 일정, 즉 등변분포하중은 이러한 경우에 적용된다. 단위로는 N/m이나 kN/m을 사용한다.

3.6.4 모멘트 하중

모멘트가 직접 외력으로 작용한다고 생각할 수 있다. 실제로는 직접 모멘트가 작용하는 것은 아니지만, 다른 힘과의 조합으로서 존재하는 경우가 있으므로, 일종의 하중으로 생각해 둔다.

3.6.5 이동 하중

건축에 있어서는 다소의 이동은 무시하고 정지 하중으로 간주하는 경우가 많다. 그러나 중량이 큰 차량이나 크레인의 이동을 생각할 경우에는 이동하중(移動荷重, moving load)으로 취급할 필요가 있다. 이동하중은 하중의 위치에 따라 각부에 발생하는 부재응력이 달라지므로 상세한 검토가 필요하다.

3.6.6 하중의 분류

구조물에 작용하는 외력을 하중이라 하고 다음과 같이 분류할 수 있다.

① 작용시간

장기하중 : 고정하중 또는 사하중(固定荷重, dead load), 활하중 또는 적재하중(活荷重, live load)

단기하중 : 설하중(雪荷重, snow load), 풍하중(風荷重, wind load), 지진하중(地震荷重, seismic load), 충격하중(衝擊荷重, impact load), 교대하중(交代荷重, alternative load), 반복하중(反復荷重, repeated load)

② 작용방향

연직하중(鉛直荷重, vertical load) : 고정하중, 적재하중, 적설하중

수평하중(水平荷重, horizontal load) : 풍하중, 지진하중

※ 수압 및 토압은 2방향(연직, 수평)으로 작용한다.

③ 작용위치

중심하중(中心荷重, axial load) : 부재단면의 중심에 작용하는 하중

편심하중(偏心荷重, eccentric load) : 중심에서 벗어난 위치에서 작용하는 하중

④ 분포상태

집중하중(集中荷重, concentrated load) : 1점에 집중하여 작용하는 하중

분포하중(分布荷重, distributed load) : 전 구조물에 분포되어 작용하는 하중으로 등분포하중(等分布荷重, uniformly distributed load)와 등변분포하중(等邊分布荷重, uniformly varying load)가 있다.

⑤ 작용상태

직접하중(直接荷重, direct load)

간접하중(間接荷重, indirect load)

연습문제 *exercise*

다음 구조물을 판별하시오.

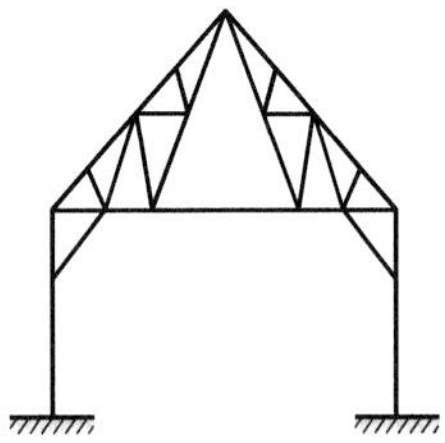

3-1

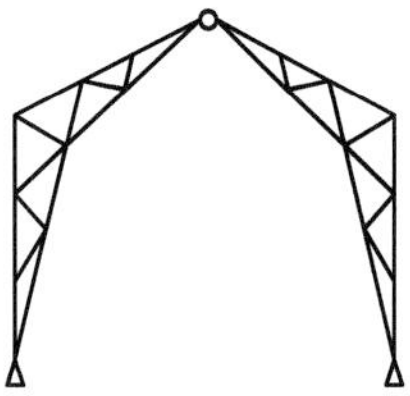

3-2

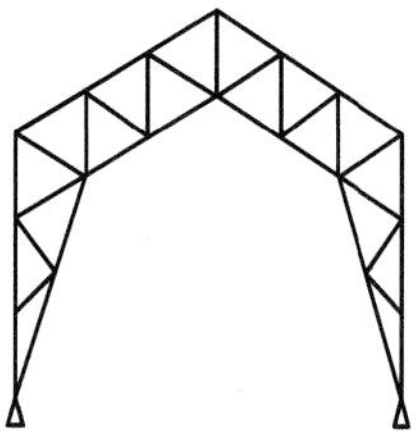

3-3

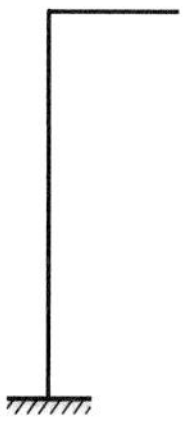

3-4

3-5

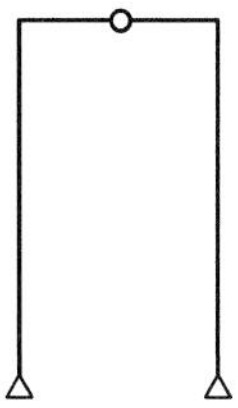

3-6

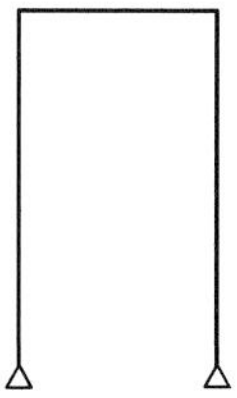

3-7

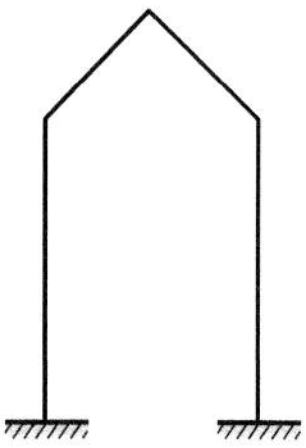

3-8

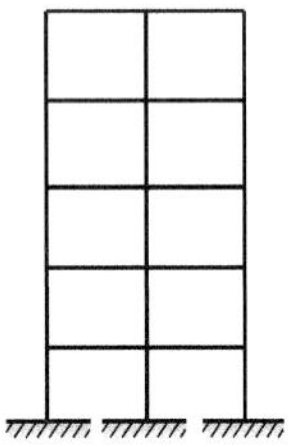

3-9

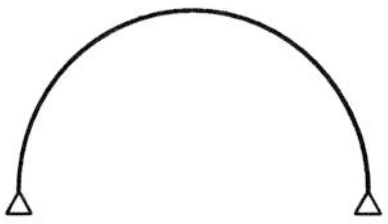

3-10

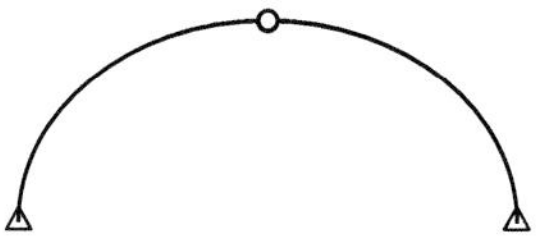

3-11

3-12

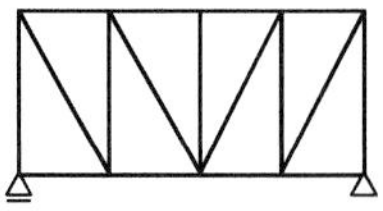

3-13

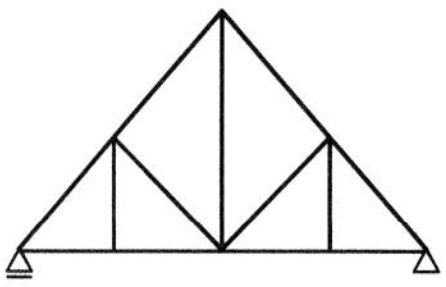

3-14

CHAPTER

04 정정보

4.1 자유물체도와 부재응력

4.2 단순보의 외응력

4.3 하중·전단력·휨모멘트의 관계

4.4 캔틸레버의 외응력

4.5 내민보의 외응력

4.6 겔버보의 외응력

CHAPTER 04

정정보

정정구조물로서 정정보가 있으며, 정정보에는 단순보, 캔틸레버, 내민보, 겔버보, 그리고 간접보와 특수한 정정보 등이 있다.

단순보는 가장 기본적인 정정보이다. 하나의 지점이 힌지지점이고 다른 지점이 롤러지점이므로, 연직하중은 좌우의 지점으로 분담된다. 캔틸레버는 가장 단순한 정정구조물이다. 지점은 고정단 1개만 있으므로 작용하는 외력은 일방적으로 고정점으로 흐른다. 내민보는 단순보의 일단 또는 양단이 지점 밖으로 내밀어 자유단을 가진 보로서 캔틸레버 부분을 가진 단순보이다. 겔버보는 n개의 지점을 가진 연속보에 $(n-2)$개의 힌지를, 또는 롤러지점을 가진 일단 고정보에 1개의 힌지를 부재 중간에 넣어 부정정구조물을 정정구조물로 만든 것으로 반드시 내민보(또는 캔틸레버)와 단순보가 교대가 되도록 배치하여야 한다. 지점반력으로 수평방향 반력(H_A) 및 연직방향 반력(V_A 및 V_B)의 3종류가 생긴다.

부재응력으로서는 축방향력 N, 전단력 Q, 휨모멘트 M의 3종류가 있다. 연직방향으로 만 외력이 작용할 경우(수평하중 또는 수평분력을 가지는 하중이 작용 안 하는 경우), 수평방향 반력 H는 0가 되고 결과적으로 부재응력의 축방향력 N도 0가 되어 휨모멘트 M과 전단력 Q 만 생긴다.

4.1 자유물체도와 부재응력

4.1.1 하중·응력·반력의 평형

구조물을 푼다는 것은 하중(荷重, load)에 의해서 구조물의 지점에 생기는 반력(反力, reaction force)과 부재응력(部材應力, member stress)을 구하는 것을 말하며, 응력도를 그려서 그 크기와 상태를 표시하게 된다.

(1) 하중

하중(荷重, load)이란 외부로부터 구조물에 작용되는 힘으로서 집중하중, 분포하중 (등분포하중, 등변분포하중), 모멘트하중 등이 있다. 자세한 내용은 3.4절~3.6절에 기술되어 있다.

(2) 반력

반력(反力, reaction force)이란 하중에 의해 지점에 생기는 힘으로서 일종의 외력이다. 즉, 하중과 반력을 외력이라 한다.

(3) 부재응력

부재응력(部材應力, member stress)이란 구조물에 하중이 작용할 때 부재 내부에 저항력으로서 생기는 힘으로, 내부응력(내력)이고 약칭해서 응력이라 한다. 이러한 응력은 외력과 평형상태를 유지하며, 구조물은 일정한 형태를 유지한다. 부재에 작용하는 외력(하중 • 반력)에 저항하여 부재 내에서 일어나는 외응력 (外応力, external stress)을 응력이라 하며, 보에서는 단면력이라 하고 트러스, 모멘트 저항골조 등에서는 부재력이라 한다.

구조물에 하중이 작용하였을 때 각 부재 내에 생기는 힘을 응력이라 한다. 구조물이 안정하고 있을 때 하중·응력·반력은 서로 평형을 이루고 있어서 힘의 흐름을 화살표로 나타내보면 다음과 같다.

구조물의 응력을 구할 때 다음과 같은 가정을 한다.

① 모든 부재는 탄성체이다.
② 외력에 의한 변형은 미소하다.
③ 외력과 응력은 근사적인 변형 이전의 상태로 구한다.

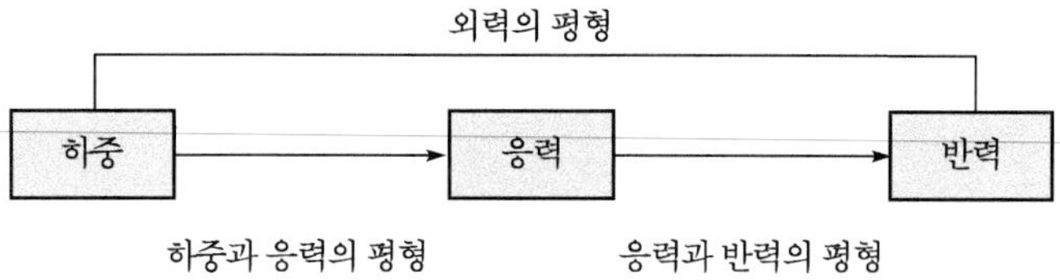

〈그림 4.1〉 하중 · 응력 · 반력의 평형

4.1.2 자유물체도[3)]

자유물체도(自由物體圖, free body diagram)란 구조물의 전체 또는 임의의 부분 요소에 작용하는 외력과 지점반력이나 구조물의 내력(축력, 전단력, 휨모멘트)을 그림으로 나타낸 것으로 평형조건을 만족하여야 한다.

〈그림 4.2(a)〉과 같은 구조물을 예로 들기로 한다. 〈그림 4.2(b)〉는 작용하중과 반력이 작용하고 있는 전체 구조물의 자유물체도 이다. 〈그림 4.2(a)〉의 전체구조물의 C점에서 2개의 부분으로 절단하면 〈그림 4.2(c)〉와 같이 각각의 자유물체도의 절단면에는 새로운 힘(내력; 축력, 전단력, 휨모멘트)이 나타난다. 양쪽 자유물체도의 절단면에 작용하는 새로운 힘은 크기가 같고 방향이 반대이다. 두 자유물체도를 다시 합치면 새로운 힘은 상쇄되어 없어지고 전체 자유물체도인 〈그림 4.2(b)〉가 된다. 구조물을 분리시켜 자유물체도를 그릴 때 나타나는 새로운 힘은 내력(internal forces)이기 때문에 분리되기 이전의 자유물체도에서는 힘으로 표시되지 않으나 분리된 자유물체도에서는 외력으로서의 역할을 하기 때문에 힘으로 표시된다.

3) SI단위 구조역학, 박영석 • 정태주, 구미서관, p.20

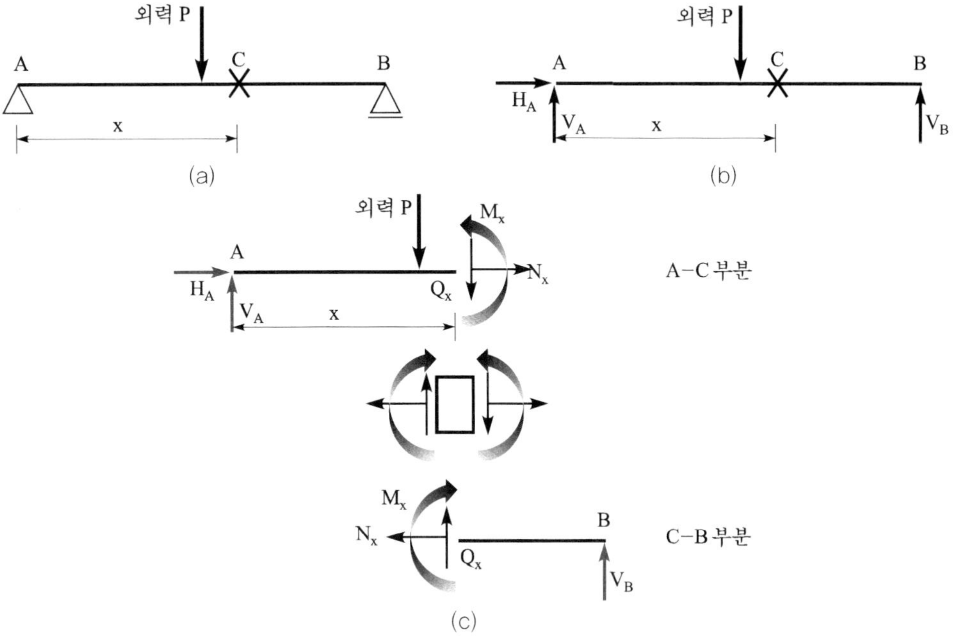

〈그림 4.2〉 자유물체도

평형을 이루고 있는 전체구조물의 자유물체도에서 떼어내어 분리된 자유물체도는 원래의 외력과 절단면에 발생되는 새로운 힘들 사이에 항상 평형을 이루어야 한다. 이러한 자유물체도의 평형조건은 반력의 계산뿐만 아니라 구조물의 내력(축력, 전단력, 휨모멘트 등)을 계산하는데 많은 도움을 준다. 전체 구조물의 임의의 위치에서 내력을 구하고자 할 때에는 언제나 그 위치를 가상으로 절단하여 자유물체도를 그려서 내력을 구하는 노력을 해야 할 필요가 있다. 필요한 경우마다 자유물체도를 잘 그려서 문제를 해결할 수 있으면 상당한 구조해석 능력을 갖추었다고 볼 수 있다.

4.1.3 부재응력의 계산순서

〈그림 4.2〉의 부재응력을 계산할 때에 다음의 계산순서를 따르면 이해하기가 매우 쉽다. 그때마다 쓰지 않아도, 머리로 생각하여 계산을 적당히 생략해도 좋지만, 처음에는 이 순서를 따르면서 계산원리를 이해하는 것이 중요하다.

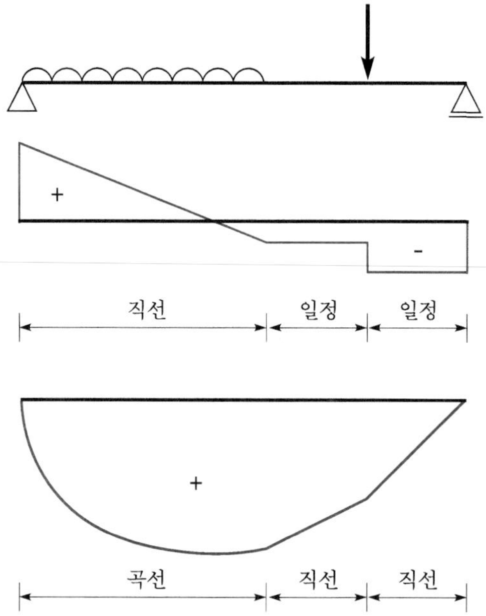

〈그림 4.3〉 응력도 선의 변화

(4) 전단력도의 특성

전단력도(剪斷力図, Q図 ; shear force diagram, SFD) 선은 "+"를 부재축의 위에, "−"를 아래에 그린다.

① 아무 하중도 작용하지 않는 단면의 전단력선은 부재의 축에 평행한 직선이 된다.
② 등분포 하중이 작용하는 단면의 전단력선은 경사직선이 된다.
③ 등변분포 하중이 작용하는 단면의 전단력선은 포물선이 된다.
④ 집중 하중점에서 전단력선은 불연속이 되며, 그 집중 하중값 만큼 위치이동을 한다.
⑤ 모멘트 하중이 작용하는 점에서 전단력선은 변화하지 않는다.
⑥ 단순보의 전단력도의 면적은 "+"의 부분과 "−"의 부분이 같다.

(5) 휨모멘트도의 특성

휨모멘트도(휨모멘트図, M図 ; bending moment diagram, BMD) 선은 "+"를 부재축의 아래에, "−"를 부재축의 위에 그린다.

① 하중이 작용하지 않는 단면의 휨모멘트선은 경사 직선 또는 수평 직선이 된다.

② 등분포 하중이 작용하는 단면의 휨모멘트선은 포물선(2차 곡선)이 된다.

③ 등변분포 하중이 작용하는 단면의 휨모멘트선은 3차 곡선이 된다.

④ 집중 하중점에서 휨모멘트선은 절곡된다.

⑤ 모멘트 하중이 작용하는 점에서 휨모멘트선은 불연속이 되며 그 모멘트 하중값 만큼 위치이동을 한다.

⑥ 보에서 정(+) 휨모멘트의 최대치는 전단력이 영인 점, 즉 전단력도에서 전단력선이 부재축선과 교차하는 점에서 생긴다.

예제 4.1 **집중 하중을 받는 단순보 (1)**

그림과 같은 단순보의 반력과 응력을 구하시오.

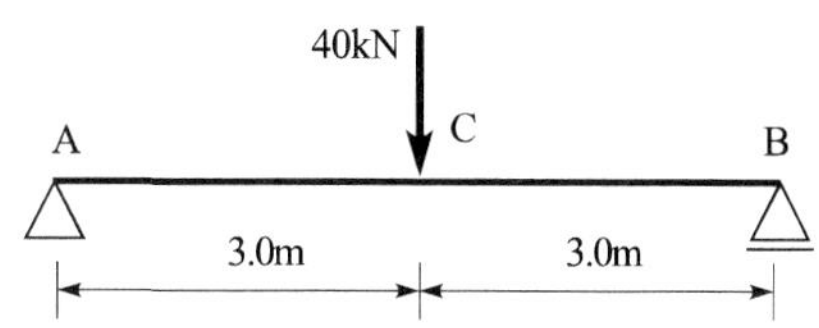

풀이

(1) 반력의 계산

$\Sigma H = H_A + 0 = 0, \therefore H_A = 0$

$\Sigma V = V_A - 40 + V_B = 0, V_A + V_B = 80$

$\Sigma M_A = 40 \times 3.0 - V_B \times 6.0 = 0$

$\therefore V_B = 20$

반력 $H_A = 0$, $V_A = 20$ kN, $V_B = 20$ kN
40 kN의 힘이 좌우로 균등하게 분포되어 지지되고 있다.

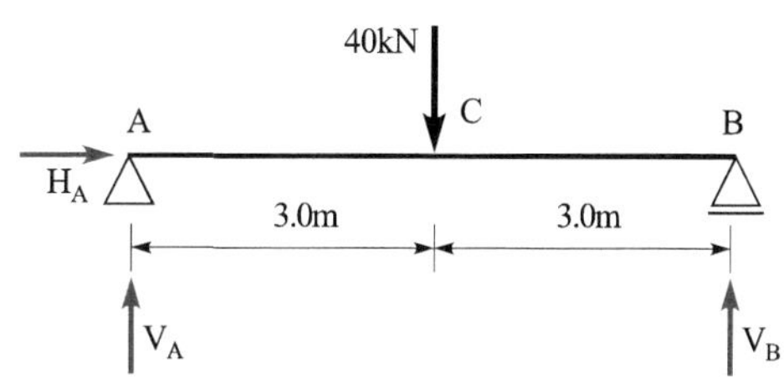

(2) 응력의 계산

– (A–C 구간) :

$\Sigma V = V_A - Q_x = 0, \quad Q_x = 20$ kN

$\Sigma M_x = V_A \times x - M_x = 0 \therefore M_x = 20x$ kNm

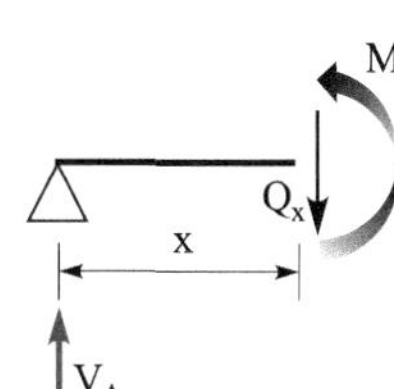

– (C–B 구간) :

$\Sigma V = V_A - 40 - Q_x = 0 \quad Q_x = -20$ kN

$\Sigma M_x = V_A \times x - 40 \times (x-3.0) - M_x = 0$

$\therefore M_x = -20x + 120$ kNm

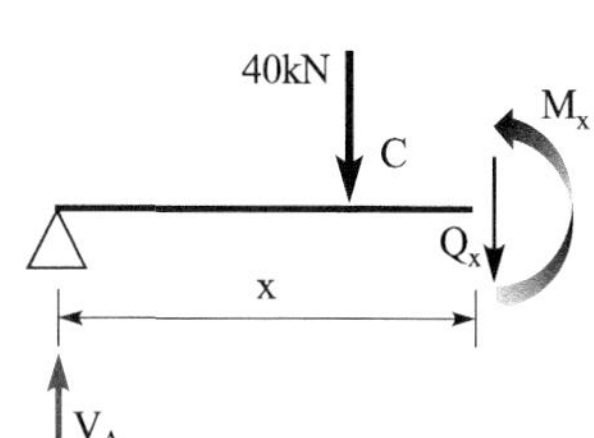

(3) 응력도

Q도 (SFD) M도 (BMD)

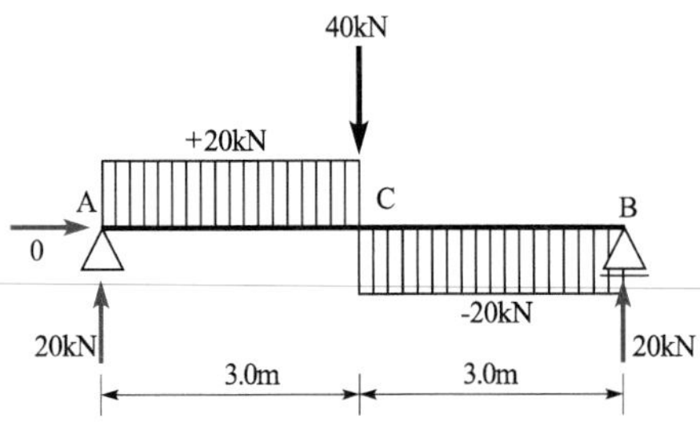

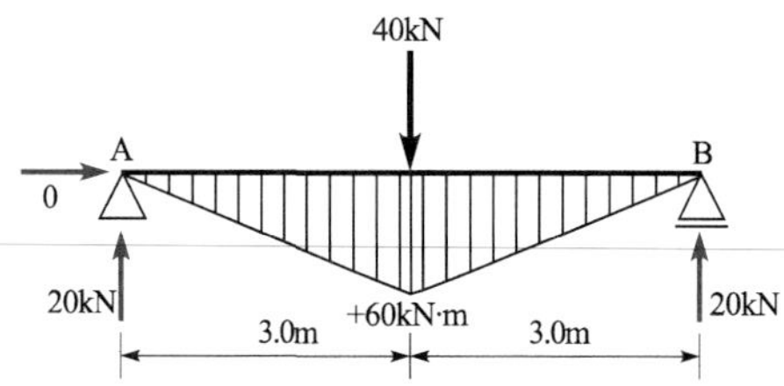

예제 4.2 **집중 하중을 받는 단순보 (2)**

그림과 같은 단순보의 반력과 응력을 구하시오.

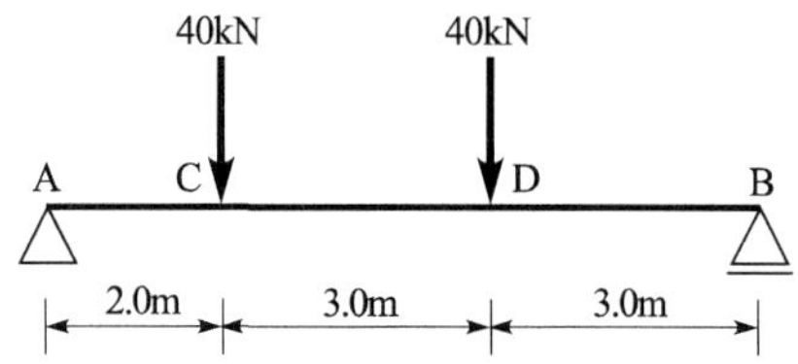

풀이

(1) 반력의 계산

$\sum H = H_A + 0 = 0, \quad \therefore H_A = 0$

$\sum V = V_A - 40 - 40 + V_B = 0, \ V_A + V_B = 80$

$\sum M_A = 40 \times 2.0 + 40 \times 5.0 - V_B \times 8.0 = 0, \ \therefore V_B = 35$

반력 $H_A = 0, \quad V_A = 45\ kN, \quad V_B = 35\ kN$

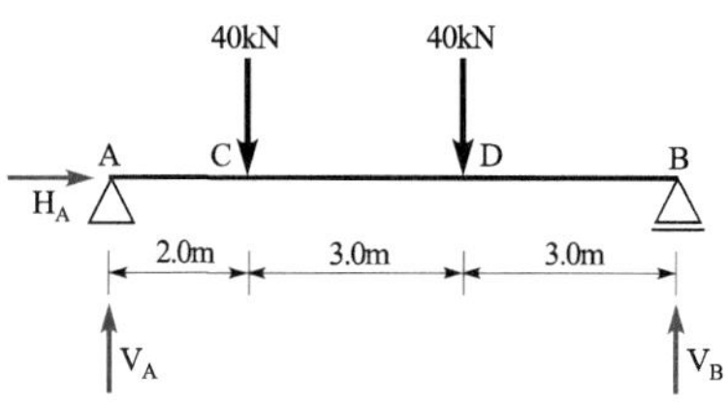

(2) 응력의 계산

– AC 구간 ;

$\sum V = V_A - Q_x = 0, \ Q_x = 45\ kN$

$\sum M_x = V_A \times x - M_x = 0, \ \therefore M_x = 45x\ kNm$

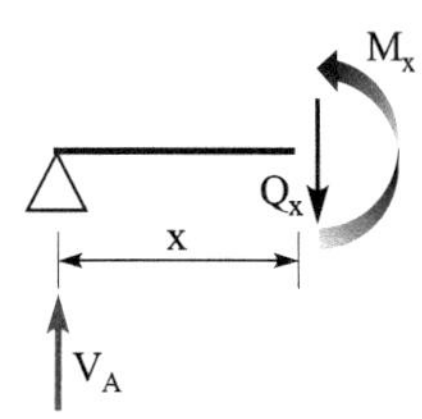

– CD 구간 ;

$\sum V = V_A - 40 - Q_x = 0, \ Q_x = -5\ kN$

$\sum M_x = V_A \times x - 40 \times (x-2.0) - M_x = 0,$

$\therefore M_x = 5x + 80\ kNm$

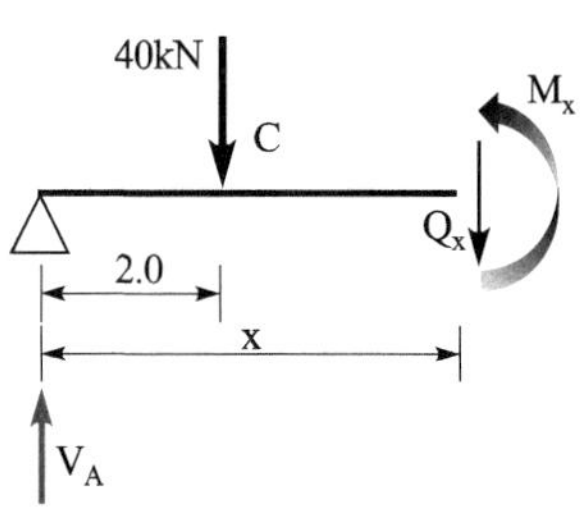

– DB 구간 ;

$\sum V = V_B + Q_x = 0, \ Q_x = -35\ kN$

$\sum M_x = -V_B \times x + M_x = 0, \ \therefore M_x = 35x\ kNm$

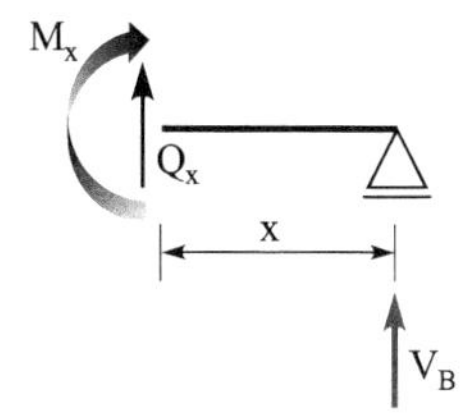

(3) 응력도

Q도 (SFD)

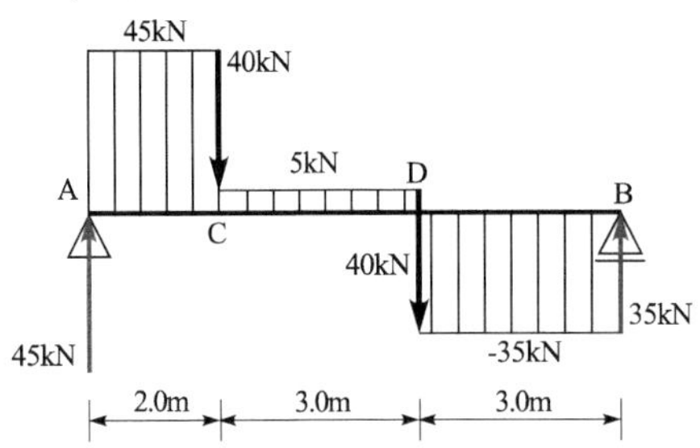

M도 (BMD)

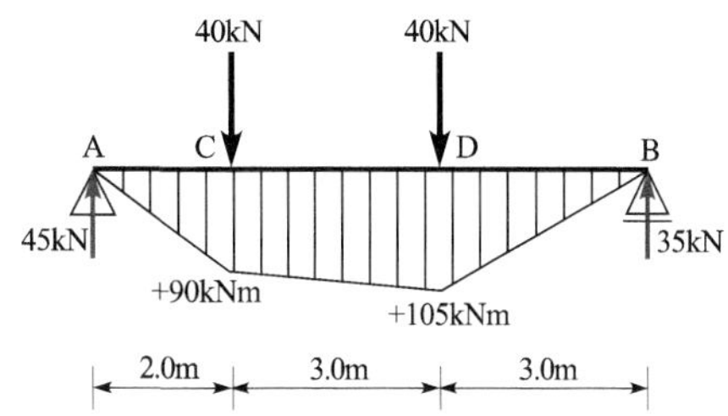

예제 4.3 **등분포 하중을 받는 단순보**

그림과 같은 단순보의 반력과 응력을 구하시오.

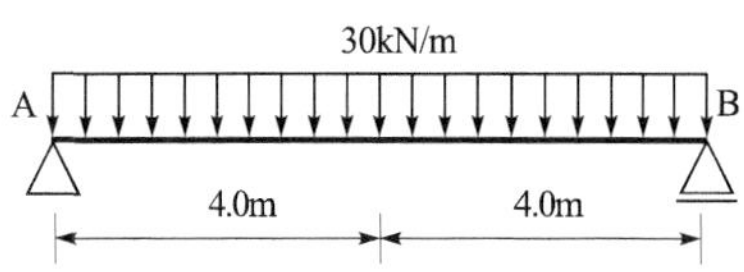

풀이

등가하중 $P_e = 30 \times 8.0 = 240$ kN

※ 분포하중은 바리농정리에 의해 등가 집중 하중으로 바꾸면 편리하다.

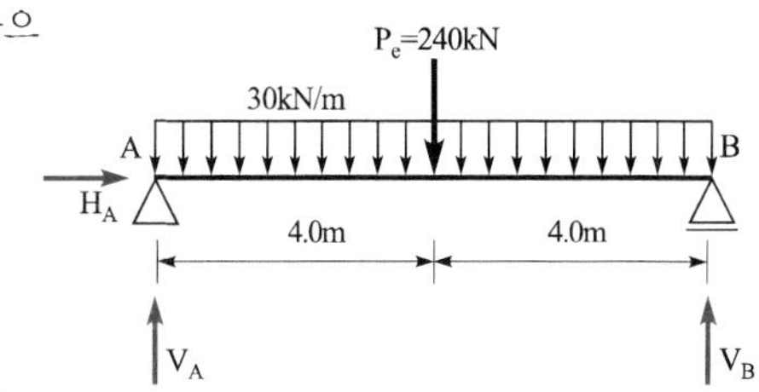

(1) 반력의 계산

$\Sigma H = H_A + 0 = 0$, $\therefore H_A = 0$

$\Sigma V = V_A - 240 + V_B = 0$, $V_A + V_B = 240$

$\Sigma M_A = 240 \times 4.0 - V_B \times 8.0 = 0$, $\therefore V_B = 120$

반력 $H_A = 0$, $V_A = 120$ kN, $V_B = 120$ kN

※ 하중과 구조물이 대칭이므로 좌우 연직반력값은 같으며, $V_A = V_B = P_e/2$이다.

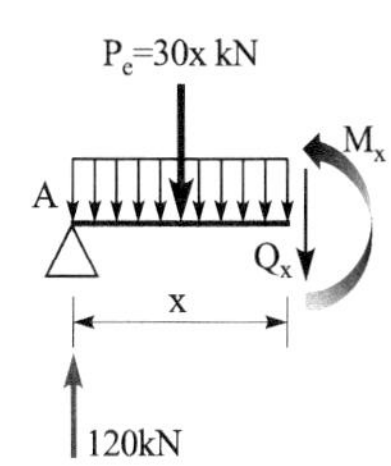

(2) 응력의 계산

– 등가하중 $P_x = 30x$ kN

$\Sigma V = V_A - 30x - Q_x = 0$, $Q_x = (-30x + 120)$ kN

$\Sigma M_x = 120 \times x - 30x \times (x/2) - M_x = 0$,

$\therefore M_x = (-15x^2 + 120x)$ kNm

(3) 응력도

Q도 (SFD)

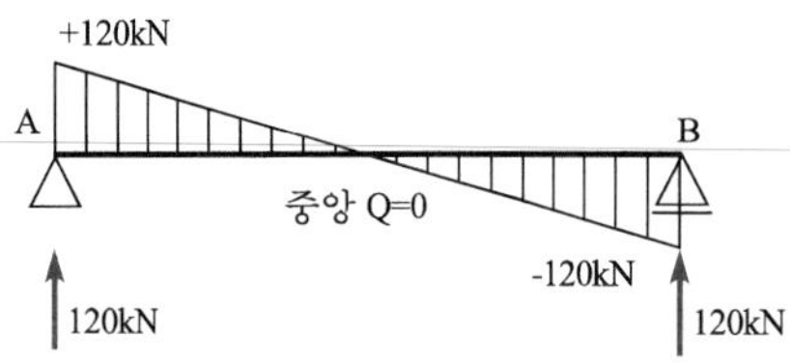

M도 (BMD)

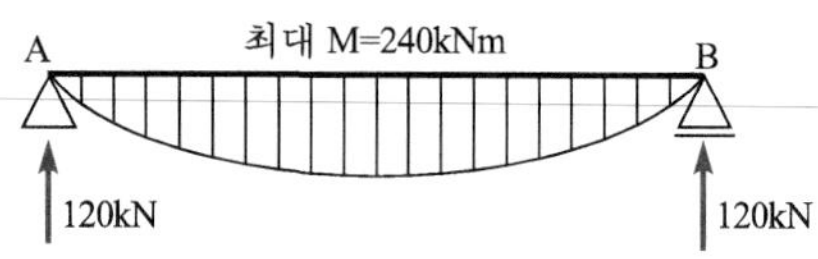

예제 4.4 **부분 등분포 하중을 받는 단순보**

그림과 같은 단순보의 반력과 응력을 구하시오.

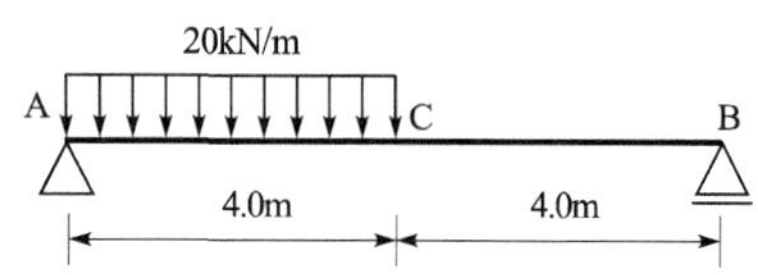

풀이

(1) 반력의 계산

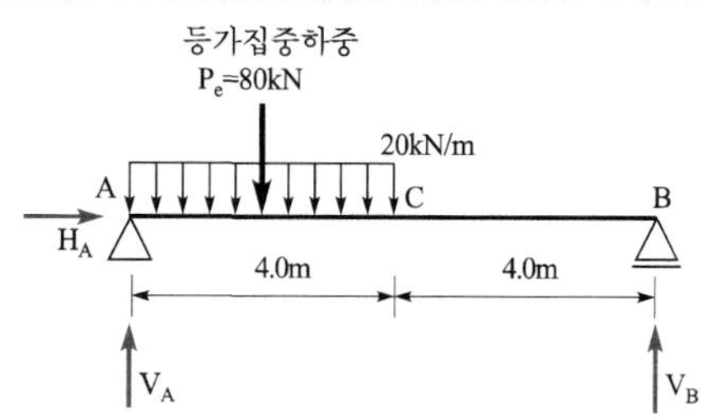

$\Sigma H = H_A + 0 = 0, \quad \therefore H_A = 0$

$\Sigma V = V_A - 20 \times 4.0 + V_B = 0, \; V_A + V_B = 80$

$\Sigma M_A = 80 \times 2.0 - V_B \times 8.0 = 0, \; \therefore V_B = 20$

반력 $H_A = 0, \; V_A = 60$ kN, $V_B = 20$ kN

(2) 응력의 계산

– AC 구간 ; $P_e = 20x$ kN

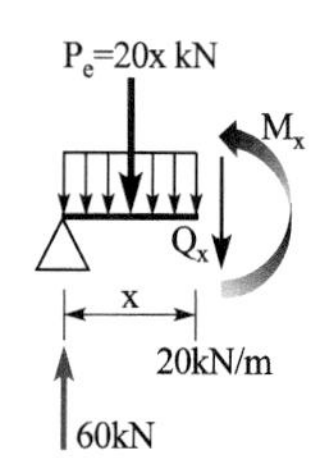

$\Sigma V = V_A - 20x - Q_x = 0, \; Q_x = (-20x + 60)$ kN

$\Sigma M_x = 60 \times x - 20x \times (x/2) - M_x = 0$,

$\therefore M_x = (-10x^2 + 60x)$ kNm

– CB 구간 ; $P_e = 80$ kN

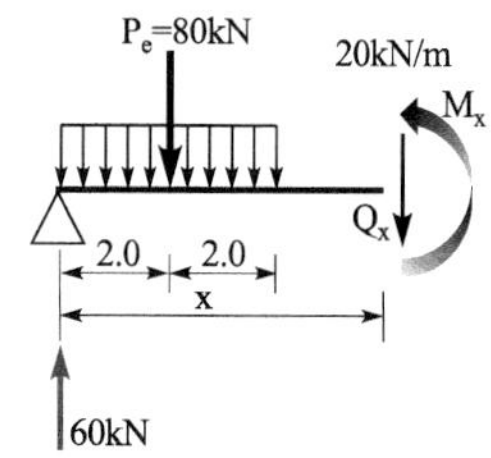

$\Sigma V = V_A - 80 - Q_x = 0, \; Q_x = -20$ kN

$\Sigma M_x = 60 \times x - 80(x-2) - M_x = 0$,

$\therefore M_x = -20x + 160$ kNm

(3) 응력도

Q도 (SFD) M도 (BMD)

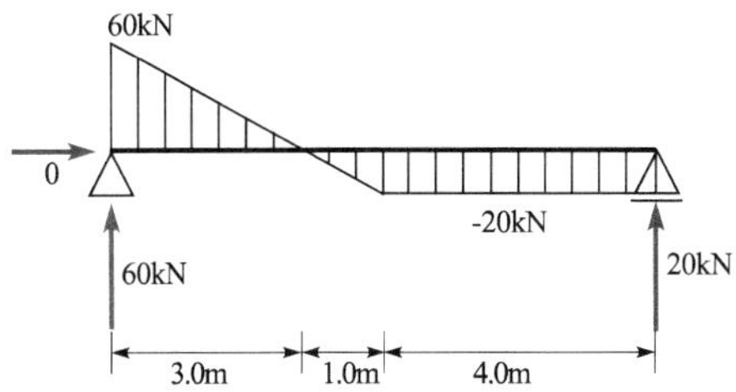

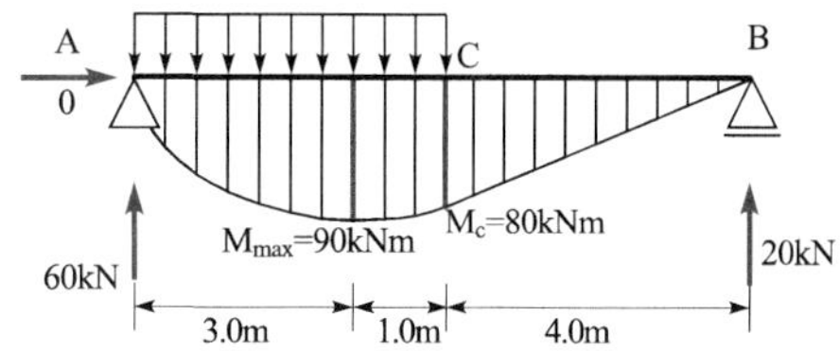

예제 4.5 등변분포 하중을 받는 단순보

그림과 같은 단순보의 반력과 응력을 구하시오.

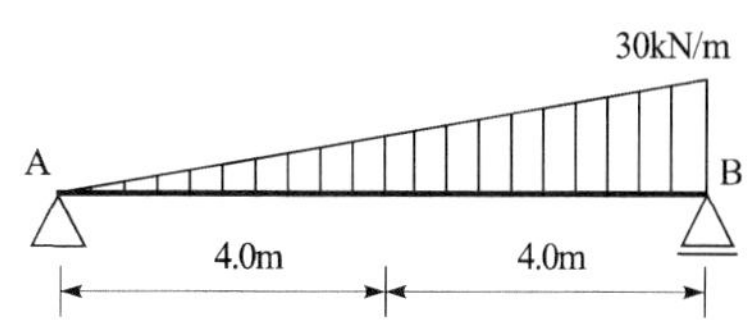

풀이

등가하중 $P_e = 30 \times 8.0/2 = 120$ kN

(1) 반력의 계산

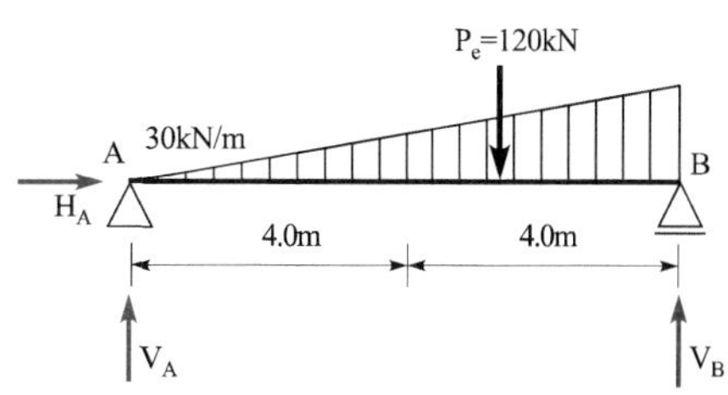

$\Sigma H = H_A + 0 = 0$, $\therefore H_A = 0$

$\Sigma V = V_A - 120 + V_B = 0$, $V_A + V_B = 120$

$\Sigma M_A = 120 \times 8.0 \times (2/3) - V_B \times 8.0 = 0$,

$\therefore V_B = 80$

반력 $H_A = 0$, $V_A = 40$ kN, $V_B = 80$ kN

(2) 응력의 계산

(8m : 30kN/m = x : y)

등가하중 $P_e = (30x/8)(x/2) = 15x^2/8$

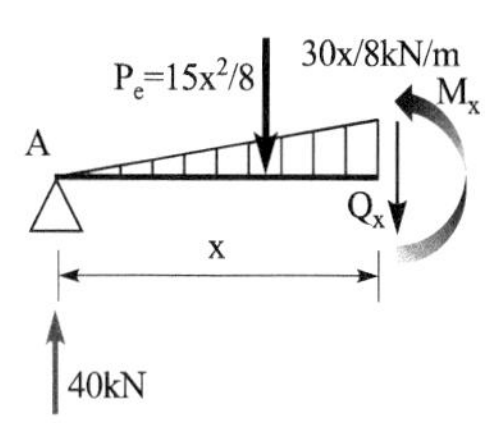

$\Sigma V = V_A - 15x^2/8 - Q_x = 0$,

$Q_x = -15x^2/8 + 40$ kN

$\Sigma M_x = 40 \times x - 15x^2/8 \times (x/3) - M_x = 0$,

$\therefore M_x = -5x^3/8 + 40x$ kNm

$Q_x = 0$ (x=4.32)인 경우, 모멘트는 최대(M_{max}=123kNm)가 된다.

(3) 응력도

Q도 (SFD)

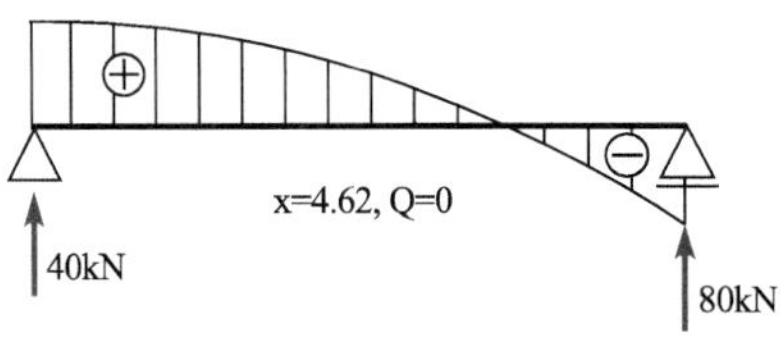

M도 (BMD)

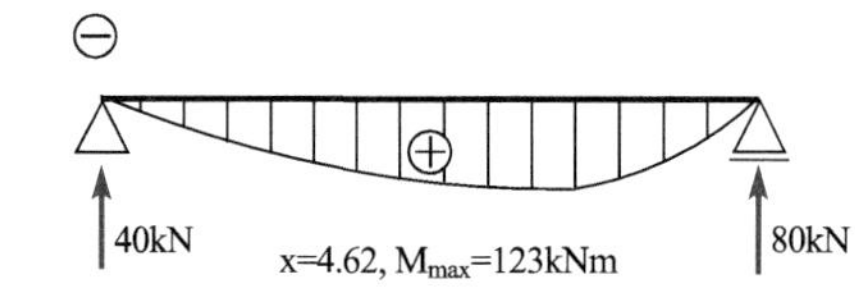

예제 4.6 모멘트 외력을 받는 단순보

그림과 같은 단순보의 반력과 응력을 구하시오.

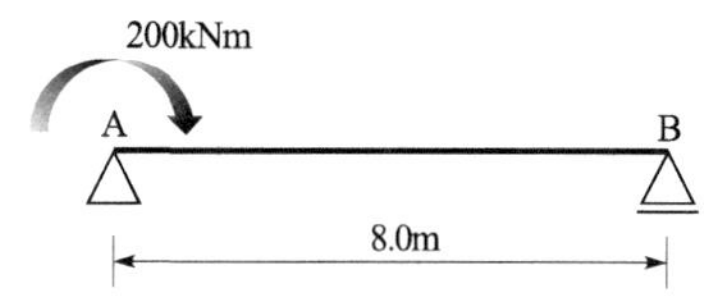

풀이

(1) 반력의 계산

$\sum H = H_A + 0 = 0$, $\therefore H_A = 0$

$\sum V = V_A + V_B = 0$, $V_A + V_B = 0$

$\sum M_A = 200 - V_B \times 8.0 = 0$, $\therefore V_B = 25$

반력 $H_A = 0$, $V_A = -25$ kN, $V_B = 25$ kN

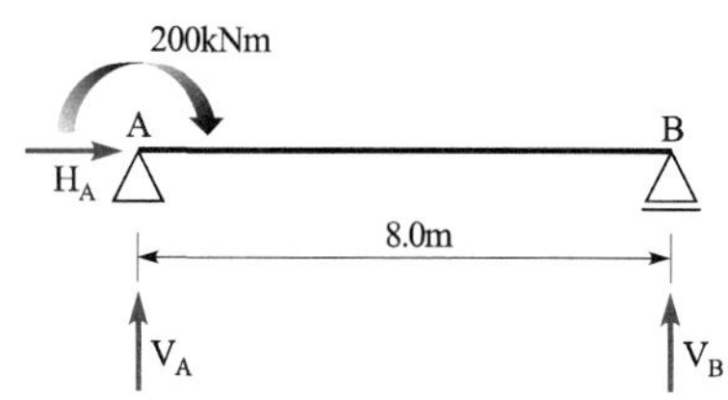

※ 연직방향 외력이 없으므로, V_A 및 V_B는 역부호를 갖는다.

(2) 응력의 계산

$\sum V = -25 - Q_x = 0$, $Q_x = -25$ kN

$\sum M_x = 200 - 25 \times x - M_x = 0$,

$\therefore M_x = -25x + 200$ kNm

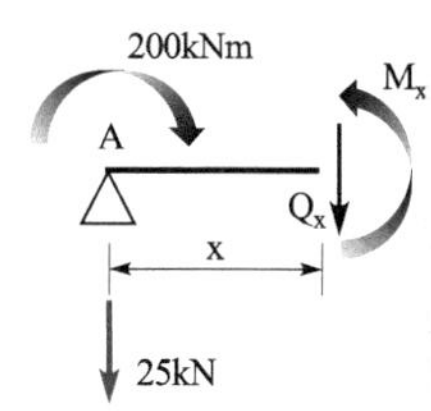

(3) 응력도

Q도 (SFD)

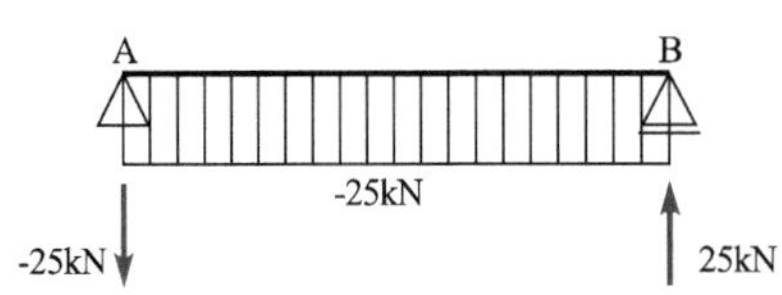

M도 (BMD)

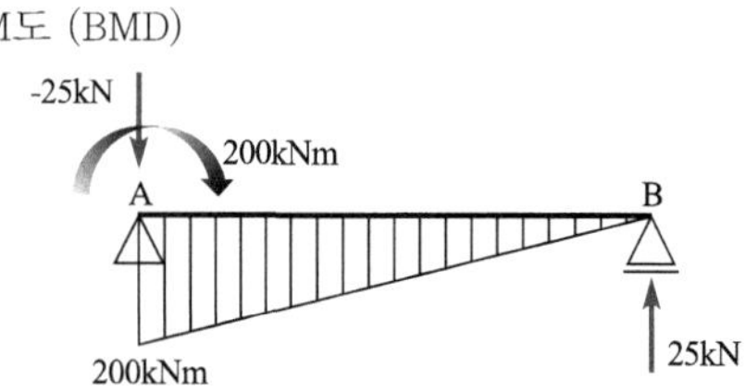

예제 4.7 경사 하중을 받는 단순보

그림과 같은 단순보의 반력과 응력을 구하시오.

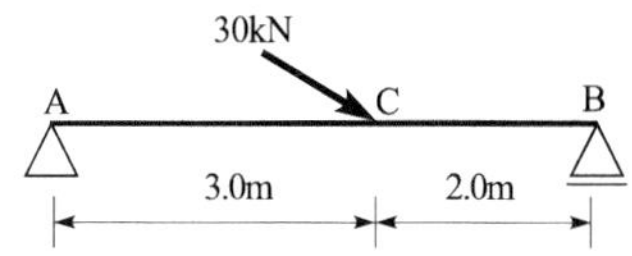

풀이

(1) 반력의 계산

수평력이 작용하는 경우 수평반력 H_A가 존재

연직분력 = 30sin30° = 15 kN,

수평분력 = 30cos30° = 26 kN

$\Sigma H = H_A + 26 = 0$, ∴ $H_A = -26$ kN

$\Sigma V = V_A + V_B - 15 = 0$

$\Sigma M_A = 15 \times 3.0 - V_B \times 5.0 = 0$, ∴ $V_B = 9$ kN

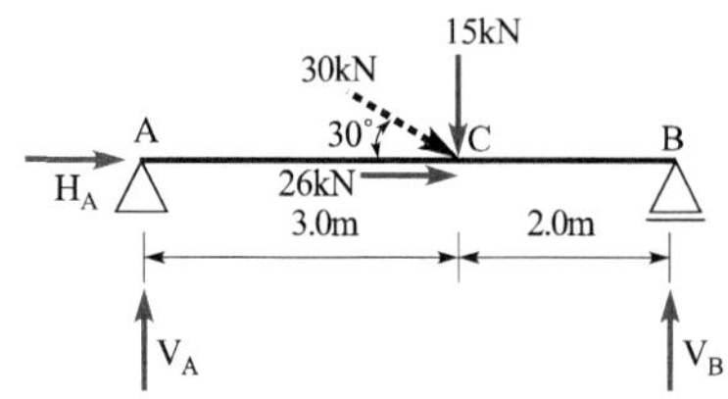

반력 $H_A = -26$ kN, $V_A = 6$ kN, $V_B = 9$ kN

(2) 응력의 계산

– AC 구간 ;

$\Sigma H = -26 + N_x = 0$, ∴ $N_x = 26$kN (인장)

$\Sigma V = 6 - Q_x = 0$, ∴ $Q_x = +6$ kN

$\Sigma M_x = 6 \times x - M_x = 0$, ∴ $M_x = 6x$ kNm

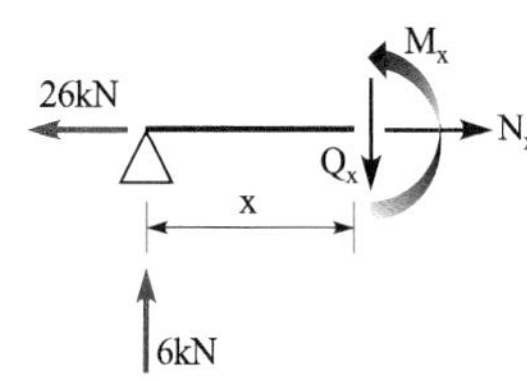

– CB 구간 ;

$\Sigma H = -26 + 26 + N_x = 0$, ∴ $N_x = 0$ kN

$\Sigma V = 6 - 15 - Q_x = 0$, ∴ $Q_x = -9$ kN

$\Sigma M_x = 6 \times x - 15 \times (x-3) - M_x = 0$,

∴$M_x = -9x + 45$ kNm

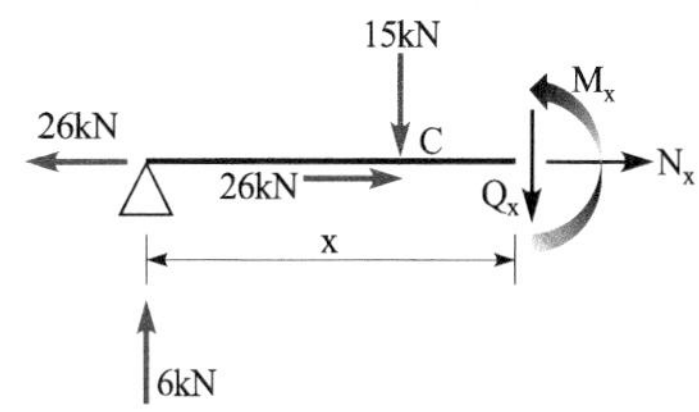

(3) 응력도　　　※ 축방향력이 존재하므로 axial force diagram, AFD가 필요하다.

N도 (AFD)

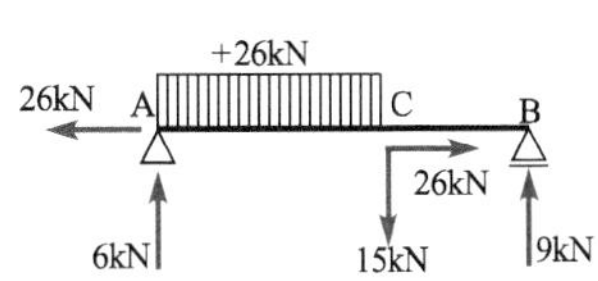

Q도 (SFD)

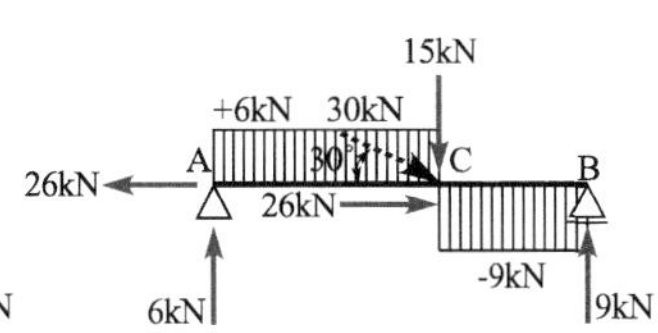

M도 (BMD)

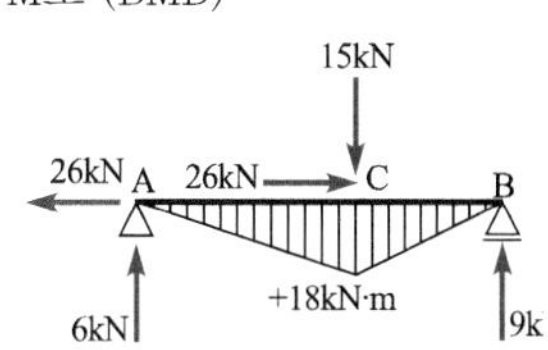

예제 4.8 **간접하중을 받는 단순보**

그림과 같은 단순보의 반력과 응력을 구하시오.

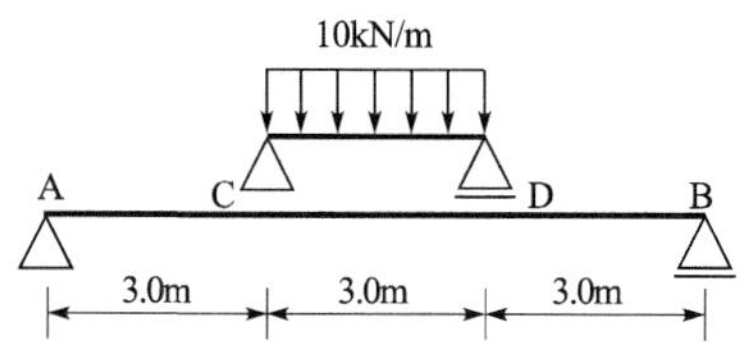

풀이

(1) 반력의 계산

구조물 CD 와 구조물 AB에 수평하중이나 수평분력 하중이 작용 안하므로

$H_A = H_C = 0$

구조물 CD와 구조물 AB는 좌우대칭이므로

$V_C = V_D = 15$ kN,　$V_A = V_B = 15$ kN

반력 $V_A = V_B = 15$ kN,　$V_C = V_D = 15$ kN

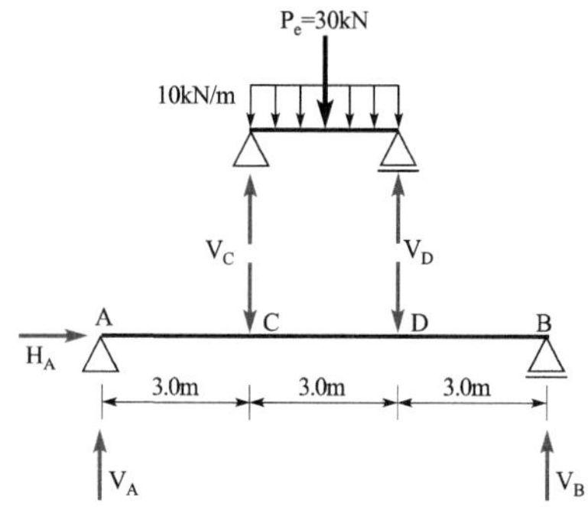

(2) 부재응력의 계산

작은보 CD에서

$$Q_x = \frac{\omega L}{2} - \omega x = 15 - 10x \text{ kN}$$

$$M_x = \frac{\omega L}{2} \times x - \frac{\omega}{2} x^2 = 15x - 5x^2 \text{ kNm}$$

AC 구간 ; $Q_x = 15$kN, $M_x = 15x$ kNm

CD 구간 ; $Q_x = 0$ kN, $M_x = 15x - 15(x-3) = 45$ kNm

DB 구간 ; $Q_x = -15$ kN, $M_x = 15x$ kNm

(x는 B점으로 부터)

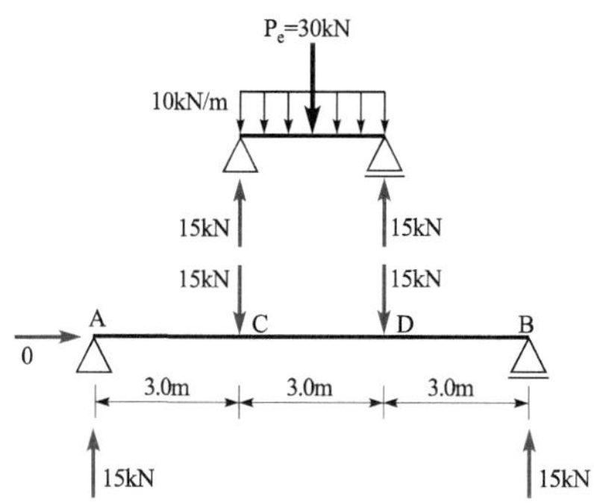

(3) 응력도

Q도 (SFD)

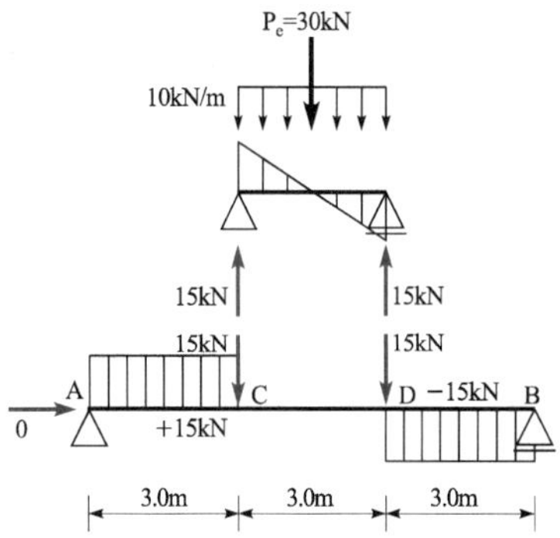

M도 (BMD)

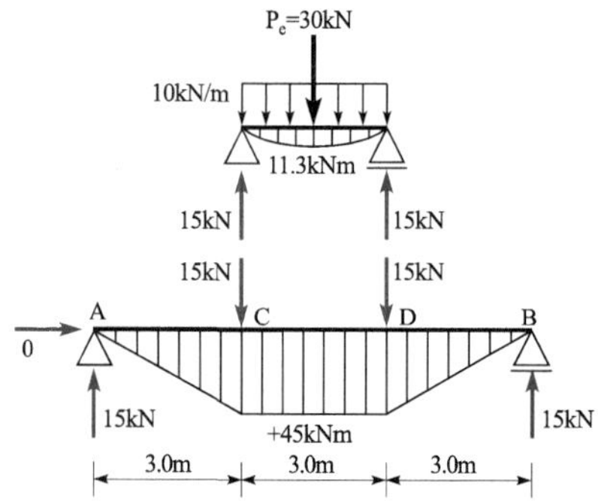

4.3 하중 · 전단력 · 휨모멘트의 관계

보에 작용하는 하중과 부재응력(축력, 전단력, 휨모멘트)의 기본적인 관계를 이해하는 것은 매우 중요하다. 보의 하중, 전단력, 휨모멘트의 관계를 직선적인 보 부재에 대해서 검토한다. 왼쪽부터 거리 x의 위치에 있는 등분포 하중 ω_x, 전단력 Q_x, 휨모멘트 M_x가 상호 관계하고 있다. 보의 미소 부분을 취해서 〈그림 4.4〉와 같이 평형을 고려한다.

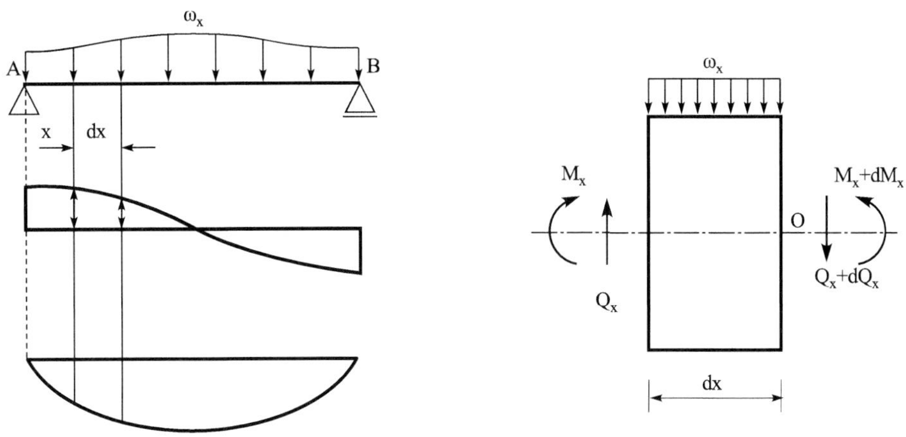

〈그림 4.4〉 하중 · 전단력 · 휨모멘트의 관계

(1) Y방향의 힘의 평형 $\sum V = 0$로부터 다음의 관계가 유도된다.

$$\sum V = Q_x - \omega_x dx - (Q + dQ_x) = 0, \quad dQ_x = -\omega_x dx$$
$$\frac{dQ_x}{dx} = -\omega_x \tag{4.2}$$

(2) 휨모멘트의 평형을 오른쪽 중앙 O점에 대한 모멘트 합으로 구하면, 다음의 관계가 유도된다.

$$\sum M_O = M_x + Q_x dx - \omega_x dx \times (dx/2) - (M_x + dM_x) = 0$$

ω_x에 의한 휨모멘트는 $\omega_x dx \times (dx/2) = (\omega_x/2)dx^2$가 되고, dx가 미소하므로 $(\omega_x/2)dx^2$를 0으로 간주하면,

$$dM_x = Q_x dx, \quad \frac{dM_x}{dx} = Q_x \tag{4.3}$$

(3) 하중과 응력의 관계는 식 (4.2)와 식 (4.3)으로부터

$$\frac{d^2M_x}{dx^2} = \frac{dQ_x}{dx} = -\omega_x \tag{4.4}$$

(4) 등분포하중 ω_x, 전단력 Q_x, 휨모멘트 M_x의 관계로부터 분포하중은 전단력의 변화율이고, 전단력은 휨모멘트의 변화율임을 알 수 있다. 이 관계를 〈표 4.1〉에 나타낸다.

〈표 4.1〉 하중, 전단력, 휨모멘트의 관계

분포하중 ω_x	$\omega = 0$	일정값 ω_0	등변분포 ω
전단력 Q_x	일정값	직선변화	2차 곡선변화
휨모멘트 M_x	직선변화	2차 곡선변화	3차 곡선변화

연습문제 *exercise*

단순보의 반력 및 응력도 (M도, Q도)를 구하시오.

4-1 집중 하중을 받는 단순보 1

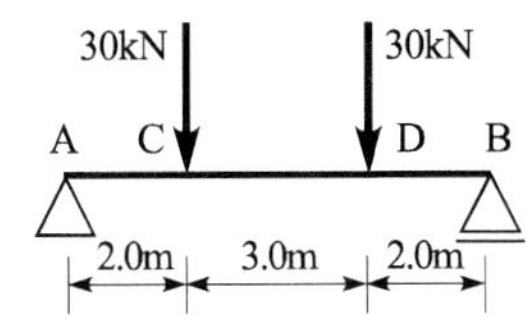

4-2 집중 하중을 받는 단순보 2

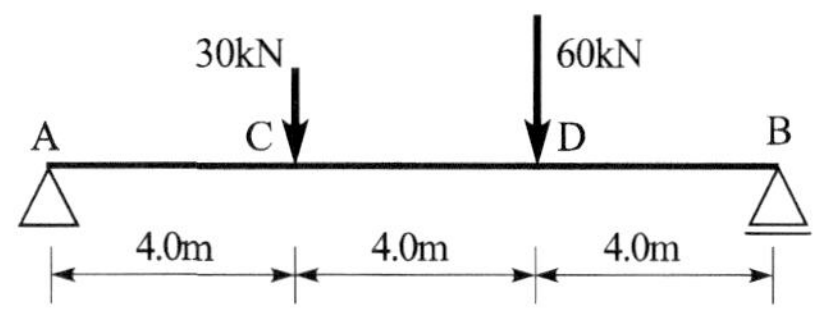

4-3 집중 하중을 받는 단순보 3

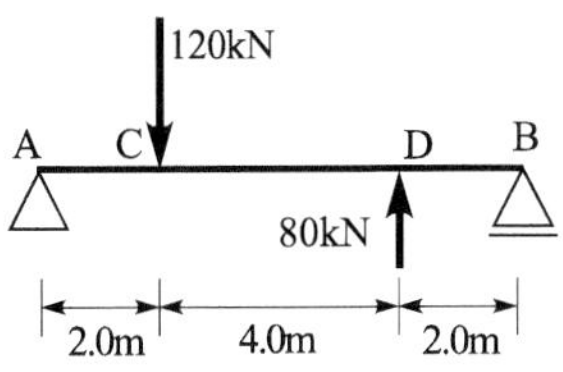

4-4 집중 하중을 받는 단순보 4

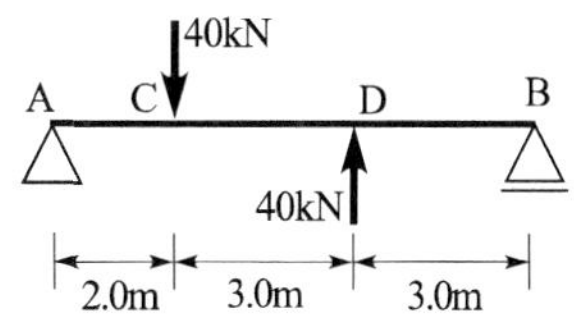

4-5 등분포 하중을 받는 단순보

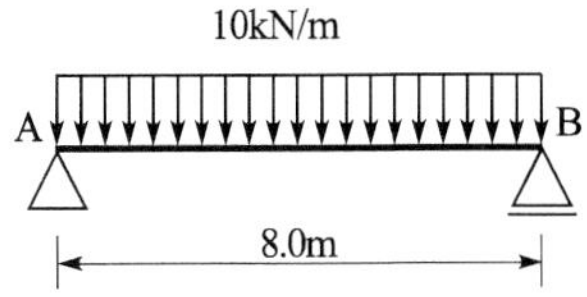

4-6 중앙 등분포 하중을 받는 단순보

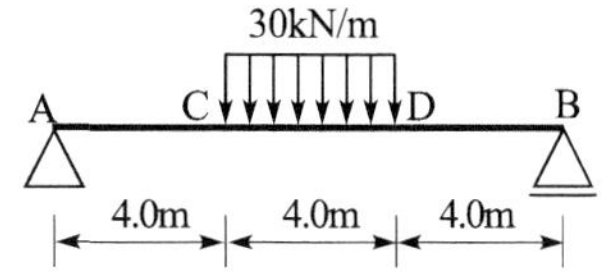

4.4 캔틸레버의 외응력

(1) 정의

캔틸레버(cantilever)는 가장 단순한 정정구조물로서, 일단이 지점인 고정단이고 타단은 지점이 없는 자유단을 갖는 보이다.

(2) 반력

힘의 평형조건식을 적용한다.

(3) 응력의 특성

① 반력을 구하지 않고도 자유단에서부터 응력을 구할 수 있다.

② 최대 전단력과 최대 휨모멘트는 대체로 고정단에서 일어난다.

③ 고정단에서의 휨모멘트의 크기는 반력모멘트의 크기와 같다.

④ 연직하중의 경우 휨모멘트의 부호는 (−)이다.

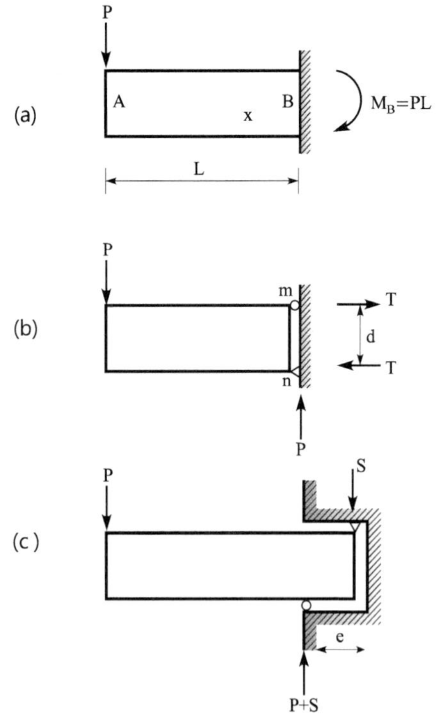

그림 (a)의 고정단의 반력은 그림 (b), (c)와 같이 생각할 수 있다.

그림 (b)의 점 m, n에서의 반력 T는 지점간의 거리를 d라 할 때, $T = PL/d$이고, $Td\ (= PL)$가 반력의 한 개인 고정모멘트 F_B이다.

따라서, $F_B = PL = M_B$ 라 표현할 수 있다.

그리고 그림 (c)의 경우, $S = PL/e$의 반력이 지점에 생기고 $Se = PL$이 고정모멘트이다.

그림 (c)에서 $L = 10m$, $e = 1m$, $P = 10kN$이 작용할 때 지점 반력 S는

$S = PL/e = 10 \times 10\ /\ 1 = 100\ kN$가 된다.

〈그림 4.5〉 캔틸레버의 모델링

예제 4.9 집중 하중을 받는 캔틸레버 1

그림과 같은 캔틸레버의 반력과 응력을 구하시오.

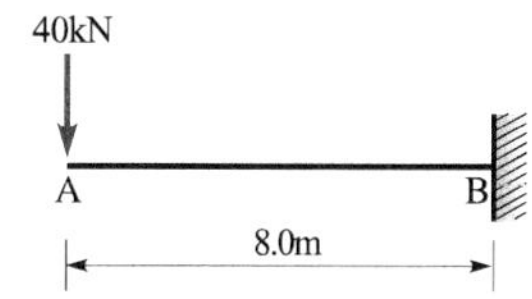

풀이

(1) 반력의 계산

힘의 평형조건식을 이용해서 반력을 계산한다.

반력은 H_B, V_B, M_B의 3종류로 B점에 작용한다.

$\sum H = H_B + 0 = 0$, $\therefore H_B = 0$

$\sum V = -40 + V_B = 0$, $\therefore V_B = 40$ kN

$\sum M_B = -40 \times 8.0 + M_B = 0$, $\therefore M_B = 320$ kNm

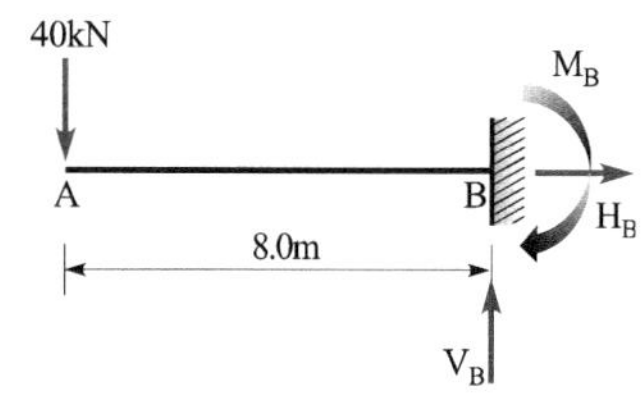

반력 $H_B = 0$, $V_B = 40$ kN, $M_B = 320$ kNm

(2) 응력의 계산

보부재의 좌측으로부터 x 길이 만큼 절단한 자유물체(Free Body)에 힘의 평형조건식을 적용하여 부재응력, Q_x, M_x를 구한다.

$\sum V = -40 - Q_x = 0$, $\therefore Q_x = -40$ kN

$\sum M_x = -40 \times x - M_x = 0$, $\therefore M_x = -40x$ kNm

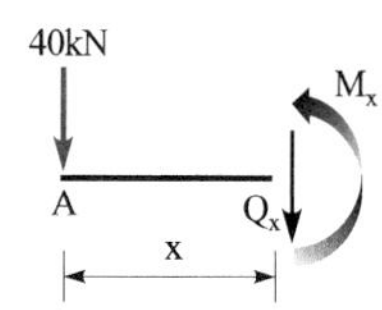

부재응력은

X=0.0m ; $Q_x = -40$ kN, $M_x = 0.0$ kNm

X=4.0m ; $Q_x = -40$ kN, $M_x = -160$ kNm

X=8.0m ; $Q_x = -40$ kN, $M_x = -320$ kNm

(3) 응력도

Q도 (SFD)

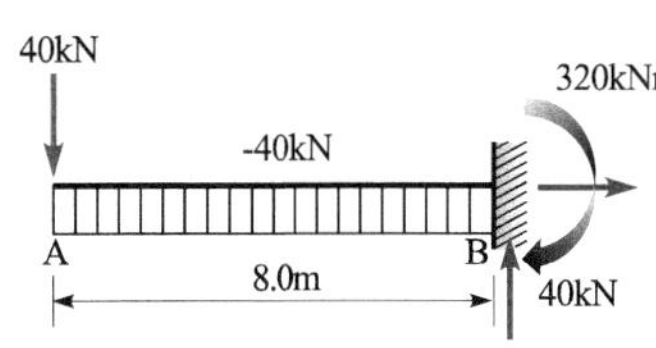

M도 (BMD)

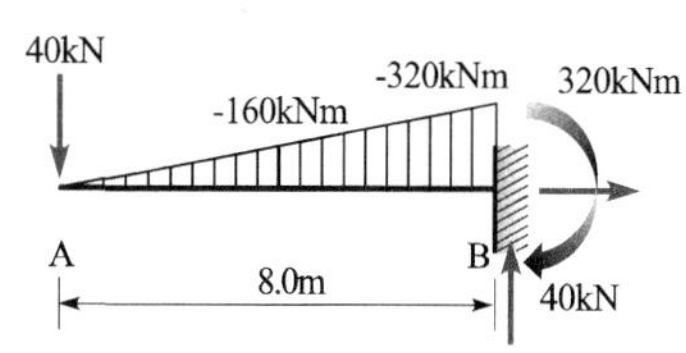

예제 4.10

집중 하중을 받는 캔틸레버 1

그림과 같은 캔틸레버의 반력과 응력을 구하시오.
※ [예제 4.9]를 자유단으로부터의 풀이를 설명한다.

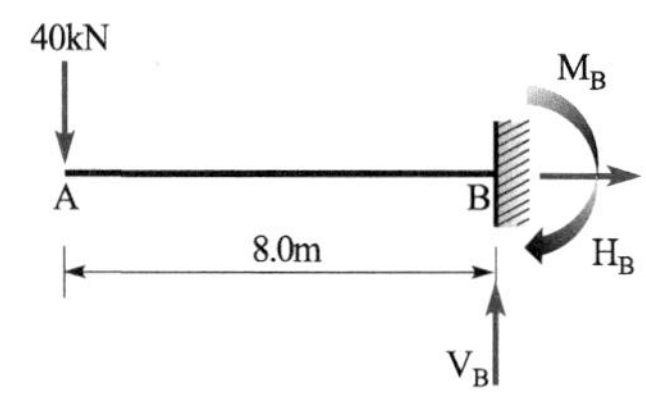

풀이

(1) 응력의 계산

힘의 평형조건식을 이용해서 반력 계산을 먼저 한 후, 응력을 구하는 것이 일반적이지만 캔틸레버 구조물의 경우, 응력을 구하면서 동시에 반력을 구할 수도 있다. 반력은 H_B, V_B, M_B의 3종류로 B점에 작용한다.

– 전단력도 ;

자유단 A점에 40kN이 아래로 작용하고, AB부재 사이에는 하중이 작용하지 않으므로 A점 아래로 40kN 내려간 후, 부재축과 평행하게 -40 kN으로 B점까지 전단력도를 그린다. B점에서 B점의 반력값 만큼 이동을 하여야 하는데, 전단력도를 완성시키기 위해서는 40kN 만큼 위쪽으로 이동하여야 한다. 즉, B점의 반력값은 상향으로 40kN이 된다.

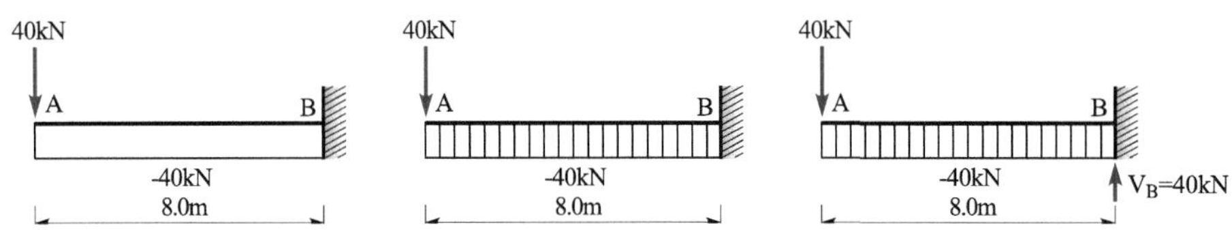

– 휨모멘트도 ;

A점에 40kN이 작용하므로 A점에서 B점으로 이동함에 따라 모멘트의 값이 증가하게 된다.

X=0.0m ; $M_{x=0m}$ = 0.0 kNm

X=4.0m ; $M_{x=4m}$ = −160 kNm

X=8.0m ; $M_{x=8m}$ = −320 kNm

휨모멘트도도 C점에서 B점으로 폐합이 되어야 하므로 B점의 휨모멘트 값은 +320 kNm가 된다.

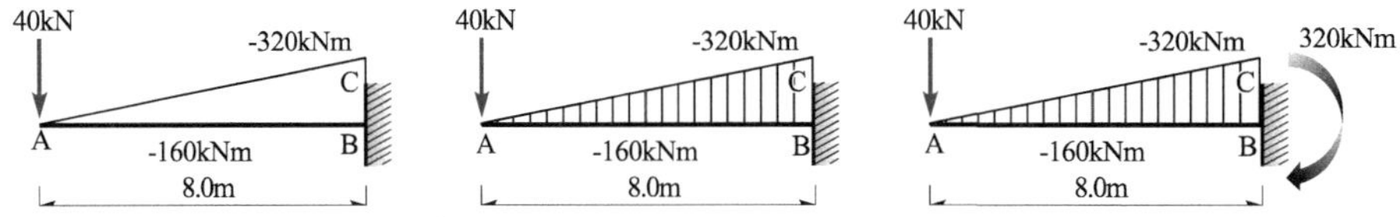

※ [예제 4.10]에서와 같이 자유단이 왼쪽에 있어서 왼쪽부터 응력도를 그리는 경우에는 부호에 큰 문제는 없지만 [예제 4.12]에서와 같이 자유단이 오른쪽에 있어서, 오른쪽부터 응력도를 그릴 경우에는 움직임에 따라 응력도를 반대로 그려야 한다.

예제 4.11 집중 하중을 받는 캔틸레버 2

그림과 같은 캔틸레버의 반력과 응력을 구하시오.

※ 절단면의 부호와 부재응력의 부호의 이해를 위해 [예제 4.10]과 방향만 다른 문제를 취급한다.

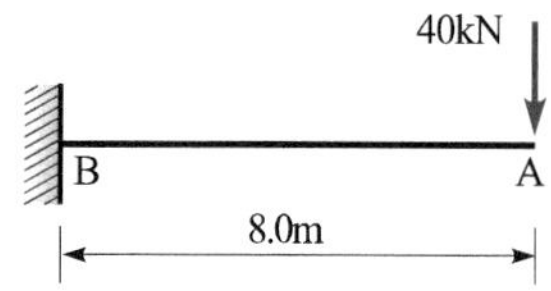

풀이

(1) 반력의 계산

$\sum H = H_B + 0 = 0$, $\therefore H_B = 0$

$\sum V = V_B - 40 = 0$, $\therefore V_B = 40$ kN

$\sum M_B = M_B + 40 \times 8.0 = 0$, $\therefore M_B = -320$ kNm

반력 $H_B = 0$, $V_B = 40$ kN, $M_B = -320$ kNm

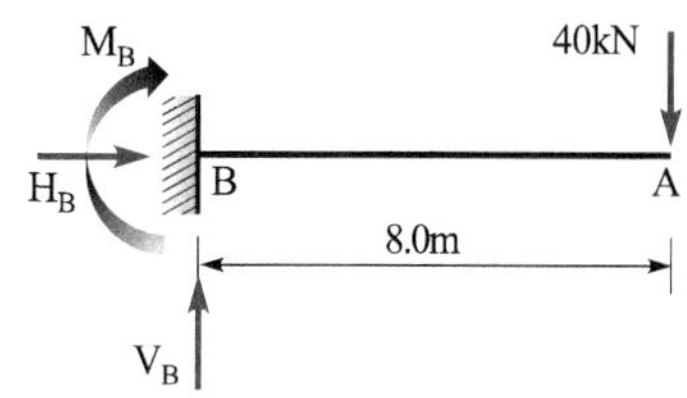

(2) 응력의 계산

$\sum V = Q_x - 40 = 0$, $\therefore Q_x = 40$ kN

$\sum M_x = M_x - 40 \times x = 0$, $\therefore M_x = -40x$ kNm

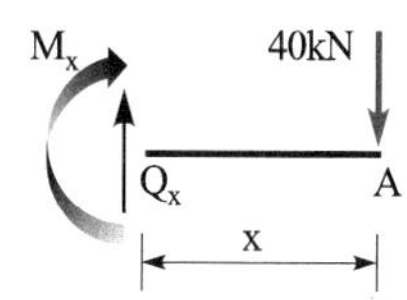

(3) 응력도

Q도 (SFD)

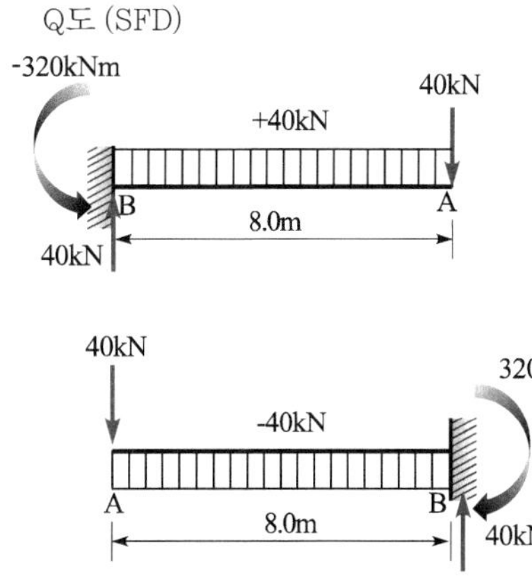

M도 (BMD)

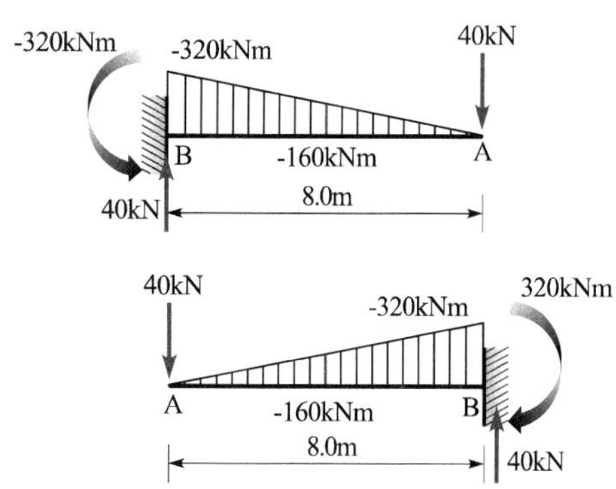

예제 4.12 집중 하중을 받는 캔틸레버 2

그림과 같은 캔틸레버의 반력과 응력을 구하시오.

※ [예제 4.11]을 자유단으로부터의 풀이를 설명한다.

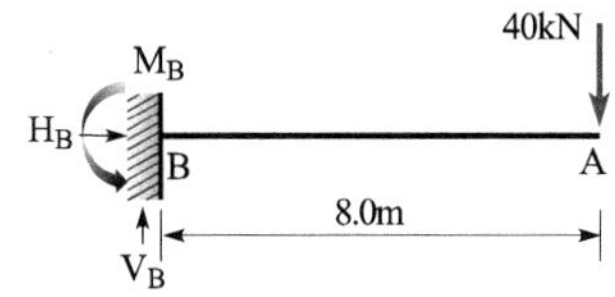

풀이

(1) 응력의 계산

※ [예제 4.10]에서와 같이 반력을 먼저 구하지 않고 자유단으로부터 응력을 먼저 구한 후, 지점의 반력을 구한다. B점의 반력은 H_B, V_B, M_B이다.

- 전단력도 ;

[예제 4.10]과는 달리 자유단이 오른쪽에 있으므로 방향을 반대로 적용한다.

자유단 A점에 40 kN이 아래로 작용하고, AB부재 사이에는 하중이 작용하지 않으므로 A점에서 위로 40 kN 올라간 후, 부재축과 평행하게 +40 kN으로 B점까지 전단력도를 그린다. B점에서 B점의 반력값 만큼 이동을 하여야 하는데, 전단력도를 완성시키기 위해서는 40 kN 만큼 아래쪽으로 이동하여야 한다. 즉, B점의 반력값은 상향으로 40 kN이 된다.

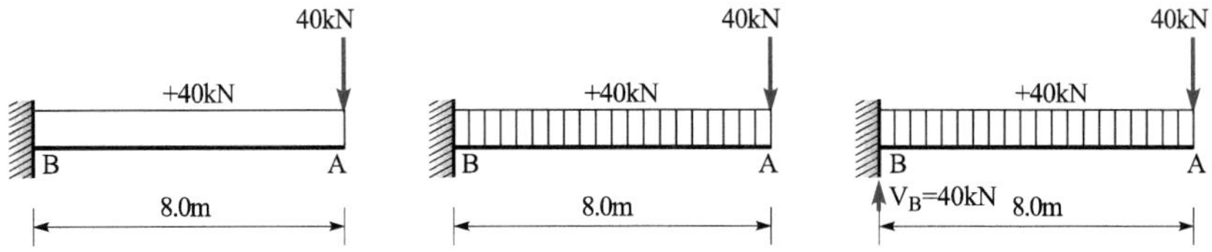

- 휨모멘트도 ;

A점에 40kN이 작용하므로 A점에서 B점으로 이동함에 따라 모멘트의 값이 증가하게 된다.

X=0.0m ; $M_{x=0m}$ = 0.0 kNm

X=4.0m ; $M_{x=4m}$ = −160 kNm

X=8.0m ; $M_{x=8m}$ = −320 kNm

휨모멘트도도 C점에서 B점으로 폐합이 되어야 하므로 B점의 휨모멘트 값은 -320 kNm가 된다.

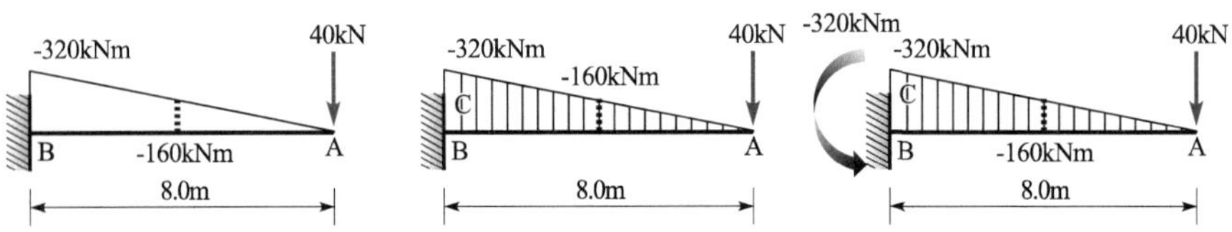

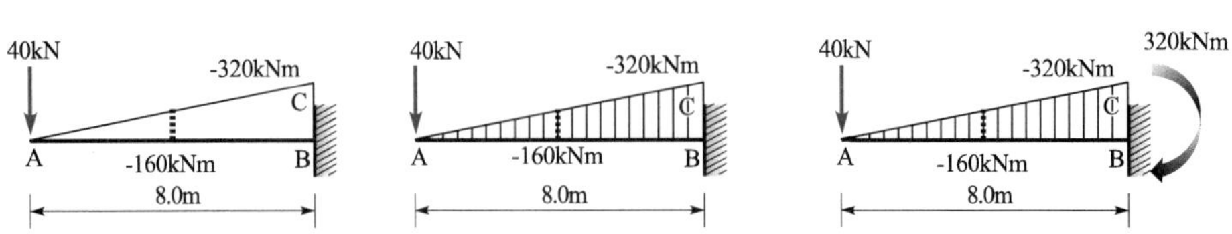

※ [예제 4.10]에서와 같이 자유단이 왼쪽에 있어서 왼쪽부터 응력도를 그리는 경우에는 부호에 큰 문제는 없지만 [예제 4.12]에서와 같이 자유단이 오른쪽에 있어서, 오른쪽부터 응력도를 그릴 경우에는 움직임에 따라 응력도를 반대로 그려야 한다.

예제 4.13 2개의 집중 하중을 받는 캔틸레버

그림과 같은 캔틸레버의 반력과 응력을 구하시오.

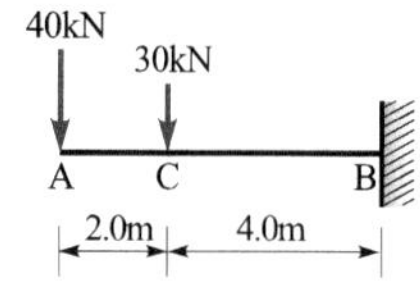

풀이

(1) 반력의 계산

힘의 평형조건식을 이용해서 반력을 계산한다.

반력은 H_B, V_B, M_B의 3종류로 B점에 작용한다.

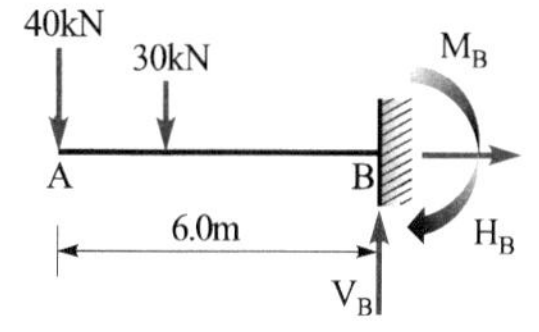

$\sum H = H_B + 0 = 0, \quad \therefore H_B = 0$

$\sum V = -40 - 30 + V_B = 0, \quad \therefore V_B = 70\ kN$

$\sum M_B = -40 \times 6.0 - 30 \times 4.0 + M_B = 0$

$\therefore M_B = 360\ kNm$

반력 $H_B = 0$, $V_B = 70\ kN$, $M_B = 360\ kNm$

(2) 응력의 계산

– AC 구간 ;

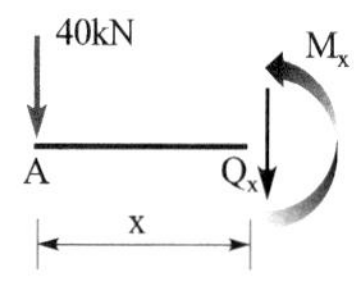

$\sum V = -40 - Q_x = 0, \quad \therefore Q_x = -40\ kN$

$\sum M_x = -40 \times x - M_x = 0, \quad \therefore M_x = -40x\ kNm$

– CB 구간 ;

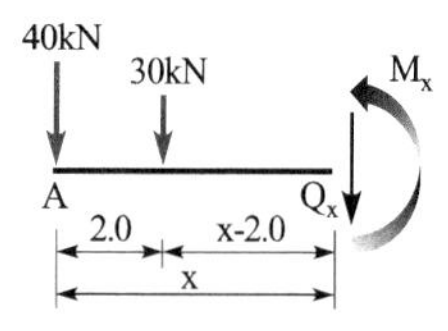

$\sum V = -40 - 30 - Q_x = 0, \quad \therefore Q_x = -70\ kN$

$\sum M_x = -40 \times x - 30 \times (x - 2.0) - M_x = 0,$

$\therefore M_x = -70x + 60\ kNm$

(3) 응력도

Q도 (SFD)

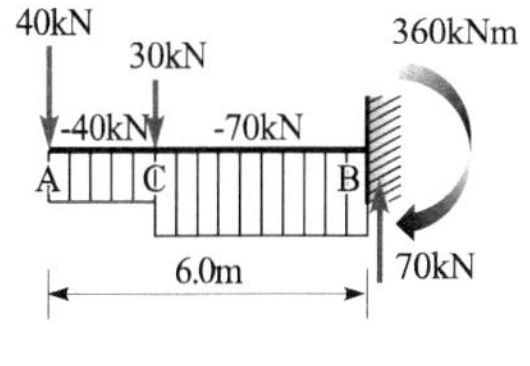

M도 (BMD)

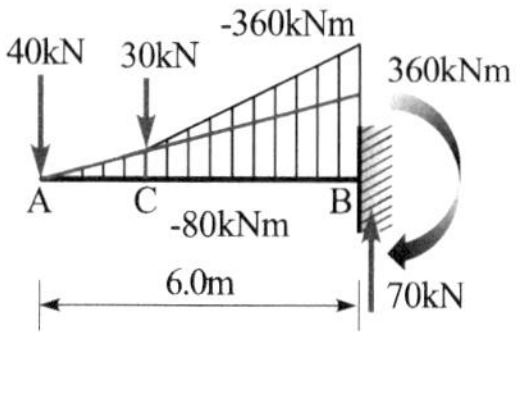

연습문제 *exercise*

내민보의 반력 및 응력도 (M도, Q도)를 구하시오.

4-14 집중, 등분포, 모멘트 하중을 받는 내민보

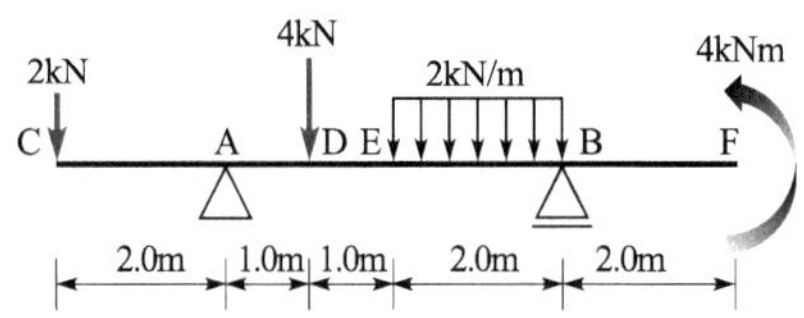

4-15 집중, 등분포 하중을 받는 내민보

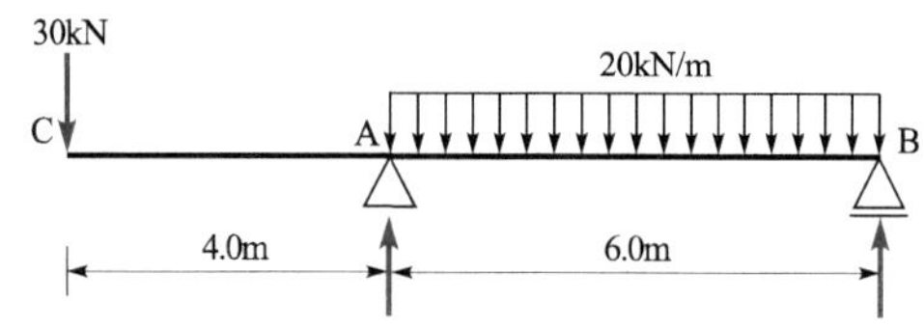

4-16 집중, 등분포 하중을 받는 내민보

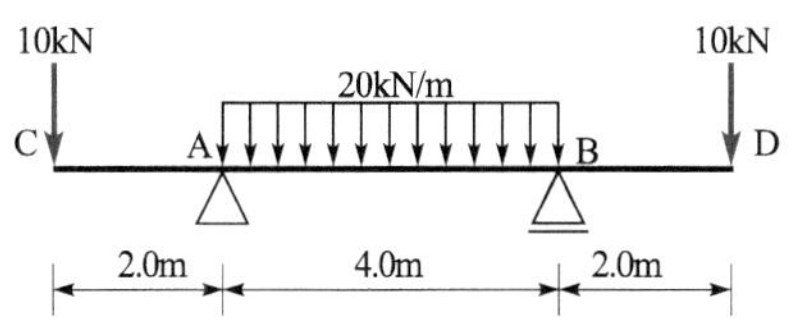

4.6 겔버보의 외응력

(1) 정의

겔버보(Gerber's beam)는 n개의 지점을 가진 연속보에 (n−2)개의 힌지(Hinge) 또는 핀(Pin)을 넣은 정정보로서, 반드시 내민보(캔틸레버)와 단순보가 교대가 되도록 배치하여야 한다. 3개 이상의 지점을 가진 보로서, 보기에는 외적 부정정 같으나 부재의 적당한 곳에 힌지를 넣어 힘의 평형조건만으로 풀 수 있도록 한 정정보를 겔버보라 한다.

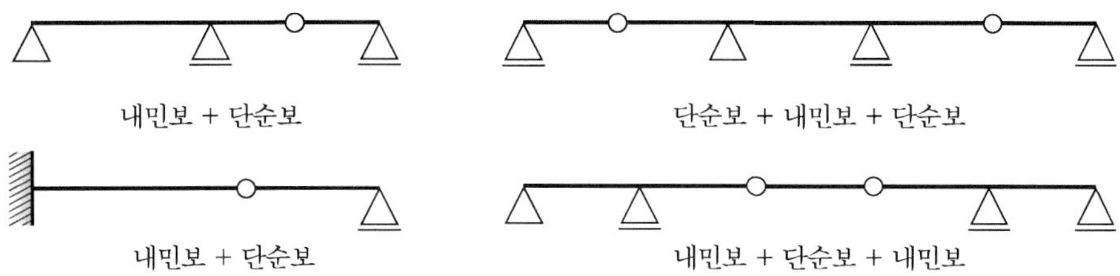

〈그림 4.7〉 겔버보의 종류

(2) 반력

① 단순보와 내민보로 분해한다.

② 먼저 단순보의 반력부터 구한다.

③ 내민보의 끝 Pin점에 단순보에서 구한 Pin점의 반력을 반대방향으로 작용시켜 다른 하중과 함께 내민보의 반력을 구한다.

(3) 응력 및 특성

① 힌지점(또는 핀점)에서 휨모멘트가 0이 되므로 그 위치를 임의로 조종할 수 있으며 이외에도 휨모멘트가 0인 반곡점이 생긴다.

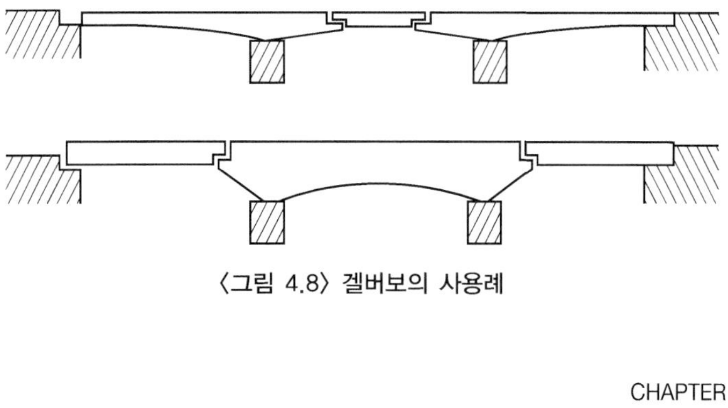

〈그림 4.8〉 겔버보의 사용례

예제 4.19 등분포 하중을 받는 겔버보

그림과 같은 겔버보의 반력과 응력을 구하시오.

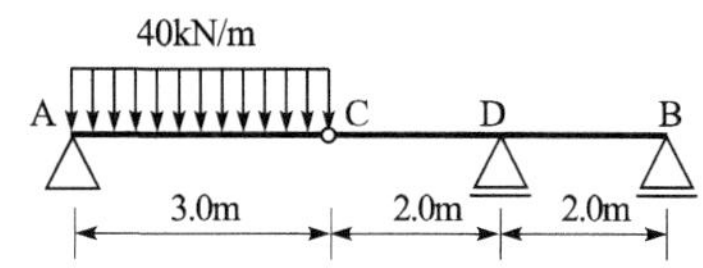

풀이

(1) 반력의 계산

등가집중하중 $P_e = 40 \times 3.0 = 120$ kN

$\sum H = H_A + 0 = 0,\ \therefore H_A = 0$

$\sum V = V_A - 120 + V_D + V_B = 0,\ \therefore V_A + V_B + V_D = 120$

$\sum M_A = +120 \times 1.5 - V_D \times 5.0 - V_B \times 7.0 = 0,$

$\therefore 7.0V_B + 5.0V_D = 180$

$M_C = V_A \times 3.0 - 120 \times 1.5 = 0,\ \therefore V_A = 60$ kN

반력 $H_A = 0$, $V_A = 60$ kN, $V_B = -60$ kN, $V_D = 120$ kN

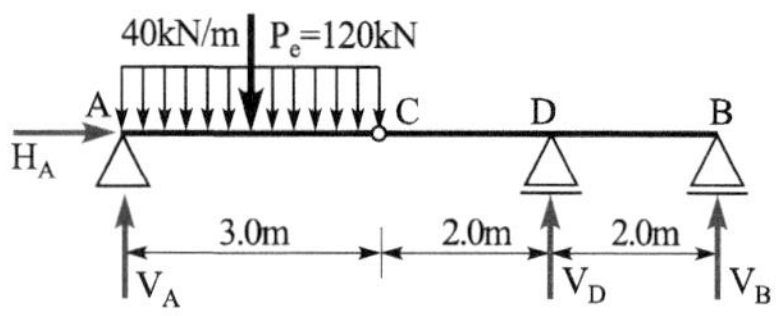

(2) 응력의 계산

− AC 구간 ;

$\sum V = +60 - 40x - Q_x = 0,\ \therefore Q_x = -40x + 60$ kN

$\sum M_x = 60 \times x - 40x \times (x/2) - M_x = 0,$

$\therefore M_x = -20x^2 + 60x$ kNm

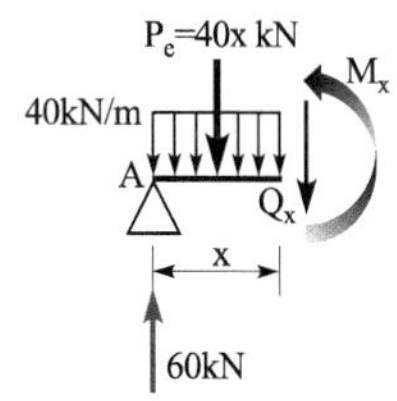

− CD 구간 ;

$\sum V = +60 - 120 - Q_x = 0,\ \therefore Q_x = -60$ kN

$\sum M_x = +60 \times x - 120 \times (x - 1.5) - M_x = 0,$

$\therefore M_x = -60x + 180$ kNm

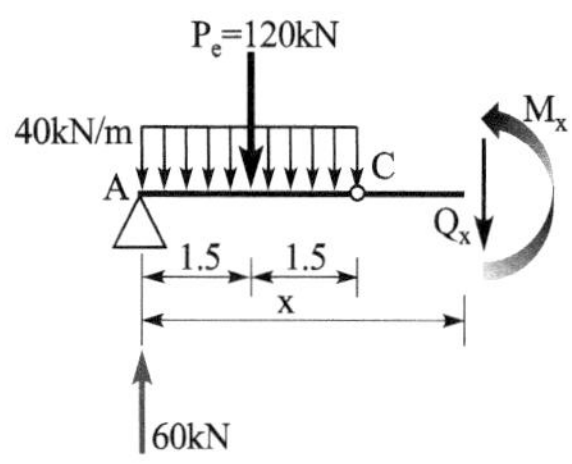

− DB구간 ;

$\sum V = -60 + Q_x = 0,\ \therefore Q_x = 60$ kN

$\sum M_x = -(60 \times x + M_x) = 0,\ \therefore M_x = -60x$ kNm

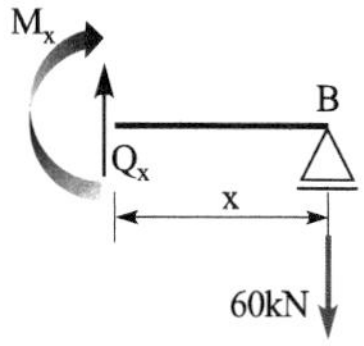

(3) 응력도

Q도 (SFD)

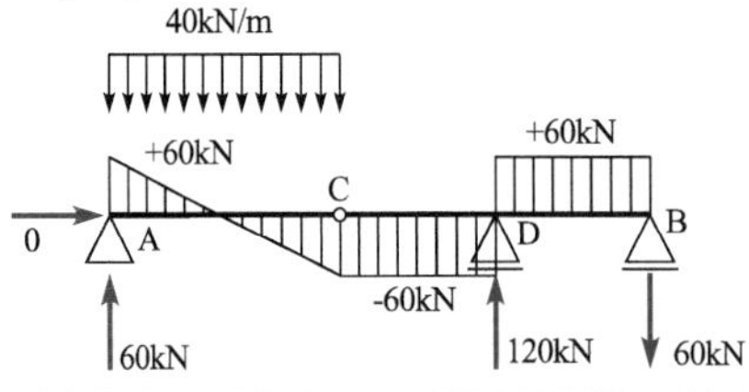

M도 (BMD)

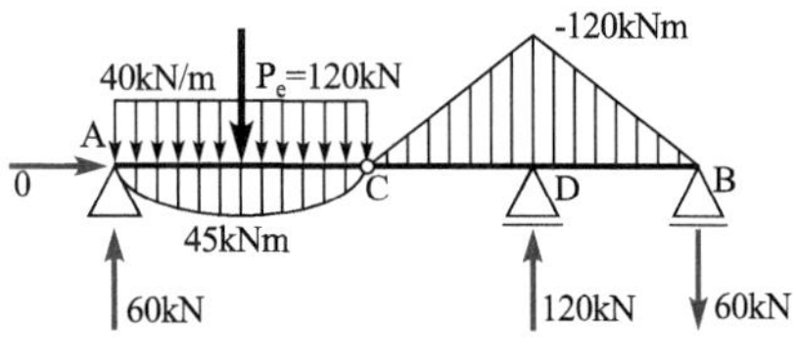

예제 4.20 등분포 하중을 받는 겔버보

그림과 같은 겔버보의 반력과 응력을 구하시오.

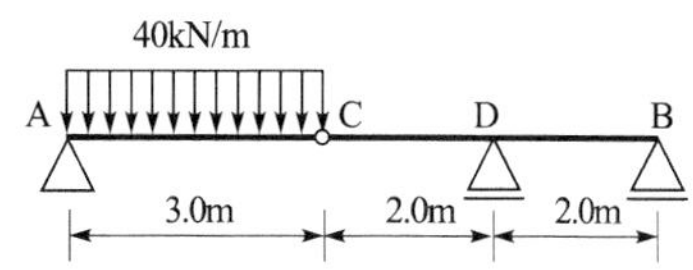

※ [예제 4.19]를 응력계산 대신 응력도를 먼저 그리는 풀이를 설명한다.

풀이

(1) 반력의 계산

단순보 AC 구간과 내민보 CDB 구간으로 나누고, 단순보를 먼저 푼다.

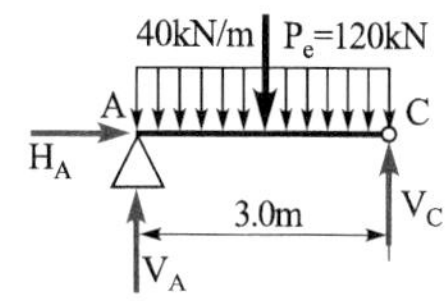

- AC 구간 ;
  구조물이 좌우대칭이므로,
  $V_A = V_C = 40 \times 3.0 \times (1/2) = 60$ kN
  $H_A = 0$ (수평하중이 작용 안 함)

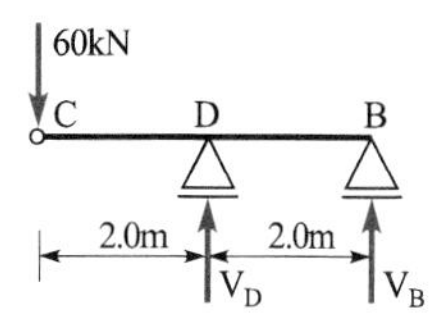

- CDB 구간 ;
  AC 구간에서 구한 V_C의 반력을 하중으로 작용시킨 후, 내민보를 푼다.
  $\Sigma M_B = -60 \times 4.0 + V_D \times 2.0 = 0$, $\therefore V_D = 120$ kN
  $\Sigma V = -60 + 120 + V_B = 0$, $\therefore V_B = -60$ kN

반력 $H_A = 0$, $V_A = 60$ kN, $V_D = 120$ kN, $V_B = -60$ kN

(2) 응력도 : 전단응력도 (Q도)

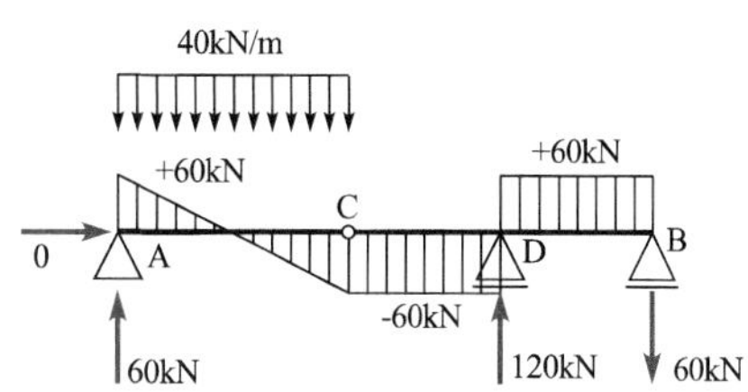

- AC 구간 ; A점의 지점반력이 60 kN이므로 A점에서 위로 60 kN 만큼 이동. AC구간에 40 kN/m의 하중이 작용하므로 1m당 40 kN 만큼씩 아래로 이동. 즉, A점에서 C점으로 3m 이동하면 하중은 아래로 120 kN 이동하여 -60 kN이 됨.
- CD 구간 ; CD구간 사이에는 하중이 없으므로 부재축과 평행하게 이동, 즉 -60 kN. D점의 반력이 120 kN이므로 -60 kN에서 상향으로 120kN 만큼 이동하여 60kN이 됨.
- DB 구간 ; DB구간 사이에는 하중이 없으므로 +60kN. B점의 반력이 -60kN이므로 +60 kN에서 아래로 이동하여 0가 됨.

(3) 응력도 : 휨모멘트도 (M도)

– AC 구간 ;

$M_A = 0$ (힌지 지점), $M_C = 0$ (겔버보의 힌지)

AC 구간의 중앙점을 E라 할 때,

$M_E = 60 \times 1.5 - 40 \times 1.5^2 \times (1/2) = 45$ 또는

$M_E = \omega L^2/8 = 40 \times 3.0^2/8 = 45$ kNm

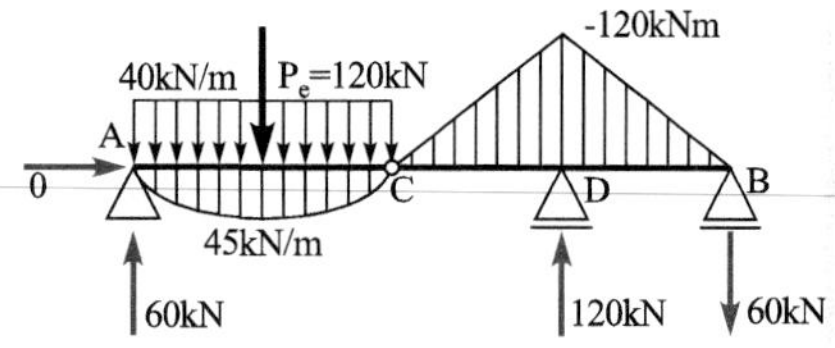

– CDB 구간 ;

내민보 자유물체(free body)에서 C점에 하향으로 60 kN이 작용하였으므로,

$M_D = -60 \times 2.0 = -120$ kNm

B점의 모멘트는

$M_B = -60 \times 4.0 + 120 \times 2.0 = 0$

(B점은 롤러, M_B=0)

연습문제 *exercise*

겔버보의 반력 및 응력도 (M도, Q도)를 구하시오.

4-17 집중 하중 및 등분포 하중을 받는 겔버보

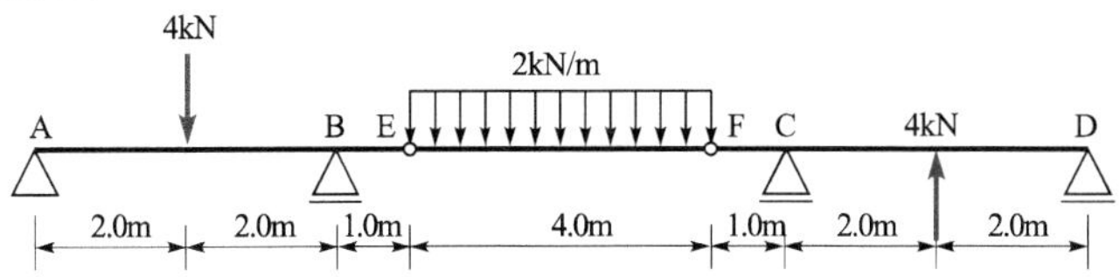

4-18 등분포 하중을 받는 겔버보

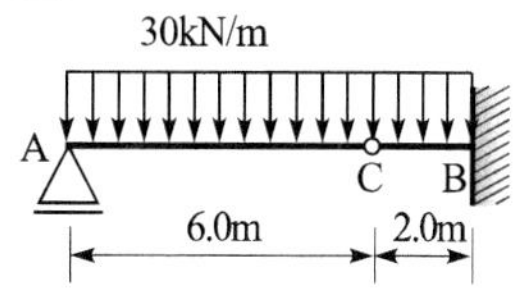

연습문제 *exercise*

4-19 다음 그림과 같이 지지 조건이 다른 단순보의 응력도(M도, Q도)를 구하시오.

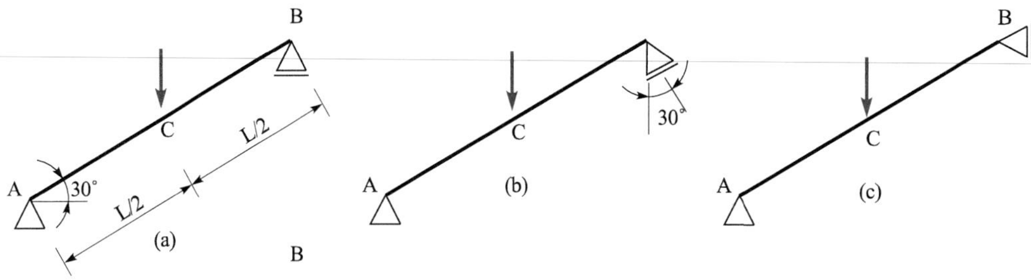

4-20 그림과 같은 단순지지구조에서 D점의 단면력, N_D, Q_D, M_D를 구하시오.

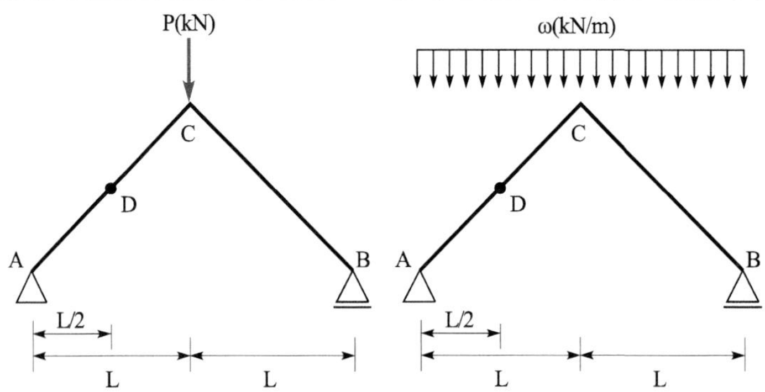

4-21 그림과 같은 단순보의 N도, Q도, M도를 구하시오

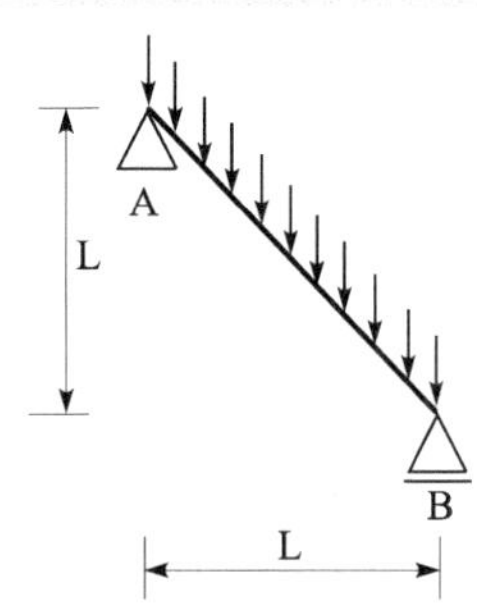

CHAPTER

05 정정 골조 및 아치

5.1 정정 골조

5.2 정정 아치

CHAPTER

05 정정 골조 및 아치

연직의 기둥과 수평의 보로 구성되고, 기둥과 보가 강접합되어 있는 것을 골조구조라 한다. 골조구조는 부정정구조물이 대부분이지만, 특수한 것으로 정정구조물도 있다. 문형골조는 정정구조물 중에서 가장 단순한 구조물로서 주각부의 지지점이 회전지점(힌지, 핀)과 이동지점(롤러)으로 이루어져 있으면, 반력수가 3인 정정구조물이다. 문형골조는 일종의 변형된 단순보라고도 생각할 수 있다. 3힌지 구조는 1경간 구조물의 두 지지점이 회전지점(힌지, 핀)으로만 구성되며, 전체 반력수는 4이나 부재 중간부에 힌지절점이 있어 정정구조물이 된다.

아치는 포물선 및 원호 등의 곡선 형상을 갖는 구조물로서 주로 축방향 압축력을 저항하는 구조물이다. 연직하중이 작용할 때 아치의 지점에는 연직반력과 지점에서 중앙으로 향하는 수평반력이 생기므로, 아치의 경간을 보의 경간에 비해 크게 만들 수 있다.

5.1 정정 골조

5.1.1 정정 골조의 정의

정정 골조(靜定 骨組, statically determinate frame)란 각 부재가 강절점으로 연결되어 있어서 구조물에 외력이 작용하여 변형하더라도 그 접합점에서 각 부재가 형성하는 각도인 부재각은 변형 전·후에도 변함이 없는 구조물을 골조(骨組, frame, rahmen)라 하며, 이중 힘의 평형조건식(平衡条件式, equilibrium equation)만으로 반력과 응력을 구할 수 있는 골조이다.

5.1.2 정정 골조의 종류

정정골조의 종류에는 단순보계 골조, 캔틸레버계 골조, 3힌지계 골조, 3이동지점계 골조 등이 있으며, 그 형상은 〈그림 5.1〉과 같다.

	단순보계	캔틸레버계	3힌지계	3이동지점계
골조	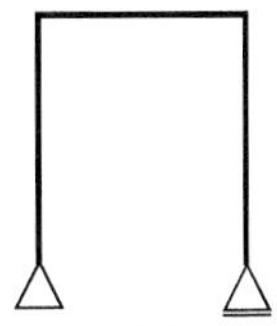	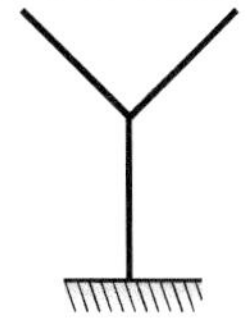	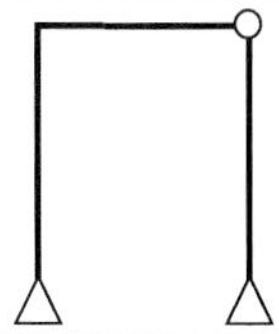	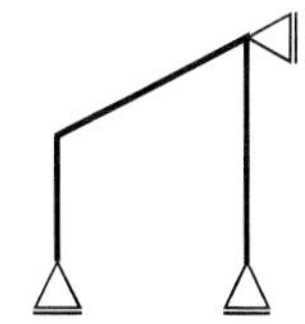

〈그림 5.1〉 정정 골조의 종류

5.1.3 정정 골조의 해법

① 반력의 계산은 힘의 평형조건식을 적용하여 산정한다. 다만, 캔틸레버계 골조에서는 캔틸레버와 마찬가지로 반력을 구하지 않고도 자유단으로부터 응력을 구할 수 있다.

② 외응력의 산정은 그 단면으로부터 보통은 계산이 간단한 쪽에 작용하는 모든 외력에 대하여 대수합으로 구한다. 캔틸레버계 골조에서의 응력 계산은 자유단에서부터 계산하면 편리하다. 단, 자유단이 오른쪽에 있을 때에는 부호에 주의가 필요하다.

③ 임의 단면에서의 축방향응력과 전단력 계산은 그 단면의 어느 한 쪽에 작용하는 모든 외력을 부재축과 직각방향으로 분해한 분력의 대수합으로 계산한다.

5.1.4 정정 골조의 부호 규약

골조에 하중(외력)이 작용하면, 보에서와 같이 축방향력, 전단력, 휨모멘트 등이 생긴다. 문형 골조(門形 骨組, portal frame)은 보가 절곡된 것이라 생각하여 해석하는 것이 좋다. 부재의 방향이 변하기 때문에 힘과 축방향의 관계에서, 축방향력이 전단력으로 변하고, 전단력은 축방향력으로 변하기도 한다.

축방향력, 전단력, 휨모멘트의 부호 설정은 〈그림 5.2〉와 같이 보가 절곡된 것으로 생각해서 설정한다.

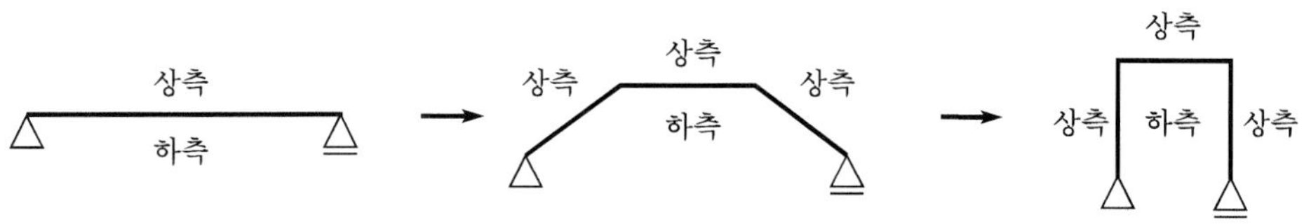

〈그림 5.2〉 단순보와 단순보가 절곡된 골조

축방향력은 인장력인 경우 (+), 압축력인 경우 (−)으로 한다.

전단력은 1쌍의 우력이 시계침 방향으로 회전하는 경우 (+), 반시계침 방향으로 회전하는 경우 (−)로 한다.

휨모멘트에 대해서는 문형골조의 「내측이 보의 하측」, 문형골조의 「외측이 보의 상측」으로 생각한다.

〈그림 5.3〉 전단력과 휨모멘트의 (+)방향

보의 상측이 정정 문형골조의 외측, 보의 하측이 정정 문형골조의 내측으로 생각하면, 응력도의 부호는 〈그림 5.4〉와 같이 된다.

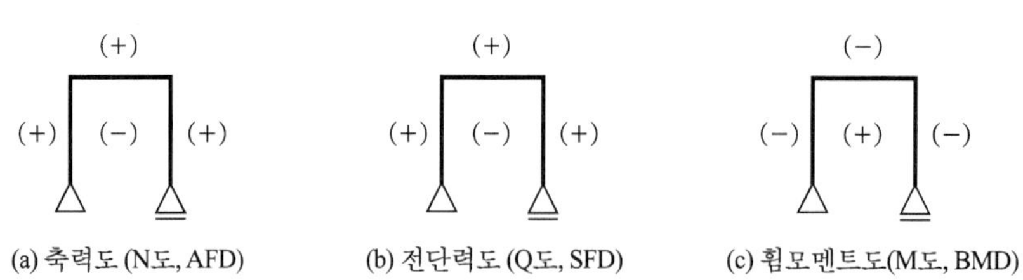

〈그림 5.4〉 골조에서의 응력도 부호

예제 5.1 **단순보계 골조**

그림과 같은 단순보계 골조의 반력과 응력을 구하시오.

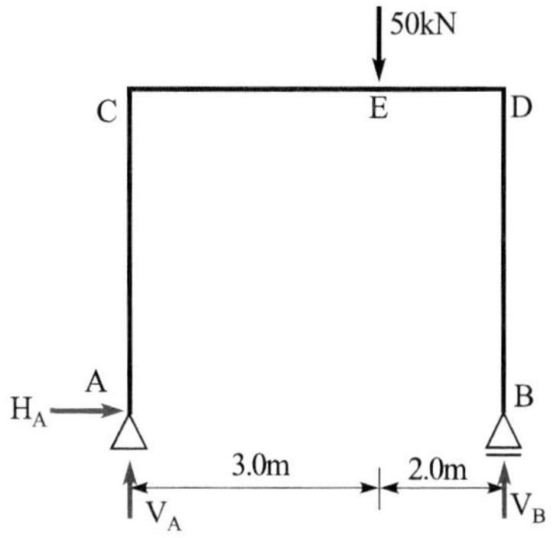

풀이

(1) 반력의 계산

$\sum H = H_A + 0 = 0$, $\therefore H_A = 0$

$\sum M_B = +V_A \times 5.0 - 50 \times 2.0 = 0$, $\therefore V_A = 20$ kN

$\sum V = +20 - 50 + V_B = 0$, $\therefore V_B = 30$ kN

반력 $H_A = 0$, $V_A = 20$ kN, $V_B = 30$ kN

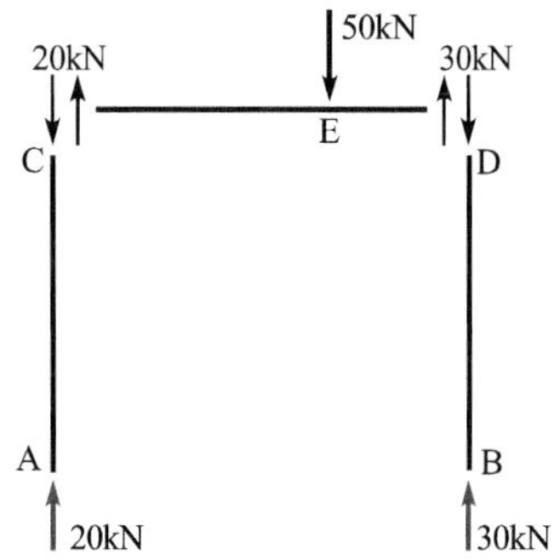

(2) 응력의 계산

– AC 구간 ;

$\sum V_x = +20 + N_x = 0$, $\therefore N_x = -20$ kN

$M_x = 0$ kNm, $Q_x = 0$kN, $N_x = -20$ kN

– DB 구간 ;

$\sum V = +30 + N_x = 0$, $\therefore N_x = -30$ kN

$\sum H = Q_x + 0 = 0$, $\therefore Q_x = 0$

$M_x = 0$ kNm, $Q_x = 0$kN, $N_x = -30$ kN

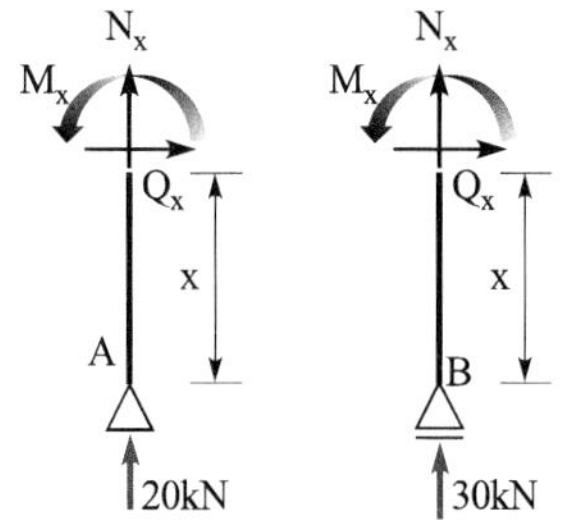

– CE 구간 ;

$N_x = 0$ kN

$\sum V = +20 - Q_x = 0$, $\therefore Q_x = 20$ kN

$\sum M_x = +20 \times x - M_x = 0$, $\therefore M_x = 20x$ kNm

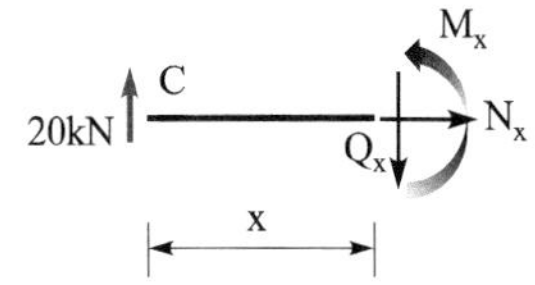

– ED 구간 ;

$\Sigma V = +20 - 50 - Q_x = 0, \quad \therefore\ Q_x = -30\ \text{kN}$

$\Sigma H = N_x + 0 = 0, \quad \therefore\ N_x = 0\ \text{kN}$

$\Sigma M_x = +20 \times x - 50(x - 3.0) - M_x = 0,$

$\therefore\ M_x = -30x + 150\ \text{kNm}$

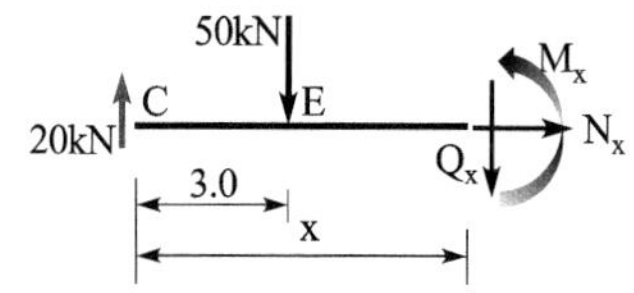

(3) 응력도

N도(AFD)

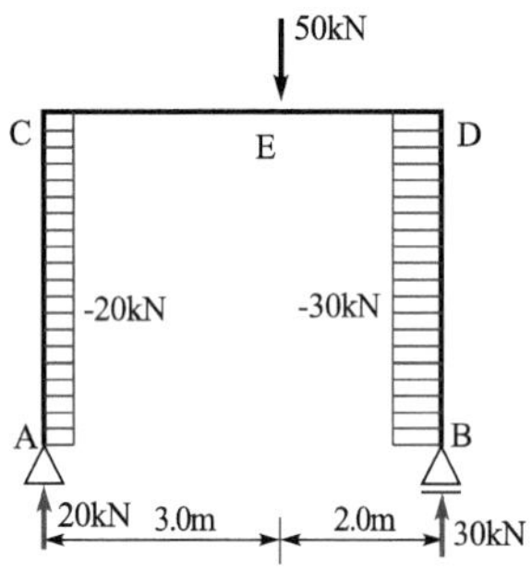

Q도(SFD)

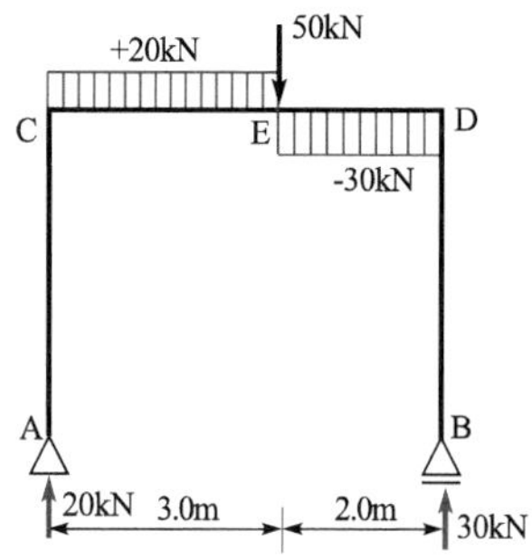

M도(BMD)

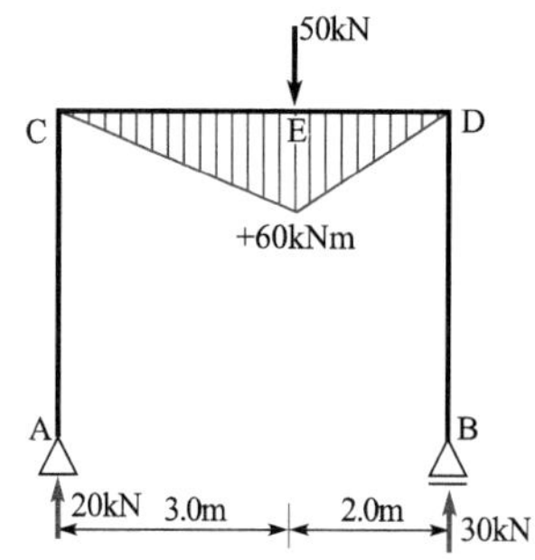

예제 5.2 **단순보계 골조**

그림과 같은 단순보계 골조의 반력과 응력을 구하시오.

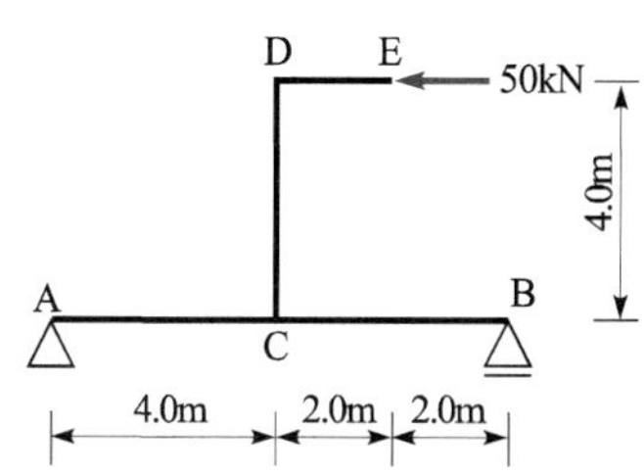

풀이

(1) 반력의 계산

$\Sigma H = H_A - 50 = 0, \quad \therefore\ H_A = 50\ \text{kN}$

$\Sigma M_B = V_A \times 8.0 - 50 \times 4.0 = 0, \quad \therefore\ V_A = 25\ \text{kN}$

$\Sigma V = +25 + V_B = 0, \quad \therefore\ V_B = -25\ \text{kN}$

반력 $H_A = 50\ \text{kN}, \quad V_A = 25\ \text{kN}, \quad V_B = -25\ \text{kN}$

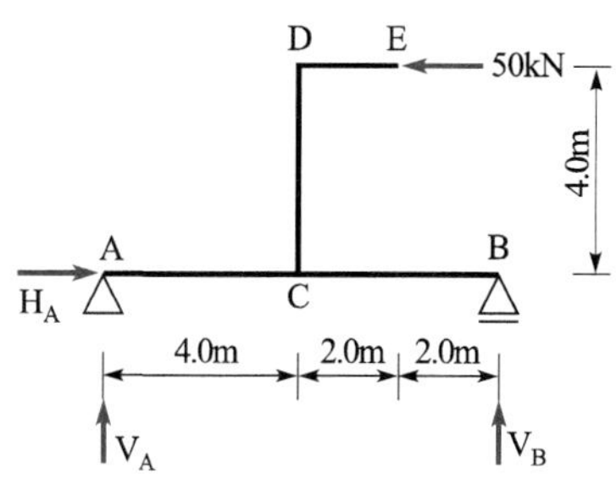

(2) 응력의 계산

– ED 구간 ; E점으로부터 x를 취한다.

$\sum H_x = -50 + N_x = 0$, $\therefore H_D = +50$ kN(압축),

수식상으로는 +이지만, 압축부재임.

$M_x = 0$ kNm, $Q_x = 0$ kN

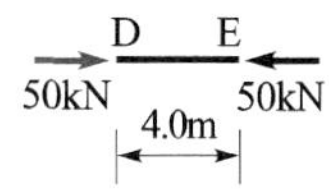

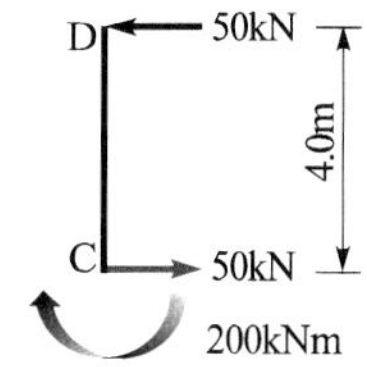

– DC 구간 ; D점으로부터 x를 취한다.

$N_x = 0$ kN,

$\sum H = -50 - Q_x = 0$, $\therefore Q_x = -50$ kN,

$\sum M_x = -50 \times x + M_x = 0$, $\therefore M_x = 50x$ kNm

– AC 구간 ; A점으로부터 x를 취한다.

$\sum V = +25 - Q_x = 0$, $\therefore Q_x = 25$ kN

$\sum H = +50 + N_x = 0$, $\therefore N_x = -50$ kN(압축)

$\sum M_x = 25 \times x - M_x = 0$, $\therefore M_x = 25x$ kNm

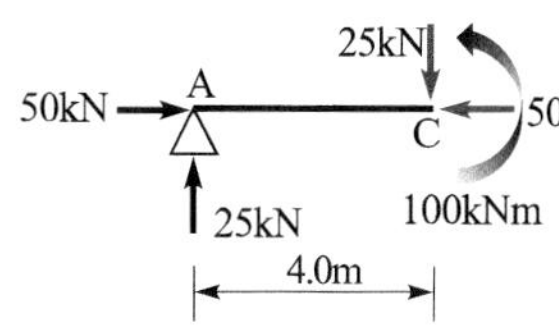

– CB 구간 ; B점으로부터 x를 취한다.

$\sum V = -25 + Q_x = 0$, $\therefore Q_x = 25$ kN

$\sum H = N_x + 0 = 0$, $\therefore N_x = 0$,

$\sum M_x = +25 \times x + M_x = 0$, $\therefore M_x = -25x$ kNm

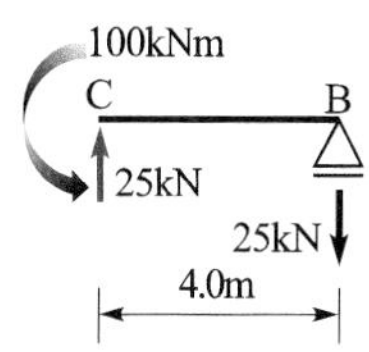

(3) 응력도

N도(AFD)

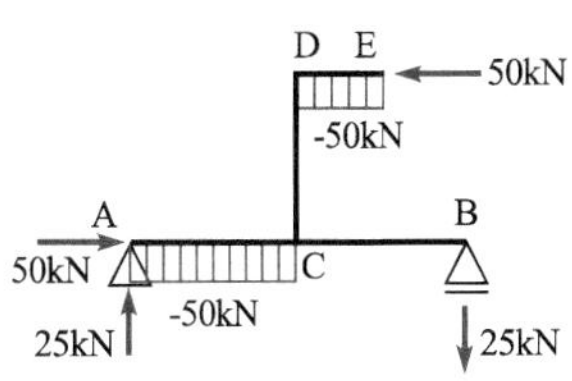

Q도(SFD)

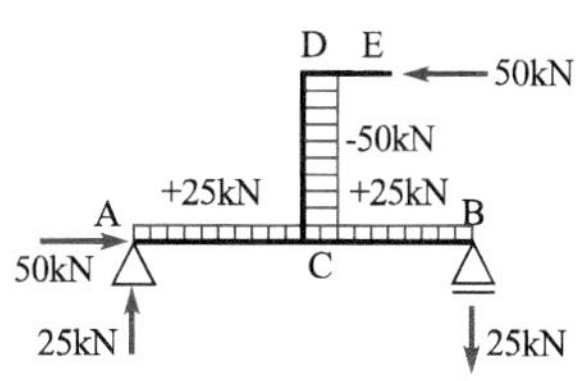

M도(BMD)

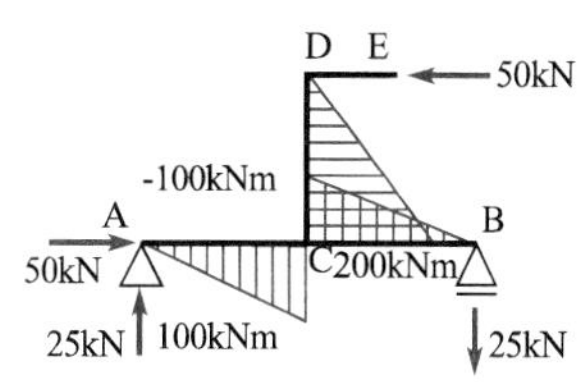

예제 5.3 **캔틸레버계 골조**

캔틸레버계 골조의 반력과 응력을 구하시오.

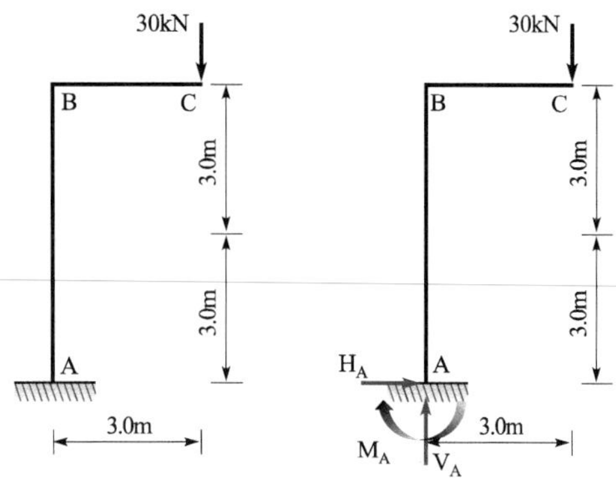

풀이

(1) 반력의 계산

$\sum H = H_A + 0 = 0, \quad \therefore H_A = 0$

$\sum V = V_A - 30 = 0, \quad \therefore V_A = 30\ kN$

$\sum M_A = M_A + 30 \times 3.0 = 0, \quad \therefore M_A = -90\ kNm$

반력 $H_A = 0, \quad V_A = 30\ kN, \quad M_A = -90\ kNm$

(2) 응력의 계산

– BC 구간 ; C점으로부터 x를 취한다.

$\sum V_x = Q_x - 30 = 0, \quad \therefore Q_x = 30\ kN$

$\sum M_x = M_x + 30 \times x = 0, \quad \therefore M_x = -30x\ kNm$

$Q_B = 30\ kN, \quad M_B = -90\ kNm$

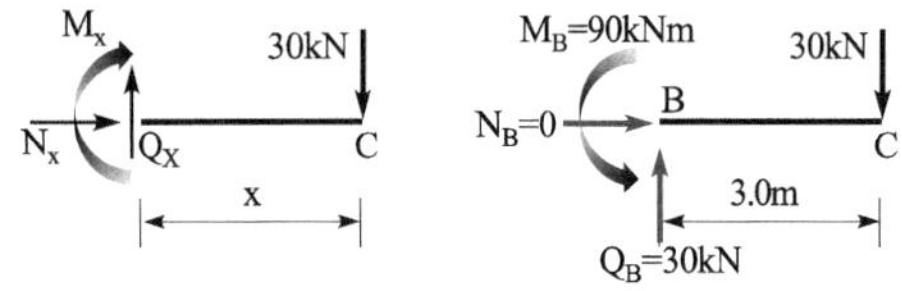

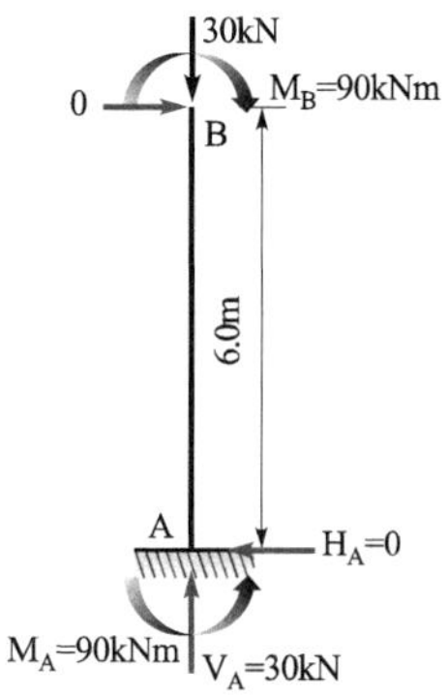

(3) 응력도

N도(AFD) Q도(SFD) M도(BMD)

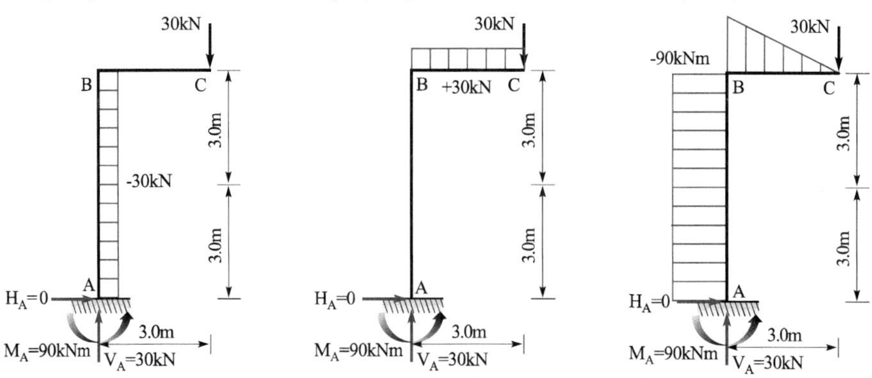

예제 5.4

캔틸레버계 골조

캔틸레버계 골조의 반력과 응력을 구하시오.

※ [예제 5.3]을 자유물체도 개념으로 해석하는 방법을 설명한다.

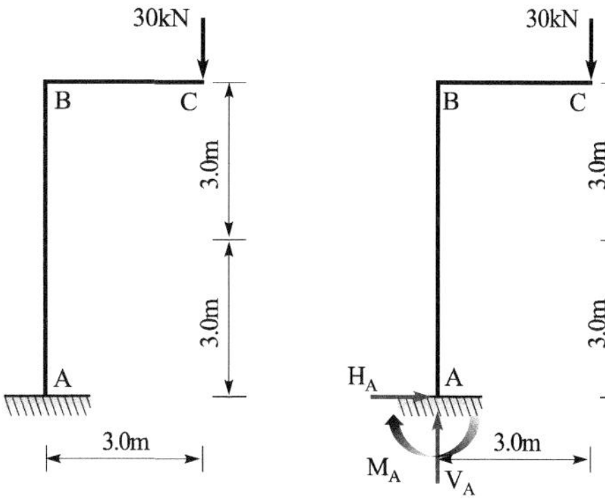

풀이

(1) 반력의 계산

구조물에 수평력이나 수평분력 하중이 없어서,

∴ $H_A = 0$,

$\Sigma V = 0$에서 C점에 −30kN이 작용하므로,

∴ $V_A = 30$ kN

$\Sigma M = 0$에서 우력이 30kN, 팔의 길이가 3.0m,

∴ $M_A = -90$ kNm

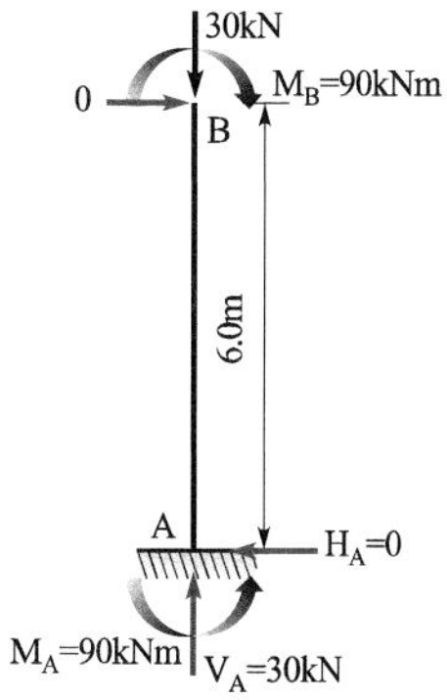

반력 $H_A = 0$, $V_A = 30$ kN, $M_A = -90$ kNm

(2) 응력의 계산

아래 왼쪽 그림에서, $\Sigma V = 0$를 만족하기 위해 $Q_x = Q_B = +30$kN,

우력 30kN이 작용, 길이 3.0m, "+모멘트"이므로,

저항모멘트 − 90 kNm, $M_B = -90$ kNm

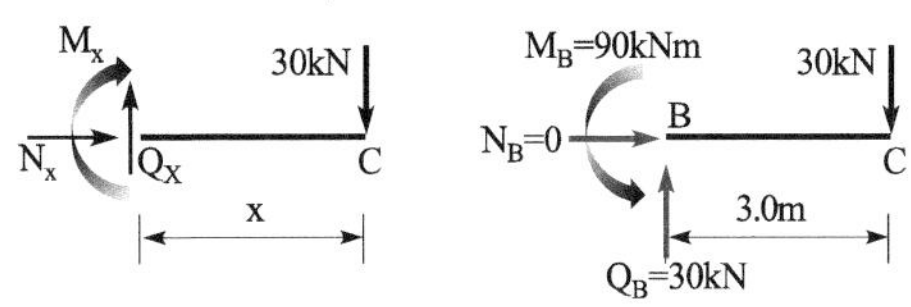

(3) 응력도

N도(AFD)

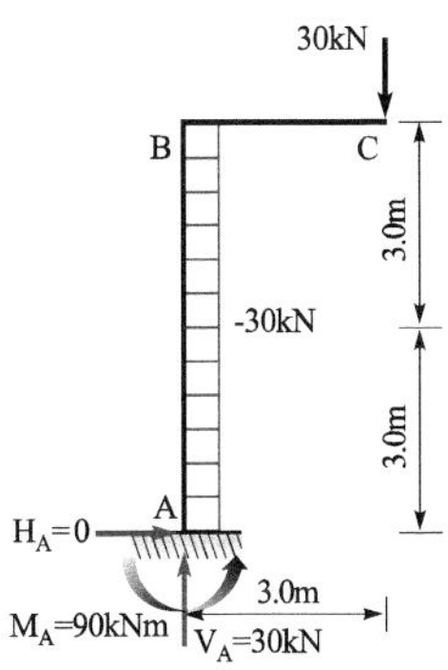

Q도(SFD)

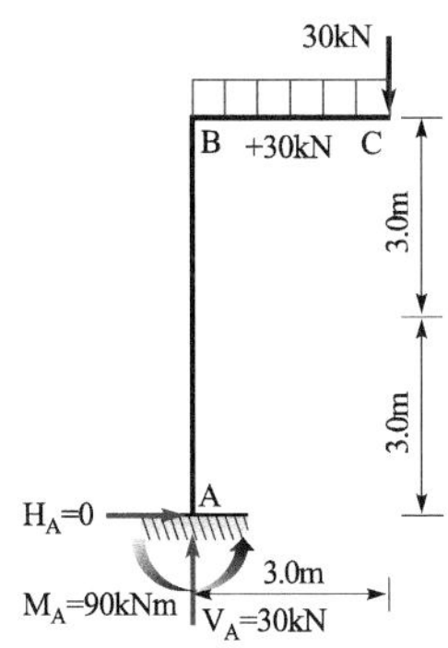

M도(BMD)

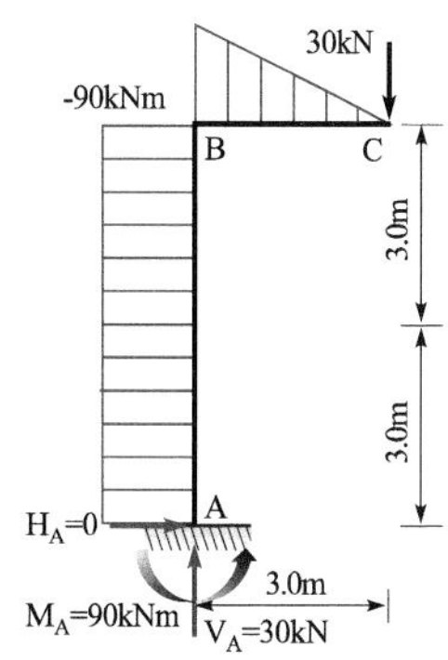

예제 5.5

캔틸레버계 골조

캔틸레버계 골조의 반력과 응력을 구하시오.

※ [예제 5.3]을 자유단으로부터 해석하는 방법을 설명한다.

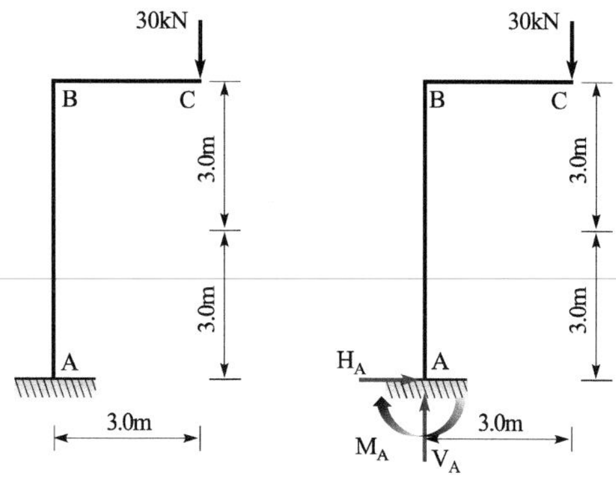

풀이

(1) 응력의 계산

A점의 반력을 구하지 않고, 자유단 C점으로부터 자유물체도, BC를 이용하여 응력을 구한다.

아래 왼쪽 그림에서, $\Sigma V = 0$를 만족하기 위해 $Q_x = Q_B = +30$kN, 우력 30kN이 작용, 길이 3.0m, "+모멘트"이므로, 저항모멘트 − 90 kNm, $M_B = -90$ kNm

CB부재의 B점에 작용하는 응력을 BA 부재의 B점에 크기는 같고 방향을 반대로 작용시킨후, 자유물체도의 힘의 평형조건식으로부터

$\Sigma V = -30 + V_A = 0$, $\therefore V_A = 30$ kN

$\Sigma M_A = +90 - M_A = 0$, $\therefore M_A = 90$ kNm

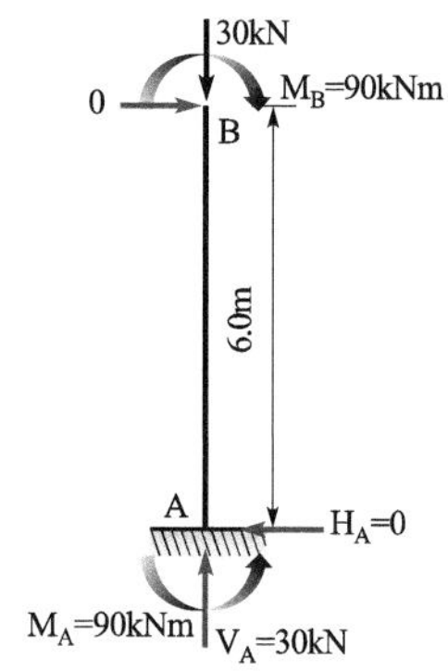

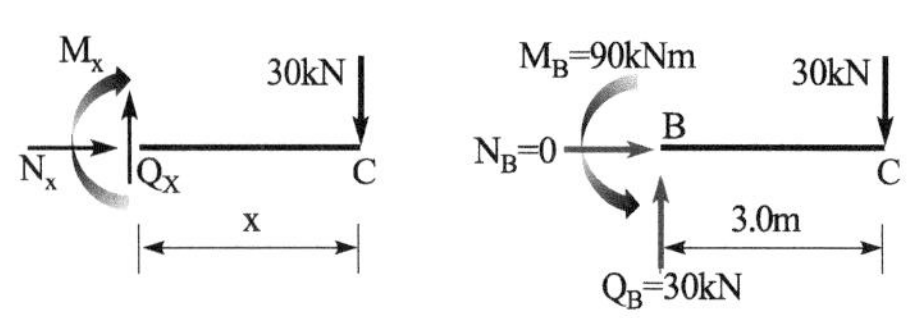

(3) 응력도

N도(AFD)

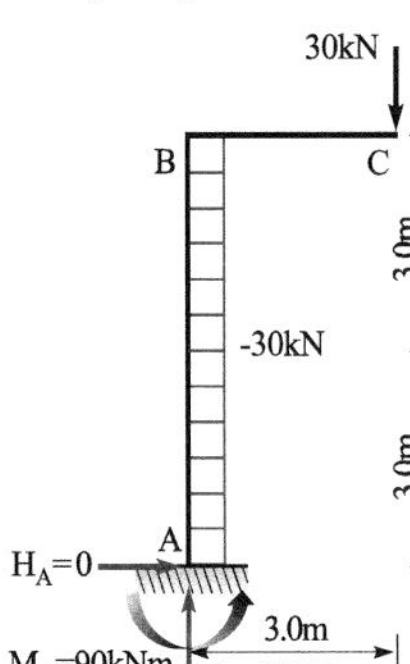

Q도(SFD)

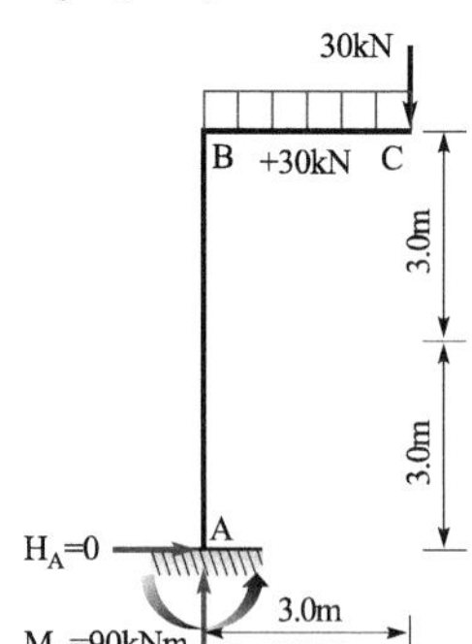

M도(BMD)

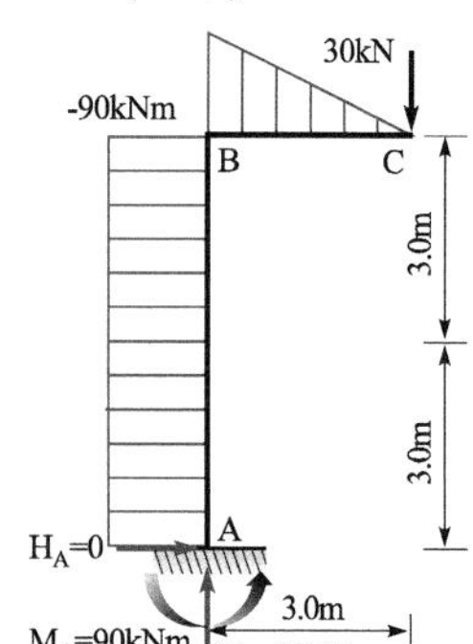

예제 5.6 **캔틸레버계 골조**

캔틸레버계 골조의 반력과 응력을 구하시오.

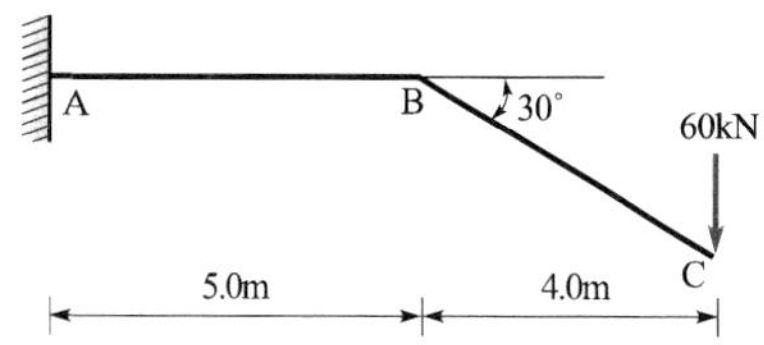

풀이

(1) 반력의 계산

$\Sigma H = H_A + 0 = 0,\quad \therefore H_A = 0$

$\Sigma V = V_A - 60 = 0,\quad \therefore V_A = 60\ \text{kN}$

$\Sigma M_A = -M_A + 60 \times 9.0 = 0,$

$\therefore M_A = 540\ \text{kNm}$

반력 $H_A = 0,\ V_A = 60\ \text{kN},\ M_A = 540\ \text{kNm}$

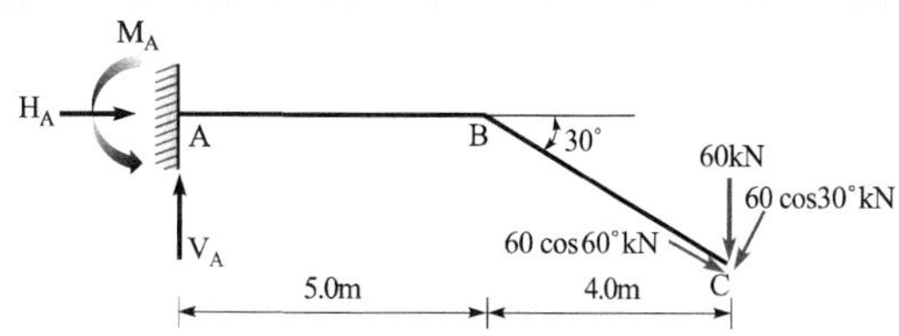

(2) 응력의 계산

– 축방향력 ; $N_{AB} = 0\ \text{kN},\ N_{BC} = 60\cos 60° = 60 \times (1/2) = 30\ \text{kN}$

– 전단력 ; $Q_{AB} = 60\ \text{kN},\ Q_{BC} = 60\cos 30° = 60 \times (\sqrt{3}/2) = 30\sqrt{3} = 52\ \text{kN}$

– 휨모멘트 ; $M_C = 0,\ M_B = -60 \times 4.0 = -240\ \text{kNm},\ M_A = -60 \times 9.0 = -540\ \text{kNm}$

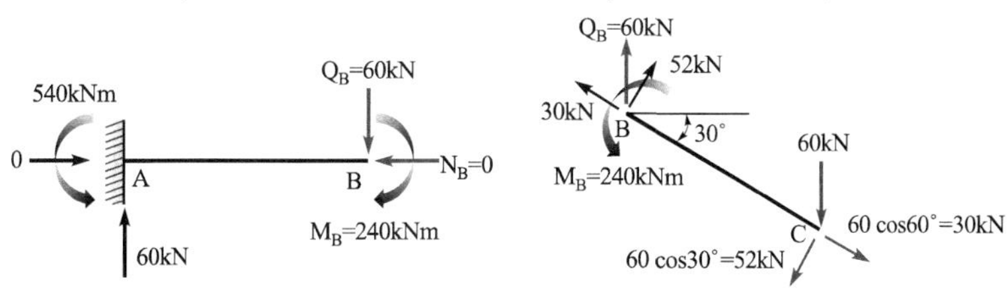

(3) 응력도

N도(AFD) Q도(SFD) M도(BMD)

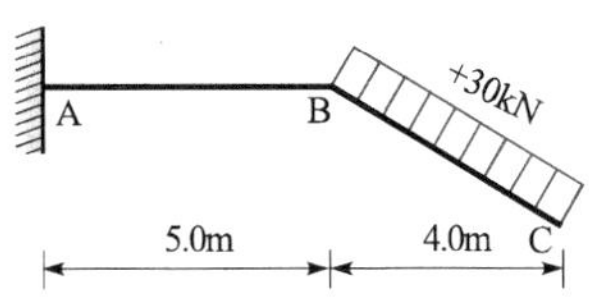

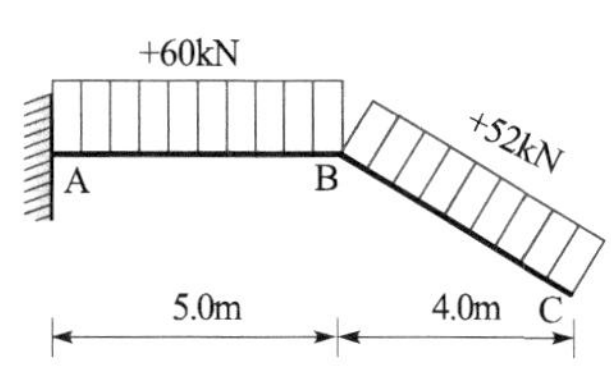

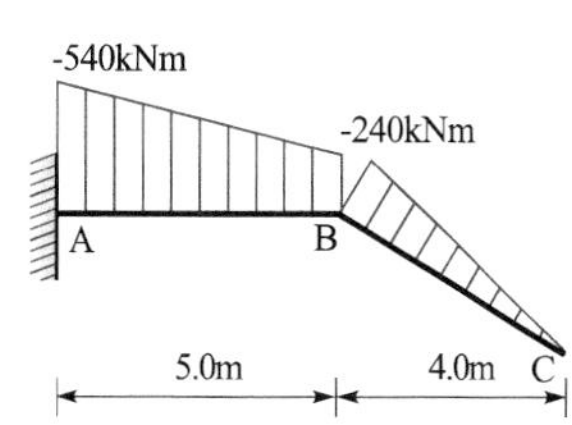

예제 5.7 **3힌지계 골조**

3힌지계 골조의 반력과 응력을 구하시오.

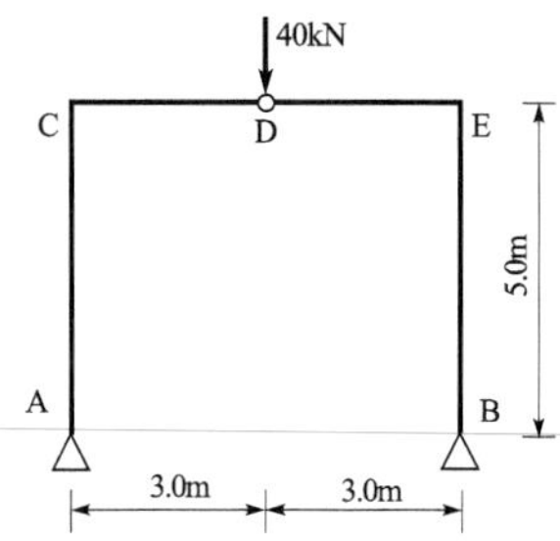

풀이

(1) 반력의 계산

$\Sigma M_B = V_A \times 6.0 - 40 \times 3.0 = 0, \quad \therefore V_A = 20\ kN$

$\Sigma V = +20 - 40 + V_B = 0, \quad \therefore V_B = 20\ kN$

$M_D = 20 \times 3.0 - H_A \times 5.0 = 0, \quad \therefore H_A = 12\ kN$

반력 $H_A = 12\ kN,\ H_B = -12\ kN,\ V_A = 20\ kN,\ V_B = 20\ kN$

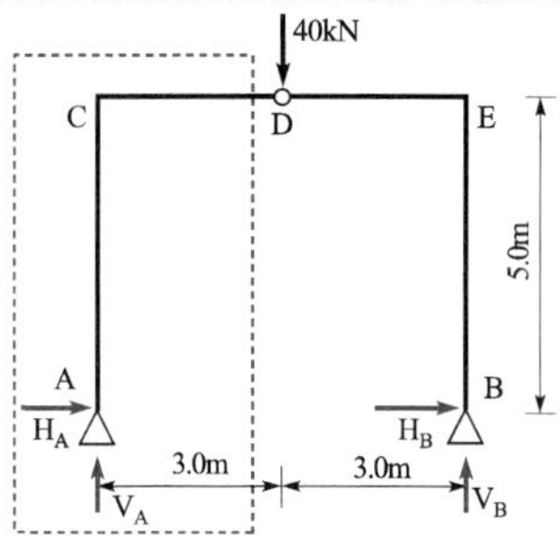

(2) 응력의 계산

– AC 구간 ;

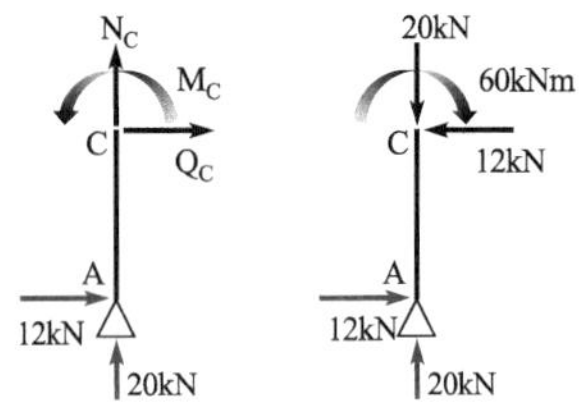

– BE 구간 ;

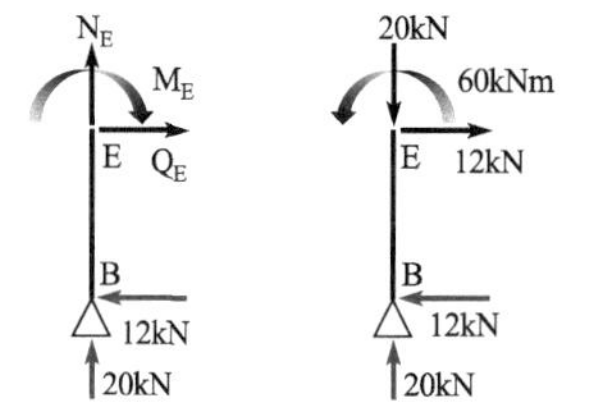

– CE 구간 ;

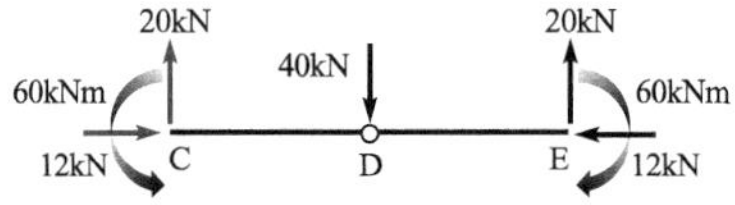

(3) 응력도

N도(AFD)

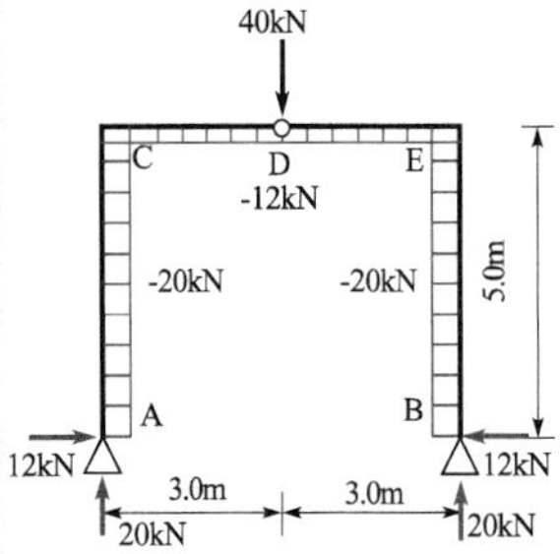

Q도(SFD)

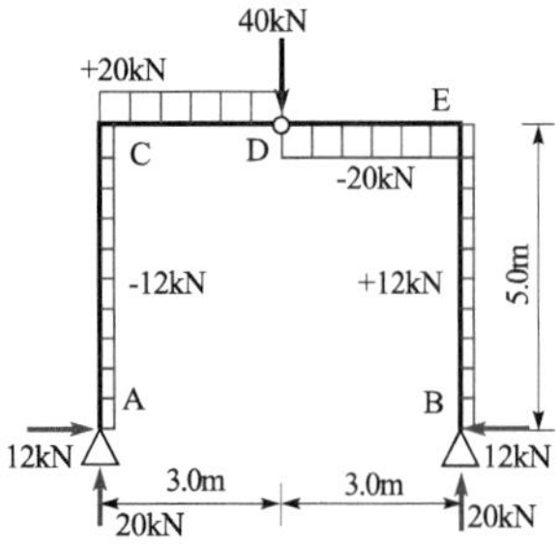

M도(BMD)

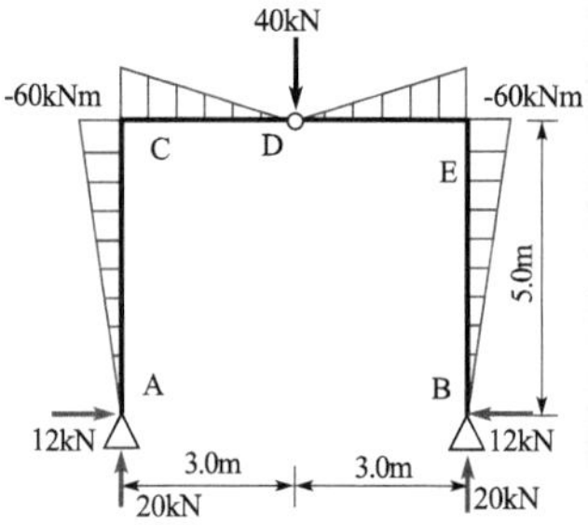

예제 5.8

3힌지계 골조

3힌지계 골조의 반력과 응력을 구하시오.

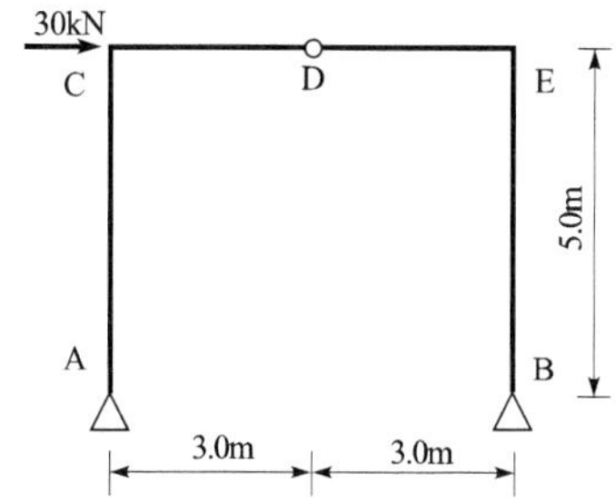

풀이

(1) 반력의 계산

$\Sigma M_B = V_A \times 6.0 + 30 \times 5.0 = 0, \quad \therefore V_A = -25\ \text{kN}$

$\Sigma V = -25 + V_B = 0, \quad \therefore V_B = 25\ \text{kN}$

$M_D = -25 \times 3.0 - H_A \times 5.0 = 0, \quad \therefore H_A = -15\ \text{kN}$

$\Sigma H = -15 + 30 + H_B = 0, \quad \therefore H_B = -15\ \text{kN}$

반력 $H_A = -15\ \text{kN}$, $H_B = -15\ \text{kN}$, $V_A = -25\ \text{kN}$, $V_B = 25\ \text{kN}$

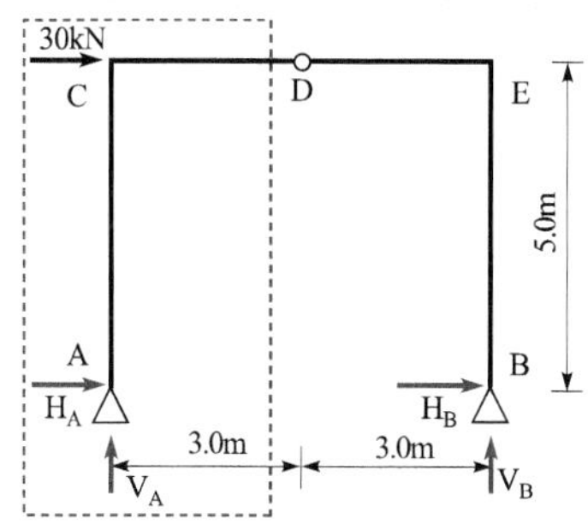

(2) 응력의 계산

– AC 구간 ;

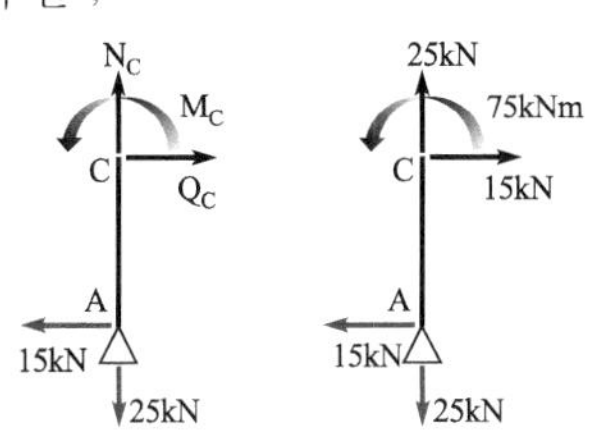

– BE 구간 ;

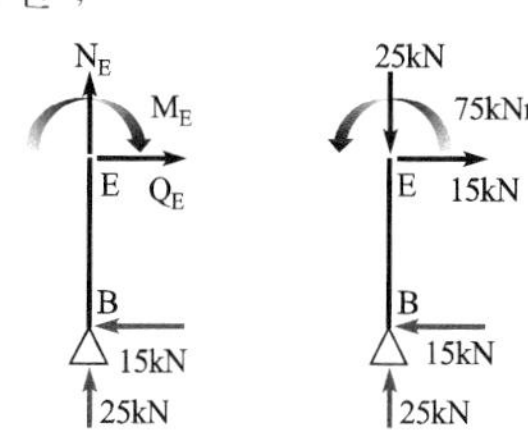

– CE 구간 ;

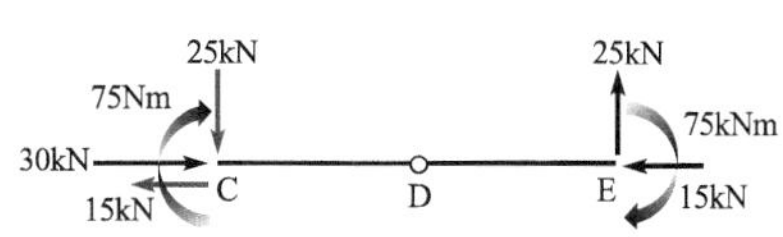

(3) 응력도

N도(AFD)

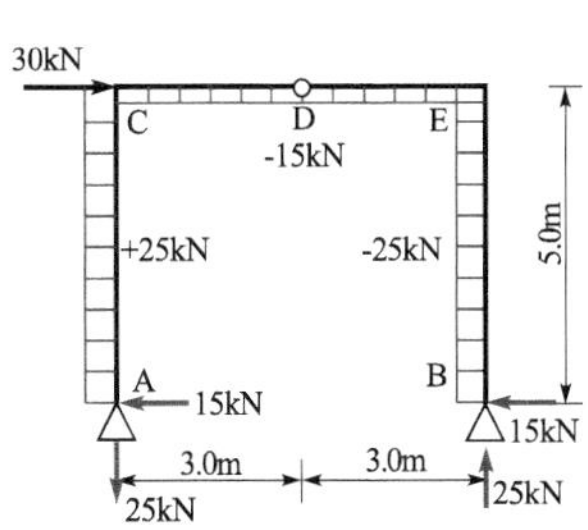

Q도(SFD)

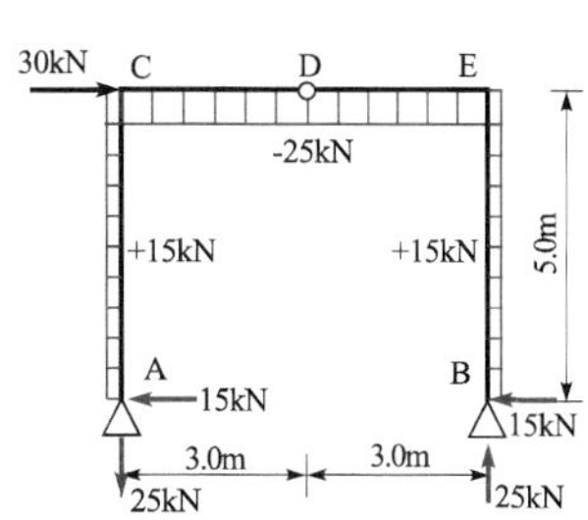

M도(BMD)

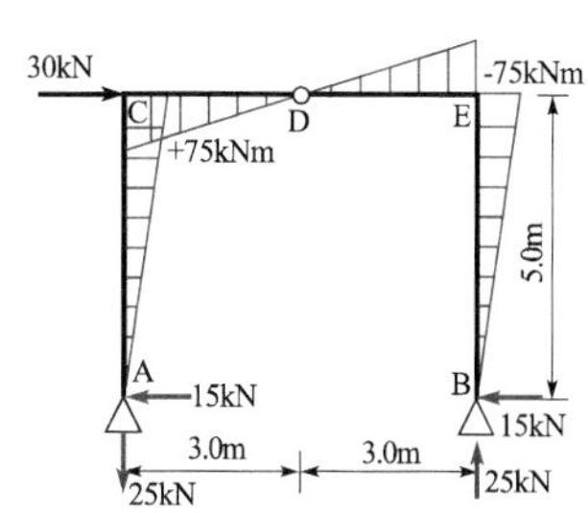

연습문제 *exercise*

단순보계 골조의 반력 및 응력도 (M도, Q도, N도)를 구하시오.

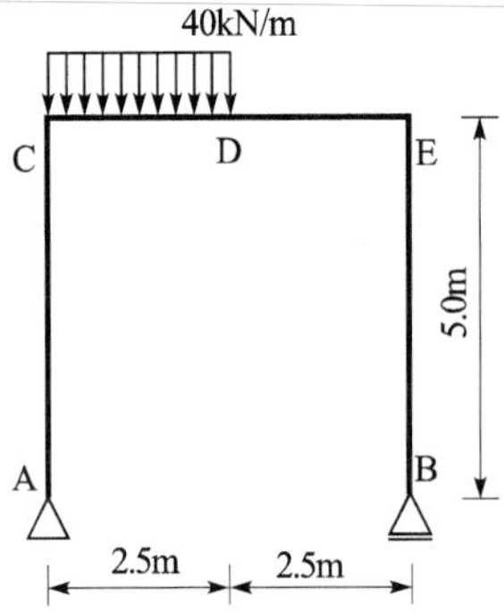

5-1

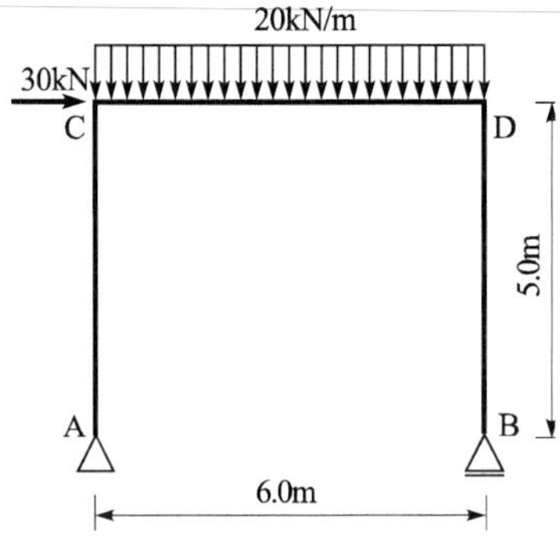

5-2

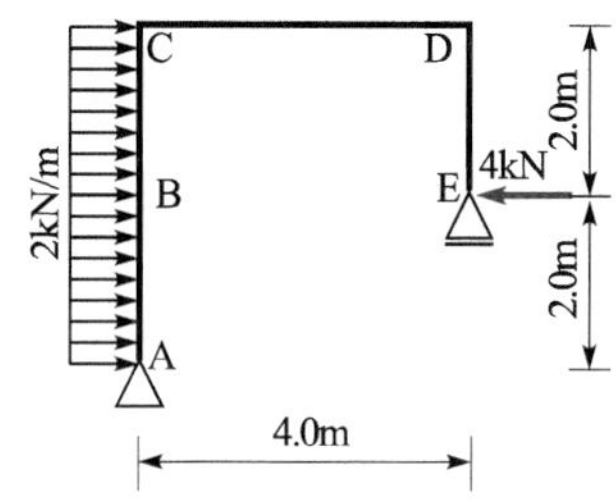

5-3

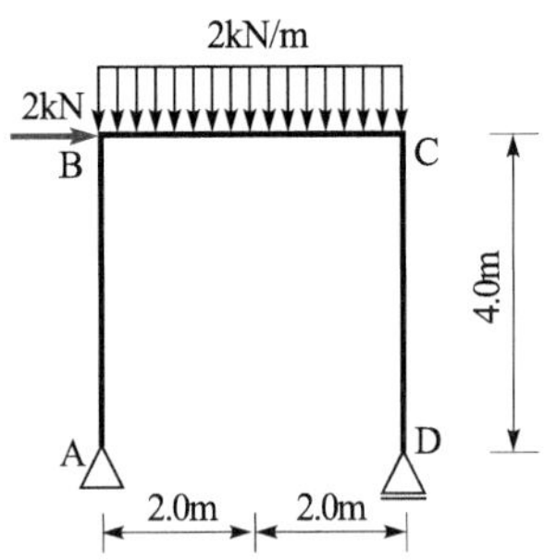

5-4

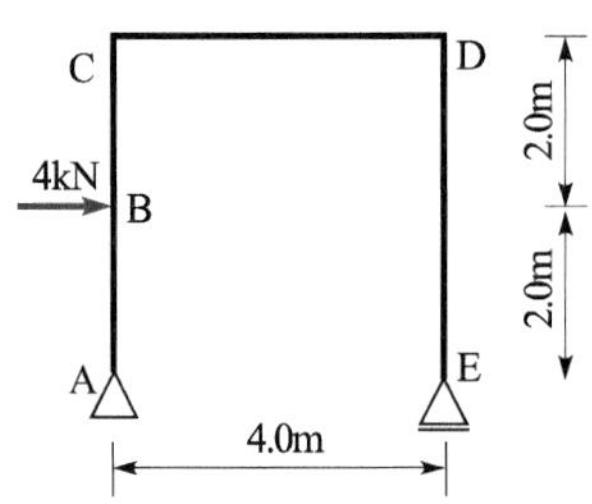

5-5

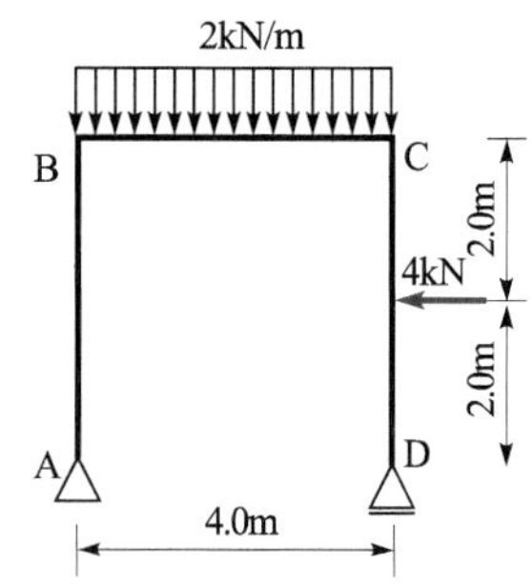

5-6

5-7 캔틸레버계 골조의 반력 및 응력도(M도, Q도, N도)를 구하시오.

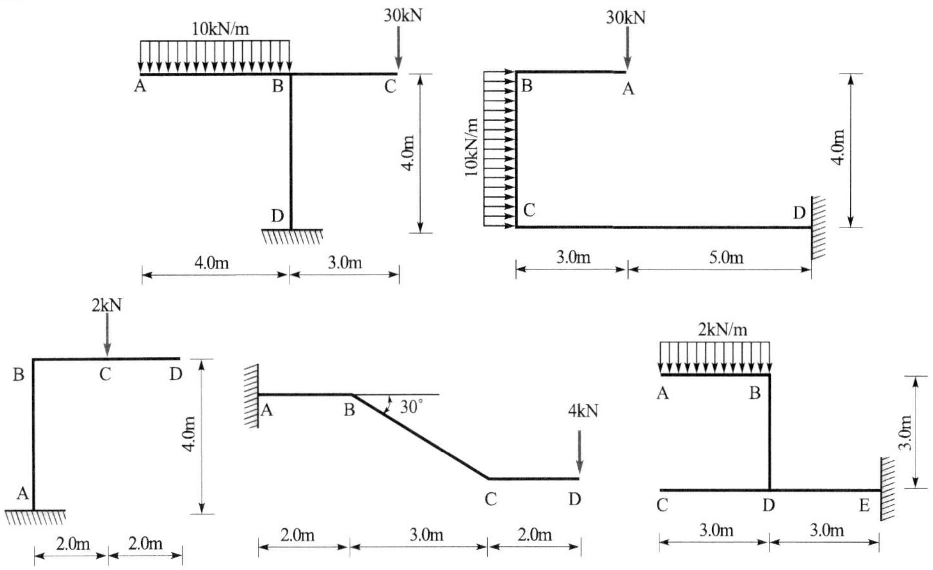

5-8 3힌지계 골조의 반력 및 응력도(M도, Q도, N도)를 구하시오.

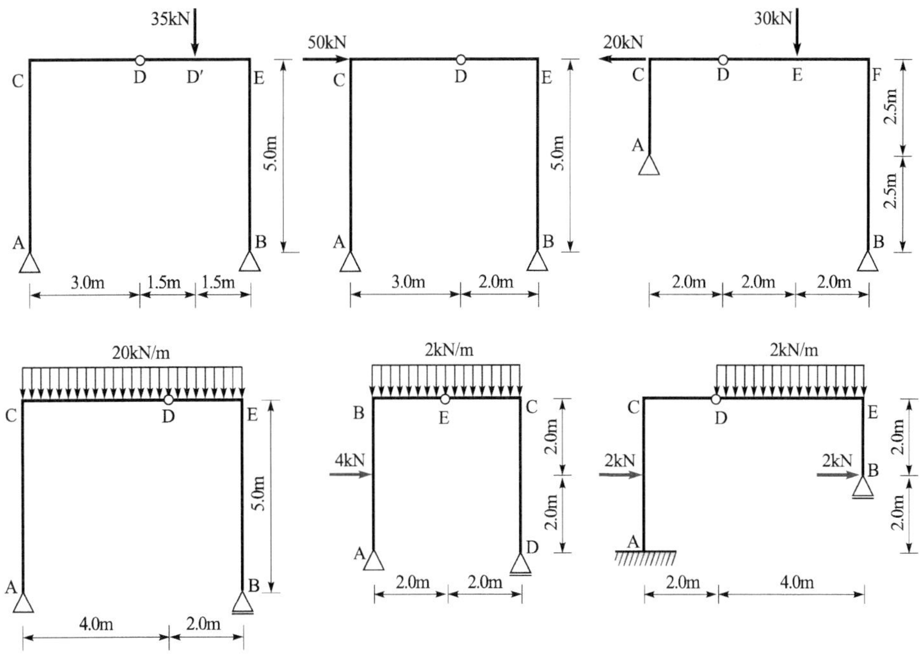

예제 5.9 **캔틸레버계 아치**

캔틸레버계 아치의 반력과 응력을 구하시오.

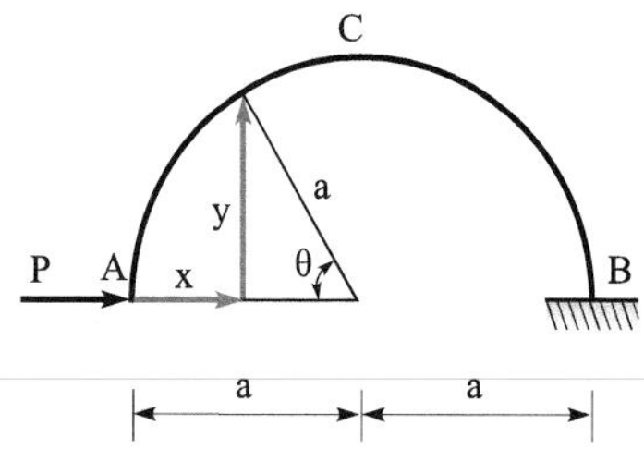

※ $x = a - a\cos\theta = a(1-\cos\theta)$

$y = a\sin\theta$

풀이

(1) 반력의 계산

$\Sigma H^{+\rightarrow} = P - H_B = 0, \quad \therefore H_B = P\ (\leftarrow)$

$\Sigma V = 0 + V_B = 0, \quad \therefore V_B = 0$

$\Sigma M = 0 + M_B = 0, \quad \therefore M_B = 0$

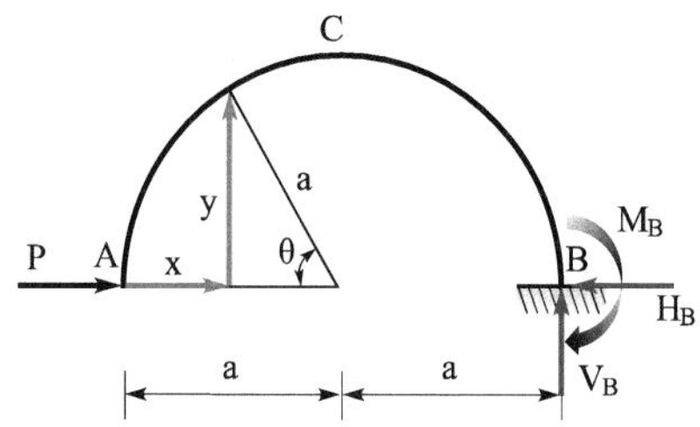

반력 $H_B = P\ (\leftarrow)$, $V_B = 0$, $M_B = 0$

(2) 응력도

– 축방향력

$N_Q = -P\sin\theta$

$N_{(\theta=0)} = 0$

$N_{(\theta=\pi/4)} = -P/\sqrt{2}$

$N_{(\theta=\pi/2)} = -P$

– N도(AFD)

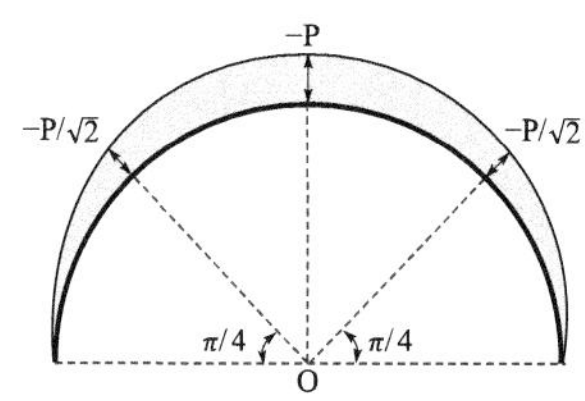

– 전단력

$Q_\theta = -P\cos\theta$

$Q_{(\theta=0)} = -P$

$Q_{(\theta=\pi/4)} = -P/\sqrt{2}$

$Q_{(\theta=\pi/2)} = 0$

– Q도(SFD)

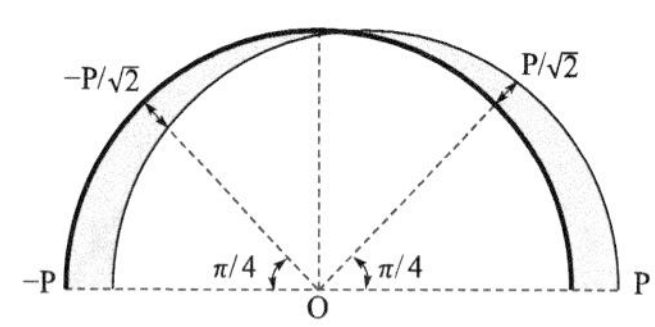

– 휨모멘트

$M_\theta = -Py = -Pa\sin\theta$

$M_{(\theta=0)} = 0$

$M_{(\pi/4)} = -Pa/\sqrt{2}$

$M_{(\pi/2)} = -Pa$

– M도 (BMD)

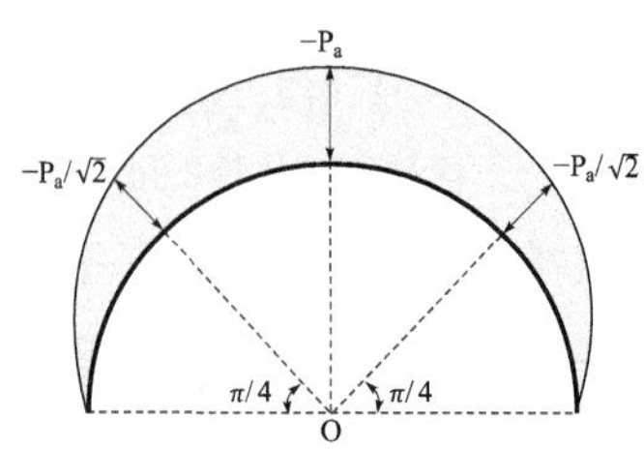

예제 5.10 **단순보계 아치**

단순보계 아치의 반력과 응력을 구하시오.

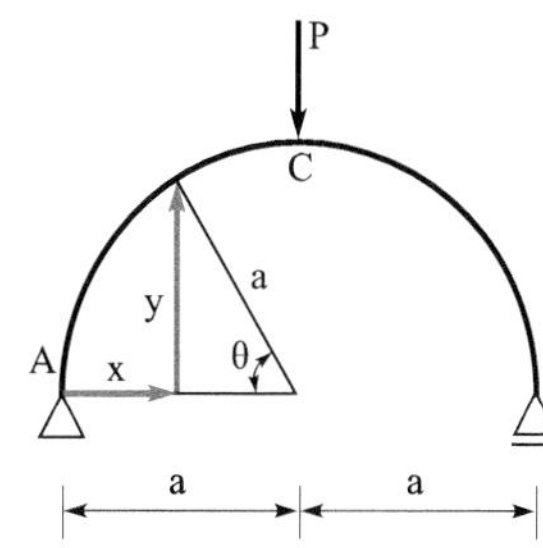

※ $x = a - a\cos\theta = a(1-\cos\theta)$

$y = a\sin\theta$

풀이

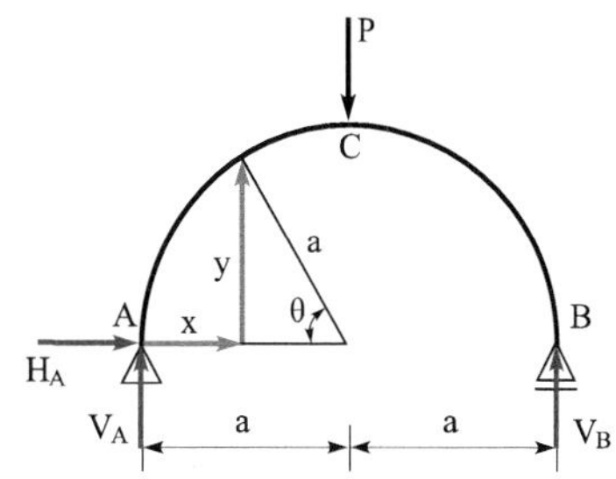

(1) 반력의 계산

$\Sigma H^{+\Rightarrow} = H_A + 0 = 0, \quad \therefore H_A = 0$

$\Sigma M_B^{+시계침\ 방향} = V_A \times 2a - P \times a = 0,$

$\therefore V_A = P/2\,(\uparrow)$

$\Sigma V^{+\Uparrow} = P/2 - P + V_B = 0, \quad \therefore V_B = P/2\,(\uparrow)$

반력 $H_A = 0, \quad V_A = P/2\,(\uparrow), \quad V_B = P/2\,(\uparrow)$

(2) 응력도

– 축방향력

$N_\theta = -P/2\cos\theta$

$N_{(\theta=0)} = -P/2$

$N_{(\theta=\pi/4)} = -P/2\sqrt{2}$

$N_{(\theta=\pi/2)} = 0$

– N도(AFD)

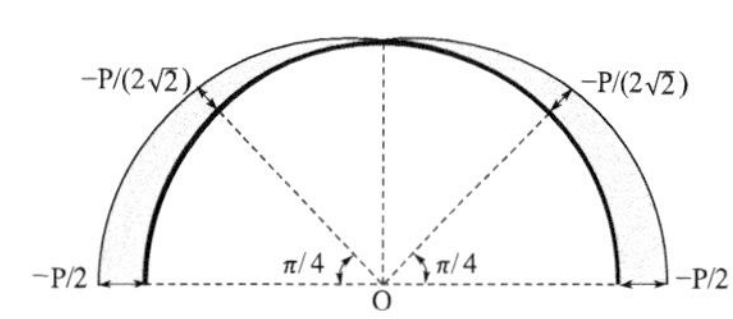

– 전단력

$Q_\theta = P/2\sin\theta$

$Q_{(\theta=0)} = 0$

$Q_{(\theta=\pi/4)} = P/2\sqrt{2}$

$Q_{(\theta=\pi/2)} = P/2$

– Q도(SFD)

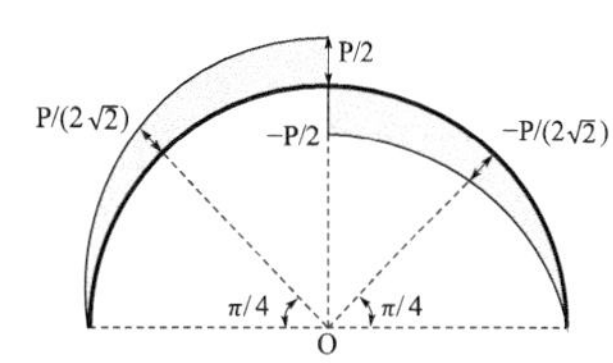

– 휨모멘트

$M_\theta = P/2\,x = Pa(1-\cos\theta)/2$

$M_{(\theta=0)} = 0$

$M_{(\pi/4)} = Pa/2 \times (1 - 1/\sqrt{2})$

$M_{(\pi/2)} = Pa/2$

– M도 (BMD)

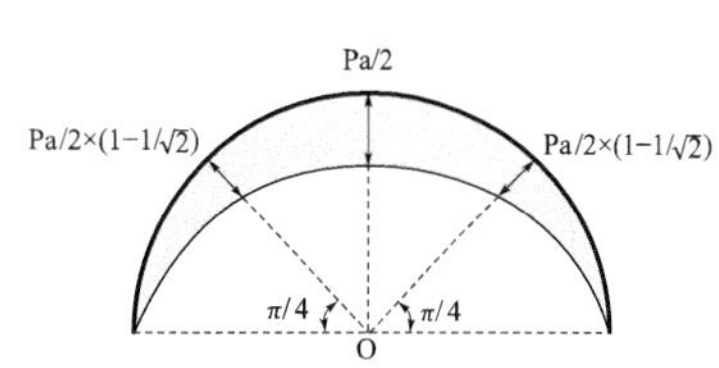

예제 5.11 **3힌지계 아치**

3힌지계 아치의 반력과 응력을 구하시오.

※ $x = a - a\cos\theta = a(1 - \cos\theta)$

$y = a\sin\theta$

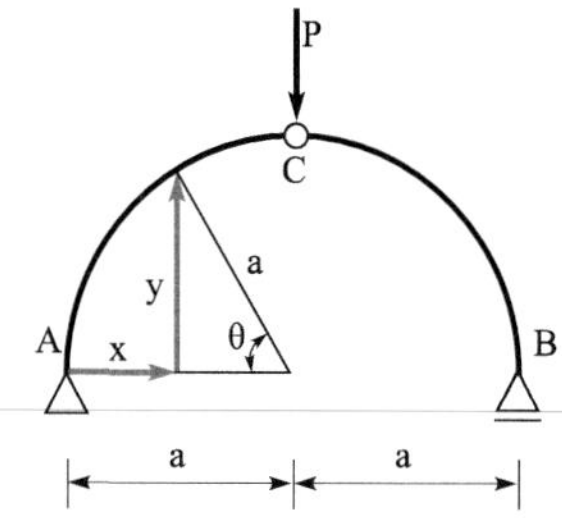

풀이

(1) 반력의 계산

$\Sigma M_B^{+시계침\ 방향} = V_A \times 2a - P \times a = 0,\ \therefore V_A = P/2\ (\uparrow)$

$\Sigma V^{+\Uparrow} = P/2 - P + V_B = 0,\ \therefore V_B = P/2\ (\uparrow)$

$M_C^{+시계침\ 방향} = -H_A \times a + P/2 \times a = 0,\ \therefore H_A = P/2\ (\rightarrow)$

$\Sigma H^{+\Rightarrow} = P/2 - H_B = 0,\ \therefore H_B = P/2\ (\leftarrow)$

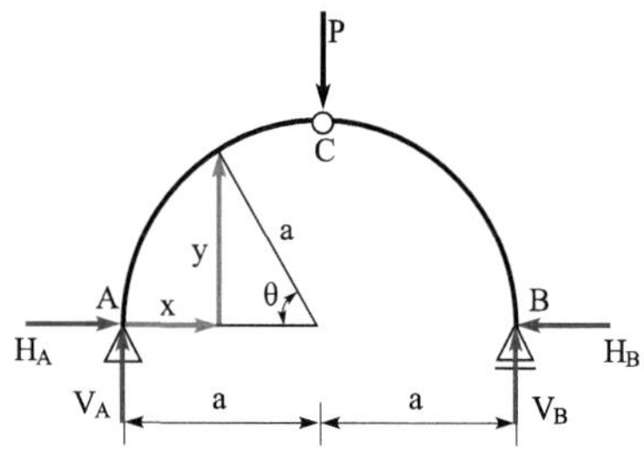

반력 $H_A = P/2,\ H_B = P/2,\ V_A = P/2,\ V_B = P/2$

(2) 응력도

- 축방향력

$N_\theta = -(V_A\cos\theta + H_A\sin\theta) = -P(\cos\theta + \sin\theta)/2$

$N_{(\theta=0)} = -P/2 + 0 = -P/2$

$N_{(\theta=\pi/4)} = -P/2\sqrt{2} - P/2\sqrt{2} = -P/\sqrt{2}$

$N_{(\theta=\pi/2)} = 0 - P/2 = -P/2$

- N도(AFD)

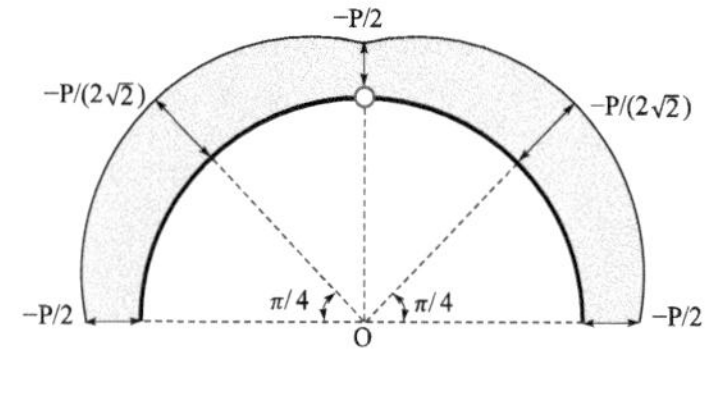

- 전단력

$Q_\theta = V_A\sin\theta - H_A\cos\theta = P(\sin\theta - \cos\theta)/2$

$Q_{(\theta=0)} = -P/2 + 0 = -P/2$

$Q_{(\theta=\pi/4)} = P/2\sqrt{2} - P/2\sqrt{2} = 0$

$Q_{(\theta=\pi/2)} = P/2 + 0 = P/2$

- Q도(SFD)

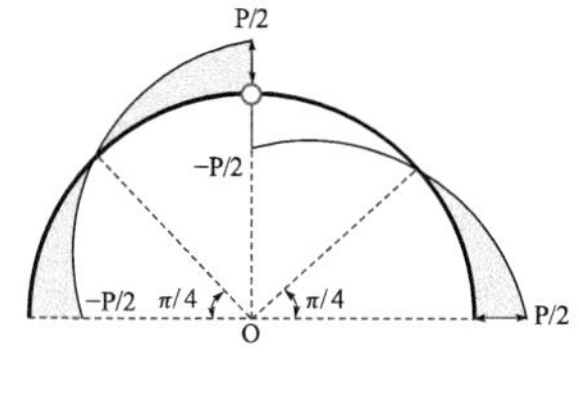

- 휨모멘트

$N_\theta = -Pa\sin\theta/2 + Pa(1-\cos\theta)/2$

$M_{(\theta=0)} = 0 + 0 = 0$

$M_{(\pi/4)} = Pa/2(1 - 1/\sqrt{2}) - Pa/2\sqrt{2} = -Pa/2(\sqrt{2} - 1)$

$M_{(\pi/2)} = Pa/2 - Pa/2 = 0$

- M도 (BMD)

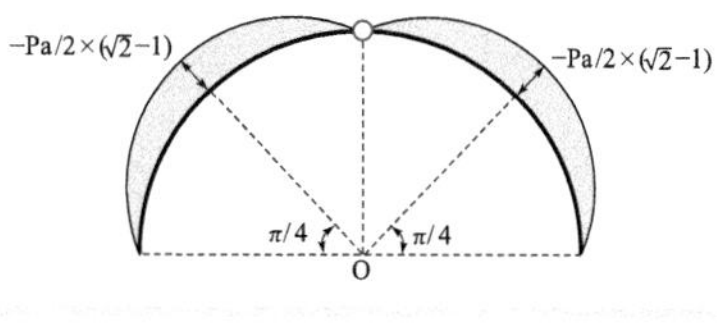

미니지식 경간 200m 정도 돔의 비교

구조형식	건물의 높이	철골량	부재수	조인트수	과거의 최대 스팬
단층 래티스쉘구조	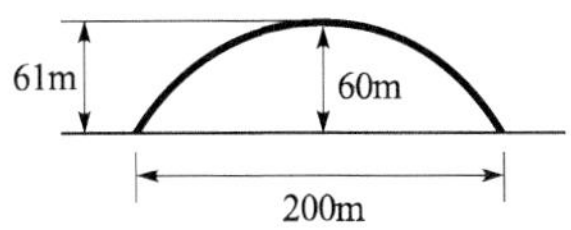	약 5,400톤	약 1,200개	약 360개소	스플스구스(미국) 127m ↓ 나고야 돔 (일본) 183.6m
복층구조	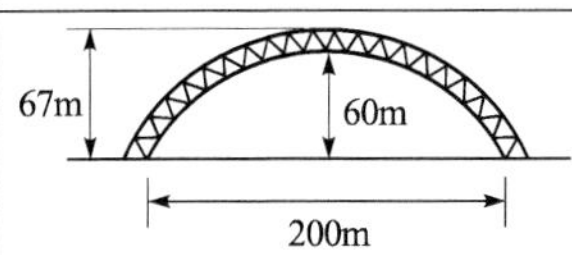	약 7,000톤	약 3,250개	약 720개소	슈퍼돔 (미국, 뉴올리안스) 207m

※ 단층 : 가구의 높이가 낮고, 돔의 체적이 저감

래티스 : 삼각형 그리드로 아름다운 내관 및 골조, 구조재료의 저감

쉘 : 대규모 외부하중에 저항하는 압축력 구조시스템

5-9 3이동단 골조의 반력을 구하시오.

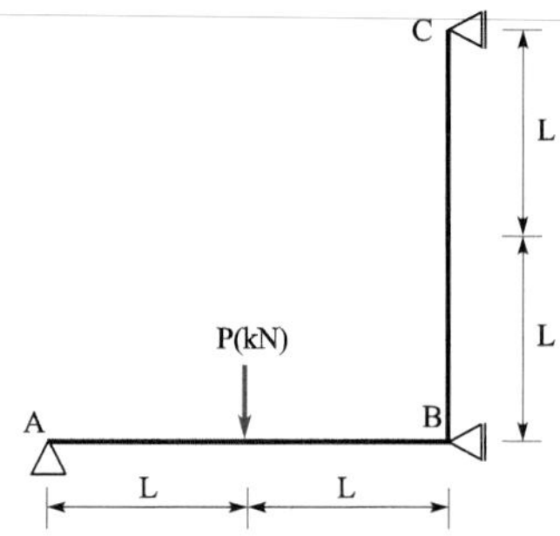

5-10 캔틸레버 골조의 단면력도(N도, Q도, M도)를 구하시오.

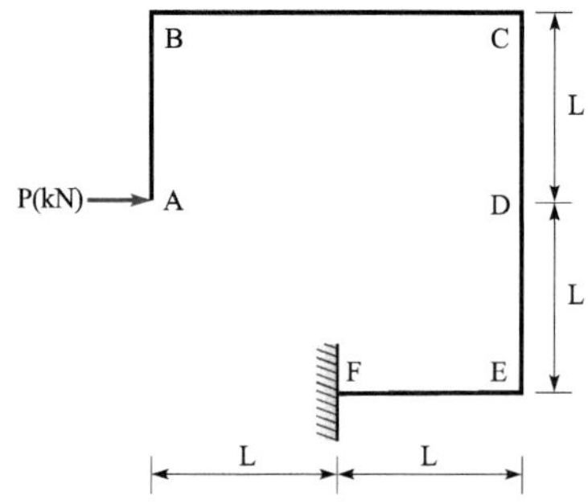

5-11 반경 L의 원호로 이루어진 캔틸레버 아치의 단면력(N도, Q도, M도)도를 구하시오.

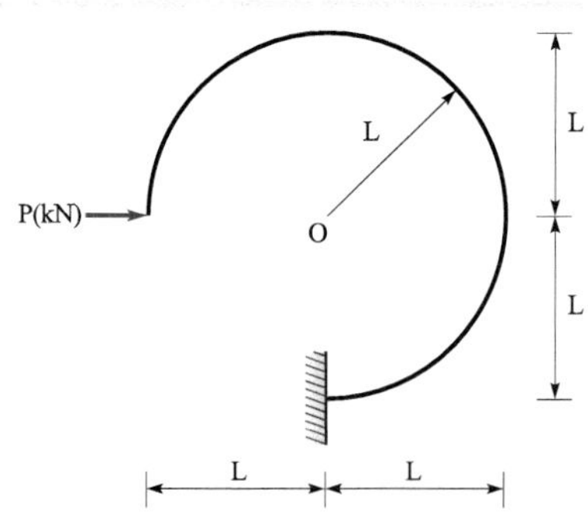

CHAPTER

06 정정 트러스

6.1 트러스 구조의 특성
6.2 트러스 부재응력의 특징
6.3 절점법
6.4 절단법
6.5 합성골조

CHAPTER 06

정정 트러스

지금까지 배워 온 구조물은 보나 기둥 등의 직선상의 부재로 구성되어 있었다. 한편, 지붕을 지지하기 위한 구조로서 발달해 온 것이 트러스 구조이다. 트러스 구조는 부재를 삼각형으로 조합하고 절점은 핀 절점으로 가정하여 부재에 축방향력만 작용하도록 한 것이다. 트러스 구조는 트러스의 높이(rise)를 크게 하고 축방향력 만 작용하게 하여 부재단면을 작게 할 수 있으므로 경제적인 구조가 되어 장스팬 구조에 이용된다.

6장에서 다루는 트러스 구조는 정정 트러스로 각 부재가 평면 내에 있는 평면 트러스로 한다. 트러스 구조의 해법으로는 '절점법', '절단법', '도식해법'이 있다. 절점법은 각 절점에서의 힘의 평형을 통해 부재응력을 구하는 것으로, 모든 절점을 순차적으로 하여야 하는 번거로움이 있다. 자유물체도를 이용하여 구하고 싶은 부재응력 만을 계산하는 것이 절단법이다. 그리고, 수식에 의한 계산이 아니라, 시력도를 이용하며 부재응력을 구하는 방법이 도식해법이다.

6.1 트러스 구조의 특성

6.1.1 트러스의 정의

2개 이상의 직선부재를 핀접합하여 연결한 구조물을 트러스라 하며, 트러스는 삼각형으로 짜여진다. 트러스가 삼각형 단위공간으로 만들어지는 이유는 〈그림 6.1〉에 나타난 바와 같이 부재들이 삼각형을 구성할 때에는 각 부재의 연결점이 힌지라 하더라도 사각형 등과 같이 임의의 변형을 못하게 되는 이유이다.

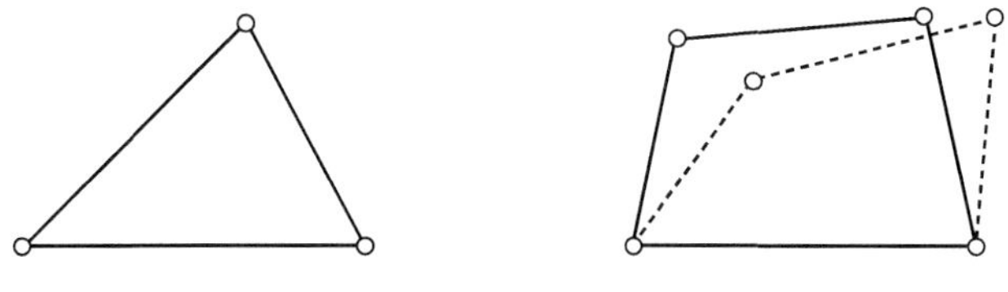

(a) 삼각형 요소　　(b) 사각형 요소

〈그림 6.1〉 트러스의 기본형상

6.1.2 트러스의 명칭

(1) 현재(弦材, chord member) : 트러스의 외부를 형성하고 있는 부재

① 상현재(upper chord member) ; 주로 압축재

② 하현재(lower chord member) ; 주로 인장재

(2) 복재(腹材; web member) ; 배치에 따라 압축재도 되고 인장재도 되기도 한다.

① 수직재(vertical member)

② 사재(diagonal member)

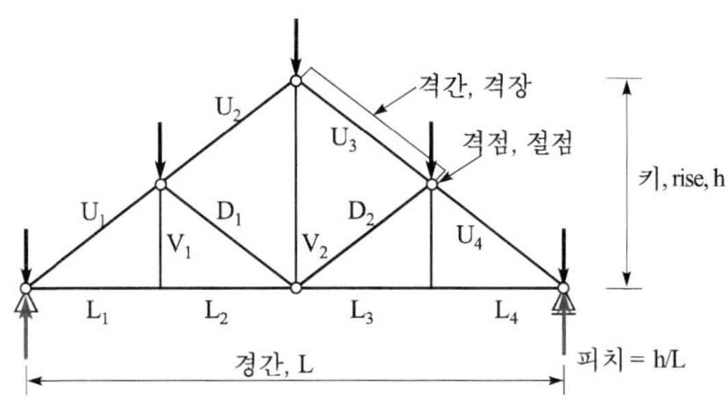

〈그림 6.2〉 트러스 부재의 명칭

6.1.3 트러스의 종류

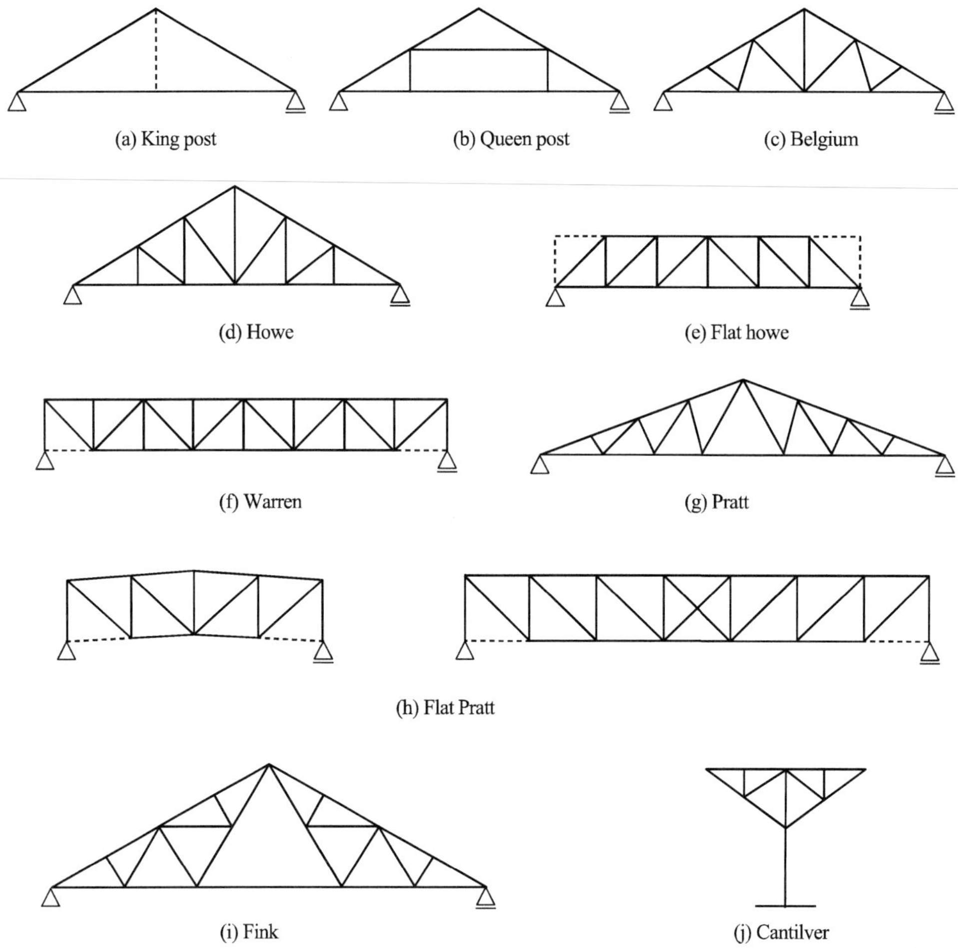

〈그림 6.3〉 트러스의 종류

6.1.4 트러스 해법상의 가정

트러스의 절점 또는 격점(節点 또는 格点, joint, panel point)이 힌지일 때 트러스의 각 부재는 격하중(格荷重, panel load)에 의하여 압축 또는 인장축력 만을 받게 되지만 트러스의 절점이 강하게 시공되면 부재들의 휨에 의하여 부재 내에는 축력 이외에 휨모멘트와 전단력이 작용하게 된다. 트러스에 생기는 축력을 1차 응력(一次 応力, primary stress)이라 하고, 부재의 휨에 따른 응력을 2차 응력(二次 応力, secondary stress)이라 한다. 트러스의 부정정 응력해석에 의하면 일반 트러스에서는 설계된 부재단면에 대한 2차 응력의 영향이 1차응력에 비하여 비율이 그다지 높지 않다고 알려져 있다(최대한 1차 응력의 30% ; 기본건축구조공학, 함성권, 창지사, p.202). 따라서 복잡한 부정정 응력해석 대신에, 재료의 설계용강도를 다소 저감시켜 계산상의 오차에 대비하고 트러스의 절점이 힌지라고 가정하여 응력해석을 하도록 되어 있다.

트러스에서 각 부재의 축력은 부재단면의 중심을 연결하는 선인 축선을 따라서 작용하고, 그 축력은 절점에서 리벳 또는 볼트의 선 즉, 게이지라인(gage line)을 통해 다른 부재로 전달되는데 실제 시공에서는 축선과 게이지라인 사이에 오차가 있게 되므로 트러스의 각 부재에는 편심축력에 따른 휨모멘트가 생기고, 또 얼마 되지 않는 자중에 의해 경미한 휨모멘트 및 전단력이 생기기도 한다. 이와 같은 추가적인 응력은 일반적으로 값이 미소하므로 실용적인 트러스 응력해석에서는 무시한다.

트러스의 실용적인 응력해석을 위해 다음과 같은 가정을 한다.

① 각 절점을 힌지라고 가정한다.
② 하중과 지점반력은 모두 절점에만 작용한다.
③ 절점에서 각 부재에 축선은 하나의 점에서 만난다고 가정한다.
④ 트러스의 부재에 전단력과 휨모멘트는 일어나지 않으며, 축방향력만 작용하는 것으로 한다.
⑤ 자중에 의한 각 부재의 응력은 무시한다.

6.1.5 부재응력과 절점에 작용하는 힘

트러스에는 부재응력으로서 축방향력이 발생하는데, 통상 인장력(引張力, tension)은 정(+)으로, 압축력(壓縮力, compression)은 부(−)로 나타낸다. 〈그림 6.4〉와 같이 부재에 발생한 부재응력에 의해 절점에 힘(절점력)이 작용하는데, 이 힘은 부재응력이 인장이면 절점을 끌어당기고 압축이면 절점을 누르고 있다. 부재에 있어서, 자신이 당겨져 있으면 절점을 당겨주고, 부재가 압축되어 있으면 절점을 누르고 있다고 이해하면 된다. 트러스 구조의 평형은 이 절점력을 이용한다. 절점에서의 힘의 평형은 절점력을 외력, 반력과 평형되도록 한다.

축방향력의 표기방법에 특별히 정해져 있지는 않지만, 인장력인지 압축력인지를 명확하게 구별해서 표기하는 것이 중요하다. 반드시 인장력·압축력 중 어느 쪽인지를 구별할 수 있도록 하여야 하며, 〈그림 6.4〉와 같이 절점력의 화살표를 이용하고, 인장력·압축력의 구별이 되도록 표기한다.

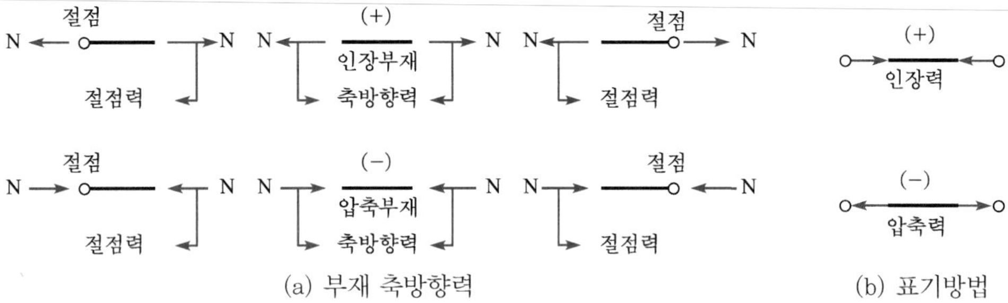

〈그림 6.4〉 트러스에 작용하는 인장력과 압축력

6.2 트러스 부재응력의 특징

6.2.1 트러스에 생기는 힘의 특성

트러스 부재에 발생한 부재응력은 각 절점에서 평형을 이루고 있으므로 그 성질에 주의하여야 한다. 특히, 외력이 작용하지 않을 때 〈그림 6.5〉와 같은 성질이 보인다. 트러스에 생기는 힘에는 다음과 같은 세 가지 특성이 있다.

특성 (1) 한 절점에 2개의 부재가 모일 때

① 재축선이 일직선 상이 아니며 동시에 이 절점에 외력이 작용하지 않을 때, 이 2개 부재의 축방향력은 0이다.

② 어느 한 부재와 같은 방향으로 외력이 작용할 때, 그 부재의 응력은 작용한 외력과 같고 다른 부재의 응력은 0이다.

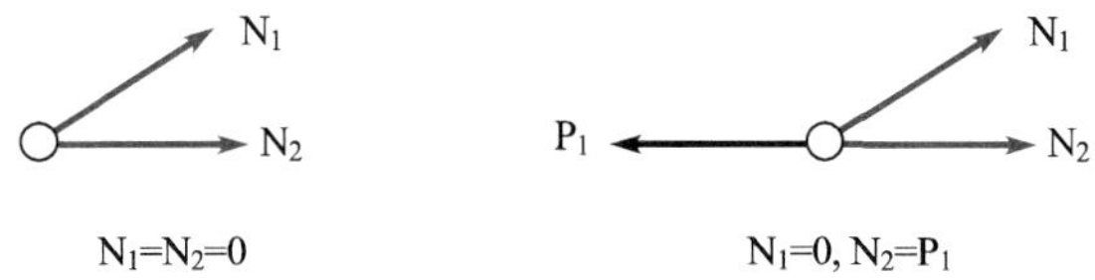

〈그림 6.5(a)〉 트러스 2부재 응력의 성질

특성 (2) 한 절점에 3개의 부재가 모일 때

① 그 중 2개 부재의 재축선이 직선을 이루며 절점에 외력이 작용하지 않을 때, 직선을 이루는 2개 부재의 축방향력은 같고 다른 1개 부재의 응력은 0이다.

② 동일직선 상에 있지 않는 부재와 같은 방향으로 외력이 작용할 때, 이 부재의 응력은 작용한 외력과 같고 동일직선 상에 있는 2개 부재의 응력은 서로 같다.

〈그림 6.5(b)〉 트러스 3부재 응력의 성질

특성 (3) 한 절점에 4개의 부재가 모일 때

① 부재의 2개씩이 동일 직선 상에 있으며 절점에 외력이 작용하지 않을 때, 재축선상의 2개씩 부재의 축방향력은 같다.

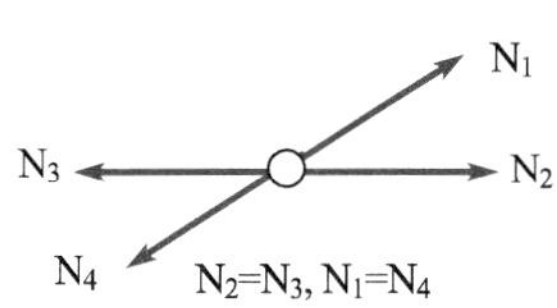

〈그림 6.5(c)〉 트러스 4부재 응력의 성질

부재응력이 0인 "영"부재가 존재하는 것은 기묘하게 생각될지도 모르지만, 좌굴을 멈추기 위하여 부재를 넣거나 수평방향의 힘을 위한 부재가 연직방향의 힘을 받아 부재응력이 0이 되는 경우가 있다.

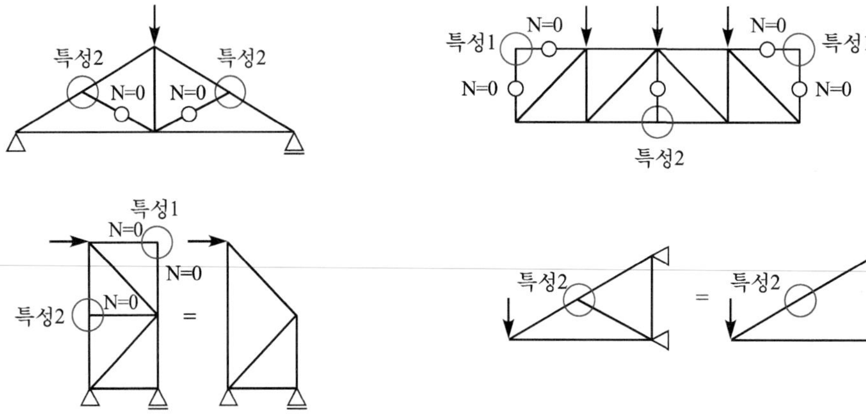

〈그림 6.6〉 "영"부재의 예

6.2.2 트러스의 인장재 및 압축재의 특성

연직하중을 받는 단순보형 트러스의 상현재는 압축재가 되며, 하현재는 인장재가 된다. 캔틸레버형 트러스의 경우는 반대로 상현재는 인장재가 되고, 하현재는 압축재가 되는 특성이 있다.

(a) 단순보형 트러스

(b) 캔틸레버형 트러스

〈그림 6.7〉 트러스의 인장재 및 압축재 특성(1)

연직하중을 받는 평행현 트러스에서 프래트 트러스의 사재는 인장재가 되며, 하우에 트러스의 사재는 압축재가 된다.

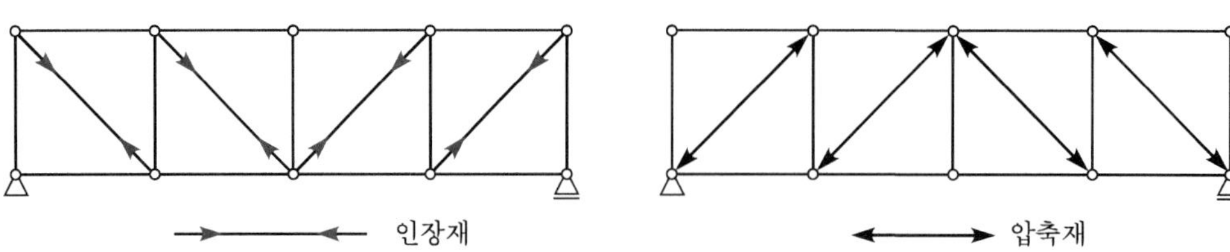

(a) 프래트 트러스

(b) 하우에 트러스

〈그림 6.8〉 트러스의 인장재 및 압축재 특성(2)

6.2.3 평행현 트러스와 단순보의 특성

평행현 트러스와 단순보에 같은 하중이 작용하면 같은 응력이 발생할 것이다. 이 관계를 비교 검토해 보면, 〈그림 6.9〉와 같이 트러스와 보의 값이 각각 대응하고 있음을 알 수 있다. 이는 양자 모두 절단 위치에서 하중·반력과 평형을 이루는 부재응력이 발생하고 있다는 점으로 설명할 수 있다.

6.3 절점법

절점법(節点法, method of joint)은 격점법이라고도 하며, 트러스의 절점(격점)에 작용하는 외력(하중과 반력)과 부재력을 힘의 평형조건식을 이용하여 구하는 방법으로, 그 풀이 순서는 다음과 같다.

1) 반력의 계산 ;

외력과 반력의 평형조건 $\sum V=0$, $\sum H=0$, $\sum M=0$으로 반력을 계산한다.

정정 트러스 구조물의 반력을 구하는 방법은 선재 구조물의 반력을 구하는 방법과 마찬가지로 트러스에 작용하는 전 외력에 대하여 트러스 전체를 한 개의 부재로 생각하고 반력을 힘의 평형조건식에 따라 산식적으로 구하면 된다.

2) 응력의 계산 ;

절점법에서는 미지의 부재응력수가 2개 이하가 되는 절점을 선택하고 순차적으로 각 절점에서 2개의 평형조건식($\sum H=0$, $\sum V=0$)을 세워 계산을 진행하며 모든 부재응력을 계산하면 종료한다.

평행현 트러스 모델

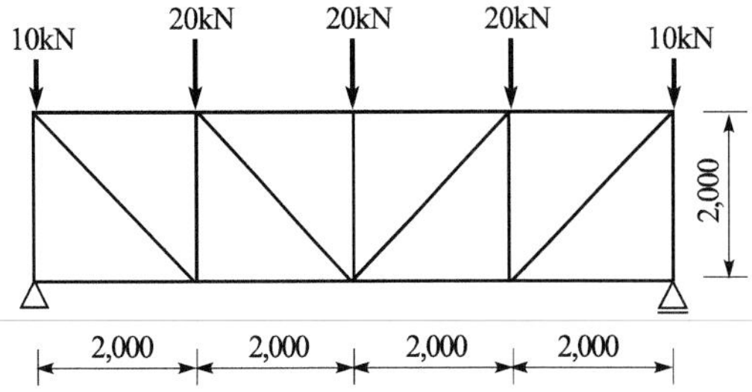

단순보 모델

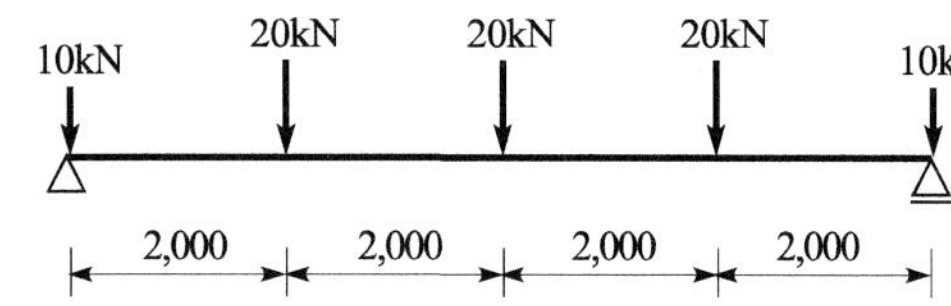

평행현 트러스의 반력과 부재응력

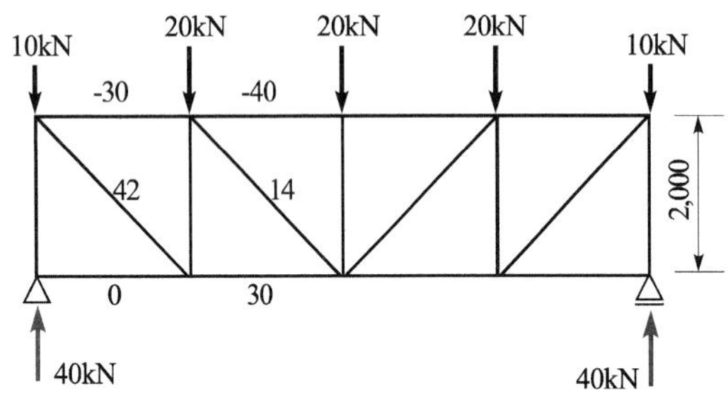

단순보의 반력과 부재응력

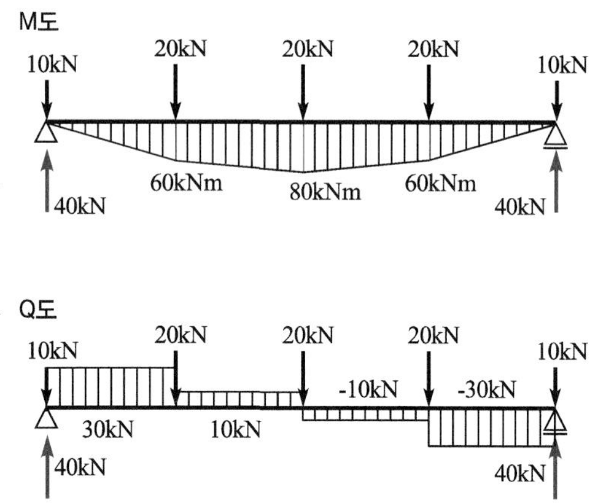

트러스	단순보
트러스 중앙부 모멘트 ; M = 현재 축방향력 × 트러스 높이 = 40 × 2.0 = 80 kNm	단순보 중앙부 휨모멘트 ; M = 80 kNm
트러스 1/4 부분 모멘트 ; M = 현재 축방향력 × 트러스 높이 = 30 × 2.0 = 60 kNm	단순보 1/4 부분 휨모멘트 ; M = 60 kNm
트러스 중앙부근 전단력 ; M = 사재 축방향력 × cos45° = 14 × 0.71 = 10 kN	단순보 중앙부 전단력 ; Q = 10 kN
트러스 단부 전단력 ; M = 사재 축방향력 × cos45° = 42 × 0.71 = 30 kN	단순보 단부 전단력 ; Q = 30 kN

〈그림 6.9〉 트러스 부재응력과 단순보 부재응력의 비교

예제 6.1 **정정트러스(평행현 트러스)**

반력과 축방향력을 절점법으로 구하시오.

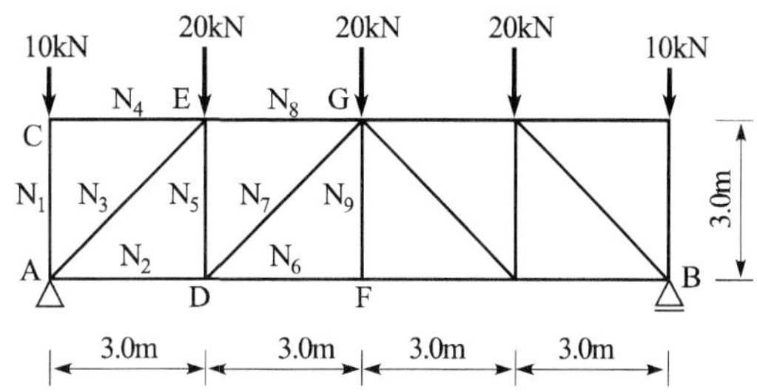

풀이

(1) 반력의 계산

$\Sigma H = H_A + 0 = 0, \quad \therefore H_A = 0$

구조물과 하중이 좌우 대칭이므로

$$V_A = V_B = \frac{10 \times 2 + 20 \times 3}{2} = 40\,\text{kN}$$

반력 $H_A = 0, \ V_A = 40\ \text{kN}, \ V_B = 40\ \text{kN}$

(2) 응력의 계산

– C점 ;

$\Sigma H = N_4 + 0 = 0, \ \therefore N_4 = 0$

$\Sigma V = -10 - N_1 = 0, \ \therefore N_1 = -10\ \text{kN}$

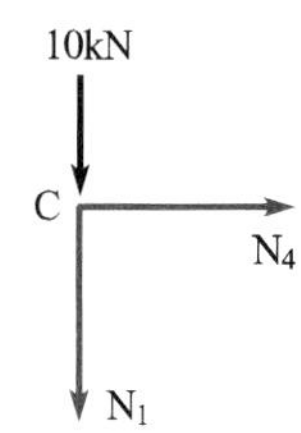

– A점 ;

$\Sigma V = +40 - 10 + N_3 \sin 45° = 0, \ \therefore N_3 = -42.4\ \text{kN}$

$\Sigma H = N_3 \cos 45° + N_2 = 0, \ \therefore N_2 = 30\ \text{kN}$

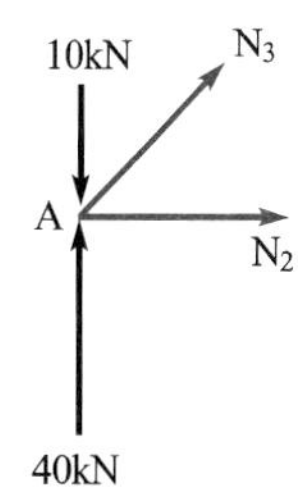

– E점 ;

$\Sigma H = 42.4 \times \cos 45° + N_8 = 0, \ \therefore N_8 = -30\ \text{kN}$

$\Sigma V = -20 + 42.4 \times \cos 45° - N_5 = 0, \ \therefore N_5 = 10\ \text{kN}$

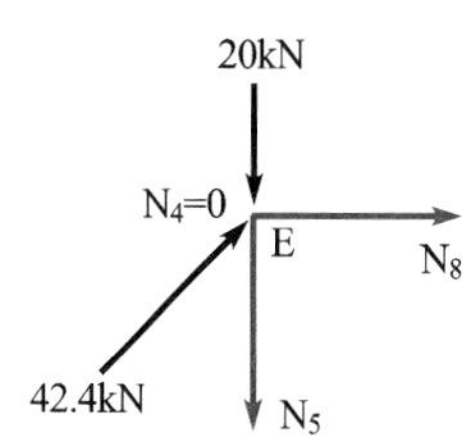

– D점 ;

$\Sigma V = 10 + N_7 \sin 45° = 0, \quad \therefore N_7 = -14\ \text{kN}$

$\Sigma H = -30 + N_6 + N_7 \cos 45° = 0, \quad \therefore N_6 = 40\ \text{kN}$

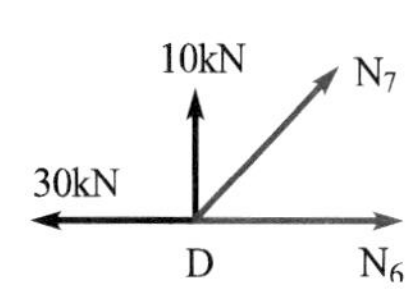

– F점 ;

$\Sigma V = N_9 + 0 = 0, \quad \therefore N_9 = 0\ \text{kN}$

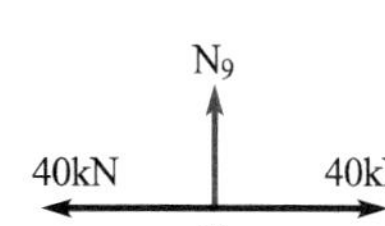

(3) 응력도 N도

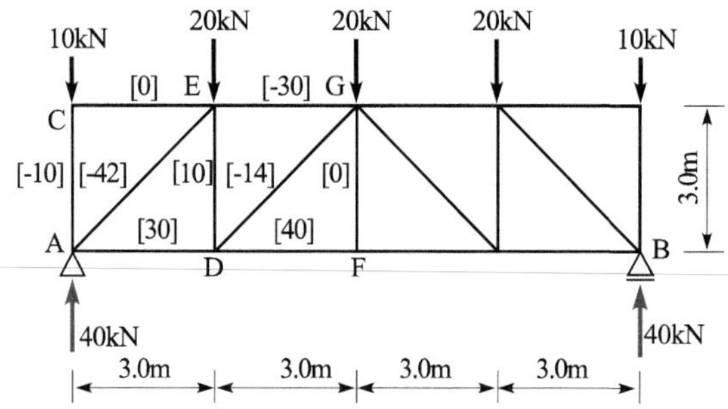

※ 응력 30kN을 [30]으로 표시한다. 상현재에는 압축력, 하현재에는 인장력, 사재에는 압축력이 작용하고 있다.

예제 6.2 **산형 트러스**

반력과 축방향력을 절점법으로 구하시오.

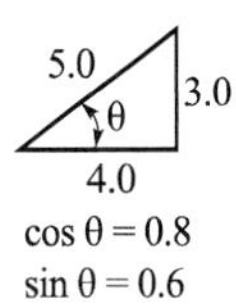

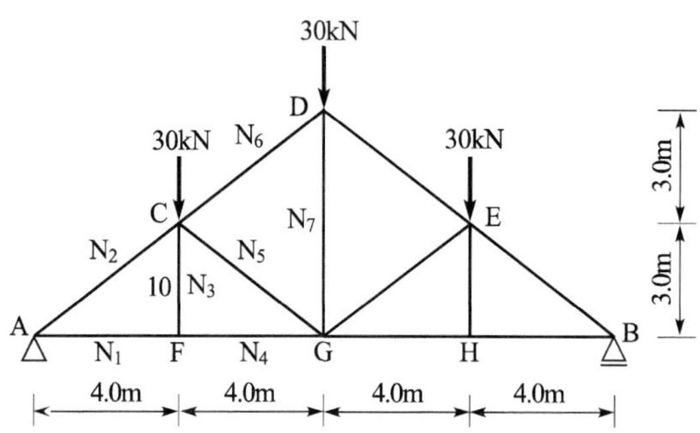

풀이

(1) 반력의 계산

$\sum H = H_A + 0 = 0, \quad \therefore H_A = 0$

구조물과 하중이 좌우 대칭이므로

$$V_A = V_B = \frac{30 \times 3}{2} = 45\,\text{kN}$$

반력 $H_A = 0$, $V_A = 45\ \text{kN}$, $V_A = 45\ \text{kN}$

(2) 응력의 계산

- A점 ;

$\Sigma V = +45 + N_2 \sin\theta = 0, \quad \therefore N_2 = -75\ kN$

$\Sigma H = N_1 + N_2 \cos\theta = 0, \quad \therefore N_1 = 60\ kN$

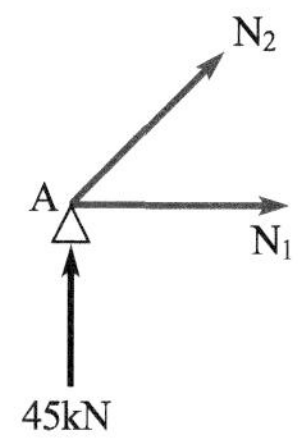

- F점 ;

$\Sigma H = -60 + N_4 = 0, \quad \therefore N_4 = 60\ kN$

$\Sigma V = N_3 + 0 = 0, \quad \therefore N_3 = 0$

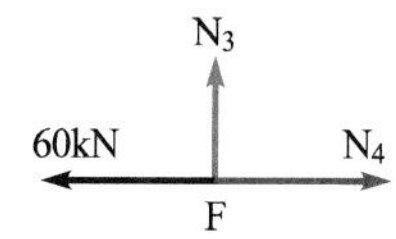

- C점 ;

$\Sigma V = -N_5 \sin\theta + N_6 \sin\theta + 75 \sin\theta - 30 = 0,$

$\therefore -N_5 + N_6 + 25 = 0$

$\Sigma H = N_5 \cos\theta + N_6 \cos\theta + 75 \cos\theta = 0,$

$\therefore N_5 + N_6 + 75 = 0$

$\therefore N_5 = -25\ kN, \ N_6 = -50\ kN$

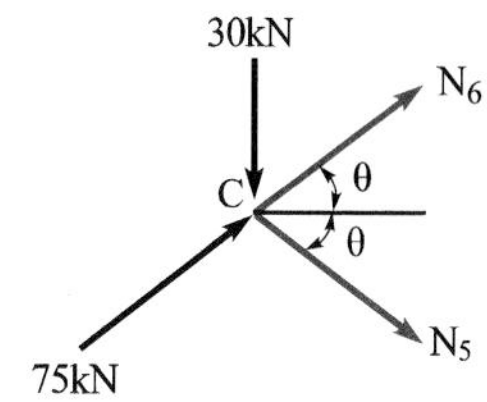

- D점 ;

$\Sigma V = -N_7 - 30 + 50 \sin\theta \times 2$

$= -N_7 - 30 + 60 = 0, \quad \therefore N_7 = 30\ kN$

(3) 응력도 N도

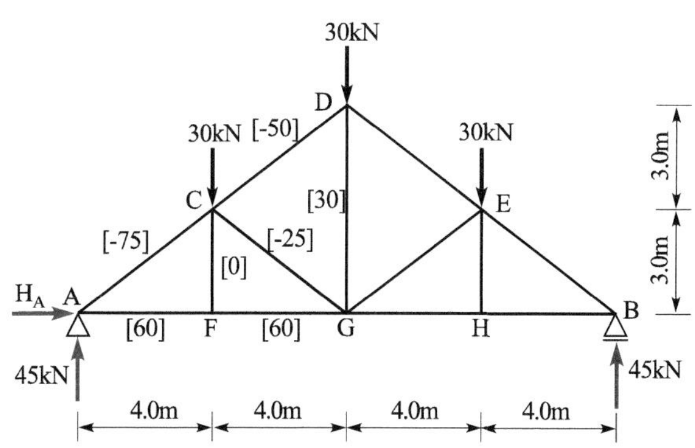

※ 응력 60kN을 [60]으로 표시하며, 대칭이므로 좌측 부재응력만 표시한다.
부재 CF는 0부재이다.

6.4 절단법

절단법 (節斷法, method of section)은 단면법이라고도 하며, 트러스의 구면에 작용하는 외력 (하중과 반력)과 부재력을 힘의 평형조건식 ($\sum V = 0$; $\sum H = 0$; $\sum M = 0$)을 이용하여 구하는 방법으로서, 트러스 임의 부재의 응력을 단독적으로 구할 수 있는 장점이 있다.

트러스 구면의 절단은 단순보의 부재응력을 절단 (자유물체도를 만들어)하여 구하는 경우와 같다. 절단 위치는 부재응력이 절단부에 나타나면 되므로 직선상이거나 절점 부근이어야 하는 것이 꼭 필요한 것은 아니지만, 통상은 〈그림 6.10〉과 같이 절점 부근을 직선상으로 절단하는 편이 좋다.

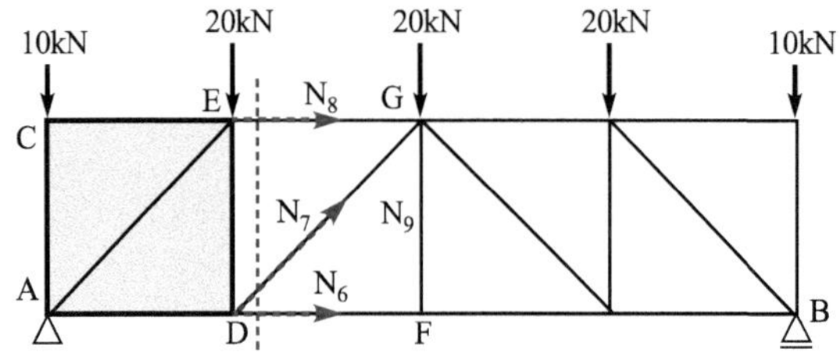

〈그림 6.10〉 단면법 (절단법)

계산순서는 다음과 같다.

1) 반력의 계산 ;

절점법과 동일하다.

2) 응력의 계산 ;

자유물체도의 작성과 같이 구하고자 하는 부재를 포함해서 트러스를 절단하고, 절단면의 부재응력(절점력)과 하중, 반력을 포함해서 힘의 평형조건식 ($\Sigma V=0$, $\Sigma H=0$, $\Sigma M=0$)을 세우고 해를 구한다. 〈그림 6.10〉에서 음영으로 나타난 부재 내부의 응력은 평형을 이루고 있어서 고려할 필요는 없으며, 어디까지나 절단면에 발생하는 힘을 대상으로 평형을 고려한다.

이 해법에서는 평형조건식이 3개이기 때문에 한 번에 3종류의 부재응력을 구할 수 있다. 반대로 말하면, 4개 이상의 미지의 부재응력이 나오도록 절단할 수 없기 때문에 절단 위치를 잘 선택하여야 한다.

예제 6.3 **정정 트러스(평행현 트러스)**

반력과 축방향력을 절단법으로 구하시오.

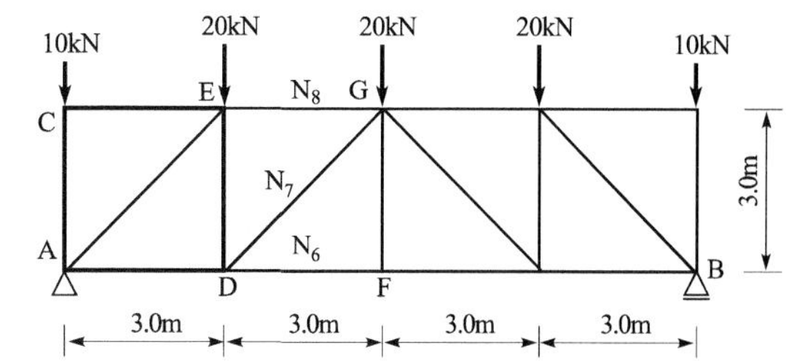

풀이

(1) 반력의 계산

$\Sigma H = H_A + 0 = 0$, $\therefore H_A = 0$

구조물과 하중이 좌우 대칭이므로

$$V_A = V_B = \frac{10\times 2 + 20\times 3}{2} = 40\,\text{kN}$$

반력 $H_A = 0$, $V_A = 40$ kN, $V_B = 40$ kN

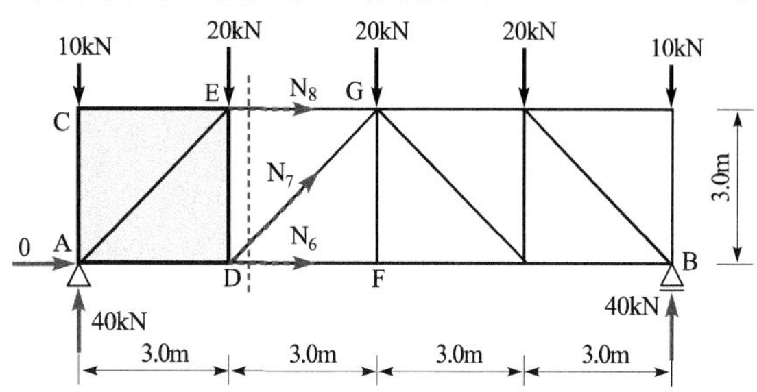

(2) 응력의 계산

- N_6, N_7, N_8의 응력은 D~E절점의 약간 우측을 절단하여 자유물체도를 구성후, 부재응력을 구한다.

$\Sigma H = N_6 + N_7 \cos 45° + N_8 = 0$

$\Sigma V = -10 + 40 - 20 + N_7 \sin 45° = 0$, $\therefore N_7 = -14$ kN

$\Sigma M_D = 40 \times 3.0 - 10 \times 3.0 + N_8 \times 3.0 = 0$, $\therefore N_8 = -30$ kN, $\therefore N_6 = 40$ kN

$N_6 = 40$ kN, $N_7 = -14$ kN, $N_8 = -30$ kN

(3) 응력도 N도

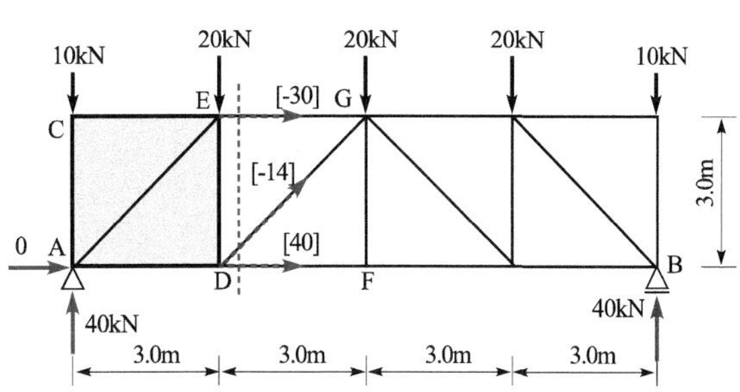

※ 응력 40 kN을 [40]으로 표시한다.

예제 6.4 **산형 트러스**

반력과 축방향력을 절단법으로 구하시오.

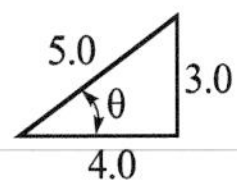

$\cos\theta = 0.8$
$\sin\theta = 0.6$

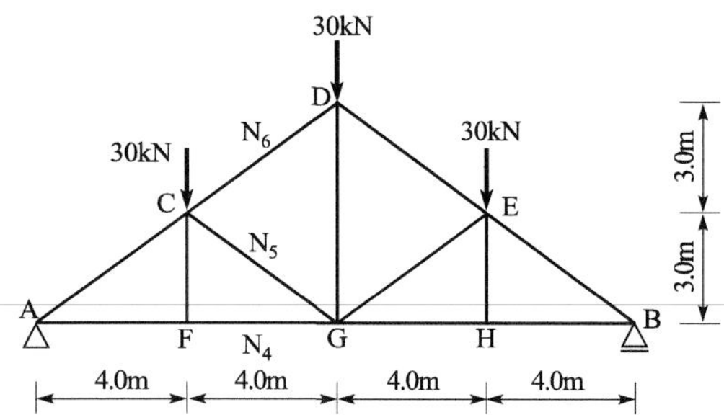

풀이

(1) 반력의 계산

$\sum H = H_A + 0 = 0$, $\therefore H_A = 0$

구조물과 하중이 좌우 대칭이므로

$$V_A = V_B = \frac{30 \times 3}{2} = 45\,\text{kN}$$

반력 $H_A = 0$, $V_A = 45$ kN,
$V_B = 45$ kN

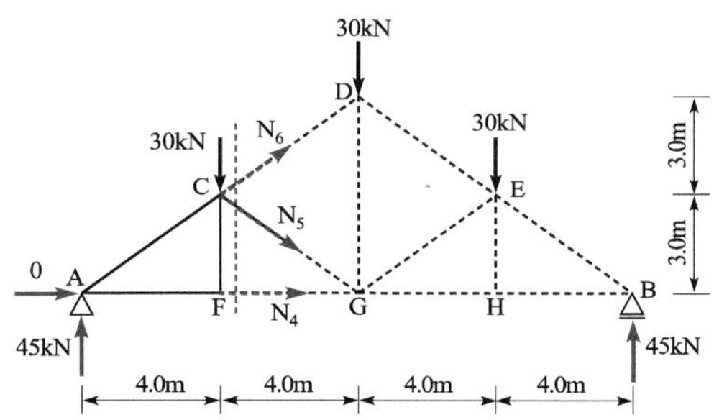

(2) 응력의 계산

– N_4, N_5, N_6의 응력은 C~F절점의 약간 우측을 절단하여 자유물체도를 구성후, 부재응력을 구한다.

$\sum M_C = 45 \times 4.0 - N_4 \times 3.0 = 0$, $\therefore N_4 = 60$ kN

$\sum V = 45 - 30 - N_5 \sin\theta + N_6 \sin\theta = 0$ $\therefore -0.6N_5 + 0.6N_6 + 15 = 0$

$\sum H = N_5 \cos\theta + N_6 \cos\theta + N_4 = 0$ $\therefore 0.8N_5 + 0.8N_6 + N_4 = 0$

$N_4 = 60$ kN, $N_5 = -25$ kN, $N_6 = -50$ kN

(3) 응력도 N도

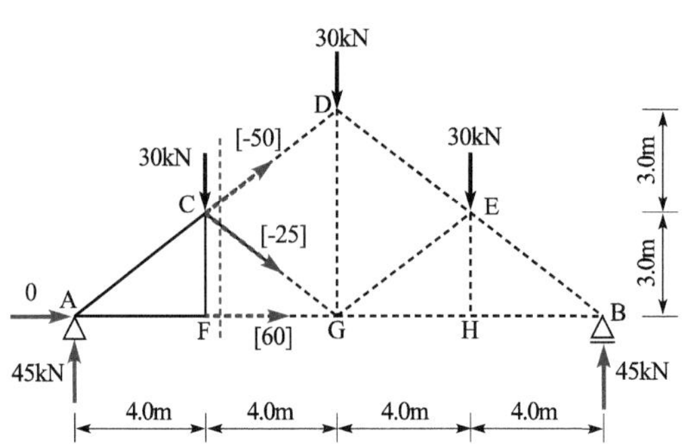

※ 응력 60 kN을 [60]으로 표시한다.

6.5 합성골조

실제 건축구조물에서 다양한 역학적 특성을 갖는 구조체가 여러 개가 조합되어 전체로서 하나의 구조물을 구성하고 있는 경우가 있다. 서로 다른 이종의 구조형식이 합성되어 있는 골조구조의 간단한 예로서 골조와 트러스가 조합된 합성골조(合成骨組, composite frame)가 있다.

골조구조를 구성하는 부재에는 일반적으로 휨모멘트, 전단력, 축방향력이 동시에 발생한다. 그러나 핀접합 가새를 갖는 골조 또는 골조구조에 트러스가 결합된 구조물은 축방향력만이 생기는 부재가 있는 골조형식이 있다. 주로 휨변형이 생기는 부재와 축방향력만이 생기는 부재가 결합된 골조구조를 합성골조라고 한다.

트러스와 보의 합성구조로 볼 수 있는 합성골조는 다음과 같이 풀이한다.

1) 축방향력 : 절점법(격점법) 또는 절단법(단면법)을 적용한다.
2) 전단력 및 휨모멘트 : 보의 경우와 같은 방법으로 풀이한다.

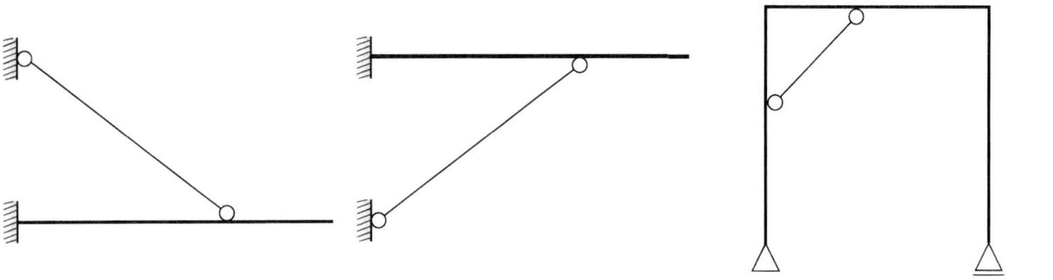

케이블을 갖는 골조 핀접합 가새를 갖는 골조 골조와 트러스가 결합된 골조

〈그림 6.11〉 합성골조의 예

예제 6.5 **합성골조**

와이어(CD)에 일어나는 인장력을 구하고, AB보의 AFD, SFD, BMD를 그리시오.

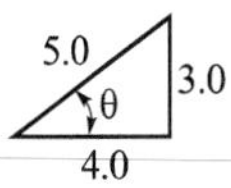

$\cos\theta = 0.8$
$\sin\theta = 0.6$

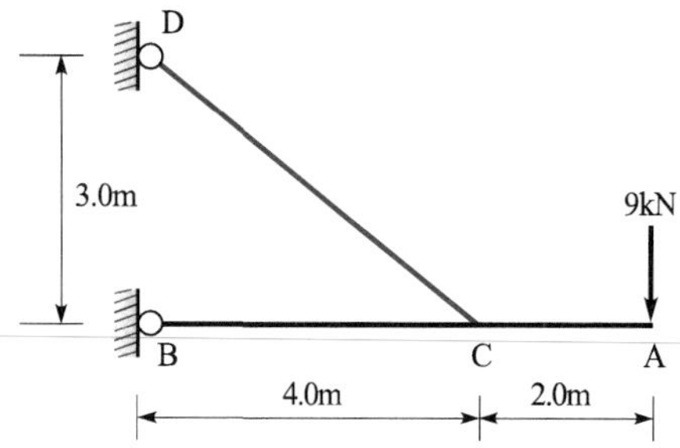

풀이

(1) 반력의 계산

전체 구조물에서 B점에 대한 모멘트 평형은

$\Sigma M_B = 9 \times 6.0 - H_D \times 3.0 = 0,$

$\therefore\ H_D = 18.0\ \mathrm{kN}\ (\leftarrow)$

$\Sigma H = H_B - 18 = 0,\ \therefore\ H_B = 18\ \mathrm{kN}$ (압축) $(\rightarrow)$

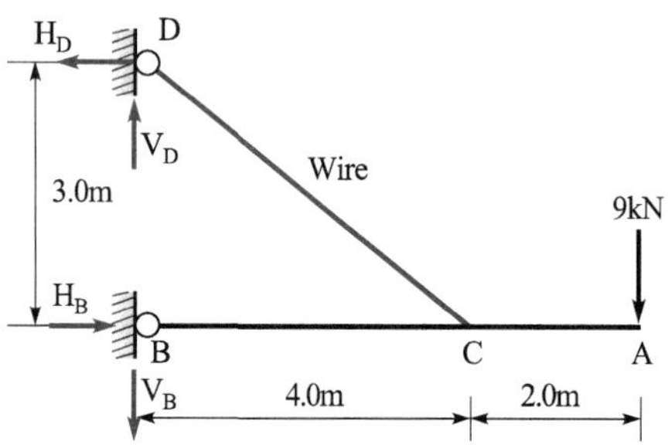

와이어를 절단한 후, 보구조물의 자유물체도에서

$\Sigma M_B = 9 \times 6.0 - P_C \times 4.0 = 0,$

$\therefore\ P_C = 13.5\ \mathrm{kN}\ (\uparrow)$

$\Sigma V = -9 + 13.5 - V_B = 0,\ \therefore\ V_B = 4.5\ \mathrm{kN}\ (\downarrow)$

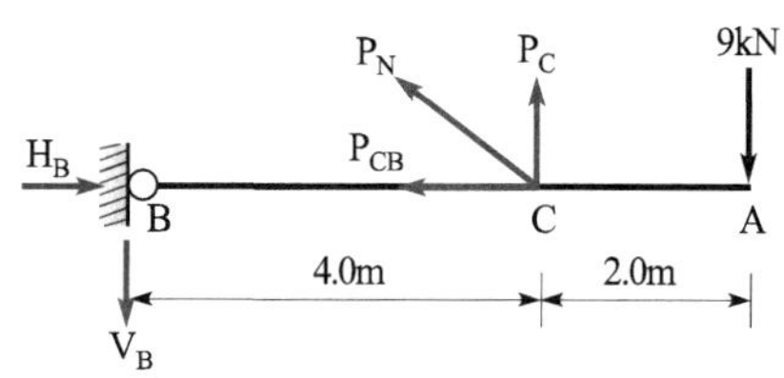

다시 전체 구조물의 자유물체도에서,

$\Sigma V = -4.5 + V_D - 9 = 0,\ \therefore\ V_D = 13.5\ \mathrm{kN}\ (\uparrow)$

반력 $H_B = 18\ \mathrm{kN}\ (\rightarrow),\quad H_D = 18\ \mathrm{kN}\ (\leftarrow),$

$V_B = 4.5\ \mathrm{kN}\ (\downarrow),\quad V_D = 13.5\ \mathrm{kN}\ (\uparrow)$

(2) 응력의 계산

$P_C = 13.5\ \mathrm{kN}\ (\uparrow)$

$P_N = P_C \times (5/3) = 13.5 \times (5/3) = 22.5\ \mathrm{kN}$

$P_{CB} = P_N \times (4/5) = 22.5 \times 0.8 = 18.0\ \mathrm{kN}$

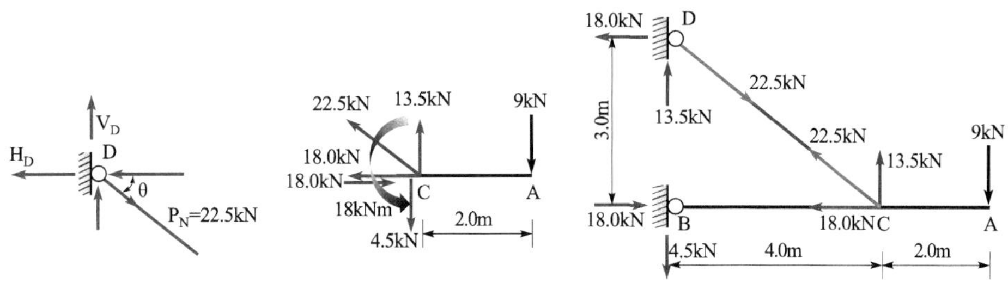

(3) 응력도

N도 (AFD)

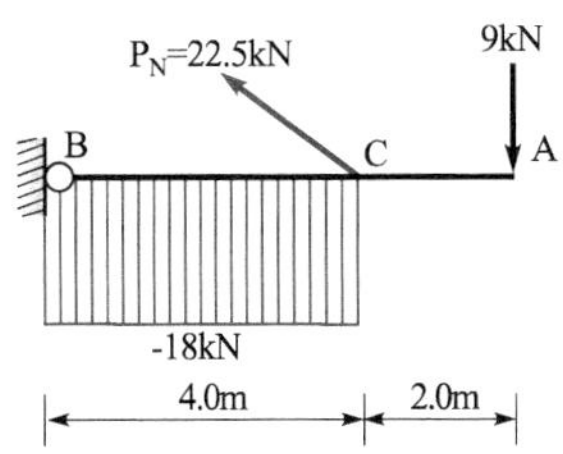

Q도 (SFD)

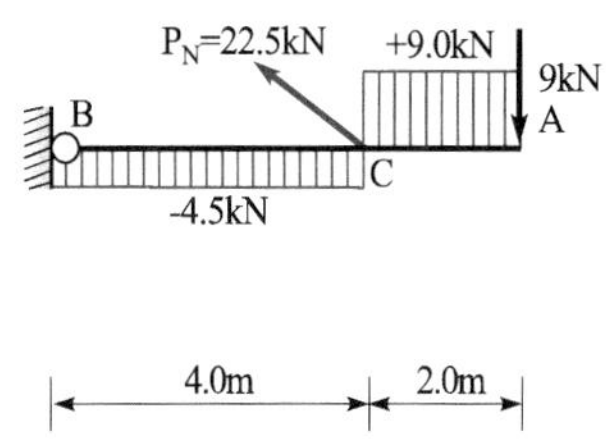

M도 (BMD)

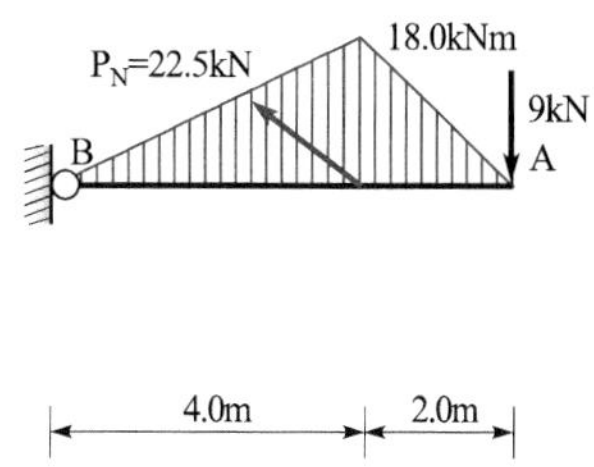

연습문제 *exercise*

다음 트러스의 반력과 부재응력을 절점법으로 구하시오.

6-1

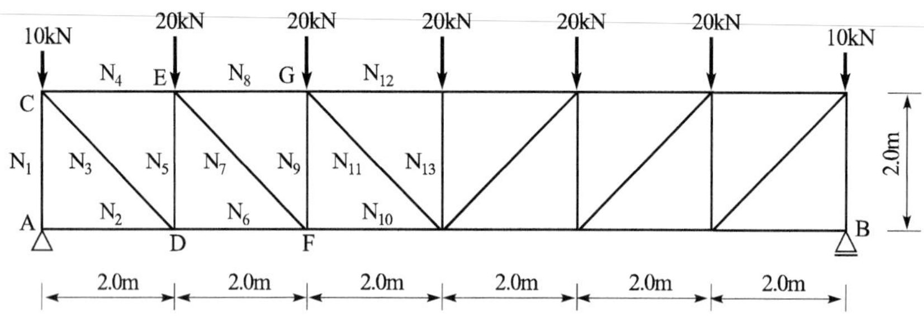

6-2

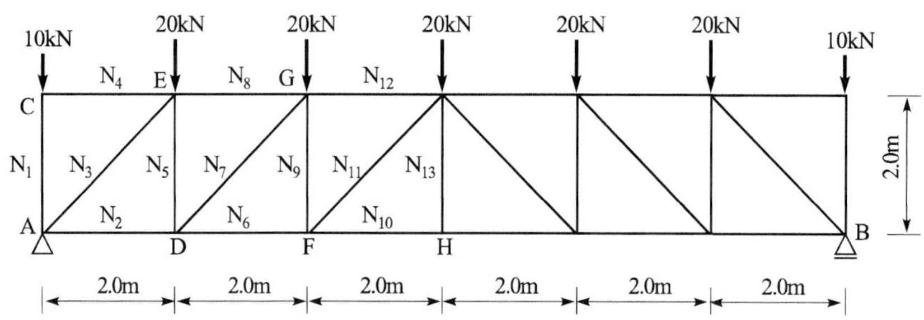

6-3

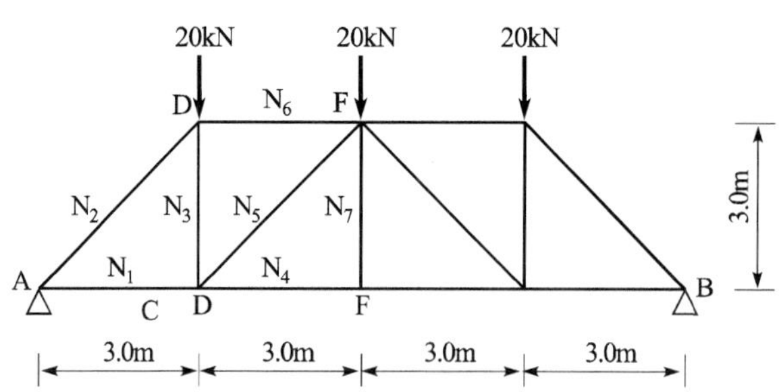

6-4

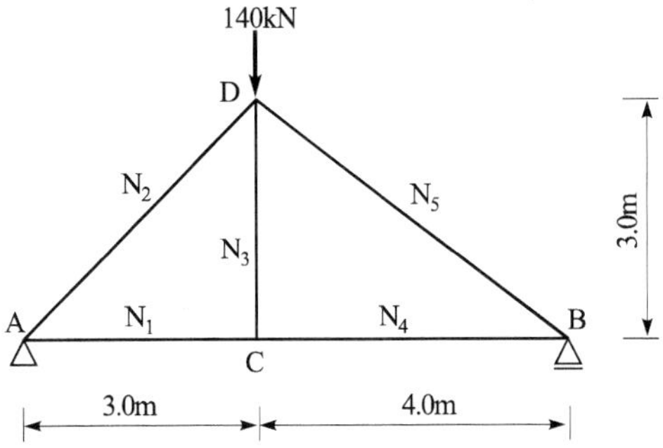
140kN
D
N2
N5
N3
A
N1
N4
B
C
3.0m
3.0m
4.0m

6-5

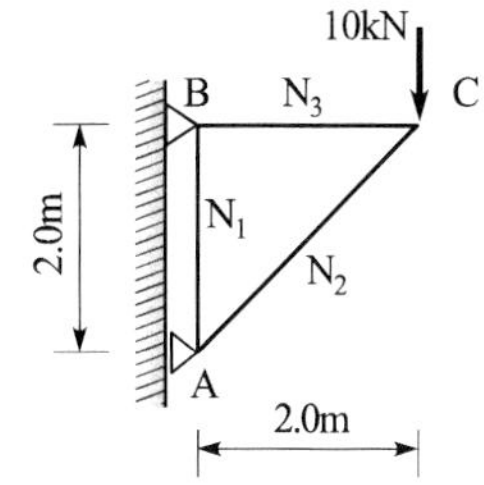
10kN
B
N3
C
2.0m
N1
N2
A
2.0m

6-6

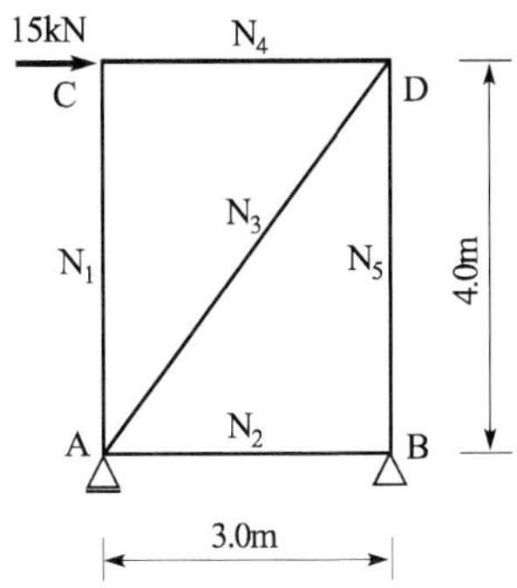
15kN
N4
C
D
N3
N1
N5
4.0m
A
N2
B
3.0m

다음 트러스의 반력과 부재응력을 절단법으로 구하시오.

6-7

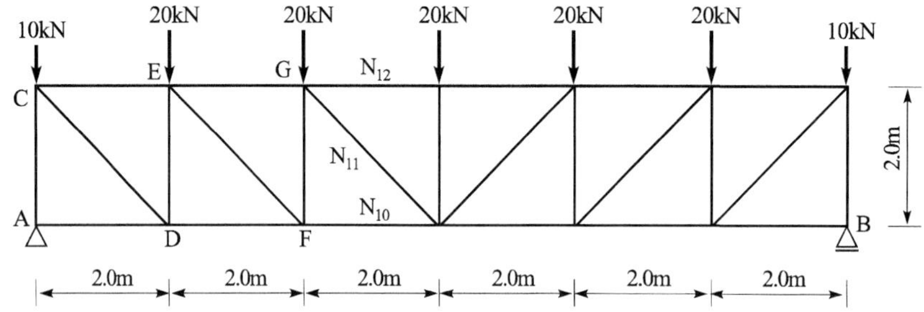

6-8

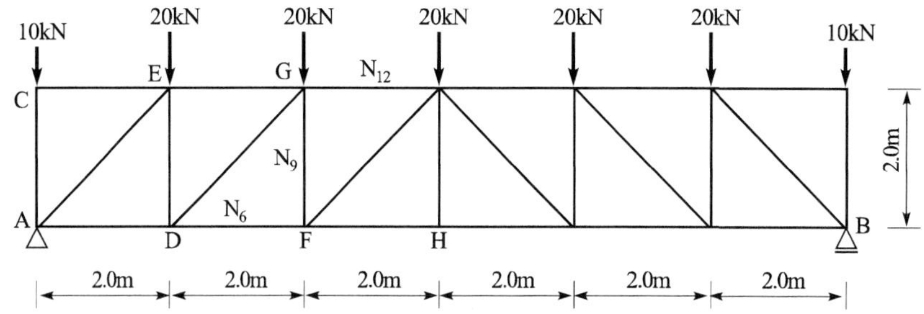

6-9

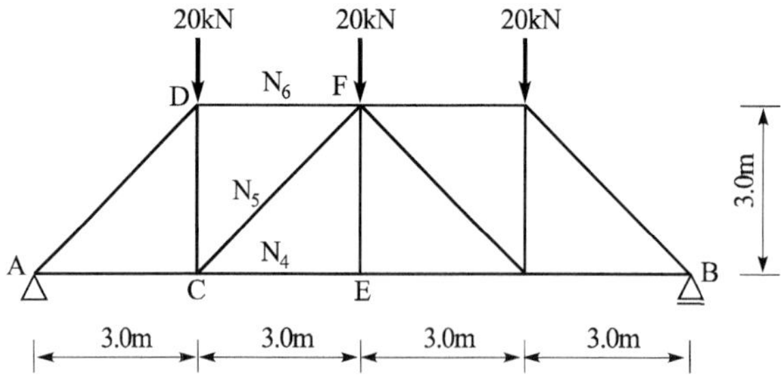

6-10

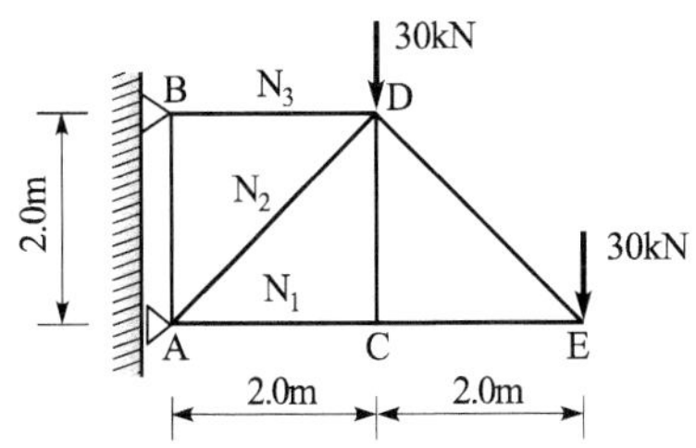
30kN
B
N_3
D
N_2
30kN
2.0m
N_1
A
C
E
2.0m
2.0m

6-11

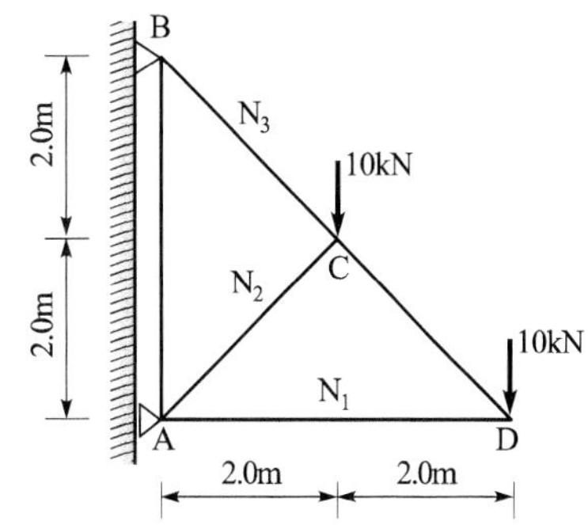
B
N_3
2.0m
10kN
C
N_2
10kN
2.0m
N_1
A
D
2.0m
2.0m

6-12

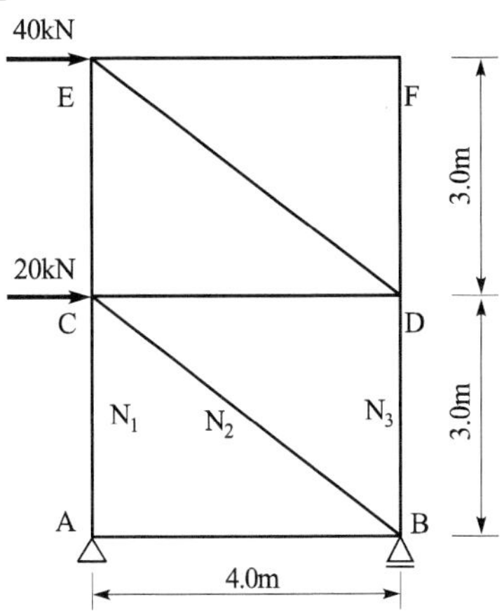
40kN
E
F
3.0m
20kN
C
D
N_1
N_2
N_3
3.0m
A
B
4.0m

연습문제 *exercise*

합성골조의 응력도 (N도, Q도, M도)를 그리시오.

6-13

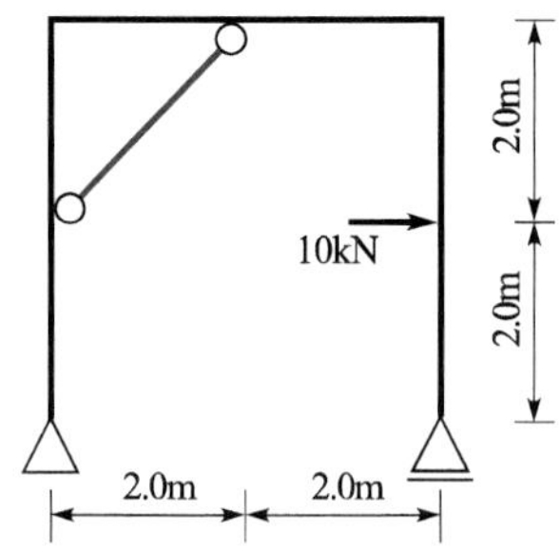

CHAPTER

07 단면의 성질

7.1 구조 부재의 단면

7.2 단면1차모멘트

7.3 도심

7.4 단면2차모멘트

7.5 단면계수

7.6 단면2차반경

7.7 단면극2차모멘트

7.8 단면상승모멘트

7.9 최소2차반경

7.10 단면의 주축

CHAPTER 07

단면의 성질

6장까지 배워온 구조역학에서 구조부재는 선재로서 크기(형상, 치수)를 가지지 않는 것으로 가정해 왔다. 7장 이후에서는 구조부재의 단면 크기를 고려하여 부재에 발생하는 응력도, 변형도 및 구조물의 변형을 생각한다.

이를 위해 부재 단면의 형상과 치수에 따라 정해지는 계수(단면의 여러 계수)를 배우며, 단면의 여러 계수로서는 단면1차모멘트, 도심, 단면2차모멘트, 단면계수, 단면2차반경 등을 들 수 있다.

또한, 단면에는 단면2차모멘트가 가장 커지는 방향인 주축이 존재한다. 주축은 구조부재를 사용할 방향을 결정하는데 있어서 중요한 성질이다.

7.1 구조 부재의 단면

〈그림 7.1〉과 같이 직사각형 단면의 축방향에 힘이 작용하는 (a)와 (b)를 비교할 때, 재료를 사용한다면 (b)가 큰 힘을 견딘다는 것은 자명한 일이다. 이와 같이 단면의 형상에 따라, 부재가 보유하고 있는 세기가 달라진다.

대상으로 하고 있는 건축구조물의 대표적인 부재 단면은 정사각형, 직사각형, 원형, T형, H형, 중공 각형 단면 등이며, 그 예를 〈그림 7.2〉에 나타낸다. 이 장에서는 이들 부재 단면이 어떠한 부재 응력에 견딜 수 있는지를 검토하기 위해 부재 단면의 역학적 성질을 배운다.

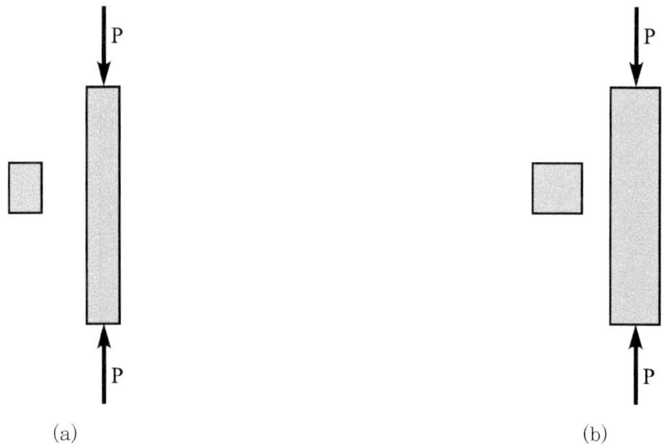

〈그림 7.1〉 부재 단면 크기의 영향

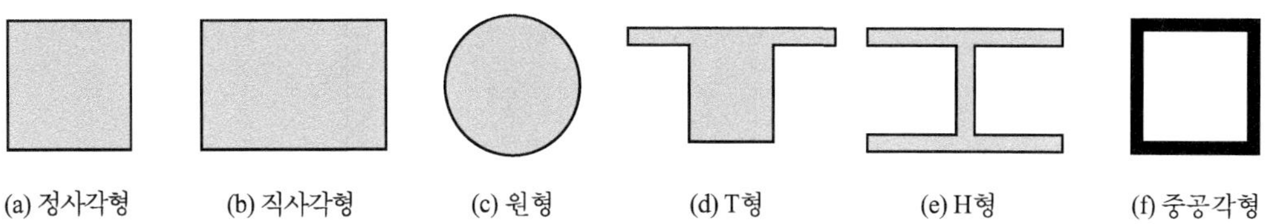

〈그림 7.2〉 구조 부재 단면의 예

7.2 단면1차모멘트

단면의 미소면적 dA에 축까지의 거리를 곱한 것의 총합, 또는 도심을 알 경우 도형의 단면적에 그 도형의 도심까지의 거리를 곱한 것을 단면1차모멘트(斷面1次모멘트, first moment of area, statical moment)라 한다.

$$S_x = \int_A y \cdot dA$$
$$S_y = \int_A x \cdot dA \qquad (7.1)$$

여기서, S_x : X축에 대한 단면1차모멘트 (cm^3)

S_y : Y축에 대한 단면1차모멘트 (cm^3)

도심(図心, centroid)의 위치를 알고 있을 때에는

$$S_x = A \cdot y_o$$
$$S_y = A \cdot x_o \quad (7.2)$$

가 되며, 도심을 지나는 축에 대한 단면 1차 모멘트는 0이다.

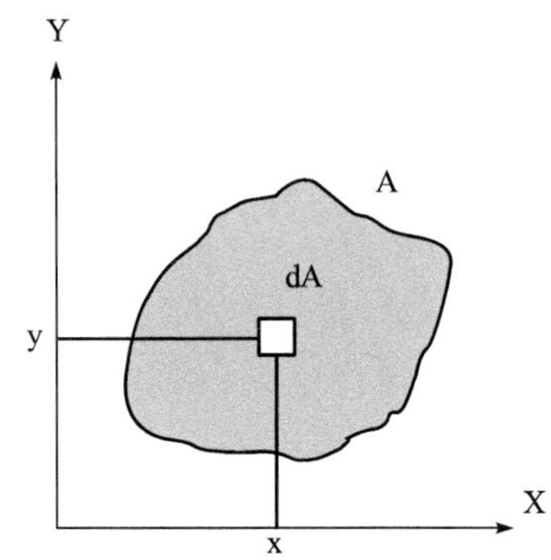

〈그림 7.3〉 단면1차모멘트

단면1차모멘트는 식 (7.2)와 같이 도심의 위치계산과 식 (7.3)과 같은 전단응력도(剪斷応力度, shearing stress)의 계산 등에 사용된다.

$$\tau = \frac{V \cdot S}{I \cdot b} \quad (7.3)$$

여기서, τ : 전단응력도 (kN/cm^2)

V : 전단력 (kN)

S : 단면1차모멘트 (cm^3)

I : 단면2차모멘트 (cm^4)

b : 보폭 (cm)

7.3 도심

평면도형에서 단면의 면적적 중심(中心, center of section)을 도심(図心, centroid)이라고 한다. 두께가 일정하고 면적당 무게가 같은 도형이면 도심은 중심(重心, center of gravity)과 일치한다.

도심 G를 지나는 축에 대한 단면1차모멘트는 0이 된다. X축 및 Y축에 대한 단면1차모멘트는 $y = y_o + y'$와 도심의 X_0축에 대한 단면1차모멘트가 0의 조건($\int_A y' dA = 0$)에 의해 아래 식과 같이 구할 수 있다.

$$S_x = \int_A y\, dA = \int_A (y_0 + y')\, dA = y_0 \int_A dA + \int_A y'\, dA = y_0 A$$

즉,

$$S_x = y_0 A$$
$$S_y = x_0 A \tag{7.2}$$

가 되어, 식 (7.2)를 이용해서 도심 위치 $(x_0,\ y_0)$를 구할 수 있다.

도심의 성질에 대한 설명은 다음과 같다.

① 도심을 지나는 축에 대한 단면1차모멘트는 0이 된다.
② 도심이란 그 점을 지나는 임의의 축에 대한 단면1차모멘트가 0인 점이다.
③ 단면에 대칭축이 있는 경우 도심은 그 축 위에 있다.

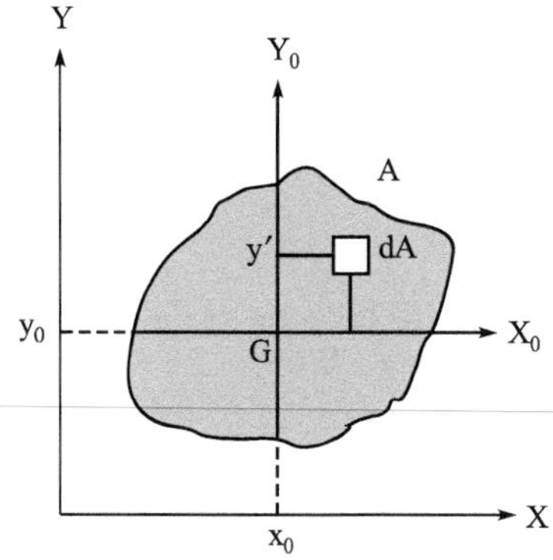

〈그림 7.4〉 도심

예제 7.1 단면1차모멘트, 도심

그림과 같은 삼각형 단면의 단면1차모멘트를 구하시오

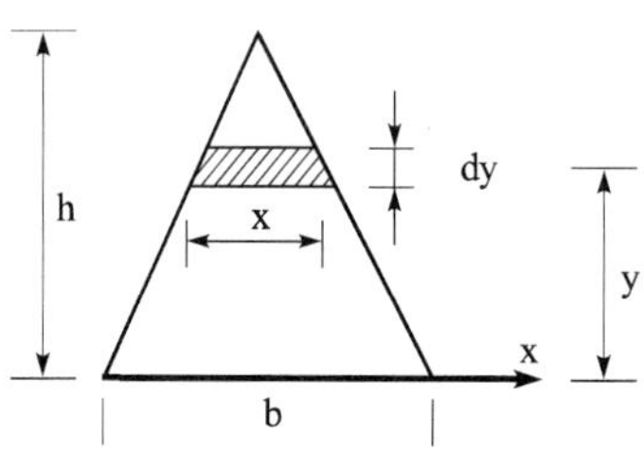

풀이

삼각형 비례에서, (h−y) : x = h : b,   x = b × (h − y)/h

$$dA = x \times dy = b \times \left(\frac{h-y}{h}\right) dy$$

$$S_x = \int_0^h y\,dA = \int_0^h \frac{b}{h} y(h-y)\,dy = \frac{b}{h}\int_0^h y(h-y)\,dy = \frac{b}{h}\left[\frac{hy^2}{2} - \frac{y^3}{3}\right]_0^h = \frac{bh^2}{6}$$

예제 7.2 **단면1차모멘트, 도심**

그림과 같은 T형 단면의 도심을 구하시오

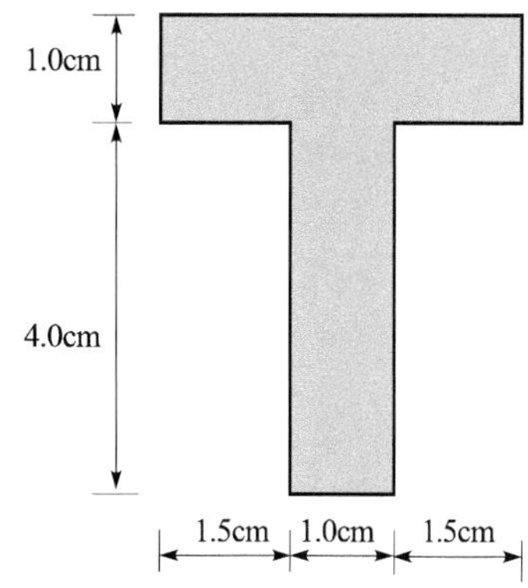

풀이

$S_x = A \times y_0 = 4 \times 2.0 + 4 \times 4.5 = 26\,\text{cm}^3$

$S_y = A \times x_0 = 4 \times 2.0 + 4 \times 2.0 = 16\,\text{cm}^3$

$A = A_1 + A_2 = 4 + 4 = 8\,\text{cm}^2$

$x_0 = \dfrac{S_y}{A} = \dfrac{16}{8} = 2.0\,\text{cm}, \quad y_0 = \dfrac{S_x}{A} = \dfrac{26}{8} = 3.25\,\text{cm}$

도심 : G(2.0, 3.25)

7.4 단면2차모멘트

단면2차모멘트(斷面2次모멘트, moment of inertia, moment of section)는 단면이 잘 구부러지지 않음(휨강성)을 나타내는 계수로, 단면의 미소면적 dA에 축까지의 거리의 제곱을 곱한 것의 총합으로 정의되며, 이것을 이용하여 단면의 성질 계수인 단면계수(斷面係數, section modulus)와 단면2차반경(斷面2次半徑, section modulus)을 구하며, 처짐의 계산과 구조 부재의 휨변형이나 좌굴강도 등을 산정한다.

$$I_x = \int_A y^2 dA$$
$$I_y = \int_A x^2 dA \qquad (7.4)$$

여기서, I_x : X축에 대한 단면2차모멘트 (cm^4)

I_y : Y축에 대한 단면2차모멘트 (cm^4)

일반적인 단면2차모멘트는 〈그림 7.5〉에서 $y = y_o + y'$로부터 단면2차모멘트를 구하면 아래 식과 같이 된다.

$$I_x = \int_A y^2 dA = \int_A (y_0 + y')^2 dA = y_0^2 \int_A dA + 2y_0 \int_A y' dA + \int_A y'^2 dA = \mathbf{I_{x0} + y_0^2 A}$$

여기서, $y_0^2 \int_A dA = y_0^2 A$ (A는 단면적)

$2y_0 \int_A y' dA = 0$ (도심축에 대한 단면1차모멘트=0)

$\int_A y'^2 dA = I_{x0}$ (도심축에 대한 단면2차모멘트)

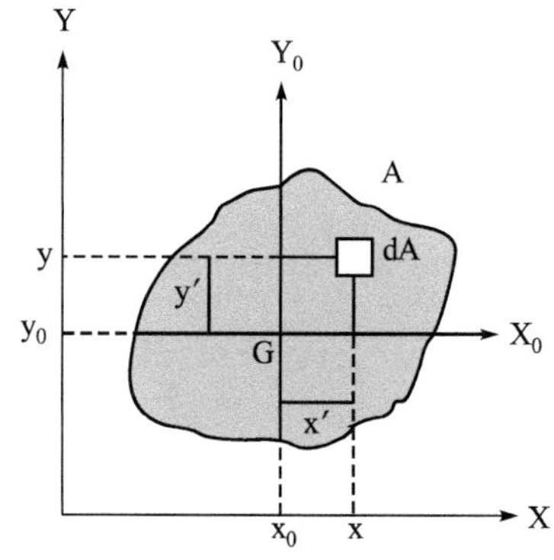

〈그림 7.5〉 단면2차모멘트

X축 및 Y축에 대한 단면2차모멘트와 도심을 지나는 X_0축 및 Y_0축에 대한 단면2차모멘트와의 관계는 다음과 같다.

$$I_x = I_{x0} + y_0^2 A$$
$$I_y = I_{y0} + y_0^2 A \qquad (7.5)$$

여기서, I_{x0} : 도심을 지나는 X_0축에 대한 단면2차모멘트

I_{y0} : 도심을 지나는 Y_0축에 대한 단면2차모멘트

x_0 : 도심의 X축 좌표

y_0 : 도심의 Y축 좌표

A : 단면적

단면2차모멘트의 성질로서, 식 (7.5)로부터 도심을 지나는 축에 대한 단면2차모멘트는 x_0 및 y_0가 0이 되므로 최소가 된다.

1) 직사각형 단면의 단면2차모멘트

도심을 지나는 X_0축에 대한 직사각형 단면의 단면2차모멘트는 단면의 폭 B가 일정값이며, dA = Bdy로부터 아래와 같이 계산된다.

$$I_{x0} = \int_A y^2\,dA = B\int_{-D/2}^{D/2} y^2\,dy = 2B\int_0^{D/2} y^2\,dy$$

$$= 2B\left[\frac{y^3}{3}\right]_0^{D/2} = 2B\frac{D^3}{24} = \frac{1}{12}BD^3$$

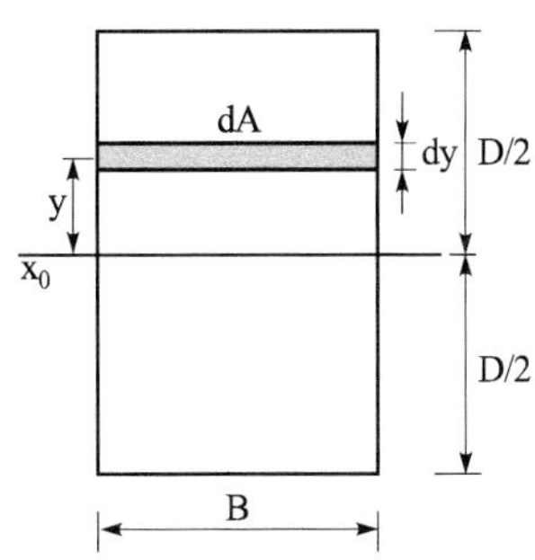

〈그림 7.6〉 직사각형 단면의 단면2차모멘트

같은 방법으로, 직교하는 도심축 Y_0축에 대해 구하면 아래와 같이 된다.

$$I_{x0} = \frac{1}{12}BD^3$$

$$I_{y0} = \frac{1}{12}DB^3 \tag{7.6}$$

2) 원형단면의 단면2차모멘트

직경을 D=2r 이면,

$$I = \frac{\pi D^4}{64} = \frac{\pi r^4}{4} \tag{7.7}$$

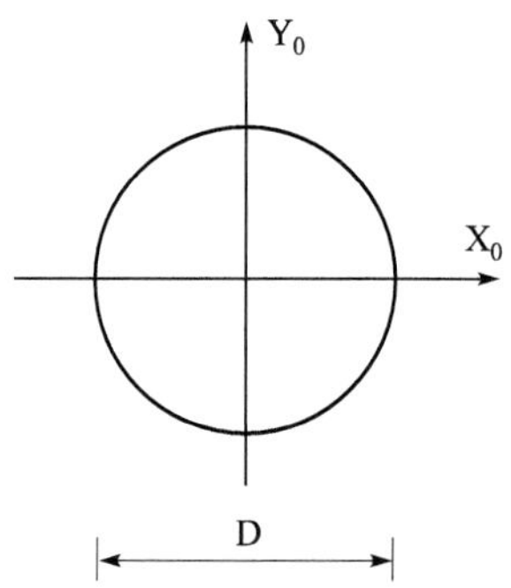

〈그림 7.7〉 원형 단면의 단면2차모멘트

7.5 단면계수

도심을 지나는 축에 대한 단면2차모멘트를 단면의 상·하단까지의 거리로 나눈 값을 그 축에 대한 단면계수(斷面係數, section modulus)라 하며, 보와 같은 휨재의 휨응력도 계산에 사용되는 계수로 부재의 경제적 단면설계에 적용한다.

$$Z_{x1} = \frac{I_x}{y_1}$$
$$Z_{x2} = \frac{I_x}{y_2} \tag{7.8}$$

여기서, I_x : 도심 x_0축에 대한 단면2차모멘트 (cm^4)

Z_{x1} : y_1측 (상측)의 단면계수 (cm^3)

Z_{x2} : y_2측 (상측)의 단면계수 (cm^3)

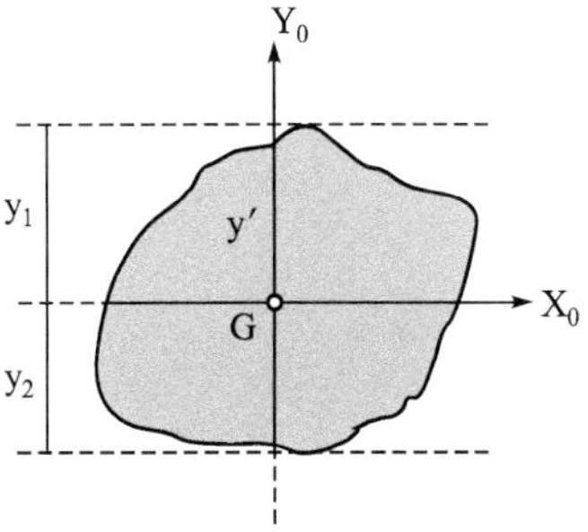

〈그림 7.8〉 단면계수

1) 직사각형 단면의 단면계수

직사각형 단면의 단면계수는 다음과 같다.

$$Z_x = \frac{I_x}{D/2} = \frac{BD^2}{6} \ (= Z_{x1} = Z_{x2})$$
$$Z_y = \frac{I_y}{B/2} = \frac{DB^2}{6} \ (= Z_{y1} = Z_{y2}) \tag{7.9}$$

여기서, Z_x : 도심 X_0축에 대한 단면계수 (cm^3)

Z_y : 도심 y_0축에 대한 단면계수 (cm^3)

2) 원형 단면의 단면계수

$$I = \frac{\pi D^4}{64}$$

$$Z_x = Z_y = \frac{I}{D/2} = \frac{\pi D^3}{32} = \frac{\pi r^3}{4} \tag{7.10}$$

3) 중공원형 강관단면의 단면계수

$$I = \frac{\pi}{64}(D^4 - d^4)$$

$$Z_x = Z_y = \frac{I}{D/2} = \frac{\pi(D^4 - d^4)}{32D} \tag{7.11}$$

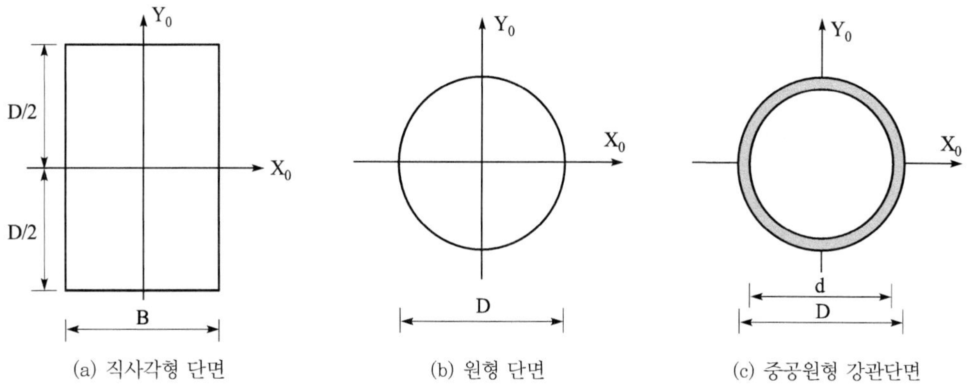

〈그림 7.9〉 간단한 도형의 단면계수

예제 7.3 직사각형 단면의 단면성능

그림과 같은 직사각형 단면의 도심 G를 통과하는 축에 대한 단면2차모멘트를 구하시오.
또한, 직사각형 단면의 저변인 x축에 대한 단면2차모멘트를 구하시오.

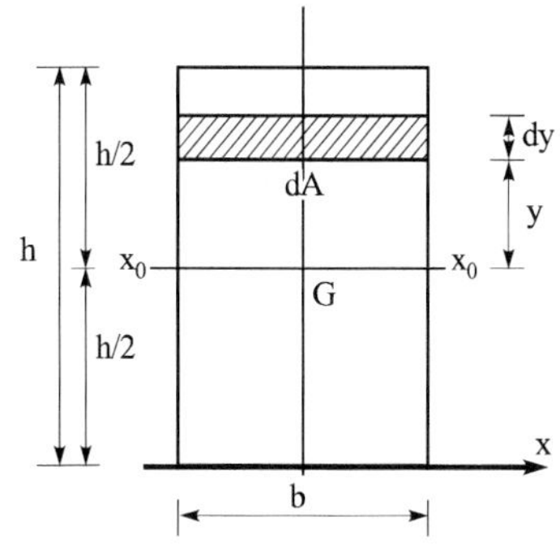

풀이

단면2차모멘트 정의에 의한 공식을 사용하여 도심축 (x_0)과 저변축 (x)에 대한 단면2차모멘트를 각각 구한 후, 평행축정리를 이용하여 저변축에 대한 값을 증명하기로 한다.

$$dA = b \times dy$$

$$I_{x0} = \int_{-h/2}^{h/2} y^2 dA = 2\int_0^{h/2} y^2 b dy = 2b[\frac{y^3}{3}]_0^{h/2} = \frac{bh^3}{12}$$

$$I_x = \int_0^h y^2 dA = \int_0^h y^2 b dy = b[\frac{y^3}{3}]_0^h = \frac{bh^3}{3}$$

$$I_x = I_{x0} + Ae^2 = \frac{bh^3}{12} + (bh)(\frac{h}{2})^2 = \frac{bh^3}{12} + \frac{bh^3}{4} = \frac{bh^3}{3}$$

예제 7.4 **삼각형 단면의 단면성능**

그림과 같은 삼각형 단면의 도심 G를 통과하는 축에 대한 단면2차모멘트를 구하시오.

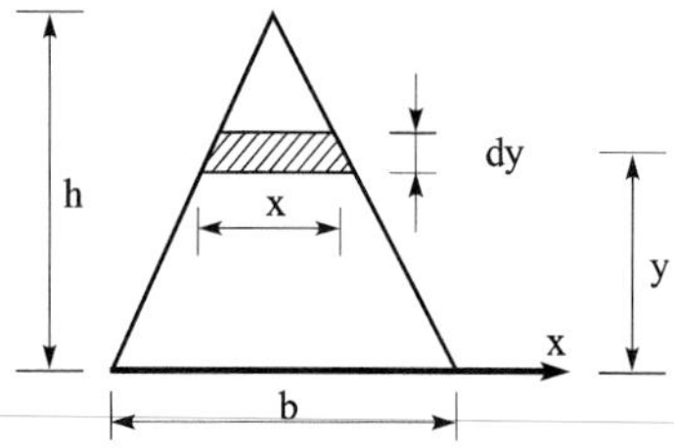

풀이

도심축 (x_0)에 대한 단면2차모멘트를 구하는 것은 삼각형의 저변축 (x)에 대한 단면2차모멘트를 구한 후, 평행축정리를 이용하여 구하는 것이 편리하다.

삼각형 비례에서, $(h-y) : x = h : b, \quad x = b \times (h-y)/h$

$$dA = x \times dy = b \times \left(\frac{h-y}{h}\right) dy$$

$$I_x = \int_0^h y^2 dA = \int_0^h \frac{b}{h} y^2 (h-y)\, dy = \frac{b}{h} \int_0^h y^2 (h-y)\, dy = \frac{b}{h} \left[\frac{hy^3}{3} - \frac{y^4}{4}\right]_0^h = \frac{bh^3}{12}$$

$$I_{x0} = I_x - Ae^2 = \frac{bh^3}{12} - \left(\frac{bh}{2}\right)\left(\frac{h}{3}\right)^2 = \frac{bh^3}{36}$$

예제 7.5 직사각형 단면의 단면성능

(1) X, Y축에 대한 단면1차모멘트 (S_x, S_y),
(2) 도심 G(x_0, y_0),
(3) 단면2차모멘트 (I_x, I_y),
(4) 단면계수 (Z_x, Z_y)를 구하시오..

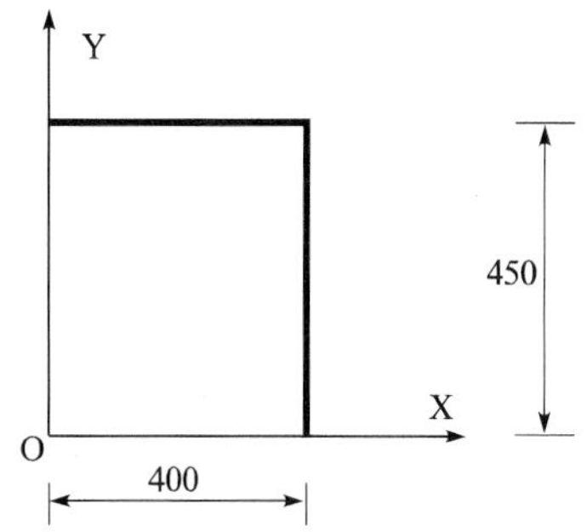

풀이

단면적 A = 40cm × 45 cm = 1.8 × 10^3 cm^2

(1) 단면1차모멘트 (S_x, S_y)

$$S_x = A y_0 = 1.8 \times 10^3 \times \frac{45.0}{2} = 4.05 \times 10^4 cm^3$$

$$S_y = A x_0 = 1.8 \times 10^3 \times \frac{40.0}{2} = 3.60 \times 10^4 cm^3$$

(2) 도심 G(x_0, y_0)

$$x_0 = \frac{S_y}{A} = \frac{3.60 \times 10^4}{1.80 \times 10^3} = 20.0 cm$$

$$y_0 = \frac{S_x}{A} = \frac{4.05 \times 10^4}{1.80 \times 10^3} = 22.5 cm$$

(3) 단면2차모멘트 (I_x, I_y),

$$I_{x0} = \frac{1}{12} \times 40.0 \times 45.0^3 = 3.04 \times 10^5 cm^4$$

$$I_{y0} = \frac{1}{12} \times 45.0 \times 40.0^3 = 2.40 \times 10^5 cm^4$$

$$I_x = I_{x0} + A e^2 = 3.04 \times 10^5 + (1.80 \times 10^2)(22.5)^2 = 1.22 \times 10^6 cm^4$$

$$I_y = I_{y0} + A e^2 = 2.40 \times 10^5 + (1.80 \times 10^2)(20.0)^2 = 9.60 \times 10^5 cm^4$$

(4) 단면계수 (Z_x, Z_y)

$$Z_x = \frac{I_{x0}}{y_1} = \frac{3.04 \times 10^5}{22.5} = 1.35 \times 10^4 cm^3$$

$$Z_y = \frac{I_{y0}}{x_1} = \frac{2.40 \times 10^5}{20.0} = 1.20 \times 10^4 cm^3$$

예제 7.6 **H형 단면의 단면성능**

(1) X, Y축에 대한 단면1차모멘트 (S_x, S_y),
(2) 도심 G(x_0, y_0),
(3) 단면2차모멘트 (I_x, I_y),
(4) 단면계수 (Z_x, Z_y)를 구하시오.

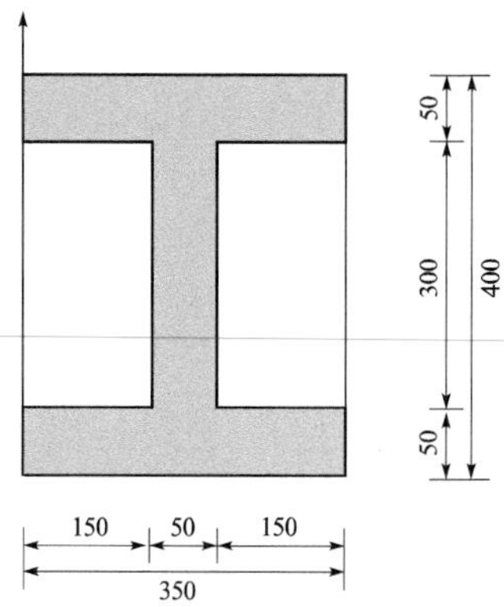

풀이

단면적 $A_1 = A_3 = 35cm \times 5cm = 1.75 \times 10^2 cm^2$, $A_2 = 5cm \times 30cm = 1.5 \times 10^2 cm^2$, $\Sigma A = 5.0 \times 10^2 cm^2$

(1) 단면1차모멘트 (S_x, S_y)

$$S_x = \sum A_i y_i = (1.75 \times 10^2) \times 37.5 + (1.5 \times 10^2) \times 20.0 + (1.75 \times 10^2) \times 2.5 = 1.0 \times 10^4 cm^3$$

$$S_y = \sum A_i x_i = (1.75 \times 10^2) \times 17.5 \times 2 + (1.5 \times 10^2) \times 17.5 = 8.75 \times 10^3 cm^3$$

(2) 도심 G(x_0, y_0)

$$x_0 = \frac{S_y}{A} = \frac{8.75 \times 10^3}{5.0 \times 10^2} = 17.5\,cm$$

$$y_0 = \frac{S_x}{A} = \frac{1.0 \times 10^4}{5.0 \times 10^2} = 20.0\,cm$$

(3) 단면2차모멘트 (I_x, I_y),

$$I_{x0} = \frac{1}{12} \times 35 \times 40^3 - \frac{1}{12} \times 15 \times 30^3 \times 2 = 1.19 \times 10^5 cm^4$$

$$I_{y0} = \frac{1}{12} \times 5 \times 35^3 \times 2 + \frac{1}{12} \times 30 \times 5^3 = 3.60 \times 10^4 cm^4$$

$$I_x = I_{x0} + A e^2 = 1.19 \times 10^5 + (5.0 \times 10^2)(20.0)^2 = 3.19 \times 10^5 cm^4$$

$$I_y = I_{y0} + A e^2 = 3.66 \times 10^4 + (5.0 \times 10^2)(17.5)^2 = 1.89 \times 10^5 cm^4$$

(4) 단면계수 (Z_x, Z_y)

$$Z_x = \frac{I_{x0}}{y_1} = \frac{1.19 \times 10^5}{20.0} = 5.95 \times 10^3 cm^3$$

$$Z_y = \frac{I_{y0}}{x_1} = \frac{3.60 \times 10^4}{17.5} = 2.06 \times 10^3 cm^3$$

예제 7.7 **원형 단면의 단면성능**

(1) X, Y축에 대한 단면2차모멘트 (I_x, I_y),
(2) 도심 G(x_0, y_0)를 지나는 주축에 대한 단면계수 (Z_x, Z_y)를 구하시오.

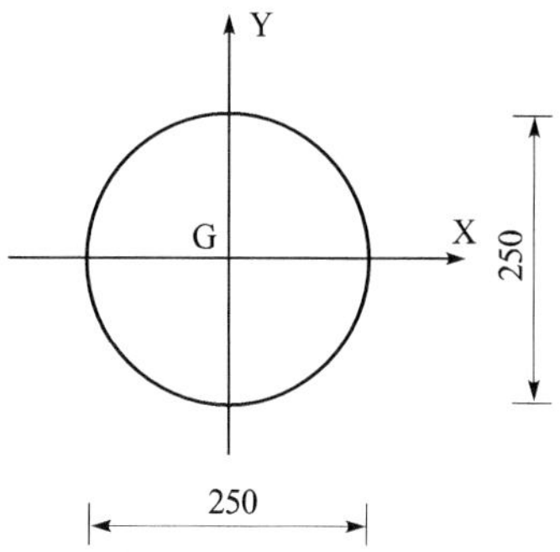

풀이

반경 r = 12.5 cm
단면적 $A = \pi r^2 = 3.14 \times (12.5)^2 = 4.91 \times 10^2\ cm^2$

(1) 단면2차모멘트 (I_x, I_y)
X, Y축이 대칭이므로 단면2차모멘트는 같은 값을 갖는다.

$$I_x = I_y = \frac{\pi r^4}{4} = \frac{\pi \times (12.5)^4}{4} = 1.92 \times 10^4 cm^4$$

(2) 단면계수 (Z_x, Z_y)

$$Z_x = Z_y = \frac{I_x}{r} = \frac{\pi r^3}{4} = \frac{3.14 \times 12.5^3}{4} = 1.53 \times 10^3 cm^3$$

7.6 단면2차반경

단면2차모멘트를 단면적으로 나눈 값의 제곱근을 단면2차반경(斷面2次半徑, section modulus) 또는 회전반경(回轉半徑, radius of gyration)이라 한다. 긴 기둥과 같은 압축재의 좌굴에 대하여 저항하는 경제적인 단면설계에 사용하며, 단면2차반경의 값이 큰 단면이 압축력에 대하여 강하다.

$$i_x = \sqrt{\frac{I_x}{A}}$$
$$i_y = \sqrt{\frac{I_y}{A}} \qquad (7.12)$$

여기서, i_x : 도심 X_0축에 대한 단면2차반경 (cm)

i_y : 도심 Y_0축에 대한 단면2차반경 (cm)

I_x : 도심 X_0축에 대한 단면2차모멘트 (cm^4)

I_y : 도심 Y_0축에 대한 단면2차모멘트 (cm^4)

A : 단면적 (cm^2)

1) 직사각형 단면의 단면2차반경

$$i_x = \sqrt{\frac{BD^3/12}{BD}} = \frac{D}{\sqrt{12}} = 0.29D$$
$$i_y = \sqrt{\frac{DB^3/12}{BD}} = \frac{B}{\sqrt{12}} = 0.29B \qquad (7.13)$$

2) 원형 단면의 단면2차반경

$$i = \sqrt{\frac{\pi D^4/64}{\pi D^2/4}} = \sqrt{\frac{D^2}{16}} = \frac{D}{4} \qquad (7.14)$$

3) 중공원형 강관단면의 단면2차반경

$$i = \sqrt{\frac{\pi (D^4 - d^4)/64}{\pi (D^2 - d^2)/4}} = \sqrt{\frac{D^2 + d^2}{16}} = \frac{1}{4}\sqrt{D^2 + d^2} \qquad (7.15)$$

7.7 단면극2차모멘트

단면의 미소면적 dA에 원점까지의 거리 r의 제곱을 곱한 것의 총합을 단면극2차모멘트(斷面極2次모멘트, polar moment of inertia)라 한다. 7.9절에 나타난 단면의 주축을 검토할 때 보조적으로 사용되는 계수로서, 단면이 꼬이지 않는 정도(비틀림 강성)를 나타낸다.

차축과 같이 비틀림을 받는 부재의 비틀림 전단응력도의 계산에 사용하며, I_P는 좌표의 회전에 관계없이 일정한 특성을 가지고 있다.

$$I_p = \int_A r^2 dA \tag{7.16}$$

$r^2 = x^2 + y^2$ 로부터

$$I_p = \int_A y^2 dA + \int_A x^2 dA = I_x + I_y \tag{7.17}$$

여기서, I_P : 단면극2차모멘트 (cm^4)

결국, 단면극2차모멘트는 X방향과 Y방향의 단면2차모멘트의 합으로 주어진다.

1) 직사각형 단면의 단면극2차모멘트

$$I_p = \frac{1}{12} BD^3 + \frac{1}{12} DB^3 = \frac{1}{12} BD(D^2 + B^2) \tag{7.18}$$

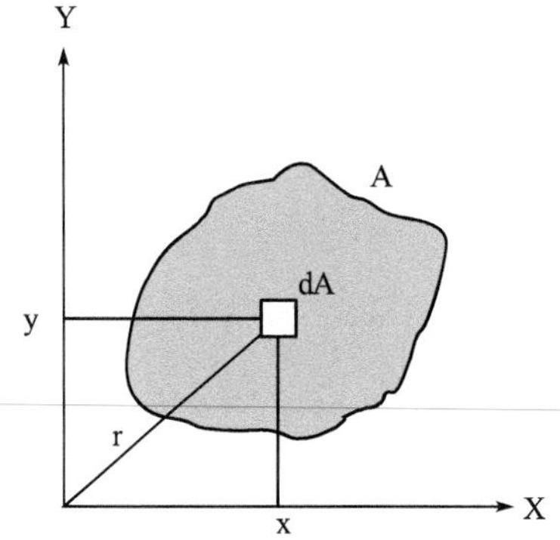

〈그림 7.10〉 단면극2차모멘트

예제 7.8 직사각형 단면의 단면성능

(1) 도심축에 대한 단면2차반경 (i_{x0}, i_{y0}),

(2) 도심축에 대한 단면극2차모멘트 (I_p)를 구하시오.

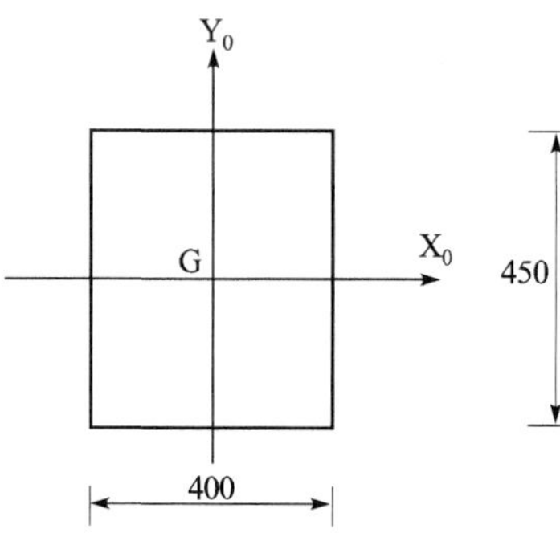

풀이

단면적 A = 40cm × 45cm = 1.8 × 10^3 cm^2

(1) 단면2차반경 (i_{x0}, i_{y0})

$$I_{x0} = \frac{40.0 \times (45.0)^3}{12} = 3.04 \times 10^5 \text{cm}^4 \; ; \; I_{y0} = \frac{45.0 \times (40.0)^3}{12} = 2.40 \times 10^5 \text{cm}^4$$

$$i_{x0} = \sqrt{\frac{I_{x0}}{A}} = \sqrt{\frac{3.04 \times 10^5}{1.8 \times 10^3}} = 13.00\,\text{cm} \; ; \; i_{y0} = \sqrt{\frac{I_{y0}}{A}} = \sqrt{\frac{2.40 \times 10^5}{1.8 \times 10^3}} = 11.55\,\text{cm}$$

(2) 단면극2차모멘트 (I_p)

$$I_p = I_{x0} + I_{y0} = 3.04 \times 10^5 + 2.40 \times 10^5 = 5.44 \times 10^5 \text{cm}^4$$

예제 7.9 **원형 단면의 단면성능**

(1) X, Y축에 대한 단면2차반경 (i_x, i_y),

(2) 도심 G(x_0, y_0)를 지나는 축에 대한 단면극2차 모멘트 (I_p)를 구하시오.

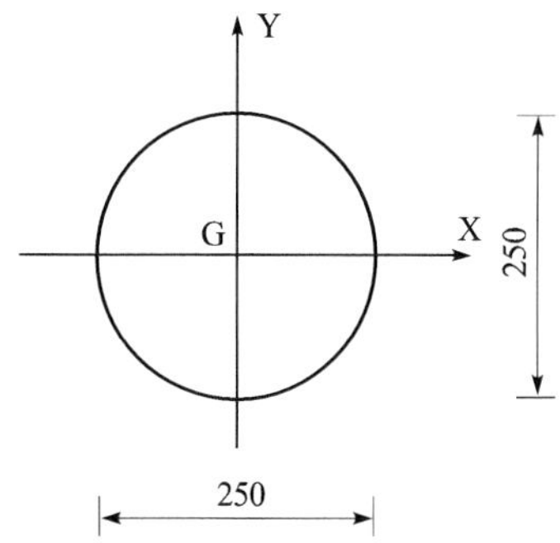

풀이

반경 r = 12.5 cm

단면적 $A = \pi r^2 = 3.14 \times (12.5)^2 = 4.91 \times 10^2\ cm^2$

(1) 단면2차반경 (i_x, i_y)

X, Y축이 대칭이므로 단면2차모멘트는 같은 값을 갖으며, 단면2차반경도 같은 값을 갖는다.

$$I_x = I_y = \frac{\pi r^4}{4} = \frac{\pi \times (12.5)^4}{4} = 1.92 \times 10^4 cm^4$$

$$i_x = i_y = \sqrt{\frac{I_x}{A}} = \sqrt{\frac{1.92 \times 10^4}{4.91 \times 10^2}} = 6.25 cm$$

(2) 단면극2차모멘트 (I_p)

$$I_p = I_x + I_y = (1.92 \times 10^4) \times 2 = 3.84 \times 10^4 cm^4$$

예제 7.10 **H형 단면의 단면성능**

(1) x, y축에 대한 단면2차반경(i_x, i_y)

(2) 도심 G(x_0, y_0)를 지나는 축에 대한 단면극2차 모멘트(I_p)를 구하시오.

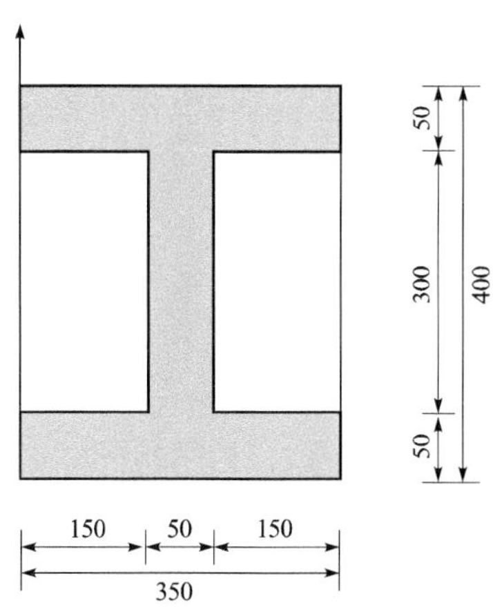

풀이

단면적 $A_1 = A_3 = 35cm \times 5cm = 1.75 \times 10^2\ cm^2$, $A_2 = 5cm \times 30cm = 1.5 \times 10^2\ cm^2$

$\Sigma A = 5.0 \times 10^2\ cm^2$

(1) 단면2차반경 (i_{x0}, i_{y0})

$$I_{x0} = \frac{35 \times (40)^3}{12} - \frac{15 \times (30)^3}{12} \times 2 = 1.19 \times 10^5 cm^4$$

$$I_{y0} = \frac{5 \times (35)^3}{12} \times 2 + \frac{30 \times (5)^3}{12} = 3.60 \times 10^4 cm^4$$

$$i_{x0} = \sqrt{\frac{I_{x0}}{A}} = \sqrt{\frac{1.19 \times 10^5}{500}} = 15.43 cm$$

$$i_{y0} = \sqrt{\frac{I_{y0}}{A}} = \sqrt{\frac{3.60 \times 10^4}{500}} = 8.49 cm$$

(2) 단면극2차모멘트 (I_p)

$$I_p = I_{x0} + I_{y0} = 1.19 \times 10^5 + 3.60 \times 10^4 = 1.55 \times 10^5 cm^4$$

7.8 단면상승모멘트

단면의 미소면적 dA에 직교좌표의 두 축까지의 거리 x, y를 곱한 것의 총합을 단면상승모멘트(斷面相乘모멘트, product moment of inertia)라 한다. 7.9절의 최소2차반경, 7.10절의 단면의 주축, 단면주2차모멘트 등의 계산에 사용되는 계수이다.

압축을 받는 장주의 설계에 사용하며, 단면이 대칭형이고 X, Y축 중 어느 한 축이 그 대칭축이면 $I_{xy} = 0$이다.

$$I_{xy} = \int_A x \cdot y dA \tag{7.19}$$

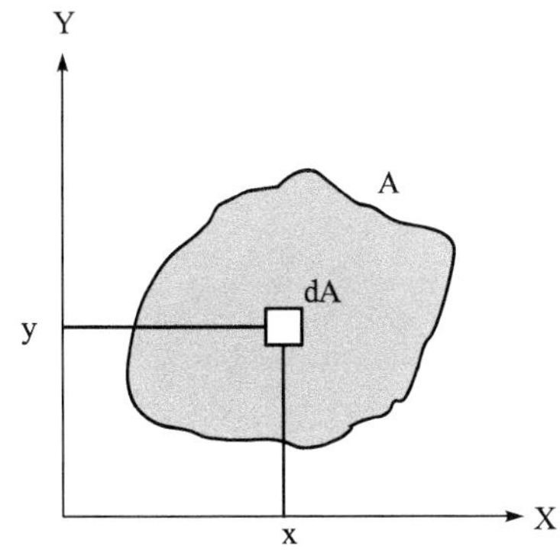

〈그림 7.11〉 단면상승모멘트

7.9 최소2차반경

최소단면2차모멘트의 값을 단면적으로 나눈 값의 평방근을 최소2차반경이라 하며, 기둥 등 압축력을 받는 부재의 좌굴에 대한 안전설계에 사용되는 것으로 단면2차반경의 값이 최소인 축이 가장 불리한 경우이므로 이를 검토하여 안전한 단면설계를 한다.

$$i_{min} = \sqrt{\frac{I_{min}}{A}} \tag{7.20}$$

7.10 단면의 주축

단면 내의 도심축에 대한 각 방향의 단면2차모멘트 중에서 서로 직교한 어떤 두 축에 대한 값이 최대 및 최소가 된다. 이들을 단면주2차모멘트(斷面主2次모멘트, principal moment of inertia)라 하며, 이 한 쌍의 직교하는 축 즉, 단면2차모멘트가 최대, 최소인 축을 주축(主軸, principal axis)이라 한다.

〈그림 7.12〉의 단면을 고려하여 X, Y축에서 (I_x, I_y, I_{xy}), X′, Y′축에서 ($I_x{}'$, $I_y{}'$, $I_{xy}{}'$)의 단면

의 계수를 가지고 있다고 하자.

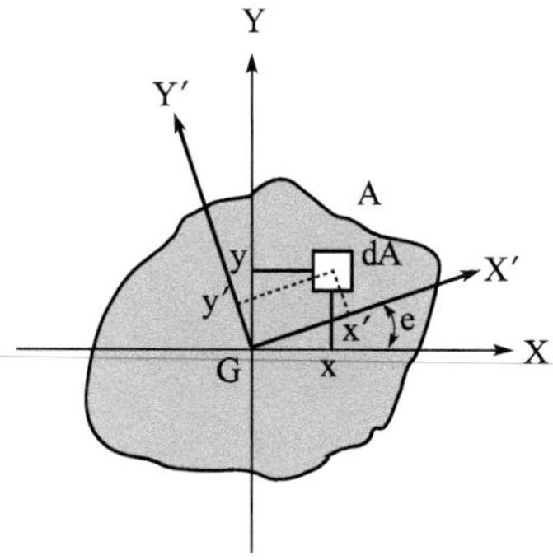

〈그림 7.12〉 단면의 주축

XY축과 X′Y′축의 관계는

$x' = x\cos\theta + y\sin\theta,\ y' = -x\sin\theta + y\cos\theta$

이므로, 삼각함수 공식 $2\sin^2\theta = 1 - \cos 2\theta$, $2\cos^2\theta = 1 + \cos 2\theta$, $2\sin\theta\cos\theta = \sin 2\theta$, $\cos^2\theta - \sin^2\theta = \cos 2\theta$ 등을 이용하여 I_x'을 XY축으로 변환을 하면,

$$
\begin{aligned}
I_x' &= \int_A y'^2 dA = \int_A (-x\sin\theta + \cos\theta)^2 dA \\
&= \int_A (x^2\sin^2\theta - 2xy\sin\theta\cos\theta + y^2\cos^2\theta)\,dA \\
&= I_y\sin^2\theta + I_x\cos^2\theta - 2I_{xy}\sin\theta\cos\theta
\end{aligned}
$$

$$I_x' = \frac{I_x + I_y}{2} + \frac{I_x - I_y}{2}\cos 2\theta - I_{xy}\sin 2\theta \tag{7.21a}$$

같은 방법으로,

$$I_y' = I_y\cos^2\theta + I_x\sin^2\theta + 2I_{xy}\sin\theta\cos\theta$$

$$I_y' = \frac{I_x + I_y}{2} - \frac{I_x - I_y}{2}\cos 2\theta + I_{xy}\sin 2\theta \tag{7.21b}$$

$$I_{xy}' = \int_A x'y'\,dA = \int_A (x\cos\theta + y\sin\theta)(-x\sin\theta + y\cos\theta)\,dA$$
$$= \int_A (-x^2\sin\theta\cos\theta + y^2\sin\theta\cos\theta + xy\cos^2\theta - xy\sin^2\theta)\,dA$$
$$= -I_y\sin\theta\cos\theta + I_x\sin\theta\cos\theta + I_{xy}\cos^2\theta - I_{xy}\sin^2\theta$$
$$= \sin\theta\cos\theta(I_x - I_y) + (\cos^2\theta - \sin^2\theta)I_{xy}$$
$$I_{xy}' = \frac{I_x - I_y}{2}\sin2\theta + I_{xy}\cos2\theta \tag{7.22}$$

식 (7.21)로부터,

$$I_x' + I_y' = I_x + I_y = I_p \tag{7.23}$$

로 되어 $(I_x' + I_y')$는 일정값을 갖는 I_p가 됨을 알 수 있다.

$(I_x' + I_y')$가 일정값이면, 어떤 각도에서 I_x'가 최대값을 취하면, I_y'는 최소값을 취한다. 즉, 단면2차모멘트가 최대값 또는 최소값을 취하는 각도의 직교축을 단면의 주축이라고 정의할 수 있다.

주축의 방향은 I_x'이 극값을 가지듯이 θ로 미분해서 0이 되는 각도에서 정해진다. 식 (7.24)에 따르면, 그것은 I_{xy}'가 0이 되는 각도 θ이기도 하다.

$$\frac{d}{d\theta}I_x' = \frac{d}{d\theta}(I_y\sin^2\theta + I_x\cos^2\theta - 2I_{xy}\sin\theta\cos\theta)$$
$$= -2I_y\sin\theta\cos\theta + 2I_{xy}(\cos^2\theta - \sin^2\theta) + 2I_x\sin\theta\cos\theta \tag{7.24}$$
$$= 2[\sin\theta\cos\theta(I_x - I_y) + (\cos^2\theta - \sin^2\theta)I_{xy}]$$
$$= 2I_{xy}' = 0$$

$$I_{xy}' = \frac{I_x - I_y}{2}\sin 2\theta + I_{xy}\cos 2\theta$$

$$\tan 2\theta = \frac{-2I_{xy}}{I_x - I_y} \qquad (7.25)$$

주축에 대한 최대 및 최소 단면2차모멘트와 주축이 이루는 경사각은 다음과 같다.

$$I_{max} = \frac{1}{2}(I_x + I_y) + \frac{1}{2}\sqrt{(I_x - I_y)^2 + 4I_{xy}^2} \qquad (7.26a)$$

$$I_{min} = \frac{1}{2}(I_x + I_y) - \frac{1}{2}\sqrt{(I_x - I_y)^2 + 4I_{xy}^2} \qquad (7.26b)$$

$$\tan 2\theta = \frac{2I_{xy}}{I_y - I_x} \qquad (7.26c)$$

여기서, $I_x = I_y$ 이면,

$$I_{max} = I_x + I_{xy} = I_y + I_{xy} \qquad (7.27a)$$

$$I_{min} = I_x - I_{xy} = I_y - I_{xy} \qquad (7.27b)$$

주축의 특성은 다음과 같다.

① 주축에서는 단면2차모멘트가 최대가 되는 축과 그것에 직교하여 최소가 되는 축이 존재한다.

② 주축에 대한 단면상승모멘트는 0이다.

③ 주축에 대한 단면2차모멘트는 그 점을 지나는 다른 여하한 축에 대한 것보다 최대 또는 최소가 된다.

④ 단면이 대칭일 때는 대칭축에 대한 단면상승모멘트는 0이 되므로 대칭축은 그 단면의 주축의 하나이다.

⑤ 정다각형이나 원형단면은 대칭축이 여러 개 있으므로 주축은 여러 개가 된다.
⑥ 통상 구조부재는 주축 방향으로 힘을 받듯이 주축 방향으로 사용된다.

대표적 단면의 주축을 〈그림 7.13〉에서 점선으로 나타내지만, 정사각형과 중공각형 단면(각형강관이나 상자형 단면)인 경우에는 45° 기울어진 축도 주축이며, 원형에서 주축 방향은 임의로 한다.

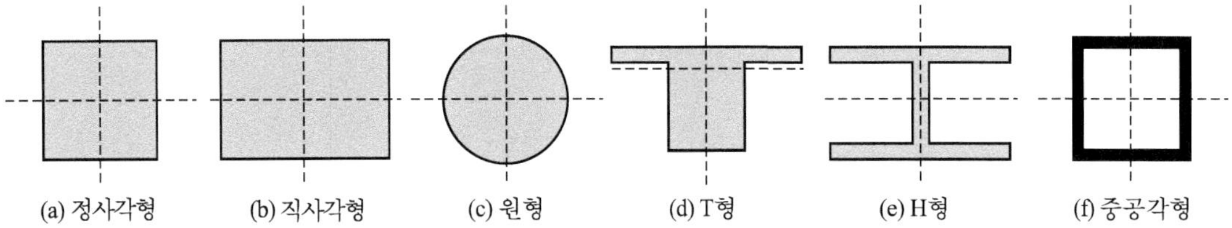

〈그림 7.13〉 대표적인 구조 부재 단면의 주축

연습문제 exercise

7-1 L형 단면의 단면성능 ; 단면2차모멘트 (I_x, I_y)를 구하시오.

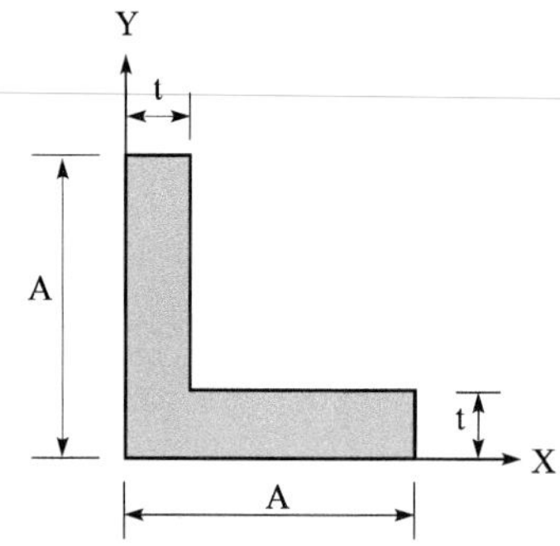

7-2 H형 단면의 단면성능

(a) X, Y축에 대한 단면1차모멘트 (S_x, S_y)를 구하시오.
(b) 도심위치 G(X_0, Y_0)를 구하시오.
(c) X, Y축에 대한 단면2차모멘트 (I_x, I_y)를 구하시오.
(d) X_0, Y_0축에 대한 단면계수 (Z_{x0}, Z_{y0})를 구하시오.
(e) X_0, Y_0축에 대한 단면2차반경 (i_{x0}, i_{y0})를 구하시오.
(f) 도심에 대한 단면극2차모멘트 (I_p)를 구하시오.

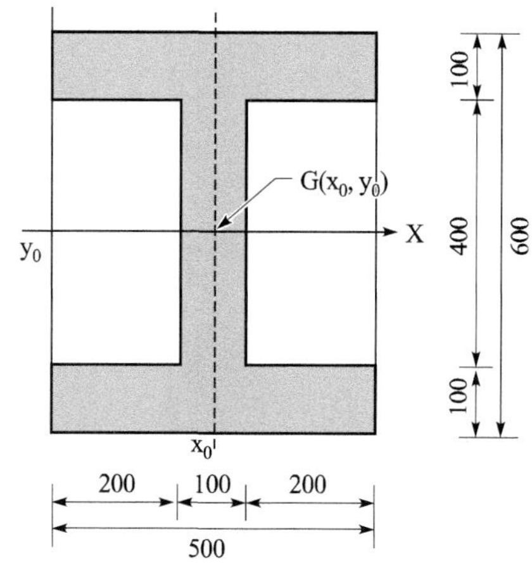

7-3 T형 단면의 단면성능

그림과 같은 T형 단면에서 도심에 대한 단면2차모멘트 I_{x0} (cm^4) 및 단면계수 $Z_t \cdot Z_c$ (cm^3)를 구하시오.

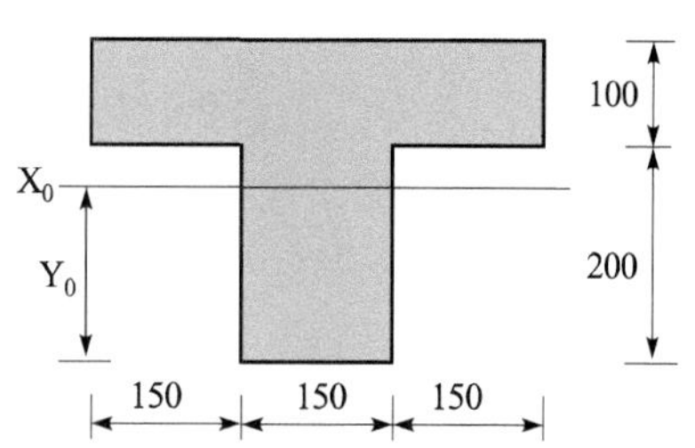

CHAPTER

08

구조재료의 역학적 성질

8.1 응력도

8.2 응력도의 관계

8.3 변형도

8.4 탄성계수

8.5 재료의 강도

CHAPTER 08

구조재료의 역학적 성질

외력(하중과 반력)이 구조물에 작용하여 구조부재에 부재응력이 생기면 그에 대응하여 부재단면에 응력도(단위면적당 힘)가 생긴다. 축방향력 N, 휨 모멘트 M에 의해 수직응력도 σ가, 전단력 Q에 의해 전단응력도 τ가 생긴다. 이 장에서는 각각의 응력도의 관계를 이해하도록 한다.

구조물은 외력이 작용하면 변형된다. 이 변형을 단위길이당 변형량으로 표현한 것은 무차원이 되며, 변형도라 한다. 변형도는 부재 각부가 변형된 정도를 나타낸다.

대부분의 구조재료는 힘을 받아 변형되었을 때 그 힘을 제거하면 그 형태가 원래대로 돌아가는 성질, 즉 탄성적 성질이 있다. 응력도나 변형도가 그다지 크지 않은 범위에서 응력도와 변형도는 비례한다. 따라서 해석의 편리성을 위하여 통상적으로 탄성역학에서는 응력도와 변형도에 비례관계(후크의 법칙)가 성립한다고 하여 해석을 진행한다.

8.1 응력도

구조부재에 작용한 힘에 의해 단면 내에 단위면적당 생긴 힘을 응력도(応力度, stress)라고 한다. 단위로는 $N/mm^2 \cdot N/cm^2 \cdot kN/cm^2$ 등이 이용되는데, 이 책에서는 상용 단위로서 kN/cm^2를 주로 사용한다. 〈그림 8.1〉에 나타낸 바와 같이, 응력도에는 축방향력과 휨모멘트에 의해 발생하는 수직응력도 σ와 전단력에 의해 발생하는 전단응력도 τ가 있다.

8.1.1 수직응력도

부재에 축방향력(인장력·압축력) 등이 작용하여 단면에 수직(재축방향으로는 평행)으로 생기는 응력도를 수직응력도(垂直応力度, normal stress)라 한다. 또한, 휨모멘트의 작용에 의해서도 수직응력도가 생긴다.

$$\sigma = \frac{N}{A} \tag{8.1}$$

여기서, σ : 수직응력도 kN/cm^2

N : 작용 외력(축방향력) kN

A : 단면적 cm^2

휨응력도(휨應力度, bending stress)는 부재가 휠 때, 그 축에 수직한 단면에 생기는 응력도이고, 인장응력도와 압축응력도로 나누어지므로 이것도 역시 수직응력도이다.

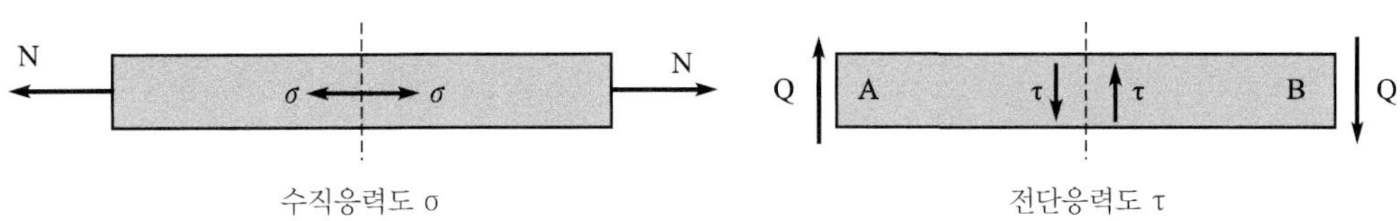

〈그림 8.1〉 단면의 응력도

8.1.2 전단응력도

크기가 같고 방향이 반대인 힘 Q가 재축의 직각방향으로 작용하면 A와 B부분은 전단하려고 한다. 부재를 잘라내도록 작용한다는 점에서 전단이라고 한다. 임의의 단면에는 외력과 같은 크기의 내력이 양 절단면에 반대의 방향으로 작용하고 있으며, 전단력의 작용에 의해 발생하는 응력도를 전단응력도(剪斷応力度, shearing stress)라 한다.

$$\tau = \frac{Q}{A} \tag{8.2}$$

8.2 응력도의 관계

〈그림 8.2〉에서 단위 두께 (d_z=1)의 미소한 직사각형에 작용하는 응력도로서 수직응력도 $\sigma_x \cdot \sigma_y$ 및 전단응력도 $\tau_x \cdot \tau_y$를 생각한다. 응력도는 그림으로 나타낸 방향을 정(+)으로 하고 수직응력도는 인장이 정(+), 압축이 부(−)가 되며, 전단응력도의 정(+)부(−)는 〈그림 8.3〉에 따른다. 왼쪽면에는 ($\sigma_x \cdot d_y$)와 ($\tau_x \cdot d_y$)가 작용하고, 다른 3면에도 같은 힘이 작용한다.

X, Y방향으로 힘이 평형을 이루고 있는 것을 알 수가 있다. C점에 대한 모멘트 평형을 생각하면,

$$\sum M_C = -(\tau_x \cdot d_y)d_x + (\tau_y \cdot d_x)d_y = 0$$

이 되어

$$\tau_x = \tau_y \tag{8.3}$$

가 된다.

평면 내의 임의 점에서 서로 직교하는 면의 전단응력도는 항상 값이 같다고 할 수 있다. 결국 평면 내의 1점에는 3종의 응력도 ($\sigma_x \cdot \sigma_y \cdot \tau$)가 작용하게 되며, 〈그림 8.4〉에서와 같이,

- 면에 수직인 응력도 ; $\sigma_x \cdot \sigma_y$ (수직응력도 : 인장, 압축)
- 면에 평행한 응력도 ; τ (전단응력도)

이다.

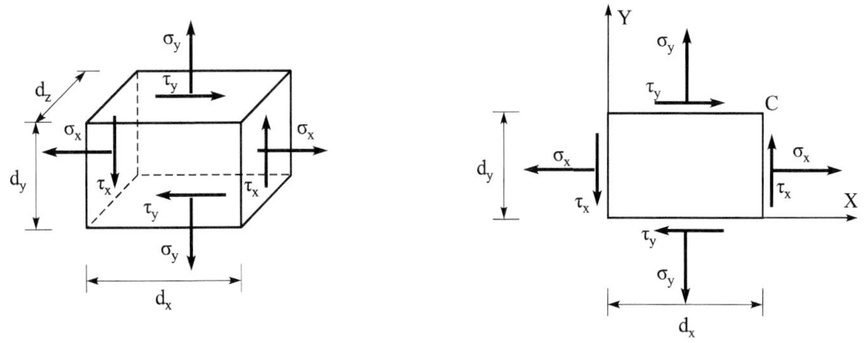

〈그림 8.2〉 응력도의 관계

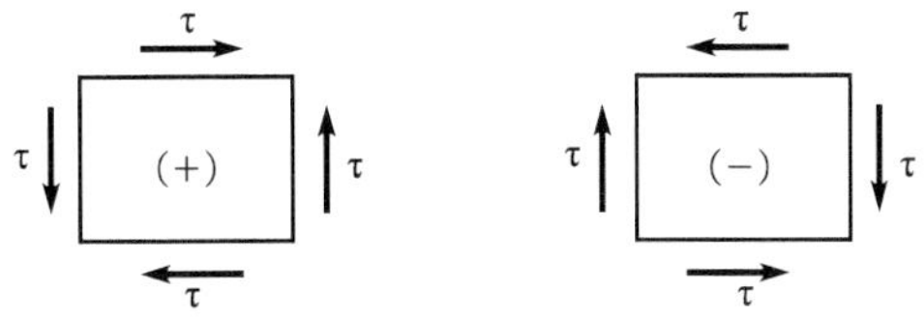

〈그림 8.3〉 τ 의 (+) (−)

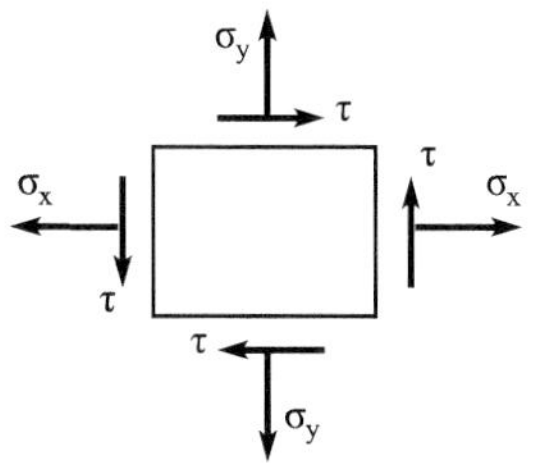

〈그림 8.4〉 1점에 작용하는 응력도

8.3 변형도(變形度)

구조물에 외력이 작용하여 그 형상에 변화를 일으켰을 때 이를 변형(變形, deformation)이라고 하며, 단위 길이에 대한 것을 변형도(變形度, strain)라 한다. 단위는 "길이/길이 = 무차원"이 된다. 변형도에는 그 변형요인에 의한 수직변형도와 전단변형도의 2종류가 있다.

8.3.1 수직변형도

길이 L의 부재에 수직력이 작용하여 늘어나거나 줄어들어서 dL의 변형을 일으킨 경우에는 수직변형도(垂直變形度, normal strain)이 발생한다. 수직변형도에는 인장응력도에 의한 인장변형도(引張變形度, tensile strain)와 압축응력도에 의한 압축변형도(壓縮變形度, compressive strain)가 발생하는데, 모두 ε으로 나타내며, 〈그림 8.5〉와 같다.

$$\epsilon = \frac{dL}{L} \tag{8.4}$$

8.3.2 전단변형도

부재에 전단력이 작용하여 변형이 생겼을 경우 정사각형이었던 부분이 평행사변형으로 변형되어 전단변형도(剪斷變形度, shearing strain)가 발생한다. 전단변형도는 미소한 변형각으로 주어져 γ로 나타내며, 〈그림 8.6〉과 같다.

$$\gamma = \frac{dh}{h} \tag{8.5}$$

전단변형에 의해, 정사각형 대각선의 한쪽은 늘어나고, 다른 쪽은 줄어든다. 이 때의 변형량은 $dh/\sqrt{2}$, 대각선의 길이는 $\sqrt{2}h$이므로, 대각선 길이의 변형도는

$$\epsilon = \frac{dh/\sqrt{2}}{\sqrt{2}h} = \frac{dh}{2h} = \frac{1}{2}\gamma \tag{8.6}$$

가 된다.

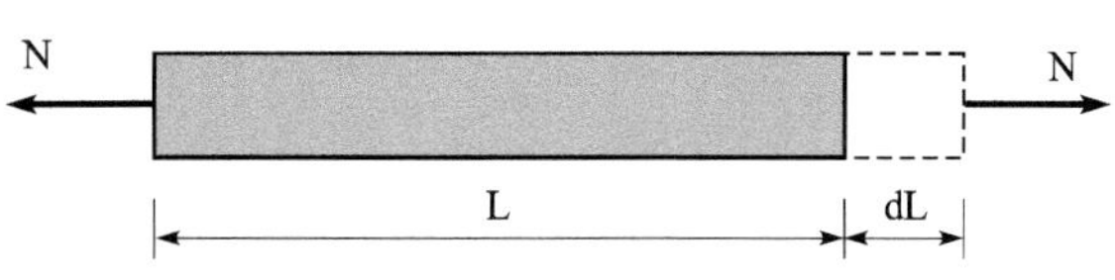

〈그림 8.5〉 축방향변형도

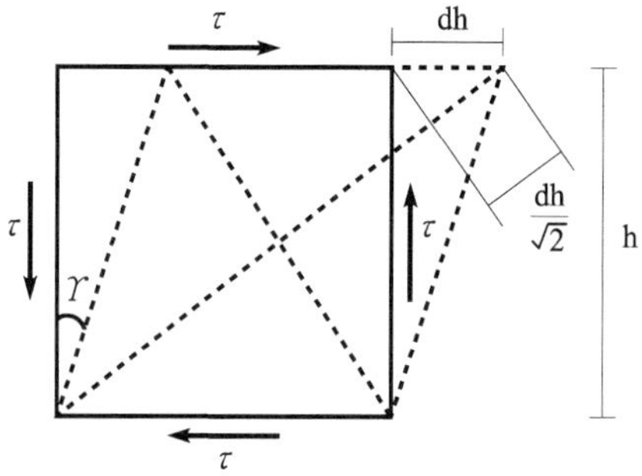

〈그림 8.6〉 전단변형도

8.4 탄성계수

8.4.1 탄성

구조물이 외력의 작용을 받아 변형될 때, 〈그림 8.7〉과 같이 일반적으로는 외력 크기에 비례한 변형량이 발생하며, 외력이 0으로 돌아오면 변형량도 0이 된다. 이와 같이 힘에 비례하여 변형이 생기는 성질을 선형 탄성(線形 彈性, linear elasticity)이라고 한다.

힘이 어느 값 이상으로 커지면, 구조물은 탄성의 성질을 유지할 수 없게 되어, 외력이 0으로 돌아와도 변형량이 0으로 돌아오지 않게 된다. 이 상태를 소성(塑性, plasticity)이라고 하며, 탄성에서 소성화하는 한계가 되는 응력도를 탄성한계(彈性限界, elastic limit)라고 한다.

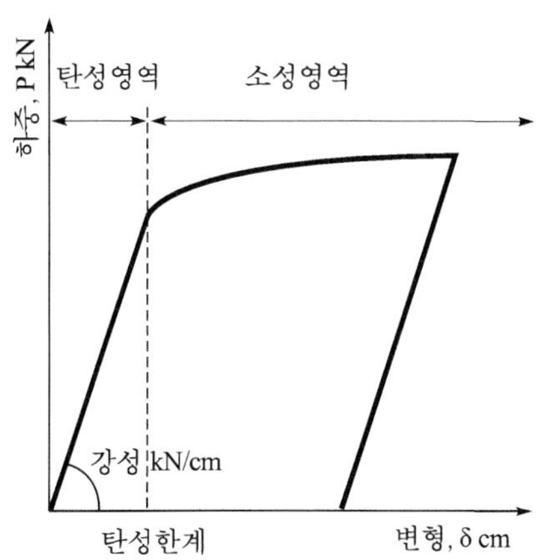

〈그림 8.7〉 하중-변형(P-δ) 관계

하중과 변형이 비례하는 것과 마찬가지로 탄성 범위에서는 응력도와 변형도 사이에 비례 관계에 있는데 이것을 후크의 법칙(후크의 法則, Hooke's law)이라고 하며, 응력도와 변형도의 비례정수를 탄성계수(彈性係數, modulus of elasticity)라 한다. 즉, 후크의 법칙은

$$\text{탄성계수} = \text{응력도} \,/\, \text{변형도} \tag{8.7}$$

로 표현된다. 이 탄성계수는 구조재료와 응력도의 종류에 따라 달라진다.

미니지식 로버트 후크 (Robert Hooke ; 영국, 1635년~1703)

로버트 후크는 대표적인 영국 과학자로 자연 철학(natural philosopher) · 박물학 · 건축학 · 화학 · 물리학 · 천문학 분야에 다양한 업적을 남겼다. 최초로 세포(細胞, cell)라는 용어를 사용하였고, 현대 현미경학의 기반으로 마이크로그라피아(Micrographia)를 출판하였으며, 런던 대화재 이후 도시 재건을 위한 설계사의 수장을 지냈다고 한다.

시계의 유사(遊絲, balance spring) · 용수철 등의 탄성체 복원력과 변형력의 물리적 비례관계를 수학적 용수철 상수로 정리하였으며, 1678년에 논문 "스프링에 대하여"를 출판하여 재료의 탄성에 대한 실험 결과를 세계 최초로 공표하였다. 이것이 용수철과 같은 탄성체의 복원력과 변형력의 관계를 나타내는 「후크의 법칙(Hooke's law)」이며, 탄성역학 발전의 기초가 되었다.

[출처 : 네이버 지식백과 및 위키피디아®]

8.4.2 영계수와 전단탄성계계수

수직응력도 σ에 대하여, 후크의 법칙을 적용하면,

$$E = \frac{\sigma}{\epsilon} \tag{8.8}$$

가 되고, E를 영계수(영係數, Young's modulus)라 한다.

영계수의 단위는 응력도를 무차원의 변형도로 나눈 것이므로, 응력도와 같은 단위가 되어 N/mm^2 또는 kN/cm^2가 사용된다(〈그림 8.8〉).

전단응력도에 대해 후크의 법칙을 적용하면,

$$G = \frac{\tau}{\gamma} \tag{8.9}$$

가 되고, G를 전단탄성계수(剪斷彈性係數, shearing modulus)라 한다. 단위는 영계수와 같다(〈그림 8.9〉).

미니지식 **토마스 영 (Thomas Young ; 영국, 1773~1829)**

토마스 영은 영국의 의사・물리학자・고고학자이다. 물리학의 업적으로 '에너지'라는 술어에 과학적 의미를 부여하였고, 빛의 간섭 원리를 발견하여 빛의 파동설을 프레넬보다 앞서 주장하여 당시 밝혀지고 있던 빛과 물질과의 상호작용을 통일적으로 설명하였다. 또한 응력과 변형도의 비율은 일정하다고 하여, 탄성계수라는 개념을 도입하여 재료역학에 크게 공헌하였다.

이집트학 학자로서도 뛰어나 파피루스와 로제타석의 상형문자를 최초로 해독하는 데 성공하였다.

[출처 : 네이버 지식백과 및 두산백과]

8.4.3 포아슨 비

부재가 한 방향으로 힘(응력도)을 받아 늘어나거나 줄어들면, 힘과 직교방향으로는 반대로 줄거나 늘어나거나 한다. 이 양방향의 변형도의 비율을 포아슨 비(포아슨 比, Poisson's ratio)라고 하며, ν로 나타낸다.

$$\nu = \frac{\epsilon_D}{\epsilon_L} = \frac{dD/D}{dL/L} = \frac{1}{m} \tag{8.10}$$

여기서, ε_L : 응력도 방향의 변형도

ε_D : 응력도 직각방향의 변형도

m : 포아슨 수

m은 무차원수로 2 이상의 값을 가지며, 재료가 탄성범위에서는 대략 일정값을 취한다고 여겨진다(〈그림 8.10〉).

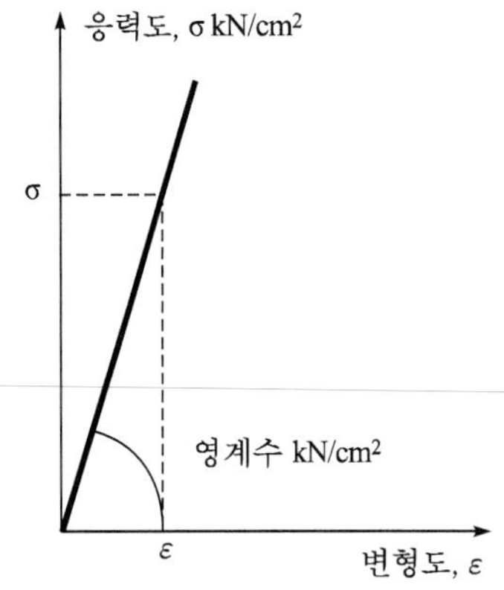

〈그림 8.8〉 영계수

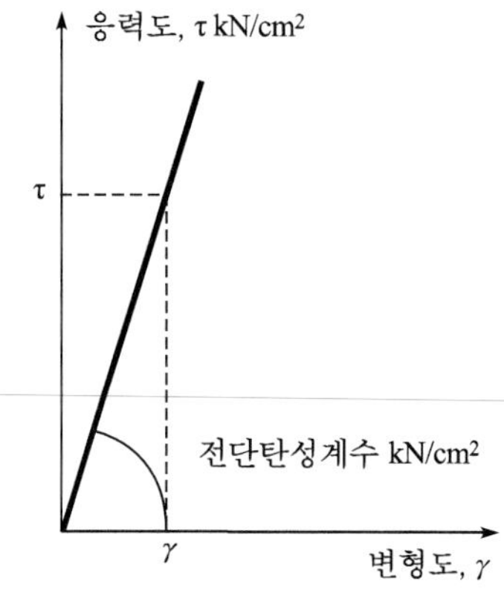

〈그림 8.9〉 전단탄성계수

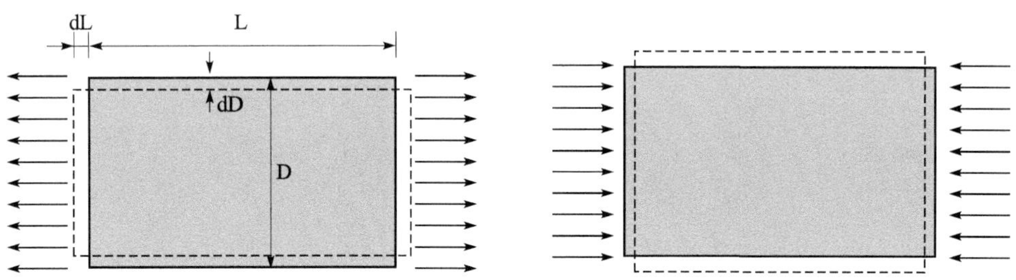

(a) 인장을 받는 경우

(b) 압축을 받는 경우

〈그림 8.10〉 힘과 직교하는 방향의 변형

미니지식 시메옹 드니 푸아송 (Simeon Denis Poisson ; 프랑스 1781~1840)

시메옹 드니 푸아송은 프랑스의 수학자이자 물리학자이다. 에콜 폴리테크니크에서 J. 라그랑주, P. 라플라스에게 배웠다. 1802년 J.B. 푸리에의 후임으로 모교 교수가 되었으며, 1809년 소르본대학 교수를 역임하였다. 프랑세즈 아카데미회원이었으며, 후에 상원의원으로도 활동하였다.

수학 · 응용수학의 넓은 분야와 수학을 물리학에 응용한 연구에서도 많은 업적이 있다. 물리학의 탄성 실험에서 「봉을 당겼을 때 가로 방향의 신장 e와 세로 방향의 수축 μe가 생긴다」 라는 '푸아송비'를 도입하였다.

[출처 : 네이버 지식백과 및 두산백과]

8.4.4 체적탄성계수

수압과 같이 3축 방향으로부터 수직응력도 σ를 받아 입방체의 체적 v가 △v만큼 변화했을 때, 체적변형도 및 체적탄성계수(體積彈性係數, bulk modulus)는 다음과 같다.

$$체적변형도 : \epsilon_v = \frac{\Delta V}{V} \tag{8.11}$$

$$체적탄성계수 : K = \frac{\sigma}{\epsilon_v} \tag{8.12}$$

8.4.5 탄성계수 사이의 관계

재료가 방향에 따라 역학적 성질이 변화하지 않는 등방성(等方性, isotropy)이고, 또한 균질성(均質性, homogeneous)의 재료이면 다음의 관계가 성립된다.

$$G = \frac{E}{2(1+\nu)} \quad ; \quad K = \frac{E}{3(1-2\nu)}, K = \frac{2(1+\nu)}{3(1-2\nu)}G \tag{8.13}$$

AC 방향에 작용하는 압축응력도 = σ_c

BD 방향에 작용하는 인장응력도 = σ_t

AC 방향에 압축응력은 $\sigma_c \sqrt{2}\,L$, BD방향의 인장응력은 $\sigma_t \sqrt{2}\,L$

AB 및 AD에 작용하는 전단응력은 τL이므로, AC 및 BD 방향으로 분해하면, $\tau L/\sqrt{2}$로 되어 AC 방향 합계는 $2\tau L/\sqrt{2} = \sqrt{2}\,\tau L$, BD 방향 합계는 $\sqrt{2}\,\tau L$이 된다.

$$\sigma_c \sqrt{2}\,L = \sqrt{2}\,\tau L \qquad \therefore \sigma_c = \tau \tag{8.14}$$

$$\sigma_t \sqrt{2}\,L = \sqrt{2}\,\tau L \qquad \therefore \sigma_t = \tau \tag{8.15}$$

BD 방향의 변형은 $dL/\sqrt{2}$ (DD′ = dL), 따라서 변형도는

$$\epsilon = \frac{dL/\sqrt{2}}{\sqrt{2}\,L} = \frac{dL}{2L} = \frac{1}{2}\gamma \tag{8.16}$$

ε는 σ_t와 σ_c에 의해 발생하는 것이므로

$$\epsilon = (\frac{\sigma_t}{E} + \frac{\nu\sigma_c}{E}) = \frac{1}{2}\gamma \tag{8.17}$$

γ= τ/G 관계식과 식 (8.14) 및 식 (8.15)를 식 (8.17)에 대입하면, $\frac{1}{E}(1+\nu) = \frac{1}{2}\frac{1}{G}$이 되며

$$\therefore\ G = \frac{E}{2(1+\nu)} \tag{8.18}$$

또한, $K = \frac{\sigma}{3\epsilon}$ **(8.19)**

그리고, 변형도 ε는 정입방체의 각 면에 작용하는 균등한 수직응력도 σ에 생기는 것이므로

$$\epsilon = \frac{1}{E}(\sigma - \sigma\nu - \nu\sigma) = \frac{\sigma}{E}(1-2\nu) \tag{8.20}$$

식 (8.20)을 식 (8.19)에 대입하면,

$$K = \frac{\sigma}{3\epsilon} = \frac{\sigma}{3\frac{\sigma}{E}(1-2\nu)} = \frac{E}{3(1-2\nu)}; K = \frac{E}{3(1-2\nu)} \tag{8.21}$$

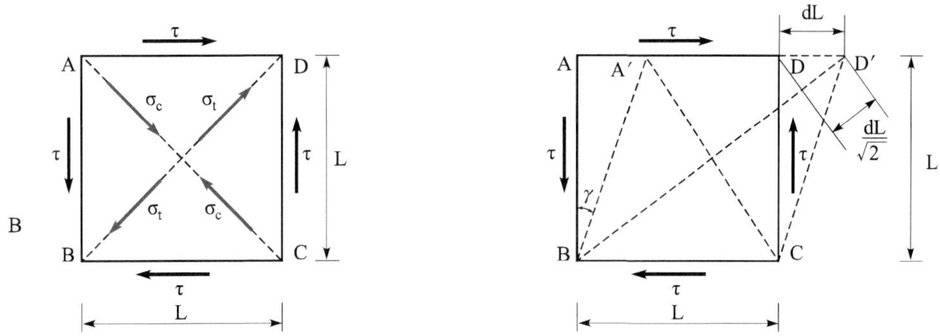

〈그림 8.11〉 E와 G의 관계

대표적인 재료의 탄성계수는

- 강 $E = 21{,}000 = 2.1 \times 10^4 \mathrm{kN/cm^2}$
  $G = 8{,}100 = 8.1 \times 10^3 \mathrm{kN/cm^2}$
  $\nu = 0.3$
- 콘크리트 $E = 2{,}100 = 2.1 \times 10^3 \mathrm{kN/cm^2}$
  $G = 900 = 0.9 \times 10^3 \mathrm{kN/cm^2}$
  $\nu = 0.17$

라고 되어 있으나, 콘크리트의 경우는 재료의 강도에 따라 변동한다.

8.4.6 합성단면의 응력도와 변형도

〈그림 8.12〉의 철근 콘크리트 부재와 같은 합성단면에 축방향력 P가 작용하고 있는 경우를 생각하자. 〈그림 8.12〉에서 는 강체를 나타내고 봉재 단부의 연직변형은 단면 전체에서 동일하고, 콘크리트의 변형도와 철근의 변형도는 같다.

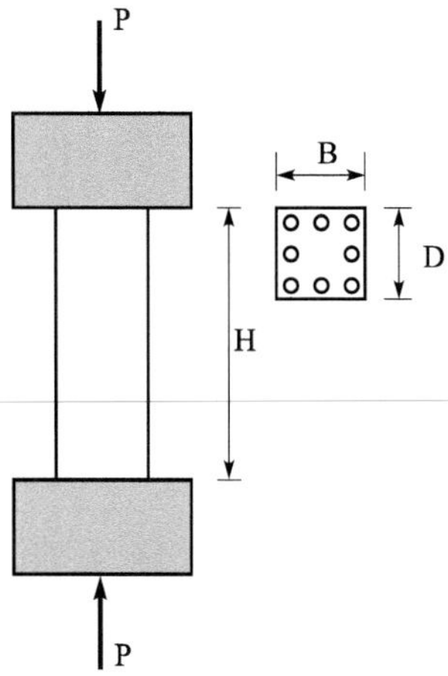

〈그림 8.12〉 합성단면

철근과 콘크리트의 변형도는 같으므로

$$\epsilon = \frac{\sigma_c}{E_c} = \frac{\sigma_s}{E_s}, \quad \sigma_s = \frac{E_s}{E_c}\sigma_c = n\sigma_c$$

의 관계를 이용하여,

$$P = P_c + P_s = \sigma_c A_c + \sigma_s A_s = \sigma_c A_c + n\sigma_c A_s = \sigma_c (A_c + nA_s)$$

$$\sigma_c = \frac{P}{A_c + nA_s} \tag{8.22}$$

$$\sigma_s = n\sigma_c = \frac{nP}{A_c + nA_s} \tag{8.23}$$

이 되고, 부재의 축소량 δ는

$$\epsilon = \frac{\delta}{L} = \frac{\sigma_c}{E_c}$$

$$\delta = \frac{\sigma_c L}{E_c} \tag{8.24}$$

가 된다. 여기서,

(콘크리트) 영계수 : E_c, 응력도 : σ_c, 단면적 : A_c, 부담력 : P_c

(철근) 영계수 : E_s, 응력도 : σ_s, 단면적 : A_s, 부담력 : P_s

영계수 비 : $n = \dfrac{E_s}{E_c}$ (n = 10 정도)

식 (8.23)에 따르면 콘크리트에 비해 강한 철근은 외관상 콘크리트의 n배의 단면적을 가지고 있으며, n배의 응력도를 부담하고 있다.

8.5 재료의 강도

8.5.1 응력-변형도 곡선

(1) 콘크리트의 응력-변형 관계

초기에서는 응력과 변형도가 거의 비례하는 탄성 부분으로 비교적 직선 부분을 이루고 있으나, 최대 응력에 도달하면 곡선이 수평으로 되며, 변형도가 0.002에 이르면 응력도는 압축강도에 이르고, 그 후에는 응력도의 하향 부분이 된다. 즉, 낮은 응력에서는 탄성적이지만 응력이 높아지면 소성적 성질이 점점 늘어나서 탄성 범위와의 차이가 명확하지 않게 된다.

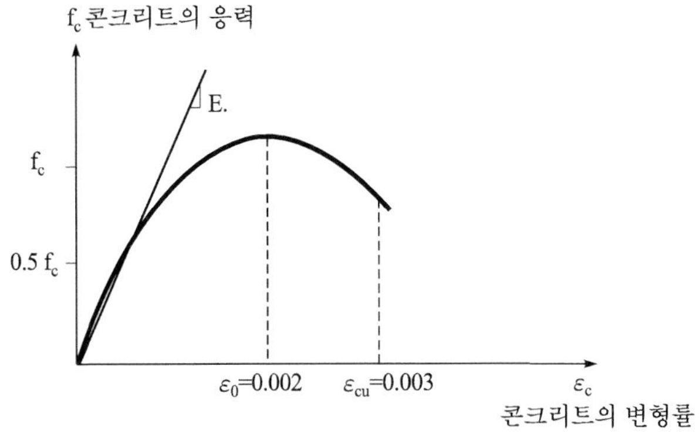

〈그림 8.13〉 콘크리트의 응력-변형도 곡선

(2) 콘크리트의 탄성계수

① 초기 탄성계수(初期 彈性係數, initial tangent modulus) ; E_i

원점에서의 접선의 기울기

② 접선 탄성계수 (接線 彈性係數, tangent modulus) ; E_t

임의의 응력에서의 곡선에 대한 접선의 기울기

③ 세칸트 모듈러스(secant modulus) ; E_s

임의의 응력에서 곡선상의 점과 원점을 이은 선의 기울기 →$1/3F_c$, $1/2F_c$, $0.45F_c$

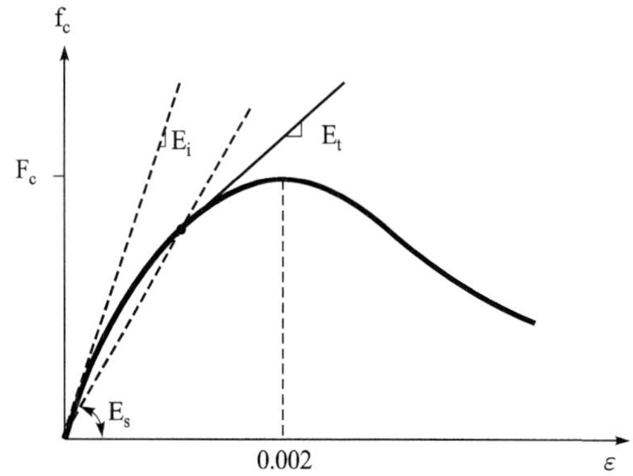

〈그림 8.14〉 콘크리트의 탄성계수

동일한 강도에서 콘크리트의 탄성계수는 각 응력도에 따라 다르지만 응력도가 커지면 탄성계수는 작아진다. 또한, 콘크리트의 강도에 따라 응력-변형도 곡선의 형상이 달라지며 콘크리트의 강도와 비례하여 탄성계수는 커진다.

(3) 철근의 응력-변형도 관계 및 탄성계수

철근의 탄성계수는 재질에 관계없이 탄성범위 내에서 일정하며, 압축과 인장에 대해서 동일하며, $E_s = 2.1 \times 10^4$ kN/cm^{2}를 사용한다.

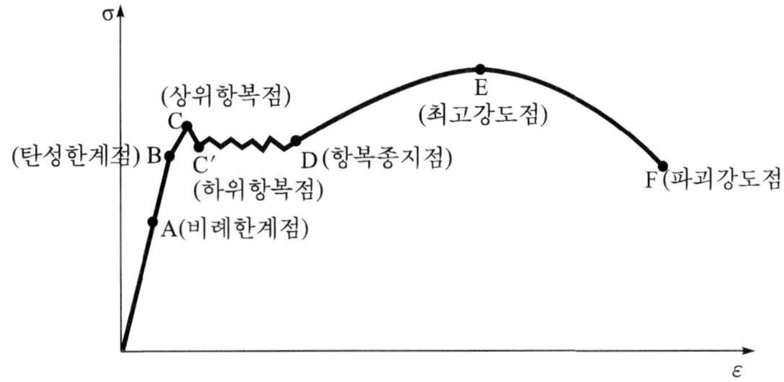

〈그림 8.15〉 철근의 응력-변형도 곡선

8.5.2 허용응력과 안전율

구조물의 설계는 실제의 사용상태를 충분히 조사하여 발생하는 응력을 확인하고, 이에 대하여 안전한 상태가 되도록 사용하는 재료와 그 크기를 결정하여야 한다. 따라서 구조물이 안전하게 설계하기 위해서는 구조물을 구성하고 있는 각 부재에 유발하는 응력은 탄성한도를 넘지 않는 응력 또는 피로한도에 달하지 않는 응력이어야 한다. 이와 같은 응력을 안전상 허용되는 최대 응력이라는 뜻에서 허용응력(許容應力, allowable stress)이라 하고, 실제로 각 부재에 발생하는 응력을 사용응력(使用應力, working stress)이라 한다.

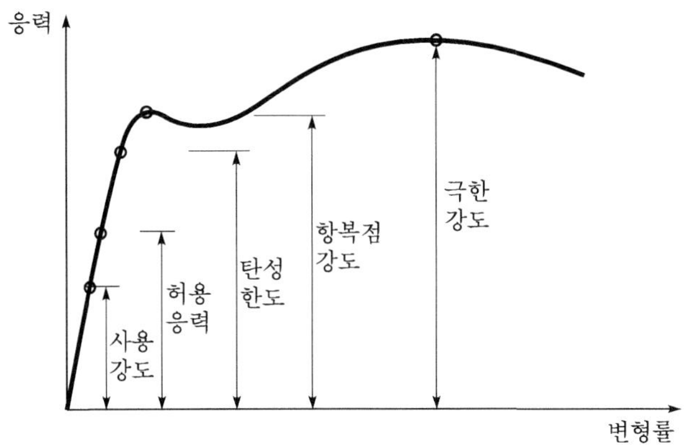

〈그림 8.16〉 응력-변형도 곡선상에서의 각종 응력의 관계

〈그림 8.16〉에서와 같이 각종 응력의 관계는 다음과 같다.

사용강도 $\leq$ 허용강도 $<$ 탄성한도 $<$ 항복점강도 $<$ 극한강도

재료의 극한강도를 허용응력(허용강도)으로 나눈 값을 그 재료의 안전률(安全率, safety factor)라 한다.

$$\frac{F}{f} = n \tag{8.25}$$

여기서, $f_c = 0.3\,F_c$, $f_b = 0.4\,F_c$, $f_t = F_y/1.5$

예제 8.1 변형도와 탄성계수

단면의 크기가 200x200(mm)인 부재가 〈그림 1〉과 같이 인장력을 받고 있으며, 이 부재의 인장력 P와 신축량 ΔL의 관계는 〈그림 2〉와 같다.

(1) 〈그림 2〉의 A점에 해당하는 변형도 ε_A 및 응력도 σ_A를 구하시오.

(2) 영계수 E를 구하시오.

(3) 이 재료의 변형률이 ε =2.0x10^{-5}가 될 때, 하중의 크기 및 신축량 ΔL_B를 구하시오.

(4) 힘과 변형의 관계가 〈그림 2〉의 A점인 경우, 재축과 직교방향의 변형도 ε_{A0}는 얼마인가. 포아슨 비는 ν=0.3이다.

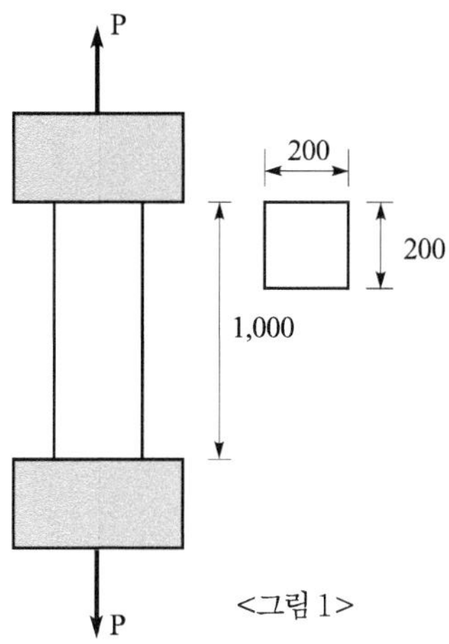

<그림 1>

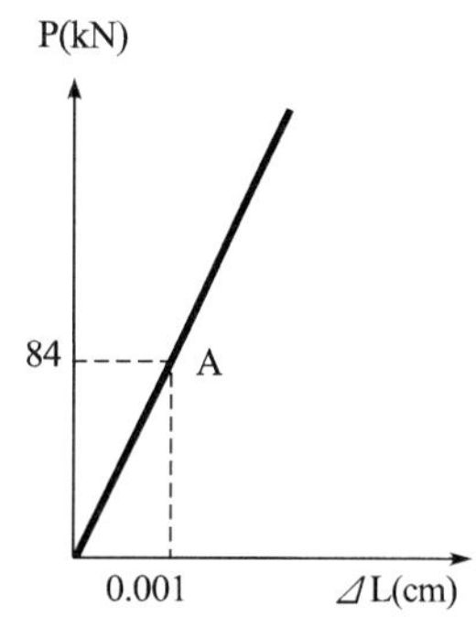

<그림 2>

풀이

(1) 수직응력도 및 변형도

응력도 $\sigma_A = \dfrac{P}{A} = \dfrac{84}{20\times 20} = 0.21\,\text{kN/cm}^2$, 변형도 $\epsilon_A = \dfrac{\Delta L}{L} = \dfrac{0.001}{100} = 1.0\times 10^{-5}$

(2) 영계수 E

$$E = \frac{\sigma_A}{\epsilon_A} = \frac{0.21}{1.0\times 10^{-5}} = 2.1\times 10^4\,\text{kN/cm}^2$$

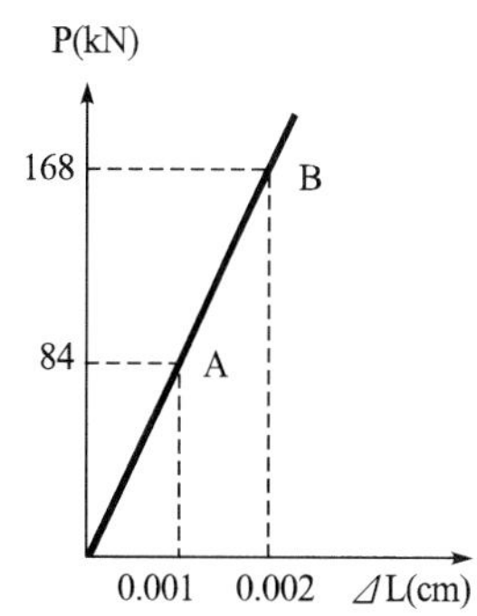

(3) 하중 및 신축량 ΔL_B

하중 $P = E\times A\times \epsilon = 2.1\times 10^4\times 400\times 2.0\times 10^{-5} = 168\,\text{kN}$

신축량 $\Delta L_B = \epsilon\times L = 2.0\times 10^{-5}\times 100 = 0.002\,\text{cm}$

(4) 재축과 직교방향의 변형도 ε_{A0} (ν=0.3)

변형도 $\epsilon_{A0} = \nu\times\epsilon_A = 0.3\times 1.0\times 10^{-5} = 0.3\times 10^{-5}$

예제 8.2 **응력도와 변형도**

그림과 같은 부재에 압축력 P=150kN이 작용하고 부재의 길이가 0.17mm 수축하였다.

(1) 단면의 수직응력도와 영계수를 구하시오.
(2) 이 부재의 전단탄성계수를 구하시오. 포아슨 비는 ν=0.20이다.
(3) 이 부재의 재료를 사용하여 단면 100×100mm, 길이 800mm의 기둥을 만들어 100kN의 압축력을 작용시킬 때, 단면의 수직응력도 및 축소량을 구하시오.

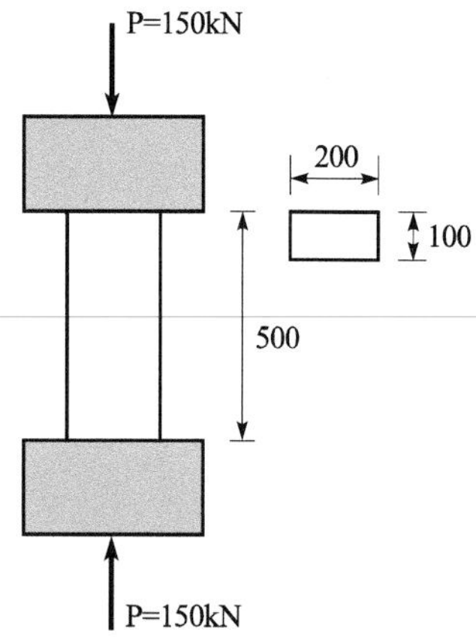

풀이

(1) 수직응력도 및 변형도

$$\text{응력도 } \sigma = \frac{P}{A} = \frac{150}{20 \times 10} = 0.75\,\text{kN/cm}^2$$

$$\text{영계수 } E = \frac{\sigma}{\epsilon} = \sigma\frac{L}{\Delta L} = 0.75 \times \frac{50}{1.7 \times 10^{-2}} = 2.2 \times 10^3\,\text{kN/cm}^2$$

(2) 전단탄성계수 G

$$G = \frac{E}{2(1+\nu)} = \frac{2.2 \times 10^3}{2(1+0.2)} = 9.2 \times 10^2\,\text{kN/cm}^2$$

(3) 수직응력도 및 축소량 ΔL

$$\text{수직응력도 } \sigma = \frac{P}{A} = \frac{100}{10.0 \times 10.0} = 1.0\,\text{kN/cm}^2$$

$$\text{변형도 } \epsilon = \frac{\sigma}{E} = \frac{1.0}{2.2 \times 10^3} = 4.5 \times 10^{-4}$$

$$\text{축소량 } \Delta L = \epsilon \times L = 4.5 \times 10^{-4} \times 80 = 3.6 \times 10^{-2}\,\text{cm}$$

예제 8.3 합성단면의 응력도와 변형도

그림과 같은 철근콘크리트 부재에 압축력 P=1,500kN이 작용하고 있다.

(1) 콘크리트와 철근에 생기는 수직응력도 (σ_c, σ_s)를 구하시오.

(2) 부재의 축소량(δ)을 구하시오.

콘크리트의 영계수 $E_c = 2.1 \times 10^3 \text{kN/cm}^2$

철근의 영계수 $E_s = 2.1 \times 10^4 \text{kN/cm}^2$

철근의 단면적 $5.0\ \text{cm}^2$/개

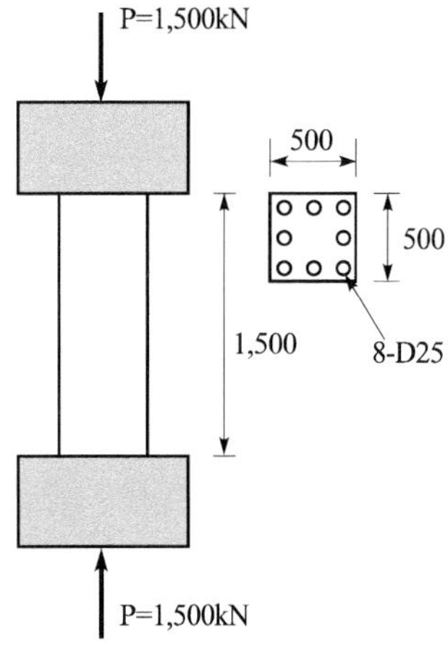

풀이

(1) 수직응력도 (σ_c, σ_s)

$P=1,500\ \text{kN},\ A_s = 5.0 \times 8 = 40\,\text{cm}^2,\quad A_c = 50 \times 50 - 40 = 2.46 \times 10^3\,\text{cm}^2$

철근과 콘크리트의 변형도는 같으므로,

$$\epsilon = \frac{\sigma_c}{E_c} = \frac{\sigma_s}{E_s},\quad \sigma_s = \frac{E_s}{E_c}\sigma_c = n\sigma_c \ \text{여기서},\ n = \frac{E_s}{E_c} = 10.0$$

$$P = P_c + P_s = \sigma_c A_c + \sigma_s A_s = \sigma_c A_c + n\sigma_c A_s = \sigma_c (A_c + n A_s)$$

$$\sigma_c = \frac{P}{A_c + n A_s} = \frac{1,500}{2.46 \times 10^3 + 10.0 \times 40} = 0.524\,\text{kN/cm}^2$$

$$\sigma_s = n\sigma_c = 10.0 \times 0.524 = 5.24\,\text{kN/cm}^2$$

(2) 부재의 축소량

$$\epsilon = \frac{\delta}{L} = \frac{\sigma_c}{E_c}$$

$$\delta = \frac{\sigma_c L}{E_c} = \frac{0.524 \times 150.0}{2.1 \times 10^3} = 3.74 \times 10^{-2}\,\text{cm}$$

예제 8.4 **체적탄성계수**

한 변의 길이 a인 입방체를 같은 힘 P로 잡아당길 때 체적변형도를 구하시오.

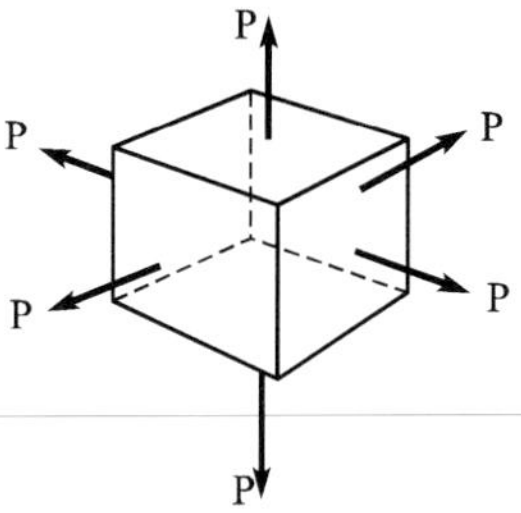

풀이

입방체의 체적변형도 = $(a+\Delta a)^3 - a^3 = a^3 + 3a^2\Delta a + 3a(\Delta a)^2 + (\Delta a)^3 - a^3 \fallingdotseq 3a^2\Delta a$

입방체의 변형도 $= \dfrac{3a^2\triangle a}{a^3} = 3 \cdot \dfrac{\triangle a}{a}$

※ 체적변형도는 길이 변형도의 3배가 된다. 즉, $\sigma = K\varepsilon_v = K(3\varepsilon)$

연습문제 exercise

8-1 연직응력도 (1)

A=25cm^{2}인 부재에 인장력 P가 작용할 때, 단면에 생기는 인장응력도를 구하시오.

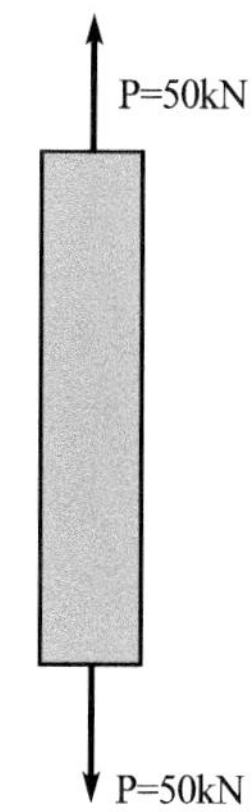

8-2 연직응력도 (2)

압축력 P가 콘크리트 압축시험체에 작용할 때, 단면에 생기는 압축응력도를 구하시오.

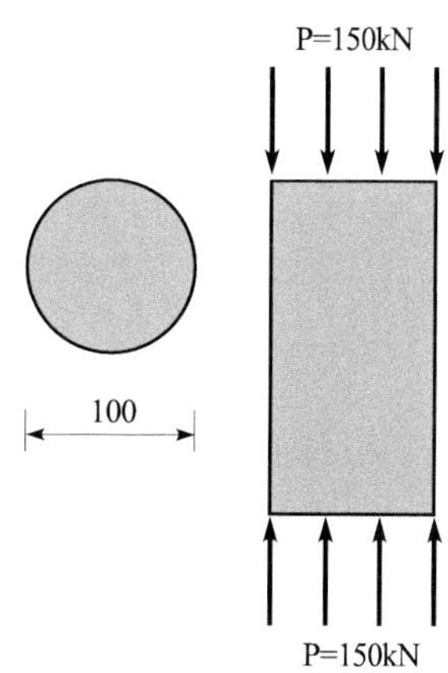

8-3 응력도와 변형도

그림과 같은 부재에 인장력 P=500kN이 작용할 때,

(1) 단면의 연직응력도가 $\sigma = 8.0\ kN/cm^2$로 되기 위한 단면의 치수(d)를 구하시오.

(2) 영계수가 $E=2.1\times10^5 kN/cm^2$일 경우, 변형도(ε_1) 및 신축량(ΔL)을 구하시오.

(3) 재축 직각방향의 변형도(ε_2) 및 축소량(Δd)를 구하시오. 포아슨 비는 $\nu=0.3$이다.

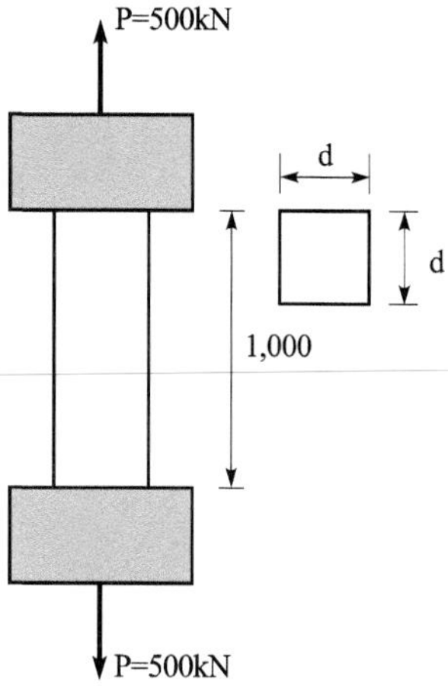

8-4 합성단면의 변형도

그림과 같은 철근콘크리트 부재에 압축력 P=2,700kN이 작용할 때,

(1) 변형도 ε 및 축소량 ΔL을 구하시오.

(2) 부재단면이 220x220mm로 축소되었을 때, 문(1)에서의 변형도와 같은 값을 가지기 위해서 추가시켜야 하는 철근의 개수를 구하시오.

여기서, 콘크리트 영계수 $E_c = 2.1\times10^3 kN/cm^2$

철근의 영계수 $E_s = 2.1\times10^4 kN/cm^2$

철근의 단면적 $2.0\ cm^2$/개

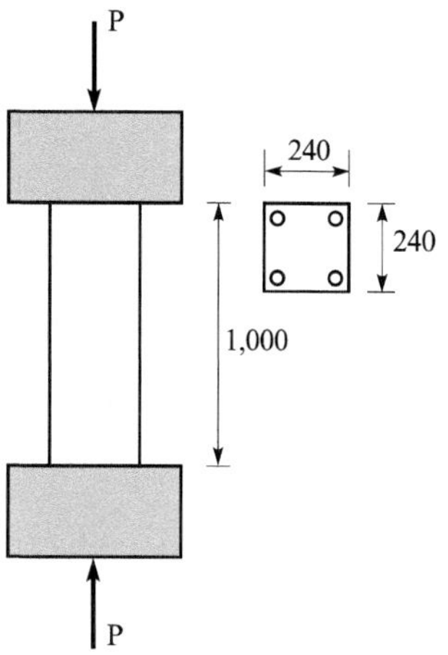

CHAPTER

09

보 및 휨재의 응력도

9.1 축방향 응력도

9.2 휨응력도

9.3 전단응력도

9.4 합성응력도

9.5 보의 단면설계

CHAPTER 09

보 및 휨재의 응력도

9장에서는 1차원 부재인 선재를 대상으로 부재의 단면에 발생하는 응력도의 성질에 관하여 배운다. 선재에는 축방향력 N, 휨모멘트 M, 전단력 Q의 3종류의 응력이 존재한다. 이에 대응하는 축방향응력도 σ_c (압축) 또는 σ_t (인장), 휨응력도 σ_b, 전단응력도 τ 등의 3종류의 응력도가 있다. 이러한 응력도를 산정하기 위해서는 7장 "단면의 성질"에서 배운 부재단면의 제계수를 사용한다.

휨 모멘트와 축방향력과 같이 부재응력이 동시에 작용할 경우에는 둘 이상의 응력도를 고려할 필요가 있으며, 이를 합성응력도 또는 조합응력도라고 한다.

허용응력도설계법에서는 상기의 각종 응력도가 재료별로 정해지는 허용응력도 이하인지를 검토하여 구조부재가 그 하중에 대하여 안전한지 여부를 확인한다.

9.1 축방향응력도

부재가 도심 위치에 작용하는 축방향력 N을 받을 때, 부재 축에 직각인 단면에 수직응력도 σ가 생긴다. 이것을 축방향응력도(軸方向応力度, axial stress)라고 부르고, 응력도는 부호에 따라 σ_c(부 ; 압축) 또는 σ_t(정 ; 인장)라고 한다(〈그림 9.1〉).

$$\sigma = \frac{N}{A} \tag{9.1}$$

여기서, σ : 축방향응력도 (kN/cm^2)

A : 부재의 단면적 (cm^2)

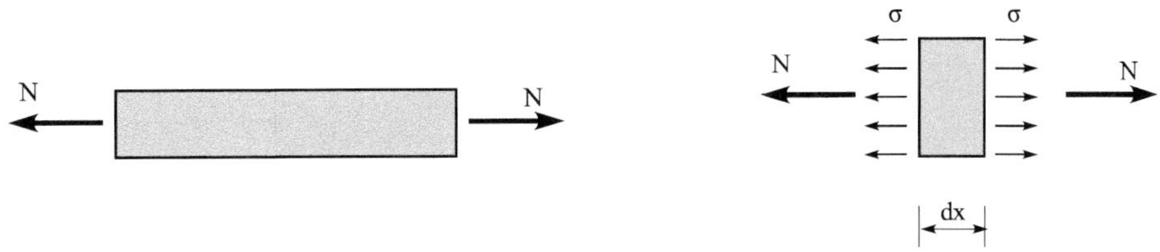

〈그림 9.1〉 축방향응력도

예제 9.1 **축방향응력도**

부재 단면 (a) 및 (b)가 축방향력 P = 200 kN을 받을 때, 부재에 생기는 축방향응력도를 구하시오.

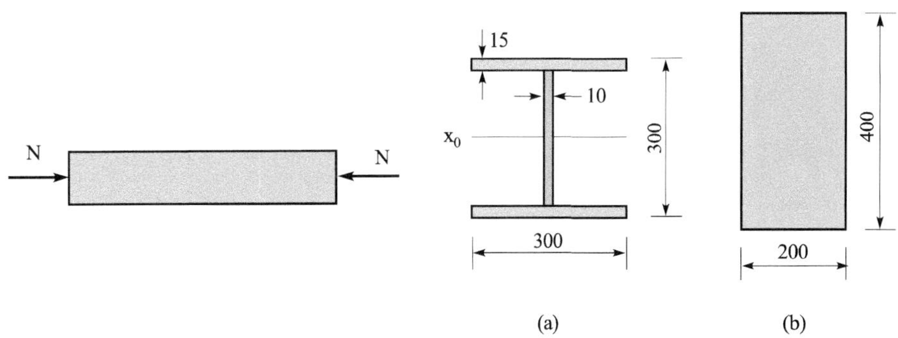

풀이

(a) H형 단면

부재 단면적 A = 1.5 × 30 × 2 + 1.0 × (30−3) = 117 cm^2

축방향응력도 $\sigma_c = -\dfrac{P}{A} = -\dfrac{200}{117} = -1.7\,kN/cm^2$

(b) 직사각형 단면

부재 단면적 A = 40×20 = 800 cm^2

축방향응력도 $\sigma_c = -\dfrac{P}{A} = -\dfrac{200}{800} = -0.25\,kN/cm^2$

9.2 휨응력도

부재가 휨모멘트 M의 작용을 받으면, 단면 내에서는 중립축(中立軸, neutral axis)을 경계로 한쪽은 늘어나고 한편은 줄어들며, 부재 전체는 휘어지게 된다. 중립축을 포함하는 면(중립면)은 신축되지 않고, 휘어질 뿐이다

휨모멘트를 받는 부재의 응력도를 구하기 위해서는 평면유지를 가정한다. 평면유지 가정은 '부재 축에 직각인 단면은 휨모멘트에 의해 변형한 후에도 부재 축에 직각인 평면을 유지한다'는 것으로, 일정한 휨모멘트를 받을 경우(단순 휨) 이외에서는 근사적으로 성립하는 유용한 해석가정이다.

보에 외력이 작용하여 휨모멘트가 생기면, 보는 굽어져서 보 단면의 중립축을 경계로 하여 보 단면의 상측은 줄어들어 압축응력이 생기고, 하측은 늘어나서 인장응력이 생긴다. 이 둘의 응력은 휨모멘트에 의해서 일어나는 것이므로 이를 휨응력도(휨応力度, bending stress)라 한다.

〈그림 9.2〉에 나타낸 바와 같이 휨모멘트가 단면의 주축에 작용하는 경우 미소거리 dx 떨어진 단면은 변형 후에 dφ만큼 기울어져 축방향변형과 휨응력도를 발생하게 된다.

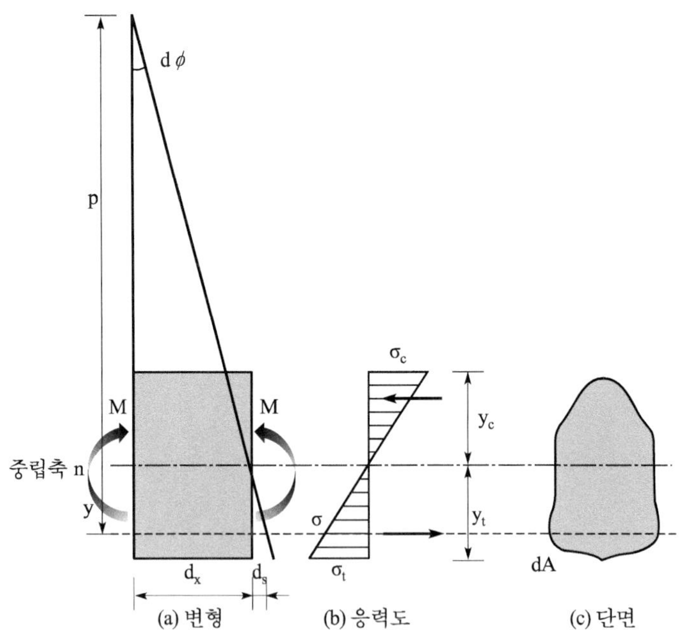

〈그림 9.2〉 휨응력도

〈그림 9.2〉에서,

ρ : 곡률반경
y : 중립축으로부터 미소면적 dA까지의 거리
dA : 거리 y의 미소면적
ε : 거리 y의 변형도
σ : 거리 y의 휨응력도
E : 재료의 영계수

후크의 법칙에 따라,

$$\sigma = E\epsilon = E\frac{ds}{dx}$$

기하학적 관계에 따라, $\frac{ds}{y} = \frac{dx}{\rho}$

따라서,

$$\sigma = E\frac{y}{\rho} \tag{9.2}$$

중립축 n에 대한 휨모멘트는

$$M = \int_{-y_t}^{y_c} (\sigma dA) y = \int_{-y_t}^{y_c} \sigma y dA = \int_{-y_t}^{y_c} E\frac{y^2}{\rho} dA = \frac{E}{\rho}\int_{-y_t}^{y_c} y^2 dA = \frac{E}{\rho} I$$

$\sigma = E\frac{y}{\rho}$ 로부터 $\frac{E}{\rho} = \frac{\sigma}{y}$ 가 되어, $M = \frac{I}{y}\sigma$

따라서,

$$\sigma = \frac{M}{I} y = \frac{M}{I/y} = \frac{M}{Z} \tag{9.3}$$

휨응력도 σ는 단면 내의 거리 y에 비례하고 있으며, 중립축 위치 (y = 0)에서 응력도는 0이 되며, 상하 단부에서의 응력은

$$\sigma_t = \frac{M}{I/y_t} = \frac{M}{Z_t}$$
$$\sigma_c = \frac{M}{I/y_c} = \frac{M}{Z_c} \qquad (9.4)$$

최대 휨응력도는 휨모멘트를 단면계수로 나눈 것으로, 그 단위는 $(kNcm)/cm^3 = kN/cm^2$가 된다. 휨모멘트의 단위는 kNm로 계산하는 경우가 많지만, 응력도의 계산에서는 cm로 환산할 필요가 있다. 또한, 곡률 1/ρ와 dx 사이의 기울기 dϕ는

$$\frac{1}{\rho} = \frac{M}{EI} \qquad (9.5)$$

$$d\phi = \frac{dx}{\rho} = \frac{M}{EI}dx \qquad (9.6)$$

가 된다.

휨응력도의 일반식 유도

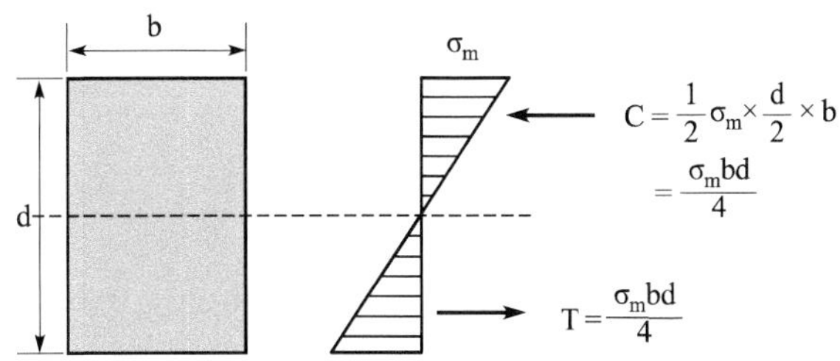

$$M = Cjd = Tjd = \frac{\sigma_m}{4}bd\times\frac{2}{3}d = \frac{\sigma_m}{6}bd^2$$

$$\sigma_m = \frac{6}{bd^2}M \cdots\cdots ①$$

$$\sigma : \sigma_m = y : \frac{d}{2},\ \sigma_m = \frac{\sigma d}{2y} \cdots\cdots ②$$

②를 ①에 대입하면,

$$\frac{\sigma d}{2y} = \frac{6}{bd^2}M$$

$$\sigma = \frac{6}{bd^2}M\frac{2y}{d} = \frac{12}{bd^3}My = \frac{M}{bd^3/12}y = \frac{M}{I}y\ ;\ \sigma = \frac{M}{I}y$$

예제 9.2 **직사각형 단면의 휨응력도**

그림과 같은 직사각형 단면 보의 최대 휨응력도가 σ = 10 kN/cm^{2}일 때,

(1) 보에 작용하는 등분포하중(ω)를 구하시오.

(2) 지점간 중앙의 보단면에서 A점에 생기는 휨응력도를 구하시오.

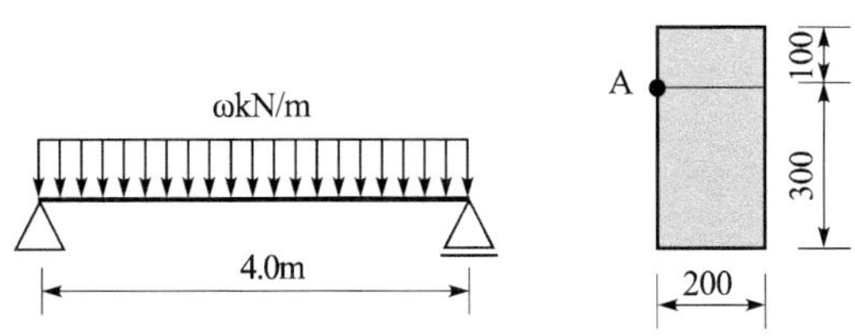

풀이

등분포하중에 의한 최대 휨모멘트를 구하고, 최대 휨모멘트에 의한 최대 휨응력도를 구한다.

(1) 등분포하중 ω

$$M_{max} = \omega L^2/8 \text{과 } M_{max} = \sigma_t Z_t \text{로부터 ; } \frac{\omega L^2}{8} = \sigma_t \frac{bh^2}{6}$$

$$\omega = \sigma_t \frac{bh^2}{6}\frac{8}{L^2} = 10 \times \frac{20\times 40^2}{6} \times \frac{8}{400^2} = 2.67\,\text{kN/cm} = 267\,\text{kN/m}$$

(b) 휨응력도 (y_A = 10 cm)

$$\sigma_A = \frac{M_{max}}{Z} = \frac{M_{max}}{I} y_A = \frac{\omega L^2/8}{bh^3/12} y_A = \frac{2.67\times 400^2/8}{20\times 40^3/12} \times 10 = 5.0\,\text{kN/cm}^2$$

예제 9.3 **T형 단면의 휨응력도**

그림과 같은 T형단면의 보에서, 지점간 중앙의 보 단면에 작용하는 최대 휨인장응력도 σ_t 및 최대 휨압축응력도 σ_c (kN/cm^2)를 구하시오.

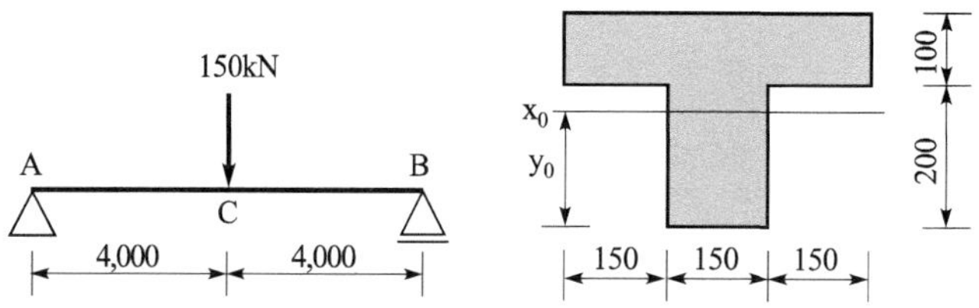

풀이

[연습문제 7.3]으로부터,

단면2차모멘트 $I_{x0} = 5.43 \times 10^4$ cm^4, 단면계수, $Z_t = 2.86 \times 10^3$ cm^3, $Z_c = 4.93 \times 10^3$ cm^3

$$M_{max} = PL/4 = 150 \times 800/4 = 3.0 \times 10^4\,\text{kNcm} = 300\,\text{kNm}$$

$$\sigma_t = \frac{M_{max}}{Z_t} = \frac{3.0\times 10^4}{2.86\times 10^3} = 10.5\,\text{kN/cm}^2 \text{ (인장)}$$

$$\sigma_c = -\frac{M_{max}}{Z_c} = -\frac{3.0\times 10^4}{4.93\times 10^3} = -6.08\,\text{kN/cm}^2 \text{ (압축)}$$

예제 9.4 **T형 단면의 휨응력도**

그림과 같은 T형단면의 보에서, 등분포하중 ω (kN/m)에 의해 생기는 최대휨모멘트 M (kNm) 및 최대휨인장응력도 σ_t (kN/cm^2)를 구하시오.

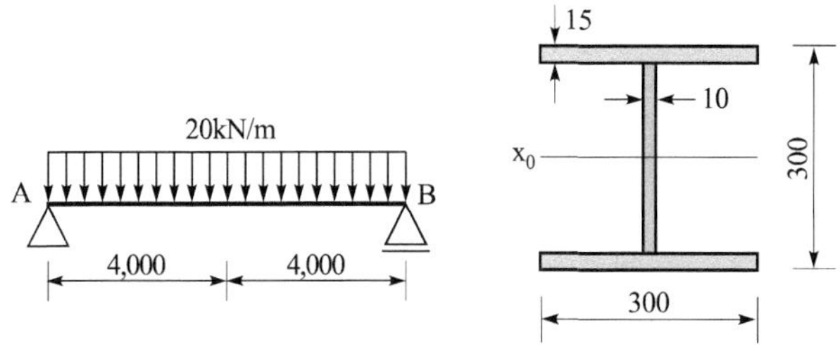

풀이

[연습문제 7.4]로부터,
단면2차모멘트 $I_{x0} = 2.0 \times 10^4$ cm^4, 단면계수 $Z_t = 1.33 \times 10^3$ cm^3

$$M_{max} = \omega L^2/8 = (20/100) \times 800^2/8 = 1.60 \times 10^4 \text{kNcm} = 160 \text{kNm}$$

$$\sigma_t = \frac{M_{max}}{Z_t} = \frac{1.6 \times 10^4}{1.33 \times 10^3} = 12.0 \text{kN/cm}^2 \text{ (인장)}$$

9.3 전단응력도

보가 외력을 받으면 보의 축에 수평 및 연직인 면을 따라 미끄러지려고 하기 때문에 이들 면에는 각각 내응력이 발생하며, 이 내응력을 보의 전단응력도(剪斷應力度, shearing stress)라 한다.

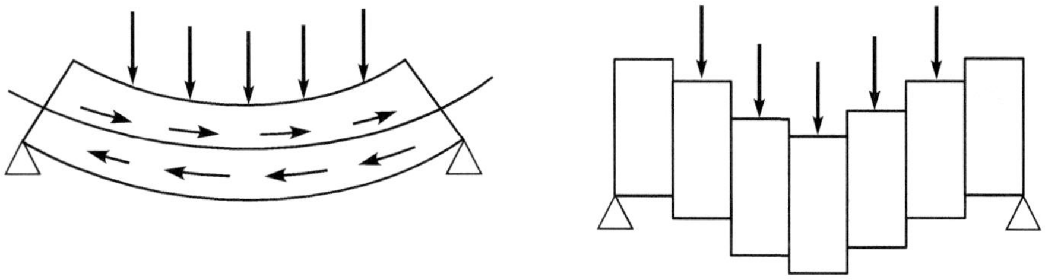

〈그림 9.3〉 전단응력도

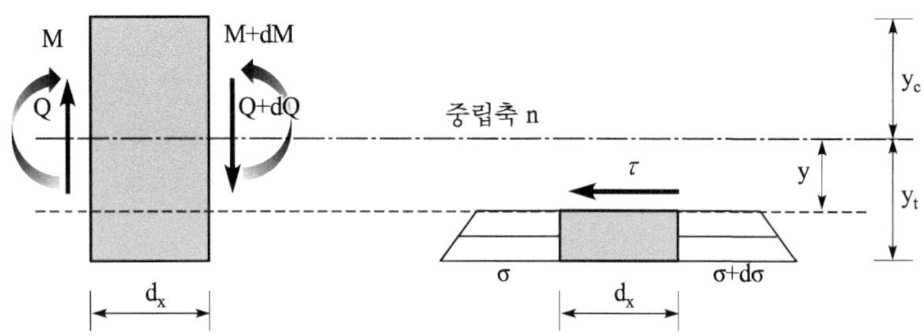

〈그림 9.4〉 부재응력과 전단응력도의 분포

〈그림 9.4〉에 나타낸 바와 같이,

y : 중립축으로부터의 거리

b : 거리 y의 단면폭

τ : 거리 y의 전단응력도

S : 거리 y부터 y_t의 단면 1차모멘트

σ : 거리 y의 휨응력도

I : 단면 2차모멘트

라고 하면, 중립축으로부터 y만큼 떨어진 위치의 휨응력도 σ는 $\sigma = \dfrac{M}{I}y$이고, y로부터 y_t 사이의 σ의 합은

$$좌측\ N_L = -\int_y^{y_t} \sigma\, dA \qquad 우측\ N_R = \int_y^{y_t} (\sigma + d\sigma)\, dA$$

$$상측\ N_U = -\tau b\, dx$$

이 되고, 3개의 힘의 평형으로부터,

$$N_L + N_R + N_U = \int_y^{y_t} d\sigma\, dA - \tau b dx = 0$$

$$\tau = \frac{1}{b}\int_y^{y_t} \frac{d\sigma}{dx} dA \tag{9.7}$$

또한, $\frac{d\sigma}{dx} = \frac{d}{dx}(\frac{M}{I}y) = \frac{y}{I}\frac{dM}{dx} = \frac{y}{I}Q$로부터,

$$\tau = \frac{1}{b}\int_y^{y_t} \frac{y}{I} Q\, dA = \frac{Q}{bI}\int_y^{y_t} y\, dA = \frac{QS}{bI} \tag{9.8}$$

가 되어, 중립축으로부터 거리 y의 위치에서의 전단응력도는

$$\tau = \frac{QS}{bI} \tag{9.9}$$

로 주어지며, 그 단위는 $(kN \cdot cm^3) / (cm \cdot cm^4) = kN/cm^2$가 된다.

식 (9.9)에서 단면1차모멘트 S는 y=0일 때 최대이고, $y=y_t$일 때 0이 되며, 따라서 τ는 하단에서 0이 되고, 중립축 위치(y=0)에서 최대값을 갖는다.

전단응력도의 크기는 중립축에서 최대이고 상하 양단에서는 0이며, 중간은 곡선이 된다. 전단응력도는 부재의 중앙부에서 최대가 되며 전단응력 Q가 단면에 똑같이 분포한다고 생각할 때의 값, 즉 평균응력도 Q/A의 k배가 된다.

$$\tau_{max} = k\tau_{mean} = k\frac{Q}{A} \text{이면, } k = \frac{AS}{bI} \tag{9.10}$$

여기서, k는 평균전단응력도에 대한 최대전단응력도의 비율로서 직사각형 단면에서는 k=3/2, 원형 단면에서는 k=4/3를 갖는다.

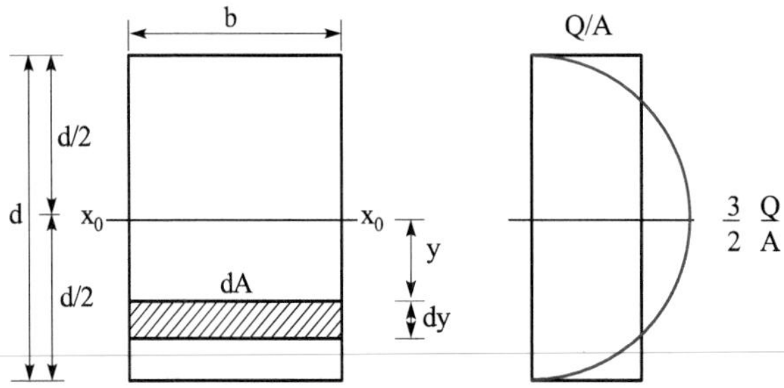

〈그림 9.5〉 최대 및 평균 전단응력도의 분포

전단응력도의 일반식 유도

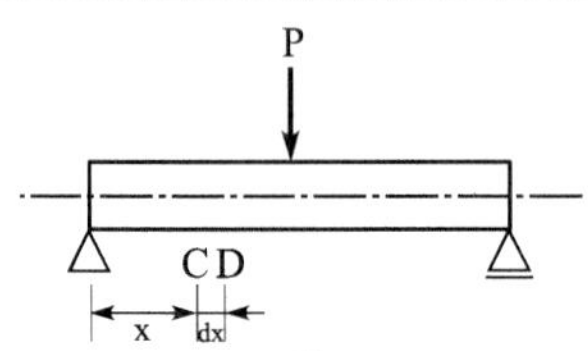

(a)

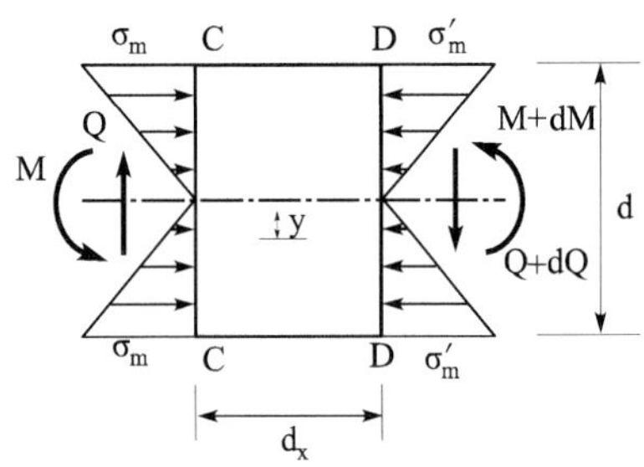

(b)

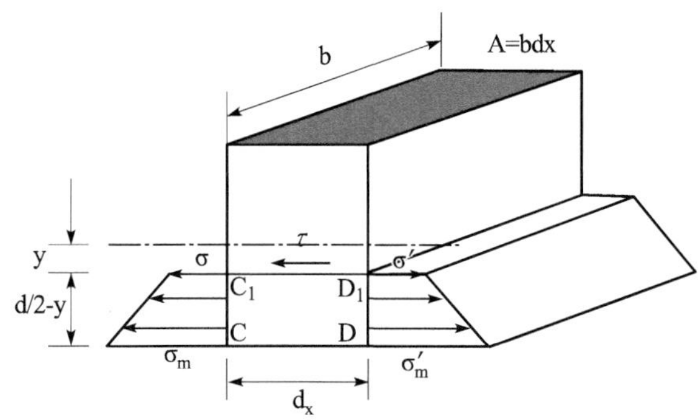

(c)

휨응력은 중립축의 상측에서는 압축응력도, 하측에서는 인장응력도로 분포한다.

위 그림의 (c)에서 $\sum H=0$을 적용하면 즉, C_1D_1면의 전단응력 + CC_1면의 휨 응력 + DD_1면의 휨 응력 = 0이 된다.

C_1D_1면의 전단응력 : $-\tau b d_x$

CC_1면의 휨 응력 : $-(\sigma_m+\sigma)\dfrac{\frac{d}{2}-y}{2}b = -(\dfrac{M}{I}\dfrac{d}{2}+\dfrac{M}{I}y)(\dfrac{d}{2}-y)\dfrac{b}{2}$

$$= -\frac{M}{I}\left(\frac{d}{2}+y\right)\left(\frac{d}{2}-y\right)\frac{b}{2} = -\frac{M}{8I}(d^2-4y^2)b$$

DD₁면의 휨 응력 : $(\sigma'_m+\sigma')\dfrac{\frac{d}{2}-y}{2}b = \left(\dfrac{M+dM}{I}\dfrac{d}{2}+\dfrac{M+dM}{I}y\right)\left(\dfrac{d}{2}-y\right)\dfrac{b}{2}$

$$= \frac{M+dM}{2I}\left(\frac{d}{2}+y\right)\left(\frac{d}{2}-y\right)b = \frac{M+dM}{8I}(d^2-4y^2)b$$

$$\therefore \sum H = -\tau b d_x + \frac{dM}{8I}(d^2-4y^2)b = 0$$

$$\tau d_x = \frac{dM}{8I}(d^2-4y^2)$$

$$\tau = \frac{(d^2-4y^2)}{8I}\frac{dM}{dx} = \frac{1}{2I}\left(\frac{d^2}{4}-y^2\right)\frac{dM}{dx} = \frac{1}{2\frac{bd^3}{12}}\left(\frac{d^2}{4}-y^2\right)Q = \frac{3}{2}\frac{Q}{bd}\left(1-\left(\frac{2y}{d}\right)^2\right)$$

$$\tau = \frac{3}{2}\frac{Q}{bd}\left(1-\left(\frac{2y}{d}\right)^2\right)$$

탄성체 내의 한 점에 임의 방향으로 전단응력이 작용하면 반드시 직교하는 방향으로 전단응력이 존재하고, 전단응력의 크기는 같다. 즉, 수평 전단응력과 연직 전단응력은 동시에 일어나고 그 크기는 같다.

$$\tau_x = \tau_y = \tau \qquad (9.11)$$

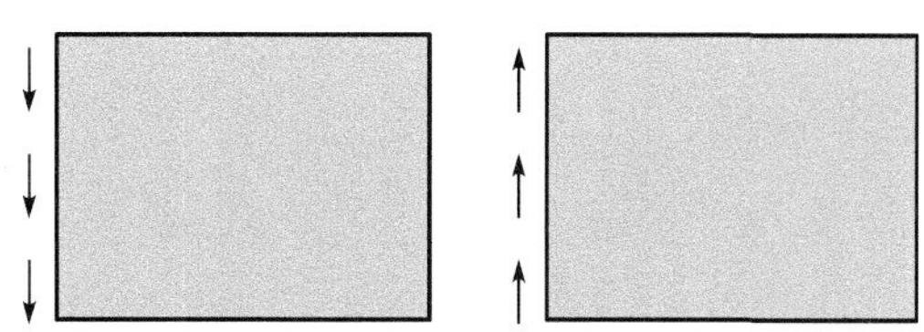

〈그림 9.6〉 연직 및 수평 전단응력도의 분포

〈그림 9.7〉과 같이 인장하면 접착면에는 응력이 생긴다. 이 응력은 접착면에 평행한 전단력 Q이고, 단위면적의 응력 τ는 τ=Q/A가 된다. 또, 힘의 평형조건에서 Q=P가 되므로 τ=P/A가 된다.

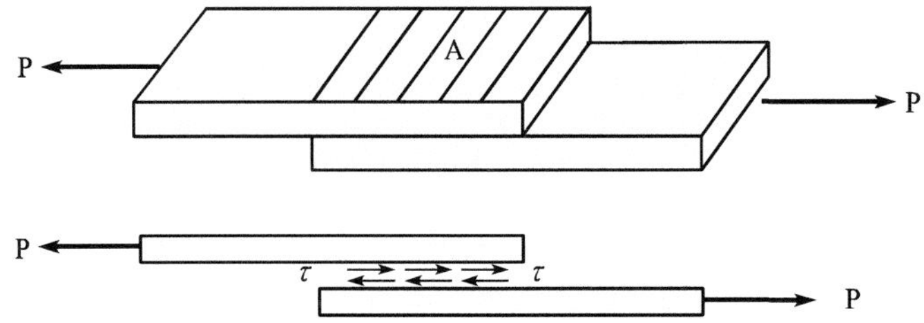

〈그림 9.7〉 2개의 부재 사이에 작용하는 전단응력

예제 9.5

직사각형 단면의 전단응력도

그림과 같은 직사각형 단면의 보에서,

(1) 전단력이 최대가 되는 위치에서의 전단력 Q를 구하시오.

(2) 전단력이 최대가 되는 위치에서 보단면의 평균전단응력도를 구하시오.

(3) 전단력이 최대가 되는 위치에서 보단면의 최대전단응력도를 구하시오.

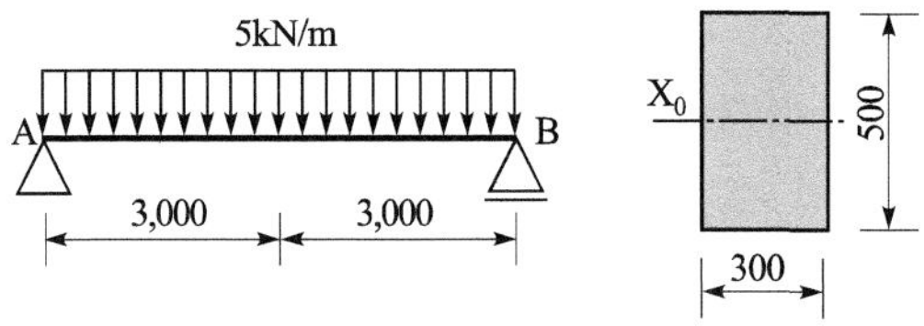

풀이

(1) 단순보에서 최대 전단력은 지점에 생기므로, $Q_{max} = 5 \times 6/2 = 15$ kN

(2) 평균전단응력도 : $\tau_{mean} = \dfrac{Q}{A} = \dfrac{15}{30 \times 50} = 1.0 \times 10^{-2}\text{kN/cm}^2$

(3) 최대전단응력도 : $S = \dfrac{b}{8}(d^2 - 4y^2) = 9.38 \times 10^3 - 15y^2$

$$\tau = \frac{QS}{Ib} = \frac{15.0 \times (9.38 \times 10^3 - 15y^2)}{30 \times 3.13 \times 10^5} = 1.5 \times 10^{-2} - y^2 \times 2.4 \times 10^{-5}\text{kN/cm}^2$$

전단응력도는 2차곡선이며, 최대값이 되는 위치는 y=0이므로,

$\tau_{max} = 1.5 \times 10^{-2}\text{kN/cm}^2$

[별해] 직사각형 단면에서 최대전단력응력도는 평균전단응력도의 3/2배이므로,

$\tau_{max} = 1.5 \times \tau_{mean} = 1.5 \times 1.00 \times 10^{-2} = 1.5 \times 10^{-2}\text{kN/cm}^2$

예제 9.6 H형 단면의 전단응력도

그림과 같은 H형 단면의 보에서,

(1) 전단력이 최대가 되는 위치에서의 전단력 Q를 구하시오.

(2) 전단력이 최대가 되는 위치에서 보단면의 평균전단응력도를 구하시오.

(3) 전단력이 최대가 되는 위치에서 보단면의 최대전단응력도를 웨브부분 및 플랜지 부분으로 구하시오

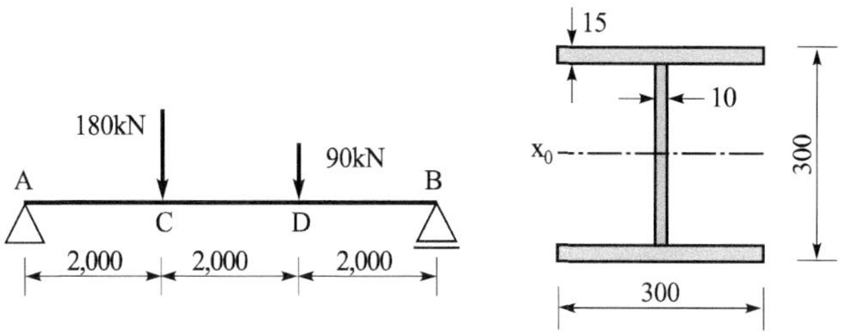

풀이

(1) 단순보에서 최대 전단력은 A~C구간에 생기므로, Q_{max} = +150 kN

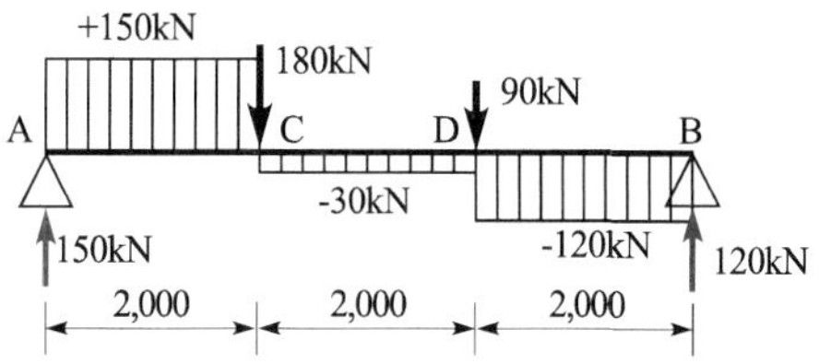

(2) 평균전단응력도 : $A = 30\times30 - 29\times27 = 117\,\text{cm}^2$

$$\tau_{mean} = \frac{Q}{A} = \frac{150}{117} = 1.28\,\text{kN/cm}^2$$

(3) 최대전단응력도 :

a. 웨브 ; $0 \leqq y \leqq 13.5$ cm

$$\tau_w = \frac{3}{2}\times\frac{Q}{(bh^3 - b_1h_1^3)}\times\frac{(bh^2 - bh_1^2) - 4(b-b_1)y^2}{b-b_1}$$

y=0인 경우 전단응력도는 최대가 된다.

$$\tau_{w\,max} = 5.51\,\text{kN/cm}^2$$

b. 플랜지 ; $13.5 \leqq y \leqq 15.0$ cm

$$S = \frac{b}{8}(d^2 - 4y^2) = 3.61\times10^3 - 12.5y^2$$

$$\tau_f = \frac{3}{2} \times \frac{Q}{bh^3 - b_1 h_1^3} \times (h^2 - 4y^2)$$

$y = h_1/2 = 13.5$ cm인 경우 전단응력도는 최대가 된다.

$$\tau_{f\ max} = 0.16\,kN/cm^2$$

9.4 합성응력도

구조부재에는 경우에 따라 ① 2방향의 휨모멘트, ② 휨모멘트와 축방향력이 동시에 작용하며, 이때 일어나는 응력도을 합성응력도(合成應力度, combined stress) 또는 조합응력도라 한다.

9.4.1 2방향의 휨모멘트에 의한 응력도

지금까지의 예제에서 휨모멘트는 부재 단면의 주축방향으로 작용했으나 실제의 경우에는 임의의 방향으로 작용하는 경우가 있다. 예를 들면, 지붕의 중도리(purlin)와 같은 비대칭 단면이 지붕의 경사에 따라 놓여지므로 하중의 가력면이 중도리 단면의 주축과 일치하지 않는다.

휨모멘트 M을 주축방향에 대해 M_X와 M_Y로 분해하고 각각에 대해 지금까지의 기법을 적용하여 얻은 응력도를 합하면 M에 의한 전체응력도를 얻을 수 있다. 〈그림 9.8〉과 같이 휨모멘트가 작용하는 경우에는 X, Y축의 주축에 대해 $M_x = M\sin\alpha$ 및 $M_y = M\cos\alpha$가 얻어진다. 주축에 대한 단면2차모멘트를 $I_X \cdot I_Y$로 하면, 휨응력도는

$$\sigma_b = \frac{M_X}{I_X} \cdot y + \frac{M_Y}{I_Y} \cdot x \tag{9.12}$$

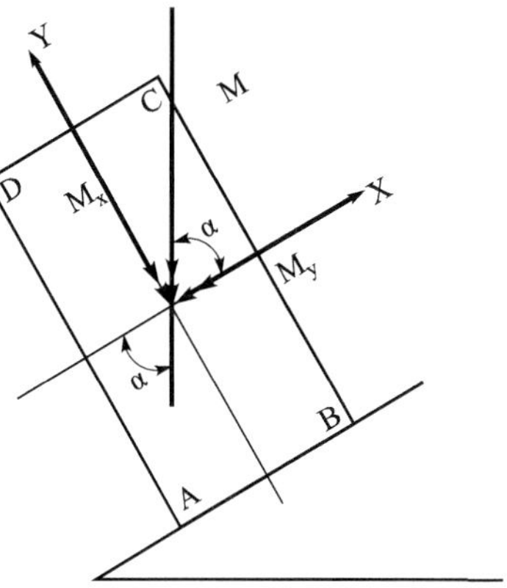

〈그림 9.8〉 경사 부재에 작용하는 합성응력

부재 단면이 2축 대칭이면 압축측과 인장측의 최대 응력도는 같아지고 주축에 대한 단면계수를 $Z_X \cdot Z_Y$라고 하면, 최대 휨응력도는

$$\sigma_c = \sigma_t = \frac{M_X}{Z_X} + \frac{M_Y}{Z_Y} \tag{9.13}$$

가 된다.

9.4.2 휨모멘트와 축방향력에 의한 응력도

기둥과 같은 부재에는 휨모멘트 뿐만 아니라 축방향력도 작용한다. 캔틸레버 기둥에 휨모멘트가 생기는 경우에는 〈그림 9.9〉의 수평력이 작용할 때와 〈그림 9.10〉의 집중하중이 편심으로 작용하는 경우이다. 후자는 편심하중(偏心荷重, eccentric load)이라고 불리며, 편심거리 e에 따라 휨모멘트 $M = P \times e$가 작용하게 된다.

단면 내의 축방향응력도 σ의 분포로서는 축방향력과 휨모멘트에 의한 응력도를 더한 것이 된다. 부재의 단면적을 A, 단면2차모멘트를 I, 도심으로부터의 거리를 y라고 하면

$$\sigma = \frac{P}{A} + \frac{M}{I} y \tag{9.14}$$

가 되며, M = P × e의 경우에는,

$$\sigma = \frac{P}{A} + \frac{Pe}{I}y = \frac{P}{A}\left(1 + \frac{e}{I/A}y\right) \quad (9.15)$$

가 된다.

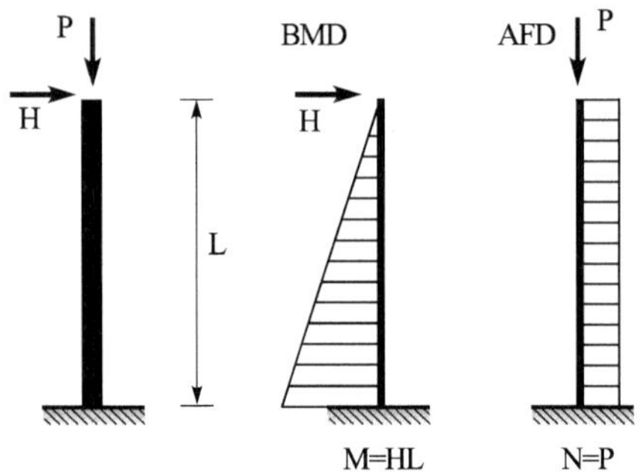

〈그림 9.9〉 P와 H가 작용하는 기둥

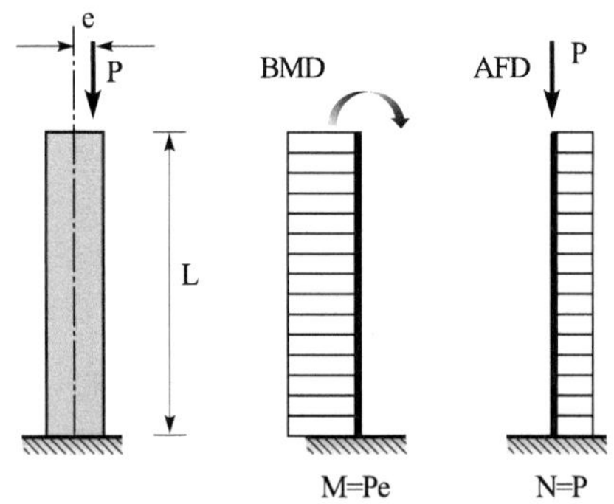

〈그림 9.10〉 편심력 P가 작용하는 기둥

〈그림 9.11〉(C)에 나타낸 바와 같이, 응력도는 P와 M의 정부에 따라 조합이 다르고, 최대 응력도의 정부(인장 또는 압축) 및 절대값이 정해지는 것에 주의하여야 한다.

또한, 구조재는 휨모멘트와 축방향력을 받을 때가 많다. 즉, 트러스의 ㅅ자보에는 "휨+압축"이 작용하고, 트러스의 평보에는 "휨+인장"이 작용한다.

휨과 인장이 작용할 때,

$$\sigma = \frac{N}{A} \pm \frac{M}{I}y \quad (9.16)$$

휨과 압축이 작용할 때,

$$\text{단주일 경우, } \sigma = -\frac{N}{A} \pm \frac{M}{I}y \quad (9.17)$$

$$\text{장주일 경우, } \sigma = -\frac{\omega N}{A} \pm \frac{f_c}{f_b} \cdot \frac{M}{I}y \quad (9.18)$$

여기서, ω : 좌굴계수, $\omega = f_c / f_k$

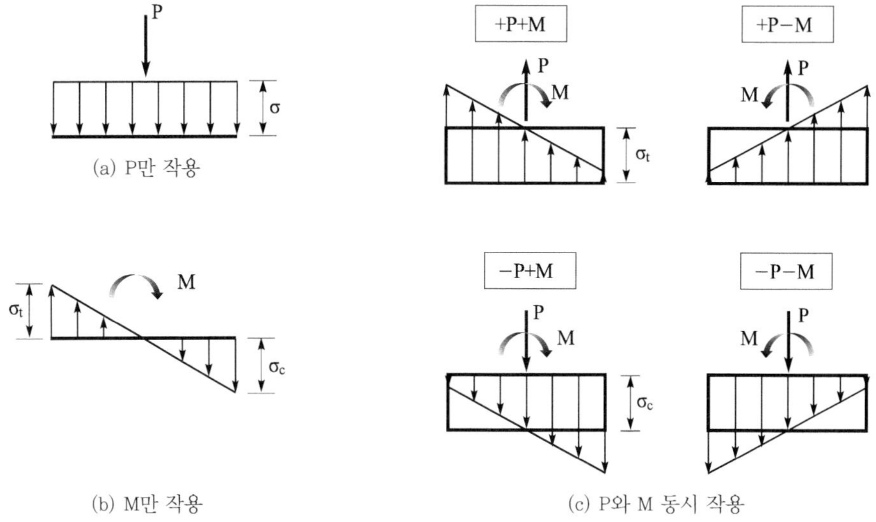

〈그림 9.11〉 P와 M에 의한 합성응력도

예제 9.7 **합성응력도**

그림과 같은 직사각형 단면의 기둥에 생기는 최대 압축응력도 및 최대 인장응력도를 구하시오.

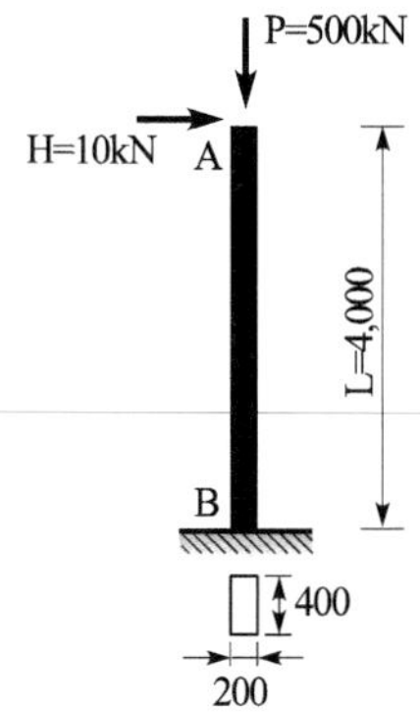

풀이

최대 응력도는 최대 휨모멘트 M_{max}가 생기는 위치인 주각부 B점에 생기며, M_{max}=HL이다.

최대 압축응력도 ;

$$\sigma_c = -\frac{P}{A} - \frac{M_{max}}{Z} = -\frac{500}{20\times 40} - \frac{10\times 400}{40\times 20^2/6}$$

$$= -0.63 - 1.50 = -2.13\,\mathrm{kN/cm^2}$$

최대 인장응력도 ;

$$\sigma_t = -\frac{P}{A} + \frac{M_{max}}{Z}$$

$$= -0.63 + 1.50 = 0.87\,\mathrm{kN/cm^2}$$

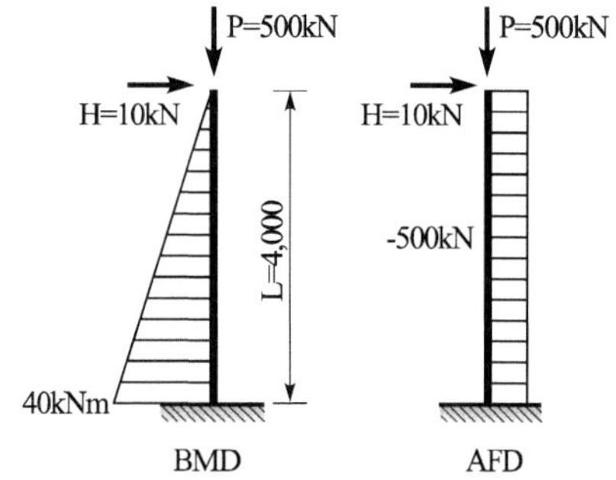

9.5 보의 단면설계

허용응력도 설계법(許容應力度 設計法, allowable stress design method)은 부재응력을 탄성계산에 의해 구하여 부재단면의 응력도가 허용응력도(許容應力度, allowable stress) 이하가 되도록 설계하는 방법이다. 철근콘크리트구조, 철골구조, 철골철근콘크리트구조를 장기 및 단기 하중에 대해 허용응력도설계법을 사용하고 있으며, 가장 기본적인 설계법이다.

보와 같은 휨재의 단면산정은 외력에 의하여 단면 내에서 일어나는 휨 응력도 및 전단응력도가 재료의 허용응력도 이내가 되도록 단면의 크기를 결정한 다음 처짐에 대하여 안전한가를 검토하여야 한다.

설계의 흐름은 〈그림 9.12〉에 나타낸 바와 같이, 구조물에 하중을 작용시켜 생긴 부재의 외응력으로부터 부재의 단면응력도인 내응력을 산정하여 재료의 허용응력도와 비교하는 것이다.

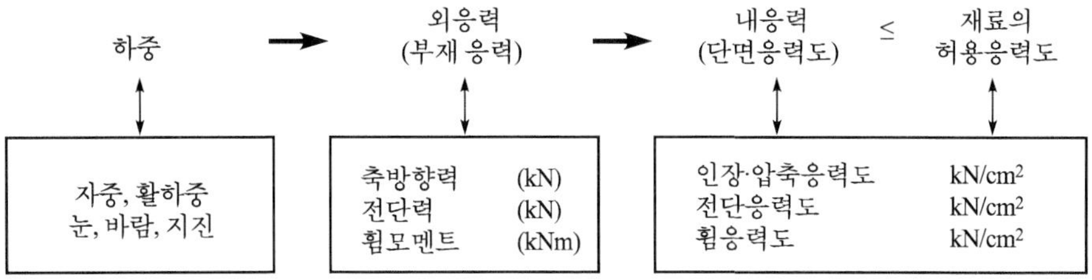

〈그림 9.12〉 허용응력도설계법의 검토사항

9.5.1 휨 응력도의 검토

1) 휨모멘트를 받는 부재

$$\sigma_b = \frac{M}{Z} \leq f_b \tag{9.19}$$

여기서, M : 휨모멘트 (kNcm)

Z : 부재의 단면계수 (cm^3)

f_b : 허용휨응력도 (kN/cm^2)

2) 2방향의 휨을 받는 부재

$$\sigma_b = \frac{M_x}{Z_x} + \frac{M_y}{Z_y} \leq f_b \tag{9.20}$$

여기서, M_x, M_y : x축 및 y축의 직각방향으로 작용하는 휨모멘트 (kNcm)

Z_x, Z_y : x축 및 y축에 대한 부재의 단면계수 (cm^3)

f_b : 허용휨응력도 (kN/cm^2)

3) 인장과 휨을 받는 부재

$$\sigma_t = \frac{N}{A} + \frac{M}{Z} \leqq f_t \tag{9.21}$$

여기서, N : 인장력 (kN)

A : 부재의 단면적 (cm^2)

M : 휨모멘트 (kNcm)

Z : 부재의 단면계수 (cm^3)

f_t : 허용인장응력도 (kN/cm^2)

4) 압축과 휨을 받는 부재

$$\sigma_c = -\frac{\omega N}{A} + \frac{f_c}{f_b} \cdot \frac{M}{Z} \leqq f_c \qquad \sigma_c = -\frac{\omega N}{A} - \frac{f_c}{f_b} \cdot \frac{M}{Z} \leqq f_c \tag{9.22}$$

여기서, N : 압축력 (kN)

ω : 좌굴계수, 식 (9.18) 참조

A : 부재의 단면적 (cm^2)

M : 휨모멘트 (kNcm)

Z : 부재의 단면계수 (cm^3)

f_c : 허용압축응력도 (kN/cm^2)

f_b : 허용휨응력도 (kN/cm^2)

9.5.2 전단응력도의 검토

$$\tau = k\frac{Q}{A} \leqq f_s \tag{9.23}$$

여기서, Q : 전단력 (kN)

A : 부재의 단면적 (cm^2)

f_s : 허용전단응력도 (kN/cm^2)

k : 평균전단응력도에 대한 최대전단응력도의 비율, 식 (9.10) 참조

(직사각형 단면 ; $k = \frac{3}{2}$, 원형 단면 ; $k = \frac{4}{3}$)

9.5.3 처짐 검토

건축 구조물에서 보의 처짐은 경간의 1/300 또는 1/360 이하 또는 최대 처짐을 2 cm 이하로 제한한다.

1) 단순보에 등분포하중이 작용할 때 최대 처짐

$$\delta = \frac{5\omega L^4}{384EI} \tag{9.24}$$

2) 단순보의 중앙에 집중하중이 작용할 때 최대 처짐

$$\delta = \frac{PL^3}{48EI} \tag{9.25}$$

9.5.4 단면설계의 방법

구조부재의 단면을 설계하기 위해서는 부재단면을 가정하고 응력도를 계산하여 그 값이 허용응력도 이하임을 확인하여야 하는데, 생각할 수 있는 방법으로 다음의 3종류가 있다.

1) 부재단면(A, Z, k)을 가정하여 얻어지는 응력도가 허용응력도 이하임을 확인한다.

$$\frac{N_t}{A} \leq f_t, \quad \frac{M}{Z} \leq f_b, \quad k\frac{Q}{A} \leq f_s \tag{9.26}$$

2) 부재단면(A, Z, k)을 가정하여 얻을 수 있는 허용내력값(N_a, M_a, Q_a)이 부재응력 이상임을 확인한다.

$$N \leq N_a = A f_t, \quad M \leq M_a = Z f_b, \quad Q \leq Q_a = \frac{A f_s}{k} \tag{9.27}$$

3) 필요한 단면성능(Areq, Zreq)을 구하고, 부재 단면의 성능(A, Z)을 그 이상의 값으로 한다.

$$\frac{N}{f_t} = A_{req} \leq A, \quad \frac{M}{f_b} = Z_{req} \leq Z, \quad k\frac{Q}{f_s} = A_{req} \leq A \tag{9.28}$$

일반적으로 보는 휨모멘트에 의해 설계되지만 전단력과 처짐에 대해서도 안전하게 설계되어야 한다. 보의 높이에 비해 스팬이 큰 보(약한 하중을 받는 보)에서는 휨모멘트와 처짐이 설계상 결정적 요소가 되고 스팬에 비해 높이가 큰 보(무거운 하중을 받는 보)에서는 전단력이 결정적 요소가 된다.

보의 휨모멘트에 대한 설계에서 재료의 경제적인 설계를 위해서는 단면적 A에 비하여 단면계수 Z의 값이 큰 단면을 선정하여야 한다. 즉 Z/A는 단면의 휨모멘트에 대한 저항효율을 나타낸다. 보의 단면은 높이가 클수록 휨모멘트에 대한 저항효율이 커진다. 그러나 보의 폭에 비하여 높이가 너무 큰 단면의 보는 적당한 간격으로 횡지지되어 있지 않으면 횡좌굴을 일으키기 쉽고 높이가 큼으로써 건물의 층고가 높아진다. 이런 점에 비추어 직사각형 단면의 보에서는 폭에 대한 높이의 비를 보통 2 정도로 한다 [기본건축구조공학, 함성권, 창지사, p.358].

연습문제 exercise

9-1 직사각형 단면의 휨응력도

그림과 같은 직사각형 단면의 보에서,

(1) X_0축에 대한 단면2차모멘트 I_{X0} (cm^4) 및 단면계수 Z_t (cm^3)을 구하시오.

(2) C점에서의 보단면 최대휨응력도 σ_b (kN/cm^2)를 구하시오.

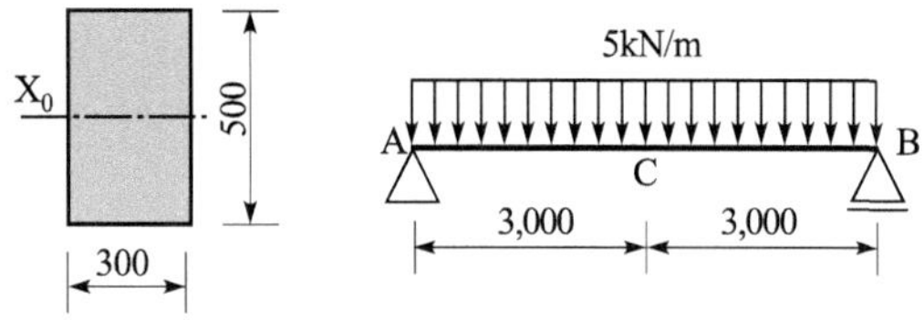

9-2 H형 단면의 휨응력도

그림과 같은 H형단면의 보에서,

(1) 단면2차모멘트 I_{X0} (cm^4)를 구하시오.

(2) 힘 P에 의해 생기는 최대휨응력도 σ_b (kN/cm^2)를 구하시오.

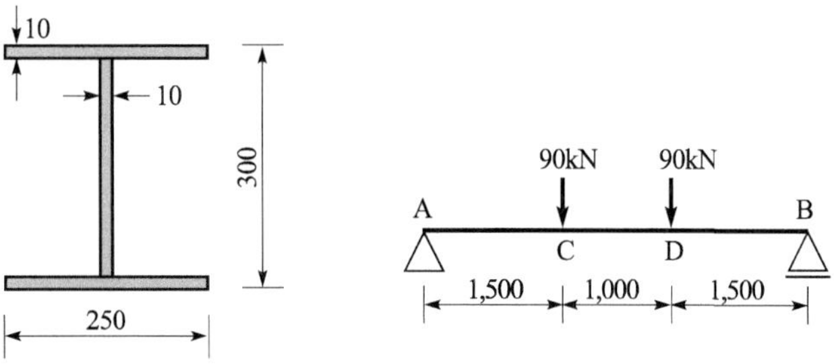

9-3 합성응력도

그림과 같은 직사각형 단면의 기둥에 축방향력 N=500kN, 수평력 H=45kN이 작용하고 있다. 단면 하단에 생기는 최대축방향응력도(인장 및 압축)를 구하시오.

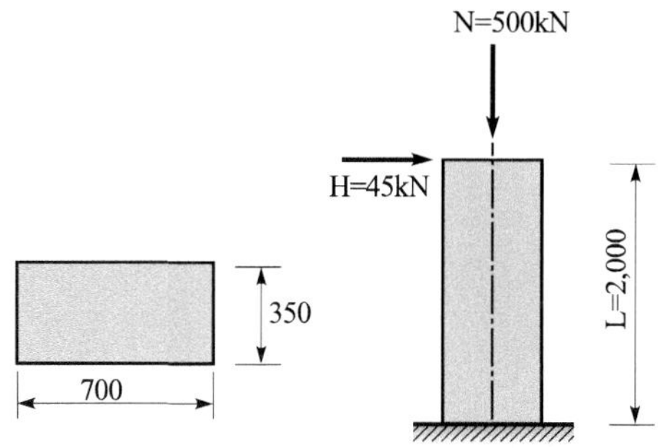

9-4 합성응력도

그림과 같은 장방형단면의 기둥에 축방향력 N이 작용하고 있다.

(1) 기둥 단면의 점 ①에 축력 500kN이 작용하는 경우, 주각의 점 ③, ④에 생기는 축방향응력도를 구하시오.

(2) 기둥 단면의 점 ②에 축력 500kN이 작용하는 경우, 주각의 점 ③, ④에 생기는 축방향응력도를 구하시오.

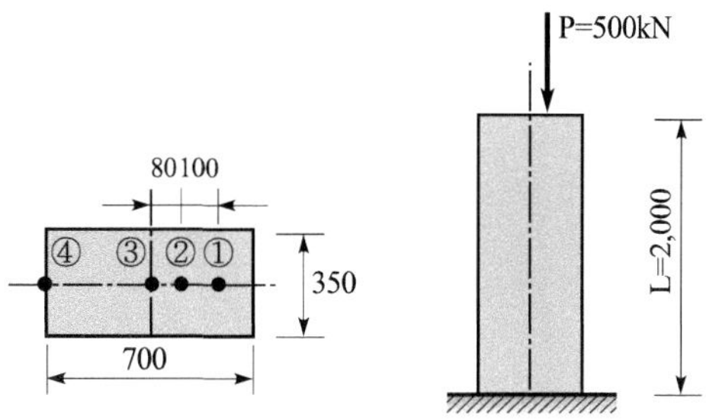

9-5 합성응력도

그림과 같은 정정보의 최대 연응력도 및 최대 전단응력도를 구하시오. 또 C점에서의 a-a 위치의 휨응력도 $_{c}\sigma_{a-a}$ 및 전단응력도 $_{c}\tau_{a-a}$를 구하시오.

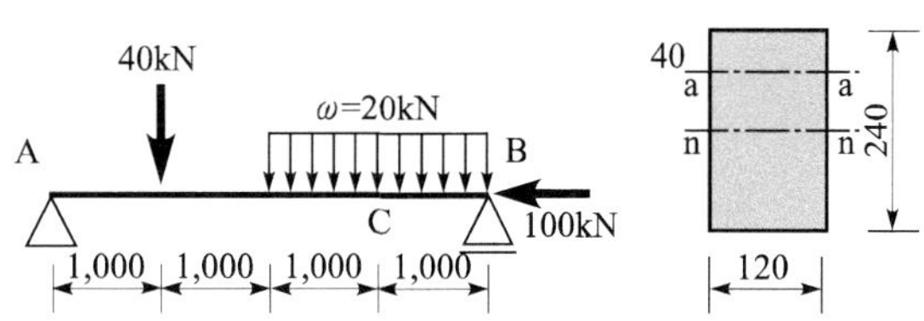

9-6 합성응력도

그림과 같은 정정보의 최대 연응력도 및 최대 전단응력도를 구하시오. 또 C점에서의 a-a 위치의 휨응력도 $_{c}\sigma_{a-a}$ 및 전단응력도 $_{c}\tau_{a-a}$를 구하시오.

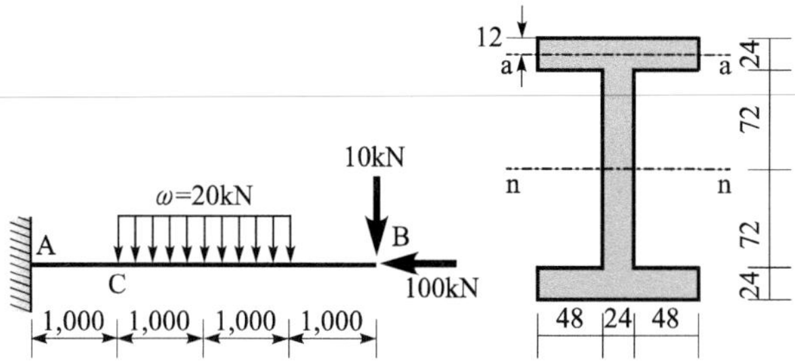

CHAPTER

10 기둥

10.1 장주와 단주

10.2 오일러의 좌굴하중

10.3 좌굴응력도

10.4 장주의 단면설계법

10.5 기둥의 응력도

10.6 단면의 핵

CHAPTER

10

기둥

축방향 압축력을 받는 부재로 정의되는 기둥은 여러 원인 때문에 순수 압축력만을 받는 것은 드물며, 대개의 경우 휨과 이에 수반하는 전단의 영향을 동시에 받는다. 즉, 합성응력을 고려해서 기둥을 설계하는 경우가 많게 된다.

순수 인장을 받거나 인장과 휨을 동시에 받는 합성응력인 경우 단면에 생기는 응력도는 부재의 길이와 관계가 없으며, 압축이 작용할 경우 기둥의 길이, 즉 장주 또는 단주인가에 따라 단면의 응력도에 크게 영향을 미치게 된다.

압축력을 받는 기둥 부재에서 압축하중을 증대시킬 때, 어떤 하중을 넘으면 돌연 기둥 부재의 중앙부가 옆으로 크게 변형해 버린다. 이러한 현상을 좌굴, 이때의 하중을 오일러의 좌굴하중이라고 한다.

장주의 단면설계는 좌굴이 생기는 압축 부재를 편리하게 설계하기 위하여 작용하는 압축력을 좌굴계수 ω만큼 증대시켜 설계하는데, 이를 ω법이라 한다.

기둥이란 일반적으로 축방향 압축력을 받는 부재이며, 또한 2방향의 휨모멘트가 작용하기도 하여 단면에 인장응력 및 압축응력을 발생시키는데, 단면 내에서 압축응력을 발생시키는 하중의 편심거리의 한계값인 핵반경 내에 편심하중이 작용하면 인장응력은 발생하지 않는다.

10.1 장주와 단주

휘는 일이 없이 압축파괴하는 기둥을 단주(短柱, short column)라 하며, 단주는 축방향력을 받거나 휨을 동시에 받는 경우에도 인장재와 같은 방법으로 단면의 응력도를 구하면 된다.

단면적 A의 가늘고 긴 부재를 끌어당길 때 강재의 항복점을 σ_y라고 하면, 항복하중 N_y는 $N_y=\sigma_y \cdot A$로 주어진다. 양단이 핀 지지부재의 도심을 압축하면 N_y 보다 작은 하중에서 〈그림 10.1〉과 같이 가로 방향으로 변형되어 그 이상의 하중을 견딜 수 없게 되는 경우가 있다. 즉, 축방향력이 어느 한도에 도달하면 갑자기 휨이 증가하고, 휨에 견딜 수 없어 파괴되는데 이러한 현상을 좌굴(座屈, buckling)이라 하고, 단면의 응력이 재료의 탄성한계 이내에서 변형을 일으키는 현상이며, 이때의 하중을 좌굴하중(座屈荷重, buckling load)이라 한다. 좌굴하중을 단면적으로 나눈 값을 좌굴응력도, 좌굴파괴를 하는 기둥을 장주(長柱, long column)라 한다.

〈그림 10.1〉 좌굴현상

좌굴은 탄성좌굴과 비탄성좌굴로 분류된다. 탄성좌굴(彈性座屈, elastic buckling ; $\lambda > \lambda_p$)은 세장비, λ가 한계세장비, λ_p보다 큰 경우로서 오일러의 좌굴하중은 기둥재의 응력도가 비례한도를 넘지 않는다는 조건인 탄성좌굴을 대상으로 하고 있으며, 다음 절인 10.2절에서 상세히 설명하고 있다.

비탄성좌굴(非彈性座屈, inelastic buckling ; $\lambda \leq \lambda_p$)은 탄성 이외에 부분적으로 소성의 영향을 받게 되므로, 이 범위에서의 좌굴을 비탄성좌굴 또는 탄소성좌굴이라 한다. 이론식으로는 Engesser와 Karman이 제안한 Double Modulus Theory, Engesser와 Shanley가 제안한 Tangent Modulus Theory 등이 사용되고 있으며, 실험식으로는 Johnson의 포물선식, Tetmajer의 직선식, Rankine식 등이 사용되고 있다. 한계세장비 (λ_p) 이하에서는 좌굴 발생 전에 압축응력도가 비례한도에 도달되어, 탄성체로 가정하여 도입한 오일러의 좌굴하중은 적용할 수 없게 된다.

10.2 오일러의 좌굴하중

고전적인 좌굴하중은 오일러에 의해 이론적으로 유도되었으며, 오일러의 탄성좌굴하중(彈性挫屈荷重, elastic buckling load) N_k로 알려져 있다 (〈그림 10.2〉).

$$N_k = \frac{\pi^2 EI}{L^2} \tag{10.1}$$

오일러의 좌굴하중 N_k는 부재의 항복하중 N_y에 관계가 있으며, 재료의 영계수 E 및 단면2차모멘트에 비례하고 부재 길이 L의 자승에 반비례한다.

부재의 좌굴하중 N_k가 항복하중 N_y 보다 클 경우에는 당연히 항복에 의해 최대강도가 결정된다.

재단의 지지조건이 핀 지지 이외의 경우에는 N_k는 다른 값이 된다. 일반적으로 등가길이로 좌굴길이 L_k를 취하면,

$$N_k = \frac{\pi^2 EI}{L_k^2} \tag{10.2}$$

가 되고, $L_k = \alpha L$로서 〈그림 10.3〉과 같이 α는 재단 지지조건에 의해 정한다.

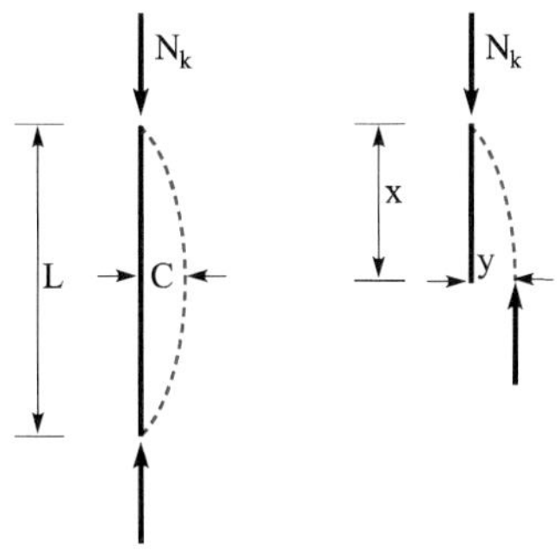

〈그림 10.2〉 오일러 좌굴

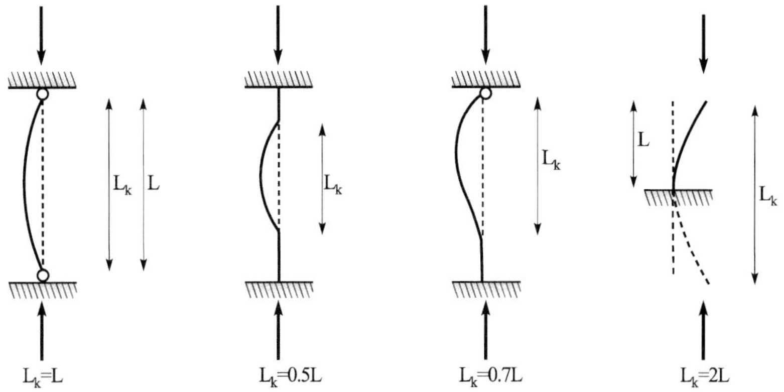

〈그림 10.3〉 재단 지지조건과 좌굴길이

미니지식 **레온하르트 오일러 (Leohard Euler ; 스위스 1707~1783)**

레온하르트 오일러는 스위스의 수학자·물리학자이며, 해석학의 화신(化身), 최대의 알고리스트(algorist : 數學者) 등으로 불렸다.
1720년 스위스 바젤대학에서 신학을 공부했으나 요한 베르누이의 강의에 의해 수학의 길로 들어섰다. 1726년 러시아 상트 페테르부르크 아카데미의 초빙에 응해 1741년까지 체재했으며, 그 해 독일의 프리드리히 대왕의 초청으로 베를린 과학아카데미로 옮겼고, 그 업적으로 수많은 수학자들을 베를린으로 끌어 모았다. 그후 1766년 예카테리나 여제의 요청으로 상트 페테르부르크로 돌아가 실명한 상태에서도 활발하게 연구를 계속하다가 거기서 사망했다.
그의 연구는 수학·천문학·물리학 분야에 국한되지 않고, 의학·식물학·화학 등 많은 분야에 걸쳐 광범위하게 연구하였다. 그 중에도 삼각함수의 생략기호(sin, cos, tan)의 창안이나 '오일러의 정리' 등은 널리 알려져 있다. 1744년에 출판된 저서 「곡선을 찾는 방법」에서 탄성곡선을 다루고 있다. 탄성곡선 방정식의 해로부터 좌굴을 일으키는 하중이 $P=C\pi^2/4L^2$인 것을 알아내 기둥의 좌굴식을 확립하였다.

[출처 : 네이버 지식백과 및 두산백과]

[참고] 오일러의 좌굴하중

오일러의 좌굴하중 값은 다음과 같이 구할 수 있다. x점의 부재의 휨모멘트 M_x는 $M_x=N\cdot y$에 의해 주어지며, 한편 부재강성을 EI라고 하면, $\frac{d^2y}{dx^2}=-\frac{M_x}{EI}$ 이므로, $\frac{d^2y}{dx^2}+\frac{N}{EI}y=0$가 된다.

이 관계식은 좌굴의 특성방정식이라고 불리며, 이것을 만족하는 N은 y=Asinωt라고 두면

$$-A\omega^2\sin\omega t+\frac{N}{EI}A\sin\omega t=0,\ A\sin\omega t\left(-\omega^2+\frac{N}{EI}\right)=0,\ \omega^2=\frac{N}{EI}$$

따라서, $\omega=\pm\sqrt{\frac{N}{EI}}$ 이 되고, x=L에서 y=0이므로

$$y_{x=L}=A\sin\sqrt{\frac{N}{EI}}L=0\ ;\ \sqrt{\frac{N}{EI}}L=n\pi(n=0,1,2,\cdots)$$

n=1이 최소의 좌굴하중(1차 모드)이 되어 $N_k=\frac{\pi^2EI}{L^2}$ 이 구해진다.

10.3 좌굴응력도

좌굴하중에 의해 압축력이 작용하는 기둥 부재를 견딜 수 있는 하중이 지배된다. 이 하중을 좌굴응력도(挫屈応力度, buckling stress)로서 정리해 두면 재료의 허용응력도 등과 비교하는데 편리하다.

단면2차반경 i를 이용하여 식 (10.2)를 변형하면,

$$N_k = \frac{\pi^2 EI}{L_k^2} = \frac{\pi^2 EA}{(\frac{L_k}{i})^2} = \frac{\pi^2 EA}{\lambda^2} \tag{10.3}$$

세장비(細長比, slenderness ratio) $\lambda = L_k/i$, 좌굴응력도를 σ_k라 하면,

$$\sigma_k = \frac{N_k}{A} = \frac{\pi^2 E}{\lambda^2} \tag{10.4}$$

이 구해진다.

식 (10.3) 및 식 (10.4)에 따르면, 좌굴응력도는

① 재료의 영계수 E가 클수록 크다.
② 세장비 λ가 작을수록 크다.
③ 부재 좌굴길이 L_k가 작을수록 크다.
④ 부재 단면의 i가 클수록 크다

설계기준에서는 일반적으로 부재의 세장비에 일정한 제한을 두고 있다. 이것은 계산상으로는 어떤 세장비의 부재를 기둥 부재로 사용해도 되지만 세장비가 큰 부재는 시공 시 또는 운반 시 손상을 입기 쉽고 진동이나 충격을 받을 때 불미한 일들이 일어나기 때문이다[기본건축구조공학, 함성권, 창지사, p.448].

예제 10.1 **오일러 좌굴**

그림과 같은 H형 단면의 기둥 부재가 P=50kN의 압축력을 받을 때, 이 기둥이 오일러 좌굴을 일으키는 기둥의 최소길이 L_{min}을 구하시오. 기둥의 지지조건은 하부 고정, 상부 핀 지지이고, 영계수는 $E=2.1\times10^4\ kN/cm^2$이다.

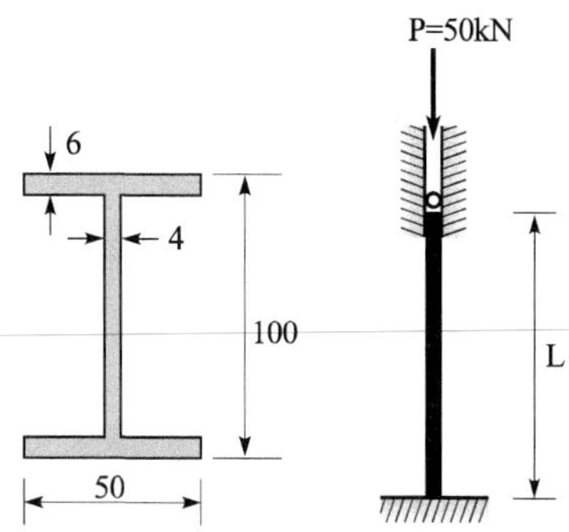

풀이

$$I_{x0}=\frac{5.0\times10.0^3-4.6\times8.8^3}{12}=1.55\times10^2\,cm^4$$

$$I_{y0}=\frac{0.6\times5.0^3}{12}\times2+\frac{8.8\times0.4^3}{12}=12.5\,cm^4$$

$I_{y0}<I_{x0}$이므로 Y축에 직각방향으로 좌굴한다 (Y축 : 약축).

P가 P_k가 되고 I_{y0}를 사용하면,

$$P_k=\frac{\pi^2EI_{y0}}{L_k^2}\text{ 으로부터 좌굴장 }L_k=\pi\sqrt{\frac{EI_{y0}}{P_k}}$$

또한 재단의 지지조건에서 $L_k=0.7L$이 되어

$$L=\frac{\pi}{0.7}\sqrt{\frac{EI_{y0}}{P_k}}=\frac{3.14}{0.7}\sqrt{\frac{2.1\times10^4\times12.5}{50}}=325\,cm$$

P = 50 kN의 압축력이 작용할 때, 부재 길이가 이보다 길어지면 좌굴을 하고, 짧아지면 좌굴을 하지 않게 된다. 따라서, L_{min} = 325 cm = 3.25 m이다.

10.4 장주의 단면설계법

좌굴이 생기는 압축 부재인 장주를 편리하게 설계하기 위하여 작용하는 압축력을 좌굴계수 ω만큼 증대시켜 설계하는 방법으로 ω법이라 한다.

(1) 중심 축하중 N을 받을 때

$$\sigma = \frac{\omega N}{A} \leq f_c \tag{10.5}$$

(2) 편심 축하중을 받을 때

$$\sigma_{max} = \frac{\omega N}{A} + \frac{f_c}{f_b} \cdot \frac{M}{Z} \leq f_c \tag{10.6}$$

[참고] 오일러식 유도

기둥의 좌굴 설계식에서 $\lambda > 100$일 때의 오일러 좌굴식을 식 (10.4)를 이용해서 유도해 보면 다음과 같다.

기둥설계용 허용압축응력 f_k [단주일 때에는 f_k=f_c이지만 장주일 때에는 좌굴 때문에 f_k〈f_c이다.]의 좌굴응력 σ_k에 대한 안전율을 n, 재료의 허용압축응력 f_c의 기둥설계용 허용압축응력 f_k에 대한 비율을 ω라 하고, n=2.16, f_c=16kN/cm^{2}으로 하면,

$$f_k = \frac{\sigma_k}{n}$$

$$\omega = \frac{f_c}{f_k}, \text{ 또는 } f_k = \frac{1}{\omega} f_c$$

식 (10.4)로부터,

$$\omega = \frac{f_c}{f_k} = \frac{n\,f_c}{\sigma_k} = \frac{n\,f_c \lambda^2}{\pi^2 E} = \frac{2.16 \times 16 \times \lambda^2}{\pi^2 \times 2.1 \times 10^4} = 1.67\left(\frac{\lambda}{100}\right)^2 = \frac{1}{0.6}\left(\frac{\lambda}{100}\right)^2$$

$\omega = \frac{(\lambda/100)^2}{0.6}$; 〈표 10.1〉에서 $\lambda > 100$일 때의 오일러식과 같음을 알 수 있다.

(3) 좌굴계수

좌굴을 고려하지 않는 재료의 허용압축응력도 f_c와 장주일 때의 허용압축응력도 f_k와의 비를 좌굴계수(挫屈係數, buckling coefficient)라 한다.

$$\omega = \frac{f_c}{f_k} \tag{10.7}$$

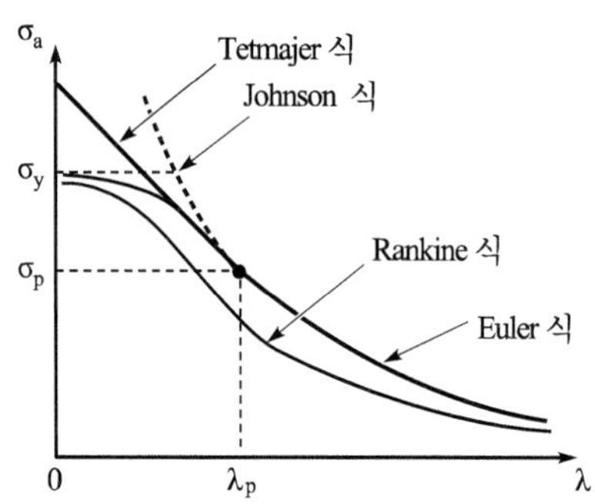

〈그림 10.4〉 기둥의 좌굴 설계식

〈표 10.1〉 기둥의 좌굴 설계식

재료	λ	ω	비고
목재	$\lambda \le 20$	$\omega = f_c/f_k = 1$	(단주)
	$20 < \lambda \le 100$	$\omega = \dfrac{1}{1-0.7(\lambda/100)}$	Tetmajer 식
	$\lambda > 100$	$\omega = \dfrac{(\lambda/100)^2}{0.6}$	Euler의 곡선식
강재	$\lambda \le 30$	$\omega = f_c/f_k = 1$	(단주)
	$30 < \lambda \le 100$	$\omega = \dfrac{1}{1-0.4(\lambda/100)^2}$	Johnson의 포물선식
	$\lambda > 100$	$\omega = \dfrac{(\lambda/100)^2}{0.6}$	Euler의 곡선식

〈표 10.2〉 목재의 ω 표

λ	0	1	2	3	4	5	6	7	8	9	λ
20	1.2	1.2	1.2	1.2	1.2	1.2	1.2	1.2	1.2	1.3	20
30	1.3	1.3	1.3	1.3	1.3	1.3	1.3	1.4	1.4	1.4	30
40	1.4	1.4	1.4	1.4	1.5	1.5	1.5	1.5	1.5	1.5	40
50	1.5	1.6	1.6	1.6	1.6	1.6	1.6	1.7	1.7	1.7	50
60	1.7	1.8	1.8	1.8	1.8	1.8	1.9	1.9	1.9	1.9	60
70	2.0	2.0	2.0	2.0	2.1	2.1	2.1	2.2	2.2	2.2	70
80	2.3	2.3	2.4	2.4	2.4	2.5	2.5	2.6	2.6	2.7	80
90	2.7	2.8	2.8	2.9	2.9	3.0	3.0	3.1	3.2	3.3	90
100	3.3	3.4	3.5	3.5	3.6	3.7	3.8	3.8	3.9	4.0	100
110	4.0	4.1	4.2	4.3	4.3	4.4	4.5	4.6	4.6	4.7	110
120	4.8	4.9	5.0	5.0	5.1	5.2	5.3	5.4	5.5	5.6	120
130	5.6	5.7	5.8	5.9	6.0	6.1	6.2	6.3	6.4	6.4	130
140	6.5	6.6	6.7	6.8	6.9	7.0	7.1	7.2	7.3	7.4	140
150	7.5	–	–	–	–	–	–	–	–	–	150

〈표 10.3〉 강재의 ω 표

λ	0	1	2	3	4	5	6	7	8	9	λ
0~20	1.00	1.00	1.00	1.00	1.00	1.00	1.00	1.00	1.00	1.00	0~20
30	1.04	1.04	1.04	1.05	1.05	1.05	1.06	1.06	1.06	1.07	30
40	1.07	1.07	1.08	1.08	1.08	1.09	1.09	1.10	1.10	1.11	40
50	1.11	1.12	1.12	1.13	1.13	1.14	1.14	1.15	1.16	1.16	50
60	1.17	1.18	1.18	1.19	1.20	1.20	1.21	1.22	1.23	1.24	60
70	1.24	1.25	1.26	1.27	1.28	1.29	1.30	1.31	1.32	1.33	70
80	1.34	1.36	1.37	1.38	1.39	1.41	1.42	1.43	1.45	1.46	80
90	1.48	1.50	1.51	1.53	1.55	1.57	1.58	1.60	1.62	1.65	90
100	1.67	1.70	1.73	1.77	1.80	1.84	1.87	1.91	1.94	1.98	100
110	2.02	2.05	2.09	2.13	2.17	2.20	2.24	2.28	2.32	2.36	110
120	2.40	2.44	2.48	2.52	2.56	2.60	2.65	2.69	2.73	2.77	120
130	2.82	2.86	2.90	2.96	2.99	3.04	3.08	3.13	3.17	3.22	130
140	3.27	3.31	3.36	3.41	3.46	3.50	3.55	3.60	3.65	3.70	140
150	3.75	3.80	3.85	3.90	3.95	4.00	4.06	4.11	4.16	4.21	150
160	4.27	4.32	4.37	4.43	4.48	4.54	4.59	4.65	4.70	4.76	160
170	4.82	4.87	4.93	4.99	5.05	5.10	5.16	5.22	5.28	5.34	170
180	5.40	5.46	5.52	5.58	5.64	5.70	5.77	5.83	5.89	5.95	180
190	6.02	6.08	6.14	6.21	6.27	6.34	6.40	6.47	6.53	6.60	190
200	6.67	6.73	6.80	6.87	6.94	7.00	7.07	7.14	7.21	7.28	200
210	7.35	7.42	7.49	7.56	7.63	7.70	7.78	7.85	7.92	7.99	210
220	8.07	8.14	8.21	8.29	8.36	8.44	8.51	8.59	8.66	8.74	220
230	8.82	8.89	8.97	9.05	9.13	9.20	9.28	9.36	9.44	9.52	230
240	9.60	9.68	9.76	9.84	9.92	10.00	10.09	10.18	10.25	10.33	240
250	10.42										250

예제 10.5 기둥의 단면설계

그림과 같은 장주에 N=32kN이 작용할 경우 안전한가 조사하시오. 다만, 양단은 힌지이고, 허용압축응력도는 $f_c = 0.6\ kN/cm^2$ 이다.

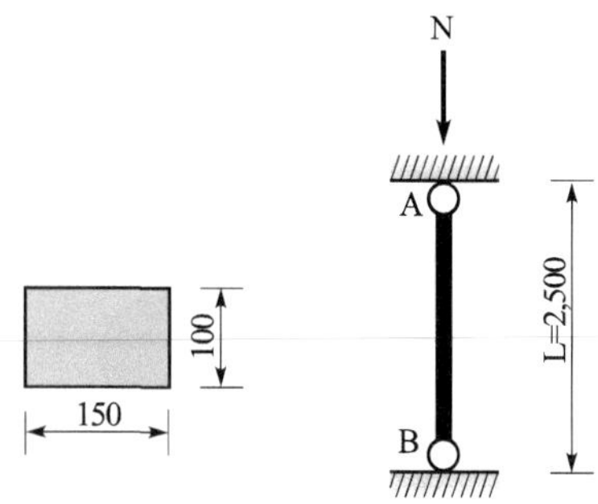

풀이

양단 힌지이므로 좌굴길이 L_k는

$$L_k = L = 250\,cm$$

단면2차반경이 최소인 Y축을 기준으로 좌굴할 것이므로

$$i = \frac{b}{2\sqrt{3}} \approx 0.289\,b = 0.289 \times 10 = 2.89\,cm$$

세장비 λ는

$$\lambda = \frac{L_k}{i} = \frac{250}{2.89} \cong 86.5 \rightarrow 87$$

〈표 10.2〉 목재의 ω표에서 λ=87에 대한 좌굴계수 ω는 2.6이므로

$$\sigma = \frac{\omega N}{A} = 2.6 \times \frac{32}{10 \times 15} = 0.55\,kN/cm^2 \leq f_c = 0.6\,kN/cm^2$$

예제 10.6 기둥의 단면설계

그림과 같은 장주에 N=58kN, M=1.56kNm이 작용할 경우 안전한가 조사하시오. 다만, 양단은 핀이고, 허용압축응력도는 $f_c = 0.8\ kN/cm^2$, 허용휨응력도는 $f_b = 0.9\ kN/cm^2$이다.

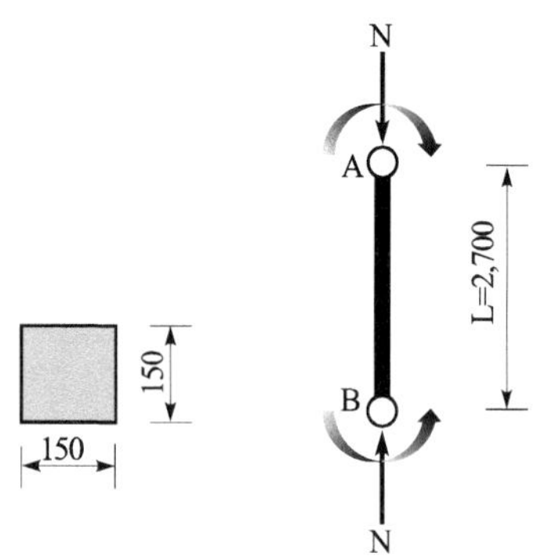

풀이

양단 힌지이므로 좌굴길이 L_k는

$L_k = L = 270\,cm$

단면2차반경 $(i_x = i_y)$은

$$i = \frac{b}{2\sqrt{3}} \approx 0.289b = 0.289 \times 15 = 4.335\,cm$$

세장비 λ는

$$\lambda = \frac{L_k}{i} = \frac{270}{4.335} \cong 62.3 \rightarrow 63$$

〈표 10.2〉 목재의 ω표에서 λ=63에 대한 좌굴계수 ω는 1.8이므로

$$Z = \frac{bh^2}{6} = \frac{15 \times 15^2}{6} = 562.5\,cm^2$$

$$\sigma = \frac{\omega N}{A} + \frac{f_c}{f_b} \cdot \frac{M}{Z}$$

$$= 1.8 \times \frac{58}{15 \times 15} + \frac{0.8}{0.9} \cdot \frac{156}{562.5} = 0.71\,kN/cm^2 \le f_c = 0.8\,kN/cm^2$$

10.5 기둥의 응력도

기둥이란 일반적으로 축방향으로 압축력을 받는 부재이며, 보에는 1방향의 휨이 작용하나 기둥에는 2방향의 휨이 작용한다.

(1) 중심축 하중이 작용하는 기둥

압축력이 단면의 도심에 작용하는 경우의 압축력 σ_c는

$$\sigma_c = -\frac{N}{A} \tag{10.8}$$

여기서, N : 축방향 압축력 (kN)

A : 기둥의 단면적 (cm^2)

(2) 중심축 하중과 휨모멘트를 받는 단주

압축력이 단면의 도심에 작용하고 휨모멘트 M이 동시에 작용

$$\sigma_{max} = -\frac{N}{A} - \frac{M}{Z_c} \tag{10.9}$$

$$\sigma_{min} = -\frac{N}{A} + \frac{M}{Z_t} \tag{10.10}$$

여기서, Z_c : 압축측 단면계수

Z_t : 인장측 단면계수

도심으로부터 x만큼 떨어진 위치의 응력도는

$$\sigma = -\frac{N}{A} \pm \frac{M}{I}x \tag{10.11}$$

(3) 주축 상에 편심하중을 받는 기둥

압축력이 도심으로부터 e만큼 떨어져 작용할 때의 응력도

$$\sigma_{max} = -\frac{N}{A} - \frac{Ne}{Z_c} \tag{10.12}$$

$$\sigma_{min} = -\frac{N}{A} + \frac{Ne}{Z_t} \tag{10.13}$$

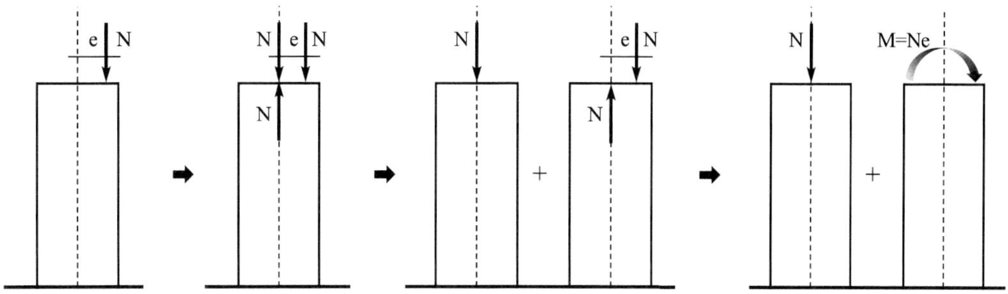

〈그림 10.5〉 편심하중을 받는 기둥과 중심축하중 및 모멘트하중을 받는 기둥의 비교

기둥을 일반적으로 압축재라고 하는 이유는 역학적으로 축방향력 N과 휨모멘트 M을 받는 기둥은 편심 거리 e=M/N 점에 축방향력 N을 받는 기둥으로 바꾸어 놓을 수 있고, 축방향력만을 받는 기둥은 e=0일 때라고 생각할 수 있기 때문이다.

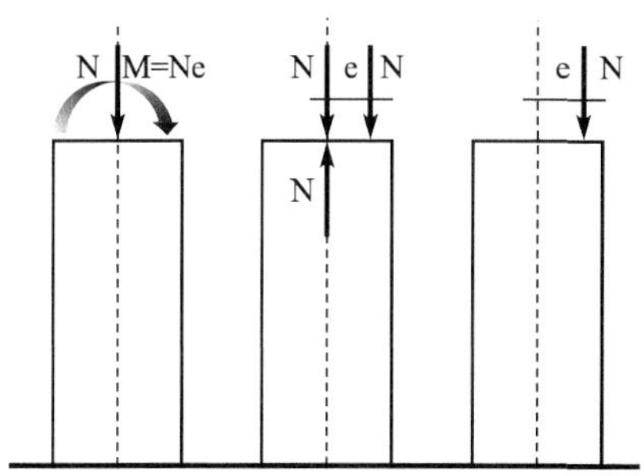

〈그림 10.6〉 기둥을 일반적으로 압축재라고 하는 이유

예제 10.7 기둥의 응력도

120mm x 200mm의 단면을 가진 단주에 N=84kN, M=168kNcm 이 작용할 경우,

(1) 중심에서 5cm 인장측으로 떨어진 곳에 일어나는 응력도를 구하고,

(2) 기둥의 단면에 일어나는 최대, 최소 응력도를 구하시오.

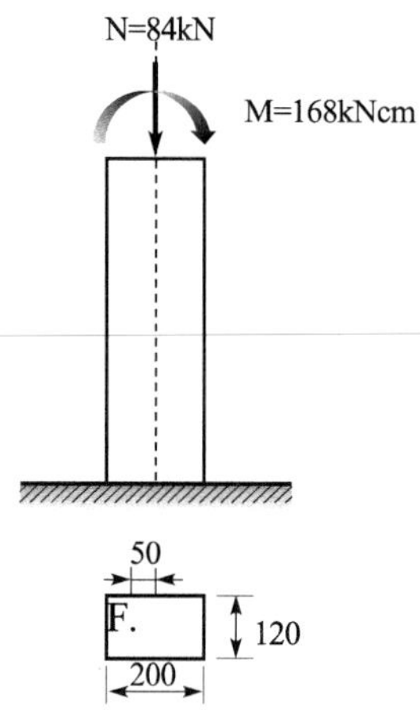

풀이

(1) $I = \dfrac{12 \times 20^3}{12} = 8{,}000\,\text{cm}^4$

$$\sigma_F = -\frac{N}{A} + \frac{M}{I}x$$

$$= -\frac{84}{12 \times 20} + \frac{168}{8{,}000} \times 5$$

$$= -0.35 + 0.105 = -0.245\,\text{kN/cm}^2$$

(2) $Z = \dfrac{12 \times 20^2}{6} = 800\,\text{cm}^3$

$$\sigma_{max} = -\frac{N}{A} - \frac{M}{Z_c} = -\frac{84}{12 \times 20} - \frac{168}{800} = -0.35 - 0.21 = -0.56\,\text{kN/cm}^2$$

$$\sigma_{min} = -\frac{N}{A} + \frac{M}{Z_t} = -\frac{84}{12 \times 20} + \frac{168}{800} = -0.35 + 0.21 = -0.14\,\text{kN/cm}^2$$

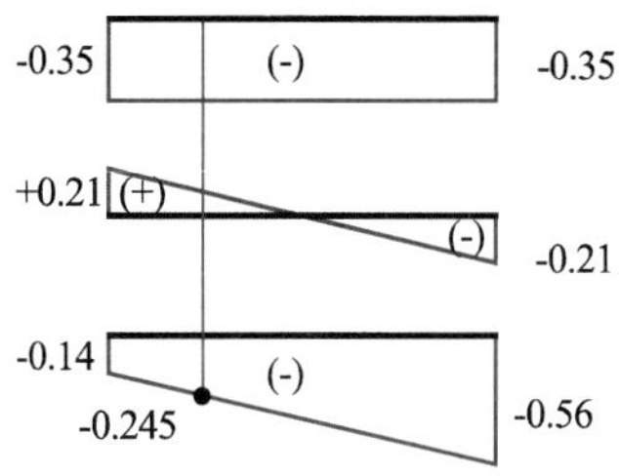

예제 10.8 **기둥의 응력도**

도심에서 10cm 떨어진 곳에 N=60kN의 축력이 작용할 때, 최대 및 최소 응력도를 구하시오.

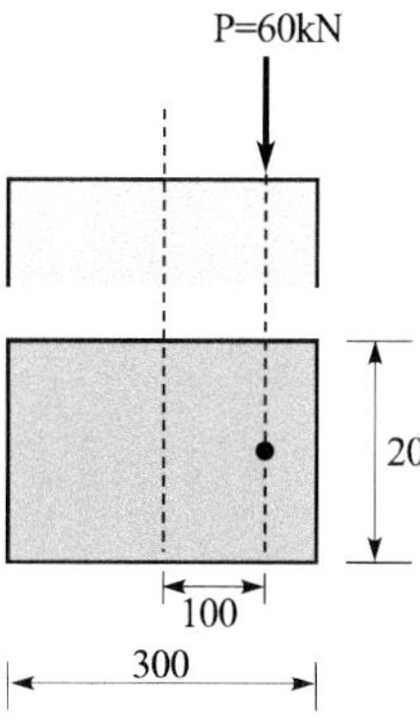

풀이

$$A = 30 \times 20 = 600\,\text{cm}^2$$

$$Z = \frac{20 \times 30^2}{6} = 3{,}000\,\text{cm}^3$$

$$M = Ne = 60\,\text{kN} \times 10\,\text{cm} = 600\,\text{kNcm}$$

$$\sigma_{max} = -\frac{N}{A} - \frac{M}{Z_c} = -\frac{60}{600} - \frac{600}{3{,}000} = -0.1 - 0.2 = -0.3\,\text{kN/cm}^2$$

$$\sigma_{min} = -\frac{N}{A} + \frac{M}{Z_t} = -\frac{60}{600} + \frac{600}{3{,}000} = -0.1 + 0.2 = +0.1\,\text{kN/cm}^2$$

10.6 단면의 핵

기둥과 같은 부재에 압축력이 작용할 때, 편심거리에 따라 부재 단면에는 압축력만 생기고 인장력은 안 생기는 한계가 있는데, 이 한계선으로 둘러싸인 부분을 단면의 핵(斷面의 核, core of section)이라 한다. 단면의 핵은 실용적인 용도는 적지만, 응력도 성상의 이해를 위해서 소개한다.

단면에서 최대 응력을 나타내는 σ_{max}의 값은 항상 압축응력이 되지만 최소 응력의 값은 편심거리 e의 크기에 따라 압축 또는 인장 응력을 받게 된다. 기둥은 압축응력을 받는 부재인데 인장응력이 일어나려고 하는 한계점 e는 다음 식에 의하여 구한다.

$$\sigma_{min} = -\frac{N}{A} + \frac{Ne}{Z} = 0 \quad ; \quad \frac{Ne}{Z} = \frac{N}{A}$$

$$e = \frac{Z}{A} \tag{10.14}$$

여기서, Z : 단면계수, A : 단면적

주요 단면의 핵반경은 다음과 같다.

(1) 직사각형 단면의 핵반경

단면계수 $Z = bh^2/6$

단면적 $A = bh$

핵반경 $e = \dfrac{Z}{A} = \dfrac{bh^2/6}{bh} = \dfrac{h}{6}$ (10.15)

(2) 원형 단면의 핵반경

단면계수 $Z = \pi D^3/32$

단면적 $A = \pi D^2/4$

핵반경 $e = \dfrac{Z}{A} = \dfrac{\pi D^3/32}{\pi D^2/4} = \dfrac{D}{8}$ (10.16)

(3) 중공 원형 단면

단면계수 $Z = \pi(D^4 - d^4)/32D$

단면적 $A = \pi(D^2 - d^2)/4$

핵반경 $e = \dfrac{Z}{A} = \dfrac{\pi(D^4 - d^4)/32D}{\pi(D^2 - d^2)/4} = \dfrac{D^2 + d^2}{8D}$ (10.17)

예제 10.9 **단면의 핵**

핵반경을 구하고, N = 60 kN의 편심하중을 긴변 방향의 핵점에 작용시켰을 때 최대 압축응력도 및 최대 인장응력도를 구하시오.

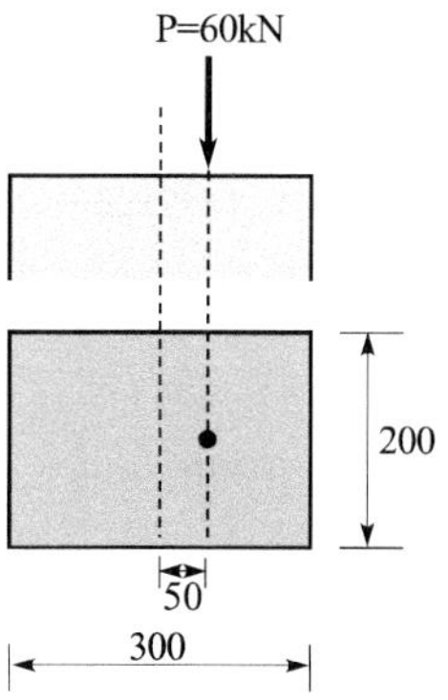

풀이

(1) 핵반경

$$e = \frac{Z}{A} = \frac{h}{6} = \frac{30}{6} = 5\,\text{cm}$$

(2) 도심으로부터 e=5cm 위치에 N=60kN을 작용시켰을 때 편심모멘트는

$$M = N \times e = 60 \times 5 = 300\,\text{kN} \cdot \text{cm}$$

$$Z = \frac{20 \times 30^2}{6} = 3{,}000\,\text{cm}^3$$

최대 압축응력도 ;

$$\sigma_c = -\frac{N}{A} - \frac{M}{Z} = -\frac{60}{20 \times 30} - \frac{300}{3{,}000} = -0.1 - 0.1 = -0.2\,\text{kN/cm}^2$$

최대 인장응력도 ;

$$\sigma_t = -\frac{N}{A} - \frac{M}{Z} = -\frac{60}{20 \times 30} + \frac{300}{3{,}000} = -0.1 + 0.1 = 0\,\text{kN/cm}^2$$

편심하중을 핵점에 작용시키면 인장응력도는 0이 됨을 알 수 있다.

연습문제 *exercise*

10-1 오일러의 좌굴하중

그림과 같이 상하단이 고정된 기둥부재에 축력 P가 작용하고 있다.
다만, 영계수는 $E = 2.1 \times 10^4$ kN/cm^{2}이다.

(1) 기둥 단면의 a-a, b-b축에 대한 단면2차모멘트를 구하시오. 또한, 기둥부재의 좌굴방향을 판정하시오.

(2) 좌굴하중 P_k를 구하시오.

(3) 기둥의 상단을 핀으로 변경할 경우, 같은 좌굴하중에서 기둥 부재의 길이와 단면2차 모멘트를 얼마나 변경시키면 되는 가를 정하시오.

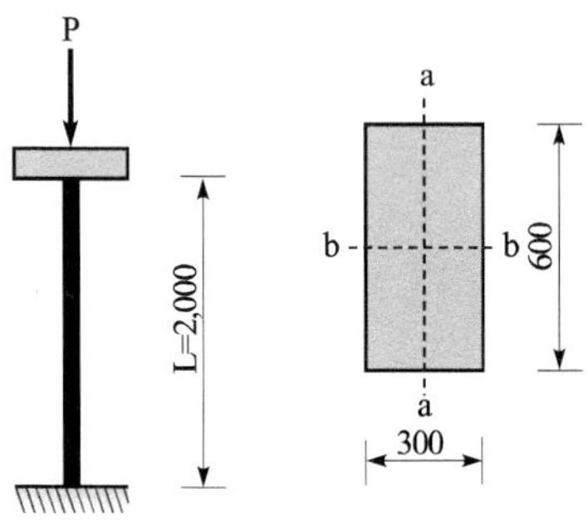

10-2 오일러의 좌굴하중

그림과 같은 장방형단면을 갖는 기둥의 좌굴하중을 구하시오.
다만, 재료의 영계수는 E_s=2.1×10^4 kN/cm^{2}이다.

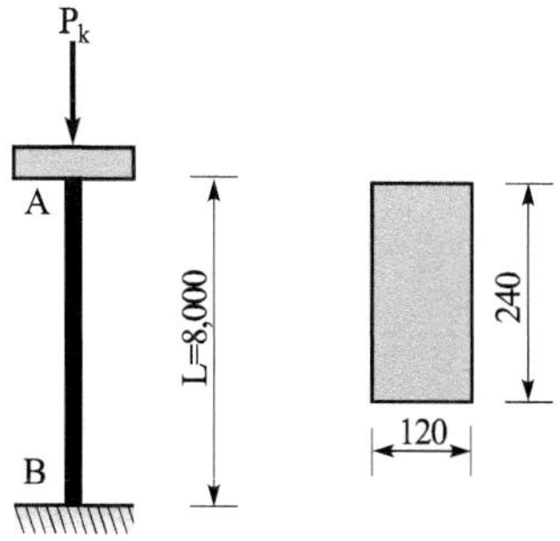

10-3 오일러의 좌굴하중

그림과 같은 강관기둥의 좌굴하중을 구하시오.
다만, 재료의 영계수는 E_s=2.1×10^4 kN/cm^2이다.

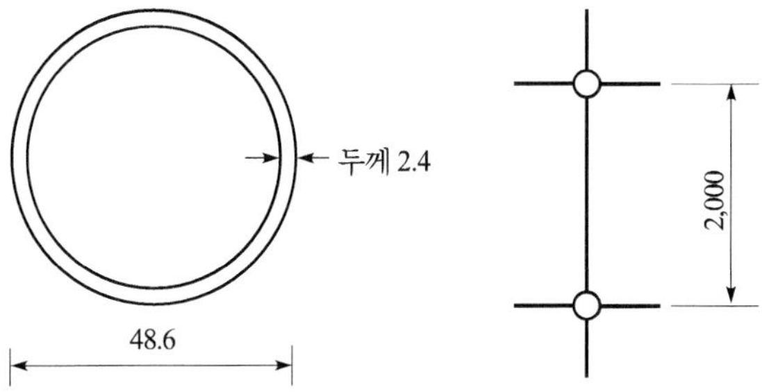

10-4 단면의 핵

그림과 같은 직사각형 단면의 핵을 구하시오.

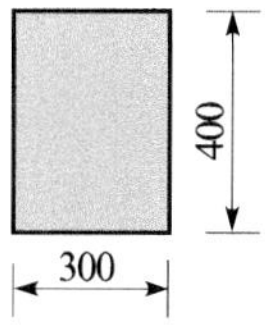

10-5 장주의 설계

단면이 120mm X 120mm이고 길이가 3.5m인 목재 기둥이 있다. 이 기둥에 15kN의 압축력이 작용할 때, 안전한가를 확인하시오. 다만, 기둥은 양단 핀지지이고 목재 기둥의 장기허용압축응력도 f_c=6.49N/mm^2이다.

10-6 기둥의 응력도

〈그림 1〉과 같이 주각부가 고정된 직사각형 단면의 기둥 상부의 도심 G에 하중 P, H가 작용하여, 주각부 a-a 단면에 생기는 응력도가 〈그림 2〉와 같을 때, 하중 P와 H를 B, D, σ 의 식으로 표시하시오.

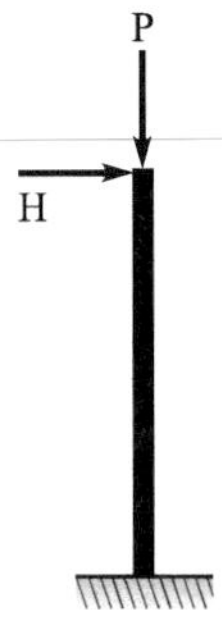

<그림 1>

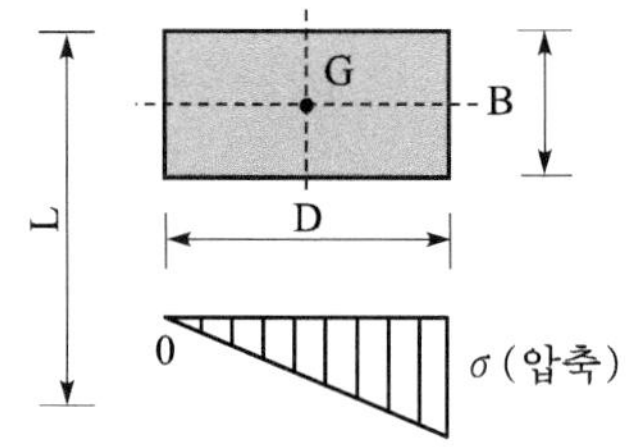

<그림 2>

CHAPTER

11 정정구조물의 변형

11.1 탄성곡선법

11.2 휨모멘트 면적법

11.3 탄성하중법

11.4 일과 에너지

11.5 단위하중법

11.6 Castigliano의 정리

CHAPTER

11

정정구조물의 변형

구조물은 힘이 작용하면 반드시 변형한다. 통상적인 구조물에서는 이 변형량은 미소하며, 건물 거주자는 알지 못하는 경우가 많다. 그러나 구조물의 강성이 부족하여 변형량이 커지면 거주자에게 불안감을 주거나 건물의 사용에 장애를 주기도 한다.

이 변형량을 구하기 위해서는 정정보에서는 탄성곡선의 미분방정식을 풀 필요가 있으며, 또한 이를 힘의 관계로 치환해 역학문제로 손쉽게 푸는 Mohr의 정리도 제안되고 있다.

구조부재에 작용하는 부재응력에 따라 축방향변형, 휨변형, 전단변형이 생기게 되어 전체 변형은 이들의 합이 되지만 통상의 구조물에서는 휨변형이 지배적이며 다른 변형량은 무시하는 경우가 많다.

구조물에 외력이 정적으로 작용하면 그 구조물은 탄성적 변형을 하다가 탄성한계를 넘어서면 영구변형이 생기게 된다. 이와 같이 구조물이 변형하게 되면 외력은 일을 하게 되고 구조물 내에는 에너지가 축적된다.

구조물이 외력으로 인해 탄성변형을 함으로써 일을 하게 된다. 이러한 일에 관한 원리는 구조역학에서 대단히 중요한 것으로, 부정정 구조물의 해법에 널리 사용되고 있다.

부정정구조물의 외응력 해석에서 탄성이론을 사용하는 이유는 3장에서 설명한 바와 같이 부정정구조물에서는 정정구조물인 경우와 달리 힘의 평형조건식 ($\Sigma V=0$, $\Sigma H=0$, $\Sigma M=0$) 3개의 식만으로는 방정식 수가 모자라 결정하기 불가능한 잉여미지반력이나 내적미지력 들이 있기 때문이다,

구조역학에서의 탄성이론은 서로 착상을 달리하는 다음과 같은 여러 가지 이론과 정리가 있다.

1) 탄성곡선법 (彈性曲線法, elastic curve method)
2) 휨모멘트면적법 (휨모멘트面積法, moment-area method)
3) 탄성하중법 (彈性荷重法, elastic load method, conjugate-beam method)
4) 단위하중법 (單位荷重法, unit load method)
5) Castigliano의 정리 (Castigliano의 定理, Castigliano's theorem)

위의 각 이론이나 정리에 따라 구조물의 변형이나 부정정구조물의 외응력을 산정할 때 그 해석결과는 서로 달라지는 것이 아니라 항상 같은 결과를 얻게 된다. 다만 구조물의 형태에 따라 어떤 법은 적용하기가 쉽고, 어떤 법은 적용이 어렵고 시간을 더 필요하게 된다.

탄성이론[4)]은 구조물 내에 생기는 응력이 탄성한계 내의 응력을 넘지 않는다는 전제 아래에서 이루어지는 이론이므로 이 장에서 설명하는 모든 이론과 정리는 탄성재료 또는 준탄성재료로 된 구조물에서 구조체 내의 응력이 탄성한계 내의 응력을 넘지 않는다고 인정될 때에 한하여 쓰일 수 있으며, 이 장에서의 이론이나 정리의 유도는 이 책에서 이때까지 취급한 재료의 탄성을 전제로 한 가정이나 식 들을 그냥 인용할 수 있다.

11.1 탄성곡선법

탄성곡선법 (彈性曲線法, elastic curve method)은 스위스의 수학자 Euler에 의해 유도된 탄성이론이며, 다음의 각 절에서 설명하는 휨모멘트면적법, 탄성하중법과 함께 보(일반적으로는 선부재)의 처짐과 처짐각을 산정에 있어서 편리한 탄성이론이다. 휨모멘트면적법, 탄성하중법은 어느 정도 기하학적 관계를 이용하고 있지만 탄성곡선법은 수식적이라는 점이다.

4) 구조역학의 해석이론으로는 재료의 탄성한계 내의 응력에 대해서만 적용되는 탄성이론 (彈性理論, elastic theory)과 재료의 항복점 부분의 응력과 변형을 대상으로 하는 소성이론 (塑性理論, plastic theory)가 있다.

보에 하중이 작용하면 보의 중심축은 아래로 처지게 되는데, 하중에 의해서 처진 부재의 중심축선을 탄성곡선(彈性曲線, elastic curve)라 한다. 보가 하중을 받아 변형하였을 때 그 축의 임의의 한 점에 대한 변위의 연직방향 성분을 처짐(deflection), 그리고 처짐곡선 상의 어느 한 점에 그은 접선이 변형 전의 보의 축과 이루는 각을 처짐각(deflection angle)이라 한다.

아래쪽이 인장이 되게 변형할 때를 (+)M으로 규약하면, 보의 처짐 y(δ)와 휨모멘트 M(x) 사이에는 다음과 같은 관계가 성립한다.

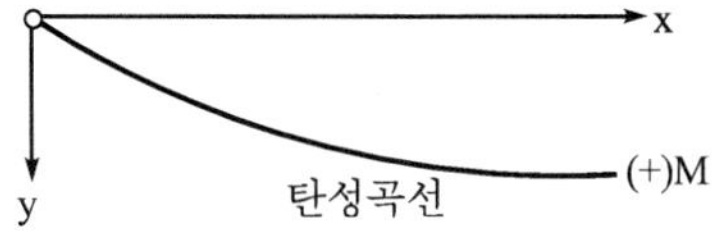

〈그림 11.597〉 탄성곡선

$$EI\frac{d^2y}{dx^2} = -M, \quad \frac{d^2y}{dx^2} = -\frac{M}{EI} \quad ;\ \text{탄성곡선식} \tag{11.1}$$

$$\theta = \frac{dy}{dx} = -\int \frac{M}{EI}dx + C_1 \quad ;\ \text{처짐각} \tag{11.2}$$

$$\delta = y = -\int\int \frac{M}{EI}dx\,dx + C_1x + C_2 \quad ;\ \text{처짐} \tag{11.3}$$

여기서, C_1, C_2는 적분상수이고, 어느 특이점의 경계조건(境界條件, boundary condition)으로 구한다.

고정단, 회전단 및 이동단의 경계조건은 다음과 같다.

$$\text{고정단 ; } \delta = y = 0, \ \theta = \frac{dy}{dx} = 0 \quad (11.4)$$

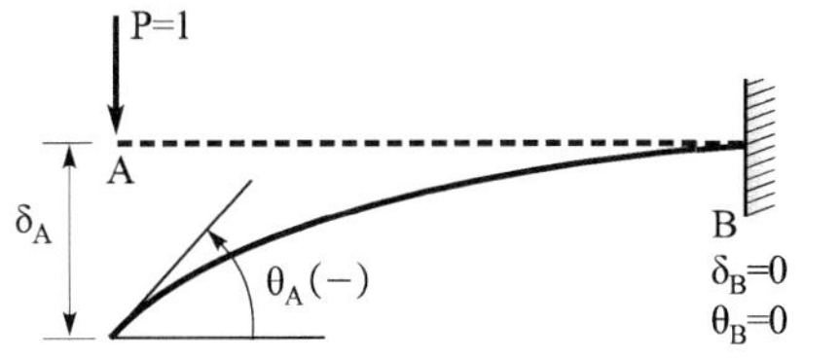

〈그림 11.2〉 캔틸레버의 경계조건

$$\text{회전단 및 이동단 : } \delta = y = 0 \quad (11.5)$$

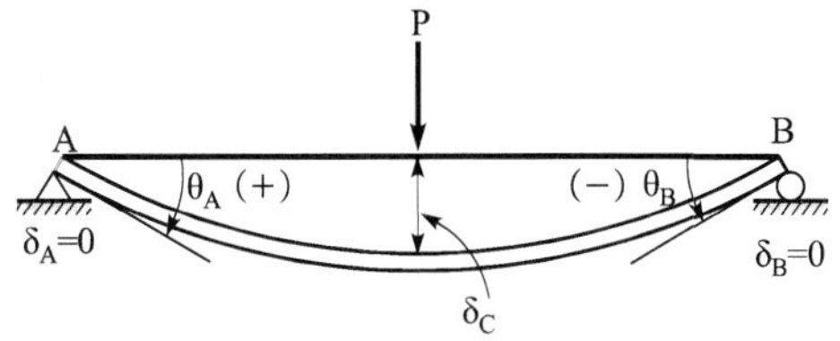

〈그림 11.3〉 단순보의 경계조건

[참고] 처짐 및 처짐각의 유도

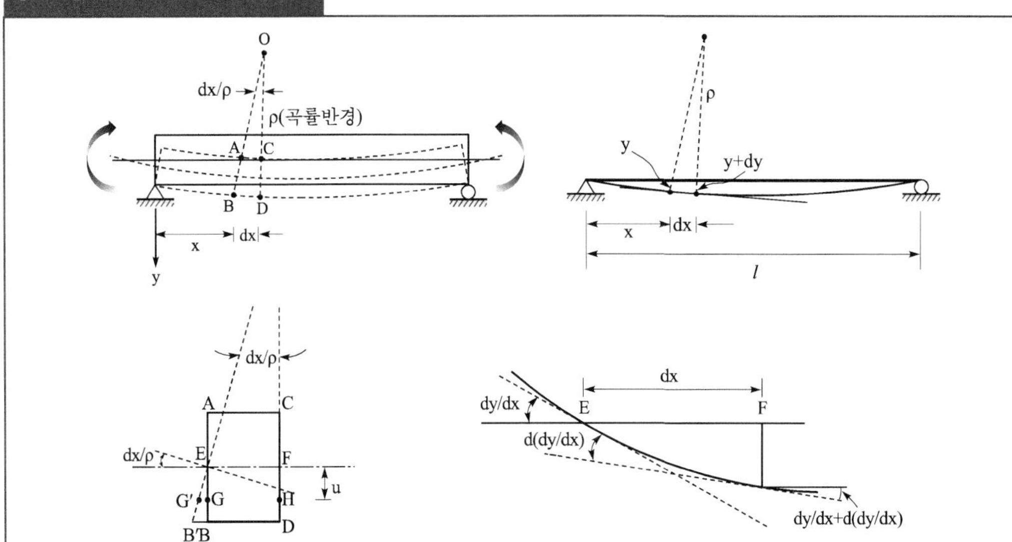

처짐곡선 위의 임의 점에서 그은 접선과 변형 전의 보의 축과 이루는 각을 처짐각이라 하고, 처짐각은 $\tan\theta = dy/dx$가 되며, θ는 미소한 값이므로 $\tan\theta \approx \theta$가 된다. 따라서, 처짐각은 θ로 표시된다. 곡률반경 ρ의 역수 $\frac{1}{\rho}$을 곡률(曲率, cuvature)이라 한다.

점 E에서의 처짐각 $\theta_E = \frac{dy}{dx}$ 　　점 F에서의 처짐각 $\theta_F = \frac{dy}{dx} + d\left(\frac{dy}{dx}\right)$

$$\left[\left\{\frac{dy}{dx} + d\left(\frac{dy}{dx}\right)\right\} - \frac{dy}{dx}\right] = d\left(\frac{dy}{dx}\right) = \frac{dx}{\rho},\quad \frac{d}{dx}\left(\frac{dy}{dx}\right) = \frac{d^2y}{dx^2} = \frac{1}{\rho}$$

보의 중립축에서 u만큼 떨어진 곳의 휨응력도는

$$\sigma = E\epsilon = E\cdot\frac{u}{\rho} \qquad \left[\epsilon = \frac{\Delta L}{L} = \frac{u}{\rho}\right] \qquad \epsilon = \frac{G'G}{dx} = \frac{u\cdot\frac{dx}{\rho}}{\rho\cdot\frac{dx}{\rho}} = \frac{u}{\rho}$$

$\sigma = \frac{M}{I}u$ 《휨모멘트를 받는 보의 휨응력도》 $\left[\sigma = E\cdot\frac{u}{\rho} = \frac{M}{I}u\,;\ \frac{E}{\rho} = \frac{M}{I}\right]$

$$\sigma = E\frac{u}{\rho} = \frac{M}{I}u \qquad \therefore \frac{1}{\rho} = \frac{M}{EI} \qquad \frac{d^2y}{dx^2} = \frac{1}{\rho}$$

곡률 $\frac{1}{\rho}$은 그 점의 휨모멘트의 크기에 비례하고, EI(휨강성)에 반비례한다.

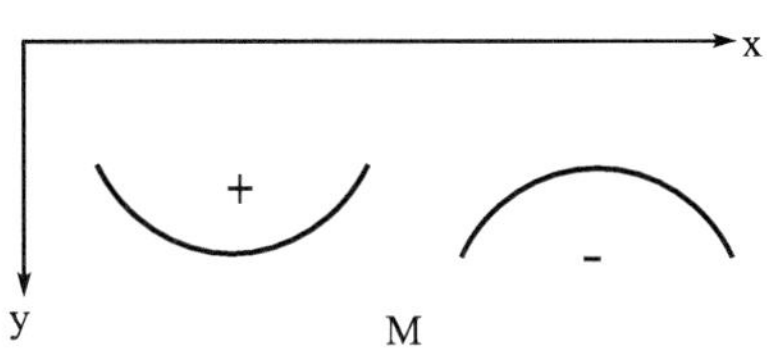

<M의 부호>

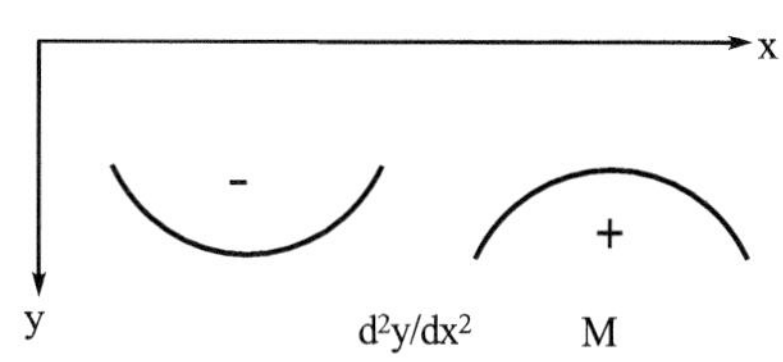

<곡률의 부호>

$$\frac{1}{\rho} = \frac{d^2y}{dx^2} = -\frac{M}{EI} \qquad \frac{dy}{dx} = \theta = -\int\frac{M}{EI}dx + C_1$$

$$y = \delta = -\int\left(\int\frac{M}{EI}dx\right)dx + C_1x + C_2$$

보의 변형은 "휨모멘트에 의한 변형"과 "전단력에 의한 변형"이 있으며, 이러한 변형의 합이 실제의 변형이 되지만 일반적으로 전단력에 의한 보의 처짐은 휨모멘트에 의한 처짐에 비하여 대단히 적으므로 전단력에 의한 처짐은 거의 무시된다. 그러나, 스팬에 비하여 보의 높이가 큰 경우에서는 전단력에 의한 처짐이 휨모멘트에 의한 처짐에 비하여 무시 못 할 만큼 커지게 되므로 이 점을 유의하여야 한다 [기본건축구조공학, 함성권, 창지사, p.463].

참고 : 단순 휨에 의한 휨응력도

(a) 변형 전

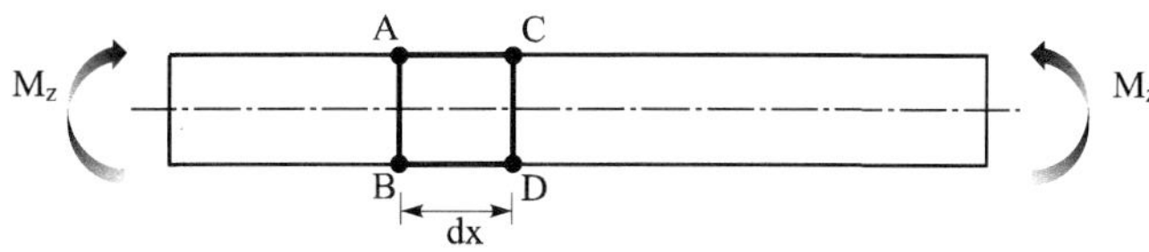

(b) 변형 후

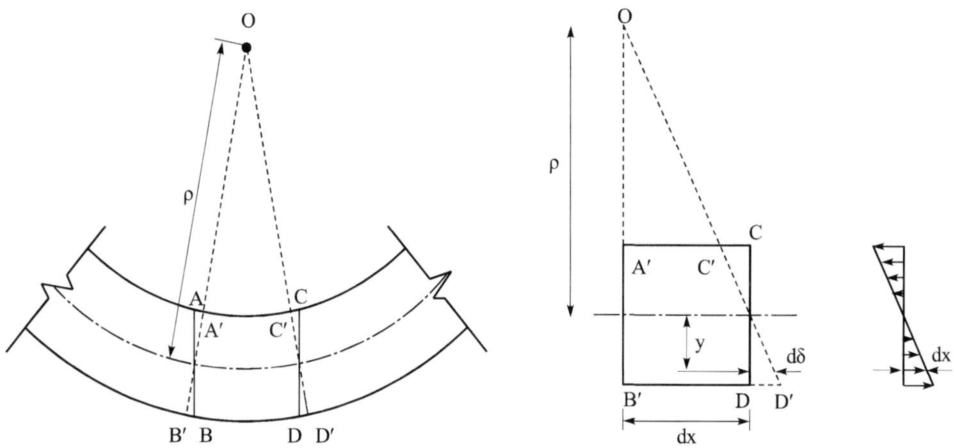

중립축에서 y만큼 떨어진 부분의 늘어난 양 : $d\delta$

$$\frac{d\delta}{dx} = \frac{\epsilon_x dx}{dx} = \frac{y}{\rho} \;;\; \epsilon_x = \frac{y}{\rho}$$

단면 AB의 수직응력도 σ_x (Hooke's Law)

$$\sigma_x = \epsilon_x E$$

$$\sigma_x = \frac{E\,y}{\rho}$$

보에서는 보의 한점에 작용하는 하중과 그 점에 생기는 전단력, 휨모멘트, 처짐각, 처짐 사이에는 일련의 관계가 있다. 이것은 위의 식 (11.2), 식 (11.3), 식 (4.2), 식 (4.3)에 의하여 아래와 같은 관계식이 세워지는 것을 보고 알 수 있다 [기본건축구조공학, 함성권, 창지사, p.464].

y ······································· 처짐

$\frac{dy}{dx} = \theta$ ······································· 처짐각

$EI\frac{d^2y}{dx^2} = M$ ······································· 휨모멘트

$EI\frac{d^3y}{dx^3} = \frac{d}{dx}\left(EI\frac{d^2y}{dx^2}\right) = \frac{dM}{dx} = Q$ ······································· 전단력

$EI\frac{d^4y}{dx^4} = \frac{d^2}{dx^2}\left(EI\frac{d^2y}{dx^2}\right) = \frac{d^2M}{dx^2} = \frac{dQ}{dx} = -\omega$ ······································· 하중

예제 11.1 **탄성곡선법**

자유단에 집중하중을 받고 있는 캔틸레버 보의 자유단의 처짐각과 처짐을 탄성곡선식을 써서 구하시오.

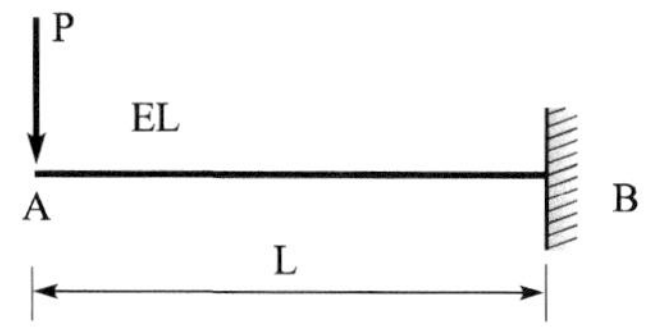

풀이

$M_x = -P \cdot x$;

$EI\frac{d^2y}{dx^2} = -M = -(-P \cdot x) = P \cdot x$

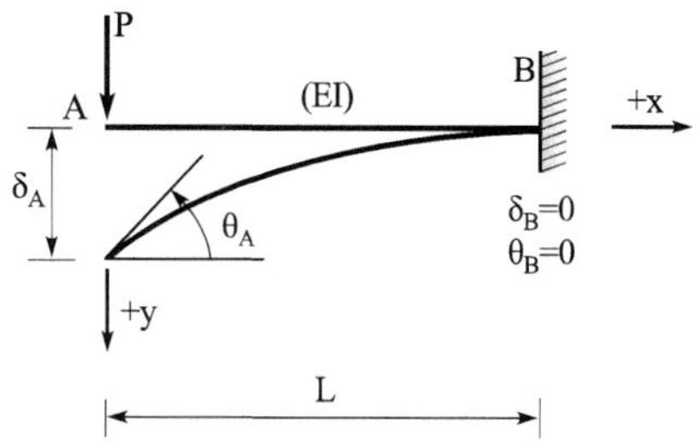

1차 적분하면 (θ가 구해짐) ;

$EI\frac{dy}{dx} = \frac{1}{2}P \cdot x^2 + C_1$

2차 적분하면 (δ가 구해짐) ;

$EIy = \frac{1}{6}P \cdot x^3 + C_1x + C_2$

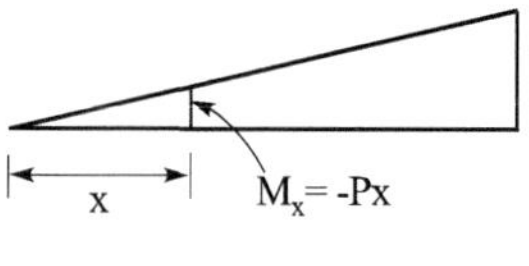

적분상수 C_1, C_2는 고정단 B에서 $\theta_B = 0$, $\delta_B = 0$이 되는 경계조건으로부터 구해진다.

@$x = L$, $\theta_B = 0$, 즉 $\frac{dy}{dx} = 0$; $0 = \frac{1}{2}PL^2 + C_1$ ➡ $\therefore C_1 = -\frac{PL^2}{2}$

@$x = L$, $\delta_B = 0$, 즉 $y = 0$; $0 = \frac{1}{6}PL^3 - \frac{1}{2}PL^3 + C_2$ ➡ $\therefore C_2 = +\frac{PL^3}{3}$

$$\frac{dy}{dx} = \theta_x = \frac{PL^2}{2EI}\left(\frac{x^2}{L^2} - 1\right) \ ; \ \theta_A = \theta_{x=0} = -\frac{PL^2}{2EI} \ (\curvearrowleft)$$

$$y = \delta_x = \frac{PL^3}{3EI}\left(\frac{x^3}{2L^3} - \frac{3x}{2L} + 1\right) \ ; \ \delta_A = \delta_{x=0} = \frac{PL^3}{3EI} \ (\downarrow)$$

11.2 휨모멘트 면적법

휨모멘트면적법(휨모멘트面積法, moment-area method)은 1873년에 The University of Michigan의 Charles E. Greene교수의 연구에 발표된 것으로 일명 Greene의 정리라고 부르기도 한다. 휨모멘트 면적법은 Saint-Vernant에 의해서 처음 소개되었고, 그 후 Mohr와 Greene이 이를 발전시켰다. 전 절에서 말한 바와 같이 이 이론은 다음 절의 탄성하중법과 함께 보의 처짐각과 처짐의 산정에 널리 이용되는 중요한 이론이며 그 내용은 다음과 같다.

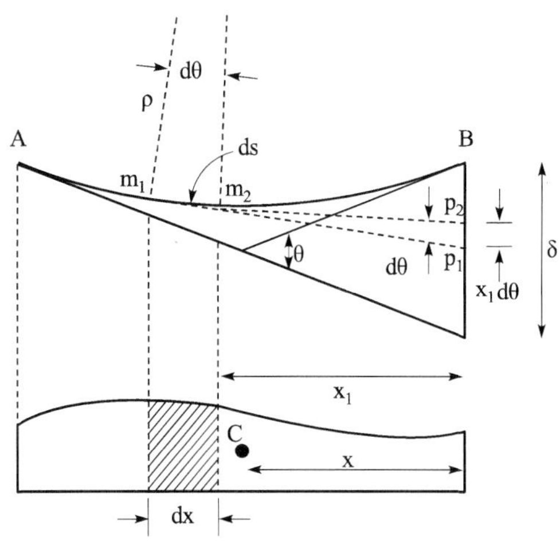

〈그림 11.4〉 휨모멘트면적법의 개념도

곡선상에서 ds 거리만큼 떨어진 점 m_1, m_2에서 그 곡선에 그은 두 접선 간에 생기는 미소한 각을 $d\theta$라 할 때, $d\theta$는 ds/ρ와 같다. $ds \approx dx$ 이므로,

$$\frac{1}{\rho}=\frac{d\theta}{ds}\approx\frac{d\theta}{dx}=\frac{d}{dx}\left(\frac{dy}{dx}\right)=\frac{d^2y}{dx^2}=\frac{M}{EI}$$

$$\therefore d\theta=\frac{M}{EI}dx=\frac{dA}{EI} \tag{11.6}$$

미소요소 ds 양단에서의 기울기 변화량 $d\theta$는 미소거리 dx 사이에 있는 M/EI도의 빗금친 부분의 면적과 같다.

식 (11.6)을 점 A에서 점 B까지 적분을 하면 점 A, B에서의 처짐곡선에 그은 두 개의 접선 간에 생기는 각 θ가 구해지며 다음과 같다.

$$\theta_{BA}=\theta_B-\theta_A=\int_A^B\frac{M}{EI}dx \tag{11.7}$$

탄성곡선 위 임의의 두 점 A와 B에서의 접선 사이의 기울기(처짐각) 변화량은 두 점 사이의 M/EI도의 면적과 같으며, 모멘트면적 정리1 (모멘트面積 定理1, the first moment area theorem)이라 한다.

미소거리 ds의 양단에서 접선을 그으면, 이 접선들은 B점을 지나는 x축의 수직선과 만난다. 이렇게 접선이 B점의 수직선상에서 만나는 두 점 사이의 수직거리 $d\delta$는 다음과 같다.

$$d\delta=x_1\,d\theta \tag{11.8}$$

여기서 x_1 : B점을 지나는 수직선에서 미소요소 m_1, m_2의 도심까지의 수평거리

식 (11.8)에 식 (11.6)을 대입하면,

$$d\delta=x_1\frac{M}{EI}dx \tag{11.9}$$

식 (11.9)의 우변은 미소거리 dx 사이에 있는 M/EI도의 빗금친 부분의 면적에 대한 B점을 지나는 수직선에 대한 단면1차모멘트를 나타낸다. 따라서 탄성곡선 상의 A점과 B점에서 그은 접선이 B점의 수직선상에서 만나는 두점 사이의 수직거리 δ는 다음과 같이 구할 수 있다.

$$\delta = \int_A^B d\delta = \int_A^B x_1 \frac{M}{EI} dx \tag{11.10}$$

탄성곡선 위 임의의 A점에서의 접선과 B점과의 수직거리 (처짐 변화량)는 두 점 사이의 M/EI도의 면적의 B점에 대한 단면1차모멘트와 같으며, 모멘트면적 정리2 (모멘트面積 定理 2, the second moment area theorem)이라 한다.

정리 1 보의 탄성곡선 위의 임의의 두 점 m, n에서의 접선각의 차이 (처짐각 변화량)은 그 두 점 사이에 있는 M/EI도의 면적과 같다.

$$\theta = \frac{A}{EI} \tag{11.11}$$

여기서, A : 휨모멘트도의 면적

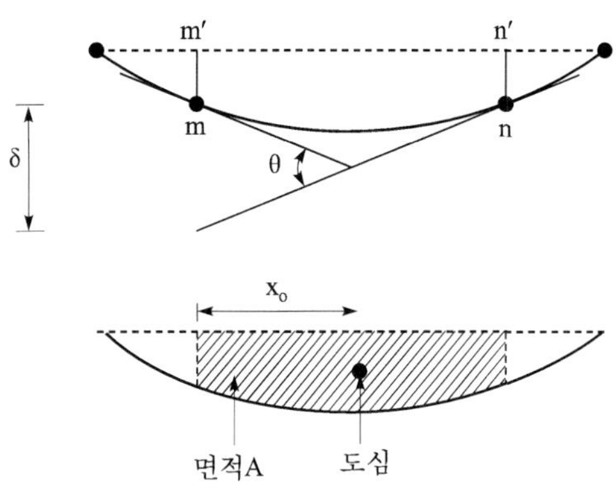

〈그림 11.5〉 처짐각 및 처짐을 구하는 방법의 개념도

정리 2 보의 탄성곡선 위의 임의의 두 점 m, n에서의 접선이 그 한 점 m에서 그은 수직선을 자르는 길이는 두 점 사이의 M/EI도가 그 한 점 m에 대하여 이루는 1차 모멘트의 값과 같다

$$\delta = \frac{A}{EI} \cdot x_o \quad (11.12)$$

미니지식 **찰스 에즈라 그린 (Charles Ezra Greene ; 미국 1842~1903)**

찰스 에즈라 그린은 미국의 매사추세스주 케임브리지에서 태어난 토목기술자, 교수였다. 그는 하버드 대학과 MIT에서 수학하였고, 남북전쟁의 마지막 2년간 병참장교로 복무하였다. 1872년 The University of Michigan의 토목공학과 교수가 된 이후, 1895년에 미시간대학교 공과대학의 초대학장이 되었으며 그의 사망한 해인 1903년까지 계속되었다.

1873년 보 또는 골조의 임의 점에서 처짐 및 처짐각을 모멘트의 면적을 이용하여 구하는 방법을 그린이 고안하였는데, 그린의 정리라고도 한다.

그의 저서로는 다음의 것들이 있다. Graphical Method for the Analysis of Bridge Trusses (1876), Trusses and Arches: Graphics for Engineers, Architects, and Builders (three volumes, 1876 - 79; third edition, 1903), Notes on Rankine's Civil Engineering (1891), Structural Mechanics (1897; second edition, 1905).

[출처 : 위키피디아®]

예제 11.2 **휨모멘트면적법**

[예제 11.1]을 휨모멘트면적법을 사용하여 구하시오.

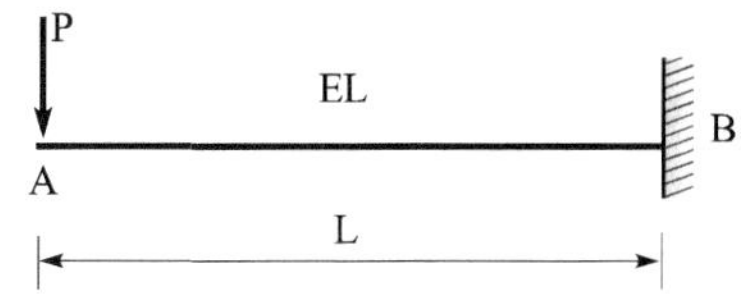

풀이

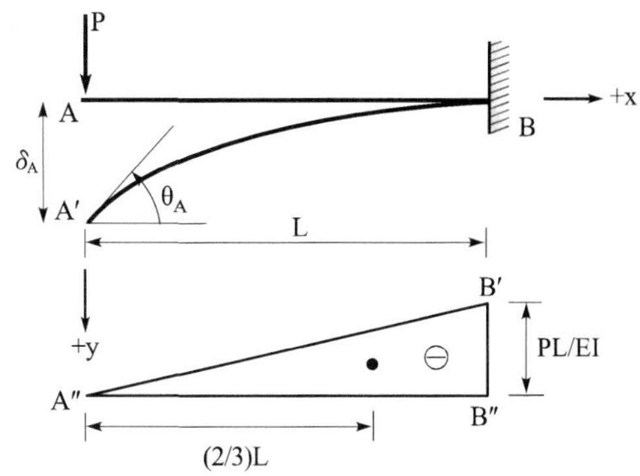

$$\theta_A = \frac{A}{EI} = A''B''B'$$

$$= -\frac{1}{2}\times L \times \frac{PL}{EI} = -\frac{PL^2}{2EI}\ (\curvearrowleft)$$

$$\delta_A = AA' = \frac{A}{EI}x_o$$

$$= -\frac{PL^2}{2EI}\times\left(-\frac{2}{3}L\right) = \frac{PL^3}{3EI}\ (\downarrow)$$

[탄성곡선법]

$$\frac{dy}{dx} = \theta_x = \frac{PL^2}{2EI}\left(\frac{x^2}{L^2}-1\right)\ ;\ \theta_A = \theta_{x=0} = -\frac{PL^2}{2EI}\ (\curvearrowleft)$$

$$y = \delta_x = \frac{PL^3}{3EI}\left(\frac{x^3}{2L^3}-\frac{3x}{2L}+1\right)\ ;\ \delta_A = \delta_{x=0} = \frac{PL^3}{3EI}\ (\downarrow)$$

11.3 탄성하중법

탄성하중법(彈性荷重法, elastic load method, conjugate-beam method)은 독일의 Mohr교수에 의하여 연구된 탄성이론이다.

탄성곡선식과 힘의 평형식을 비교하면 〈표 11.1〉과 같다. 이 표의 좌우를 비교하면 식의 표현이 동일하다는 것을 알 수 있다.

즉, $\omega' = M/EI$; 가상 하중

$Q' = \theta$; 가상 전단력

$M' = y$; 가상 휨모멘트

〈표 11.1〉 변형과 힘의 관계식

변형의 관계식	힘의 관계식
(변형량) y, θ, M/EI	(힘의 량) M, Q, ω
$\frac{dy}{dx} = \theta$	$\frac{dM}{dx} = Q$
$\frac{d^2y}{dx^2} = \frac{d\theta}{dx} = -\frac{M}{EI}$	$\frac{d^2M}{dx^2} = \frac{dQ}{dx} = -\omega$

힘의 평형관계로부터 $\omega' \cdot Q' \cdot M'$을 구하고 결과적으로 θ·y를 얻을 수 있다, 이와 같이 과학적인 지식이 있으면 힘의 평형관계를 이용하여 대수적 수법으로 해를 얻을 수 있게 된다.

등가하중 ($\omega' = M/EI$)에 의한 부재응력 (M′ 또는 Q′)을 계산하면 변형량 (θ 또는 y)을 구할 수 있지만, 지점에서의 상황이 다르다. 당초의 구조물과 등가하중의 작용을 받는 가상구조물과의 차이를 고려할 필요가 있다. 〈그림 11.6〉에 나타낸 것처럼 지점조건을 교체함으로써 변형량을 등가 부재응력으로 바꿀 수 있다. 이러한 경계조건을 만족하도록 실제 보에서의 지지조건을 수정한 보를 공액보 (共軛보, conjugate beam)이라 한다.

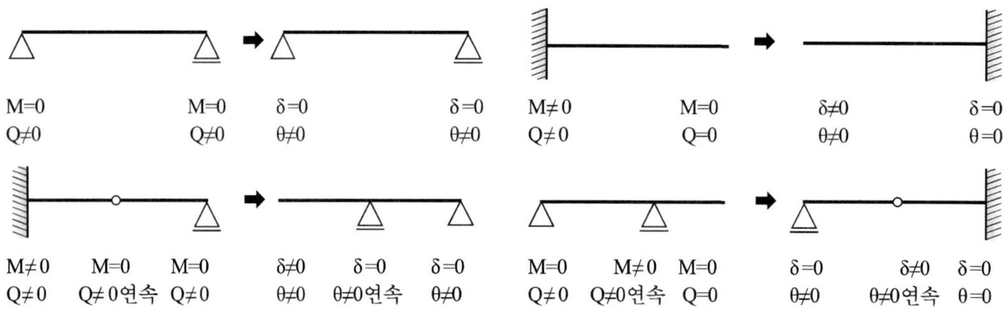

〈그림 11.6〉 실제보와 공액보의 지점 및 절점 교체

지점 조건의 교체는

① 핀 지점이나 롤러 지점 → 그대로 교체 없음

② 고정단 → 자유단 ; 자유단 → 고정단

③ 연속보 지점 → 핀 접합점 ; 핀 접합점 → 연속보 지점

과 같이 한다.

이상의 결과로부터 얻어지는 관계를 Mohr의 정리(Mohr의 定理, Mohr's theorem)라고 한다.

Mohr의 정리

(1) 정리 1 : 단순보

휨모멘트도의 면적에 $\frac{1}{EI}$배를 한 $\frac{M}{EI}$도가 동일보의 하중이라고 가상할 때,

① 각 보의 처짐각(θ)은 그 점에서의 전단력과 같고,

② 각 보의 처짐(δ)은 그 점의 휨모멘트와 같다.

(2) 정리 2 : 캔틸레버

고정단과 임의 지점 사이의 휨모멘트의 면적에 $\frac{1}{EI}$배를 한 $\frac{M}{EI}$도가 하중이라고 가상하고, 고정단과 자유단을 교환하여 생각할 때,

① 각 점의 처짐각(θ)은 그 점의 전단력과 같고,

② 각 점의 처짐(δ)은 그 점의 휨모멘트와 같다.

Mohr의 정리를 이용하여 변형량을 구하기 위해서는 아래의 순서를 따른다.

① 정정보의 휨모멘트를 구한다.

② $\omega' = M/EI$를 등가 하중으로 하여 지점조건을 교체한다 (〈그림 11.6〉 참조).

③ 변형을 구하고 싶은 점의 등가하중에 의한 M′을 구하여 처짐 y로 한다. 변형을 구하고 싶은 점의 등가하중에 의한 Q′를 구하여 처짐각 θ로 한다.

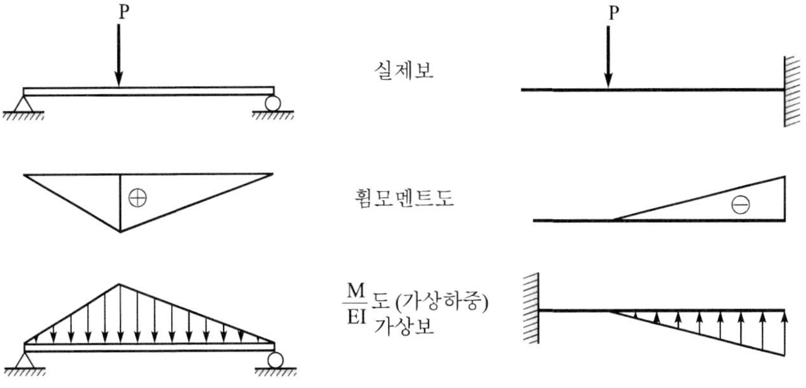

〈그림 11.7〉 Mohr의 정리 개념도

예제 11.3 **탄성하중법**

[예제 11.1]을 탄성하중법을 사용하여 구하시오.

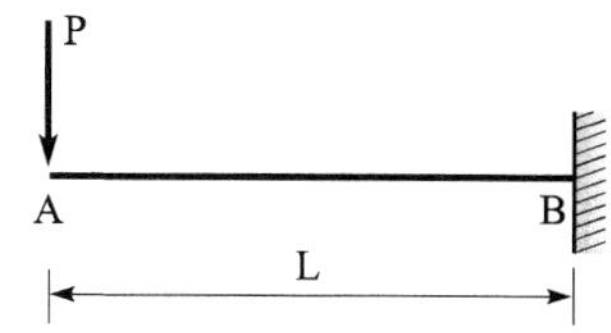

풀이

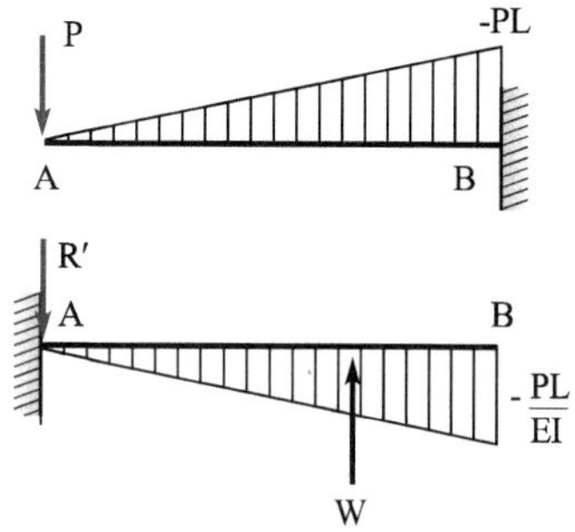

$$\theta_A = -\frac{1}{2} \times L \times \frac{PL}{EI} = -\frac{PL^2}{2EI} \ (\curvearrowleft)$$

A점의 전단력

$$\delta_A = W \times (-\frac{2}{3}L)$$

$$= -\frac{PL^2}{2EI} \times \left(-\frac{2}{3}L\right) = \frac{PL^3}{3EI} \ (\downarrow)$$

A점의 휨모멘트

[탄성곡선법]

$$\frac{dy}{dx} = \theta_x = \frac{PL^2}{2EI}\left(\frac{x^2}{L^2} - 1\right) \ ; \ \theta_A = \theta_{x=0} = -\frac{PL^2}{2EI} \ (\curvearrowleft)$$

$$y = \delta_x = \frac{PL^3}{3EI}\left(\frac{x^3}{2L^3} - \frac{3x}{2L} + 1\right) \ ; \ \delta_A = \delta_{x=0} = \frac{PL^3}{3EI} \ (\downarrow)$$

[휨모멘트면적법]

$$\theta_A = \frac{A}{EI} = A''B''B' = -\frac{1}{2} \times L \times \frac{PL}{EI} = -\frac{PL^2}{2EI} \ (\curvearrowleft)$$

$$\delta_A = AA' = \frac{A}{EI}x_o = -\frac{PL^2}{2EI} \times \left(-\frac{2}{3}L\right) = \frac{PL^3}{3EI} \ (\downarrow)$$

〈표 11.2〉 탄성하중의 도심과 면적

도형	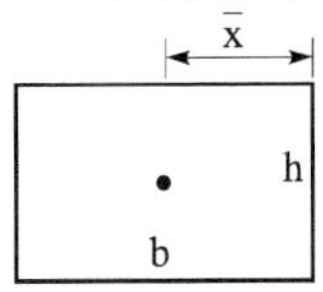	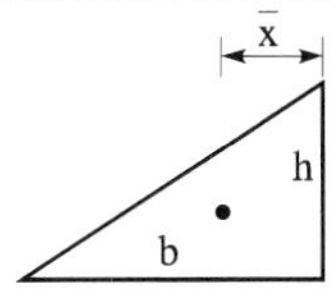	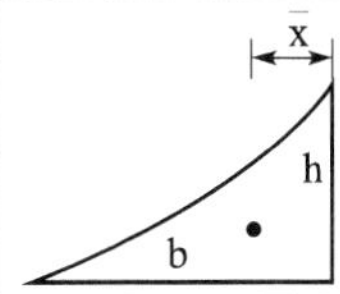	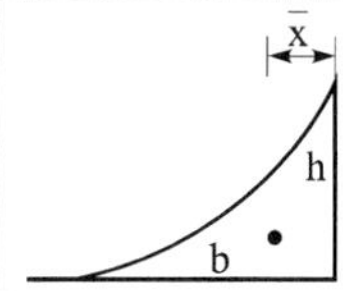	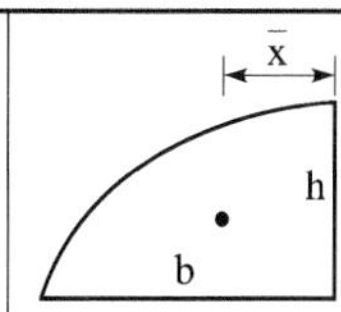
도심 ($\bar{x}$)	$\frac{1}{2}b$	$\frac{1}{3}b$	$\frac{1}{4}b$	$\frac{1}{5}b$	$\frac{3}{8}b$
면적 (A)	bh	$\frac{1}{2}bh$	$\frac{1}{3}bh$	$\frac{1}{4}bh$	$\frac{2}{3}bh$

* 도심 $\bar{x} = \frac{1}{n+2}b$ 면적 $A = \frac{1}{n+1}bh$

예제 11.4 **탄성하중법**

그림과 같은 모멘트하중을 받는 단순보에서 중앙 C점의 연직변위 δ_C와 A점의 회전각 θ_A를 구하시오.

$I = 1.0 \times 10^4 cm^4$, $E = 2.1 \times 10^4 kN/cm^2$

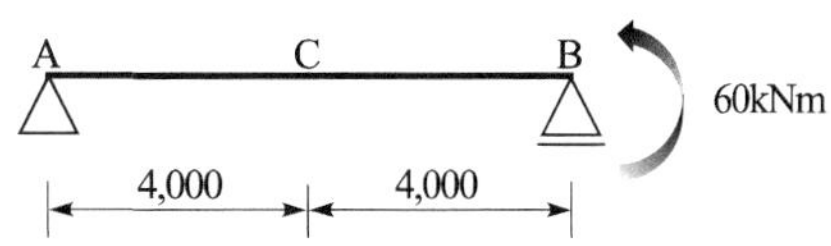

풀이

단순보의 모멘트도를 구한 후, 탄성하중을 작용시켜 처짐 (탄성하중에 의한 M), 처짐각 (탄성하중에 의한 Q)을 구한다.

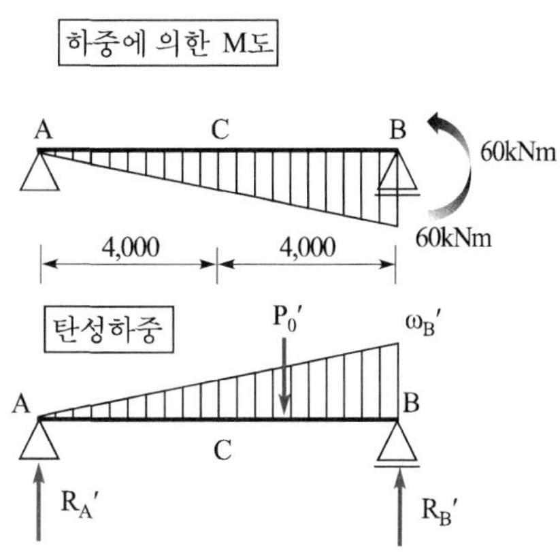

$$\sum M_B = R_A' \times L - \frac{M}{EI} \times L \times \frac{1}{2} \times \frac{L}{3} = 0$$

$$\theta_A = R_A' = \frac{ML}{6EI}$$

$$= \frac{60 \times 100 \times 800}{6 \times (2.1 \times 10^4) \times (1.0 \times 10^4)}$$

$$= 3.81 \times 10^{-3} rad$$

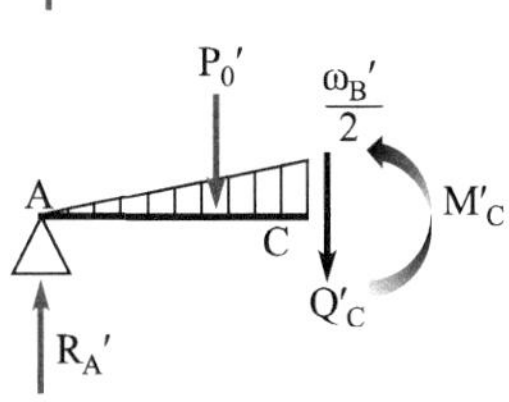

$$M_C' = R_A' \times \frac{L}{2} - \left(\frac{\omega_B'}{2} \times \frac{L}{2} \times \frac{1}{2}\right) \times \frac{L}{6}$$

$$= \frac{ML}{6EI} \times \frac{L}{2} - \frac{ML}{8EI} \times \frac{L}{6} = \frac{ML^2}{16EI}$$

$$\delta_C = M_C' = \frac{ML^2}{16EI}$$

$$= \frac{(60 \times 100) \times 800^2}{16 \times (2.1 \times 10^4) \times (1.0 \times 10^4)} = 1.14\,\text{cm}$$

미니지식 **크리스티안 오토 모어 (Christian Otto Mohr ; 독일, 1835~1918)**

크리스티안 오토 모어는 독일의 홀슈타인에서 출생한 토목기술자이다. 1867년 슈투트가르트 공과대학 및 1873년 드레스덴 공과대학의 교수가 되었다. 모어는 학생들에게 인기가 있는 직접적이고 꾸밈없는 강의 스타일을 가지고 있었으며, 재료의 구조와 강도에 관한 많은 연구 논문을 발표했다.

응용역학을 연구하여 정역학 체계의 정비와 발전에 업적을 세웠다. 트러스의 도해역학, 클라페롱 공식에 관한 연구 등에 힘썼으며, 보 이론에서는 처짐 및 처짐각에 관한 '모어의 정리', 파괴 이론에서는 '모어의 원'으로 많이 알려졌다.

1900년에 은퇴했지만, 1918년 10월 2일 사망할 때까지 드레스덴에서 과학 활동을 계속했다.

[출처 ; 두산백과 doopedia 및 위키피디아®]

예제 11.5 **탄성하중법**

그림과 같은 집중하중을 받는 단순보에서 C점의 연직변위 δ_C와 A점의 회전각 θ_A를 구하시오.
$I = 1.0 \times 10^4 cm^4$, $E = 2.1 \times 10^4 kN/cm^2$

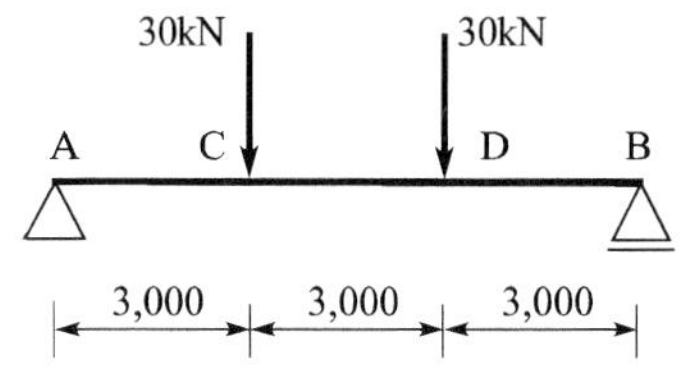

풀이

단순보의 모멘트도를 구한 후, 탄성하중을 작용시켜 처짐(탄성하중에 의한 M), 처짐각(탄성하중에 의한 Q)을 구한다

하중에 의한 M도

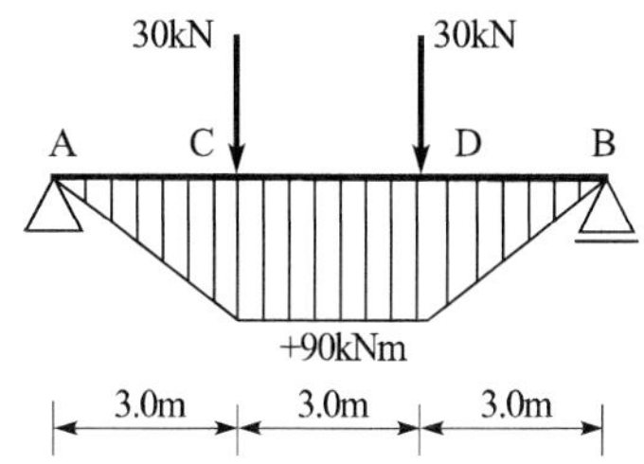

탄성하중

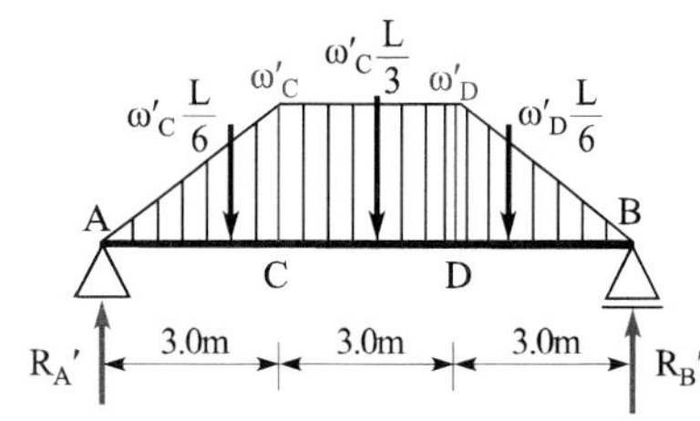

$$\sum M_B = R_A' \times L - \omega_C' \frac{L}{6} \times \left(\frac{L}{3} \times \frac{1}{3} + \frac{2L}{3}\right) - \omega_C' \frac{L}{3} \times \left(\frac{L}{3} \times \frac{1}{2} + \frac{L}{3}\right) - \omega_C' \frac{L}{6} \times \left(\frac{L}{3} \times \frac{2}{3}\right) = 0$$

$$\sum M_B = R_A' L - \frac{7\omega_C' L^2}{54} - \frac{\omega_C' L^2}{6} - \frac{\omega_C' L^2}{27} = 0$$

$$\theta_A = R_A' = \frac{\omega_C' L}{3} = \frac{M_C L}{3EI} = \frac{(90 \times 100) \times 900}{3 \times (2.1 \times 10^4) \times (1.0 \times 10^4)} = 1.29 \times 10^{-2} rad$$

$$M_C' = R_A' \times \frac{L}{3} - \frac{\omega_C' L}{6} \times \left(\frac{L}{3} \times \frac{1}{3}\right) = \frac{M_C L}{3EI} \times \frac{L}{3} - \frac{M_C L}{6EI} \times \frac{L}{9} = \frac{5 M_C L^2}{54EI}$$

$$\delta_C = M_C' = \frac{5 M_C L^2}{54EI} = \frac{5 \times (90 \times 100) \times 900^2}{54 \times (2.1 \times 10^4) \times (1.0 \times 10^4)} = 3.21 cm$$

11.4 일과 에너지

11.4.1 일

물체를 움직이거나 보를 변형시키려면 계속해서 힘을 작용시켜야 한다. 이때 변형이 발생하고 있으므로,

일 = 힘 × 변형 (단위 : kNcm = kN × cm)

로서 일의 량을 정의한다.

(1) 힘이 일정할 경우

〈그림 11.8(a)〉와 같이 힘이 일정하게 작용하는 경우, 일 W는

$$W = P\delta \tag{11.13}$$

로 표시할 수 있다.

(2) 힘이 변화하는 경우

〈그림 11.8(b)〉와 같이 단순보에 힘을 작용시키는 경우는 힘을 점차 크게 했으므로 δ_x로 변형되었을 때 힘은 Px이다. 그 상태로 미소변형 $d\delta_x$만 변형한 경우의 일은

$$W_x = P_x\, d\delta_x \tag{11.14}$$

이며, $P_x = P_0\delta_x/\delta_0$의 관계를 이용하여

$$W_x = \frac{P_0}{\delta_0}\delta_x\, d\delta_x$$

전체 일의 량 W는 변형량을 0에서 δ_0까지 적분하면

$$W = \int_0^{\delta_0} W_x = \int_0^{\delta_0} \frac{P_0}{\delta_0} \delta_x \, d\delta_x = \frac{P_0}{\delta_0} \left[\frac{1}{2} \delta_x^2 \right]_0^{\delta_0} = \frac{1}{2} P_0 \delta_0 \tag{11.15}$$

로 되고, 이 값은 삼각형 (OAB)의 면적과 같다.

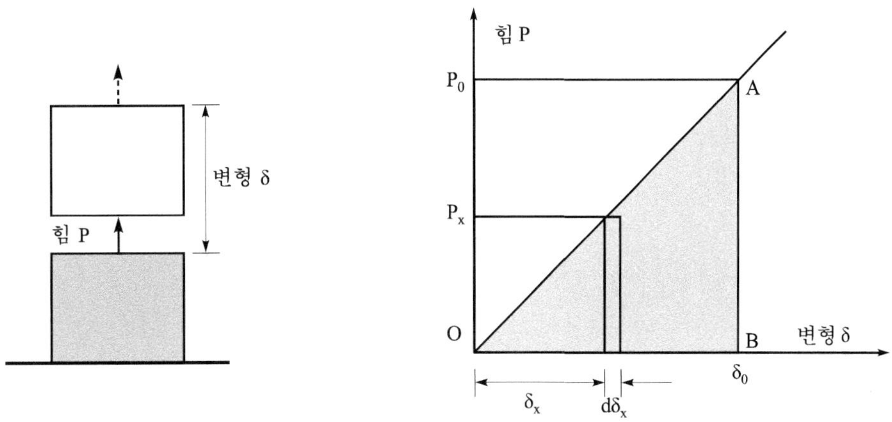

(a) 힘이 일정한 경우　　(b) 힘이 변화하는 경우

〈그림 11.8〉 힘과 일

11.4.2 변형에너지

부재가 외력의 작용을 받아 부재응력이 생기고 변형될 때 부재 내부에는 변형에너지가 축적된다. 변형에너지는 부재응력에 대응하여 축방향력, 휨모멘트, 전단력에 의한 변형에너지가 있다.

(1) 축방향력에 의한 변형에너지

〈그림 11.9〉와 같이 축방향력 N을 받는 부재의 변형에너지를 산정한다. 미소부분 dx에 작용하고 있는 힘은 N이고, 그 상태로 미소변형 $d\delta_x$ 만 변형한 경우의 일에서 변형에너지를 계산할 수 있다.

$$N = \sigma_x A \tag{11.16}$$

$$d\delta_x = \epsilon_x d_x = \frac{\sigma_x}{E} dx = \frac{N}{EA} dx$$

이며, 미소부분의 변형에너지 W_N' 은

$$W_N' = \frac{1}{2} N\, d\delta_x = \frac{N^2}{2EA} dx$$

부재 전체 길이의 변형에너지 W_N 은

$$W_N = \int_0^{\delta_0} W_N' = \int_0^{\delta_0} \frac{N^2}{2EA} dx \qquad (11.17)$$

가 되고, 부재의 축방향 강성 EA가 일정하면,

$$W_N = \frac{N^2}{2EA} L \qquad (11.18)$$

로 된다. 단위는 $(kN^2)cm/(kN/cm^2) \cdot cm^2 = kNcm$가 되고, (힘 × 변형)의 단위로 되어 있다.

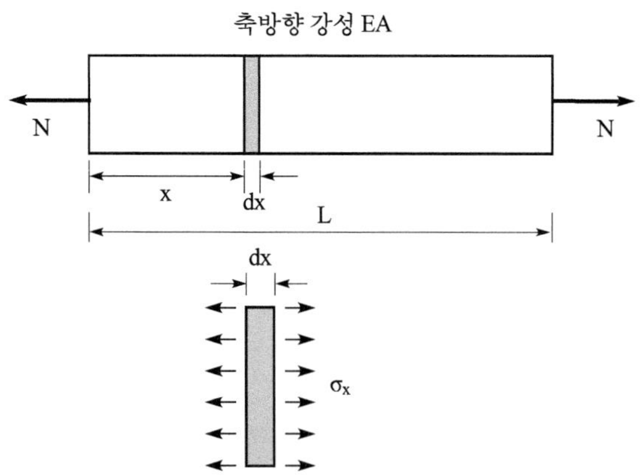

〈그림 11.9〉 축방향력에 의한 변형에너지

(2) 휨모멘트에 의한 변형에너지

부재의 수평방향으로 x, 단면 내의 높이 y의 위치에 어느 미소부분의 변형에너지를 구한다(〈그림 11.10〉).

$$P_x = \sigma_y dA \qquad d\delta_x = \epsilon_y dx = \frac{\sigma_y}{E} dx \tag{11.19}$$

$\sigma_y = \dfrac{2\sigma_c}{h} y$의 관계를 이용하여 dA 부분의 변형에너지 W_M'' 는

$$W_M'' = \frac{1}{2} P_x d\delta_x = \frac{\sigma_y^2}{2E} dA\,dx = \frac{2\sigma_c^2}{Eh^2} y^2 dA\,dx$$

로 된다. 이것을 dA에 대하여 적분하면, 미소부분 dx의 전단면 변형에너지 W_M' 을 얻을 수 있다.

$$W_M' = \int W_M'' dA = \frac{2\sigma_c^2}{Eh^2} \int_{-h/2}^{h/2} y^2 dA\,dx = \frac{2\sigma_c^2}{Eh^2} I dx$$

여기서, 단면2차모멘트 $I = \displaystyle\int_{-h/2}^{h/2} y^2 dA$ 이다.

아울러, $\sigma_c = Mh/2I$ 의 관계를 이용하여 부재 전체길이의 변형에너지 W_M는

$$W_M = \int_0^L W_M' dx = \int_0^L \frac{2\sigma_c^2}{Eh^2} I dx = \int_0^L \left(\frac{2}{Eh^2} \cdot \frac{M^2 h^2}{4I^2} \right) I dx = \int_0^L \frac{M^2}{2EI} dx \tag{11.20}$$

부재 전체 길이에 걸쳐 EI가 일정하면,

$$W_M = \frac{M^2}{2EI} L \tag{11.21}$$

로 된다. 단위는 $(kN^2cm^2)cm/(kN/cm^2) \cdot cm^4$=kNcm로 되어 에너지 량이 된다.

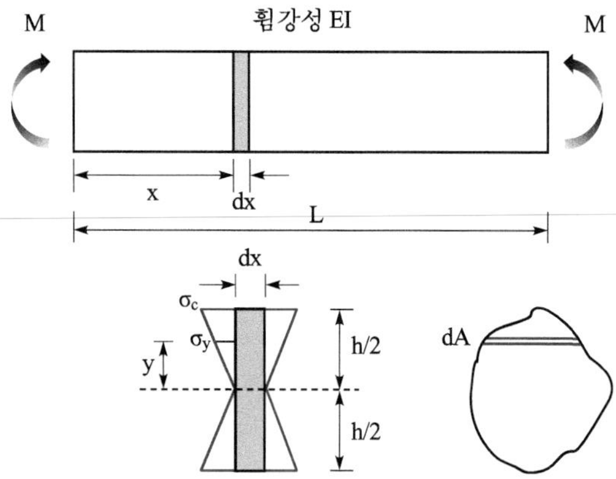

〈그림 11.10〉 휨모멘트에 의한 변형에너지

(3) 전단력에 의한 변형에너지

부재의 수평방향으로 x, 단면 내의 높이 y의 위치에 어느 미소부분의 변형에너지를 구한다(〈그림 11.11〉).

$$P_x = \tau_y dA \qquad d\delta_x = \gamma_y dx \tag{11.19}$$

아울러, $\tau_y = \dfrac{QS_y}{bI}$의 관계를 이용하여 (9.3 절 참조),

$$W_Q'' = \frac{1}{2} P_x d\delta_x = \frac{\tau_y^2}{2G} dA\,dx = \frac{Q^2 S_y^2}{2Gb^2 I^2} dA\,dx$$

로 된다. 이것을 dA에 대하여 적분하면, 미소부분 dx의 전단면 변형에너지 W_Q'를 구할 수 있다.

$$W_Q' = \int W_Q'' dA = \int_{-h/2}^{h/2} \frac{Q^2 S_y^2}{2Gb^2 I^2} dA\,dx$$

아울러, 계수 k를 정의하여 $k = A\int_{-h/2}^{h/2}(S_y^2/b^2I^2)dA$ 를 이용하여, 부재 전체 길이에 대하여 적분하여 전체 변형에너지 W_Q를 구할 수 있다.

$$W_Q = \int_0^L W_Q' dx = \int_0^L \int_{-h/2}^{h/2} \frac{Q^2 S_y^2}{2Gb^2I^2} dA\, dx = \int_0^L \frac{kQ^2}{2GA} dx \tag{11.20}$$

부재 전체 길이에 걸쳐 GA가 일정하면,

$$W_Q = \frac{kQ^2}{2GA} L \tag{11.21}$$

로 된다. 단위는 $(kN^2)cm/(kN/cm^2) \cdot cm^2 = kNcm$로 되어 에너지 량이 된다.

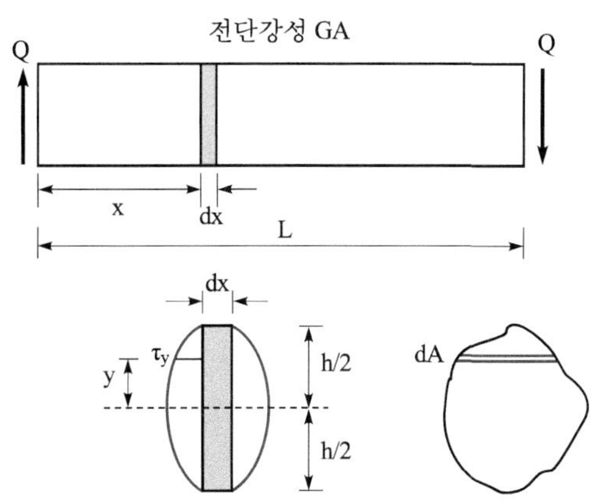

〈그림 11.11〉 전단력에 의한 변형에너지

(4) 전체 변형에너지

부재의 전체 에너지는 각 변형에너지의 전체합으로 정의된다.

$$\begin{aligned} W &= W_N + W_M + W_Q \\ &= \int_0^L \frac{N^2}{2EA}dx + \int_0^L \frac{M^2}{2EI}dx + \int_0^L \frac{kQ^2}{2GA}dx \end{aligned} \tag{11.22}$$

이상의 계산은 하나의 부재에 대하여 해 왔으나, 구조물이 복수의 부재로 구성되어 있는 경우 전 부재의 변형에너지를 집계하면, 구조물 전체의 변형에너지를 산정할 수 있다.

아울러, 이 변형에너지의 전체 합은 외력의 일과 동등하므로, 하나의 외력 P_0에 따른 변형 δ_0가 생긴다고 하면,

$$W = \frac{1}{2}P_0\delta_0 = \int_0^L \frac{N^2}{2EA}dx + \int_0^L \frac{M^2}{2EI}dx + \int_0^L \frac{kQ^2}{2GA}dx \tag{11.23}$$

로 되고, 이 관계에서 변형량 δ_0를 구하는 것도 가능하다.

예제 11.6 **축력을 받는 부재의 변형에너지**

그림과 같은 응력을 받을 때 압축변형에너지를 구하시오. 다만, 영계수 $E = 2.1 \times 10^3 kN/cm^2$이다.

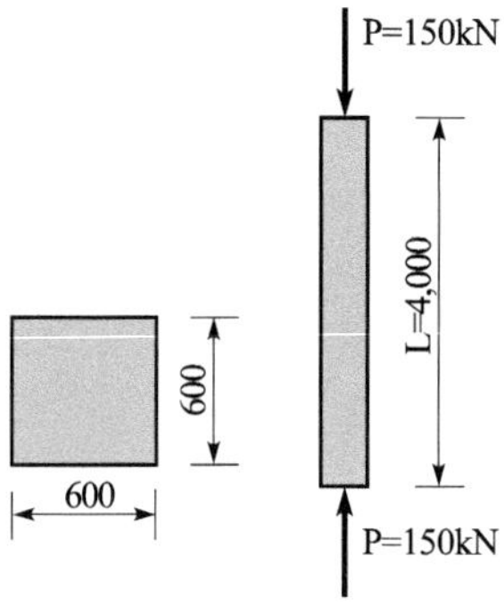

풀이

$$W_N = \int_0^L \frac{N^2}{2EA}dx = \frac{P^2}{2EA}\int_0^L dx = \frac{P^2}{2EA}[x]_0^L = \frac{P^2L}{2EA}$$

$$= \frac{150^2 \times 400}{2 \times (2.1 \times 10^3) \times (60 \times 60)} = 5.95 \times 10^{-1}\,\text{kNcm}$$

예제 11.7 **단순보의 변형에너지**

그림과 같이 집중하중을 받는 단순보의 휨모멘트 및 휨변형에 의한 변형에너지를 구하시오.

다만, 영계수 $E = 2.1 \times 10^3 \text{kN/cm}^2$이다.

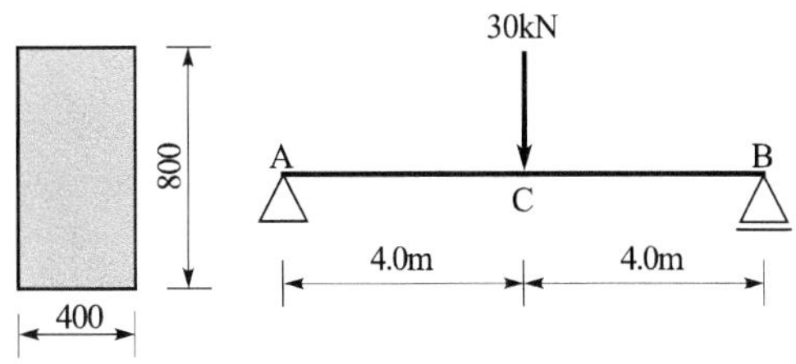

풀이

변형에너지의 계산은 좌우대칭이므로 좌반부(x=0~L/2)를 계산한 후 2배를 한다.

$$M_x = \frac{P}{2}x$$

$$W_M = \int_0^L \frac{M_x^2}{2EI}dx = 2\int_0^{L/2} \frac{M_x^2}{2EI}dx$$

$$= \frac{P^2}{4EI}\left[\frac{x^3}{3}\right]_0^{L/2} = \frac{P^2}{12EI} \times \left(\frac{L}{2}\right)^3 = \frac{P^2L^3}{96EI}$$

$$= \frac{(30)^2 \times (800)^3}{96 \times (2.1 \times 10^3) \times (40 \times 80^3/12)} = 1.34\,\text{kNcm}$$

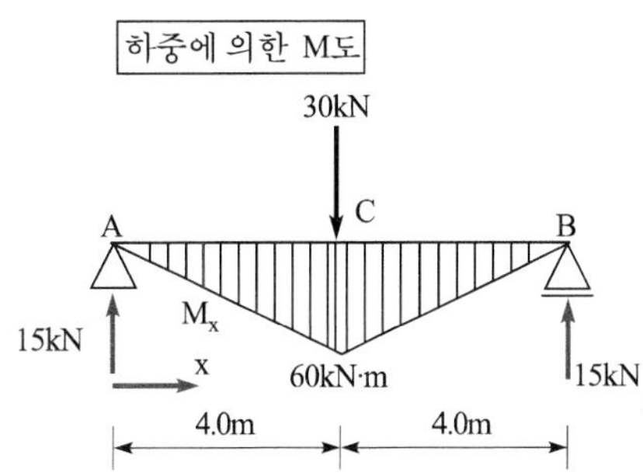

11.5 단위하중법

단위하중법(單位荷重法, unit load method)은 1717년 Johann Bernoulli에 의해 발표된 에너지법의 일종으로 가상일법이라 불리운다. 선부재의 변형을 산정할 때 쓰이며, 주로 트러스나 아치 구조물의 변형이나 부정정 반력을 구할 때 많이 사용된다.

가상일의 원리(仮想일의 原理, principle of virtual work)란 "평형을 유지하고 있는 구조물에 가상의 외력 또는 기타 다른 원인에 의하여 그 평형의 위치부터 미소한 변위를 일으킨 때에 실제의 외력 및 구조물이 얻은 가상일의 총량은 0이다."

외력이 의한 가상일 ≡ 내력에 의한 가상일 (11.24a)

$$P\delta = \int \frac{M_0 M_1}{EI} ds + \int \frac{N_0 N_1}{EA} ds + k \int \frac{Q_0 Q_1}{GA} ds \tag{11.24b}$$

하중 P 대신 단위하중 $\overline{P} = 1$을 사용하면,

$$1 \cdot \delta = \int \frac{M_0 M_1}{EI} ds + \int \frac{N_0 N_1}{EA} ds + k \int \frac{Q_0 Q_1}{GA} ds \tag{11.25}$$

휨재, 골조 및 아치의 경우(축력과 전단력의 영향을 무시할 수 있을 경우) ;

$$\delta(\text{또는 } \theta) = \int \frac{M_0 M_1}{EI} ds \quad (ds = dx, dy, r d\theta) \tag{11.26}$$

트러스의 경우 ;

$$\delta = \int_0^L \frac{N_0 N_1}{EA} dx = \frac{N_0 N_1}{EA} \int_0^L dx = \frac{\mathbf{N_0 N_1}}{EA} L \quad ; \quad \delta = \sum \frac{N_0 N_1 L}{EA} \tag{11.27}$$

미니지식 **요한 베르누이 (Johann Bernoulli ; 스위스 1667~1748)**

요한 베르누이는 스위스의 수학자이며, 17세기~18세기에 걸쳐 여러 명의 수학자와 과학자를 배출한 베르누이 가문 출신으로 그의 큰형 야코프 베르누이를 비롯해 아들 니콜라우스 베르누이 1세, 니콜라우스 베르누이 2세, 다니엘 베르누이, 요한 베르누이 2세 등이 모두 수학자였다.

요한은 형 야코프와 함께 아버지의 반대를 무릅쓰고 수학 공부를 했고, 당대 최고의 수학자였던 고트프리트 빌헬름 라이프니츠와 서신을 교환하며 수학자로서 인정을 받았다. 두 형제는 라이프니츠의 미적분학 발전에 공을 세웠다. 이후 요한은 프랑스로 건너가 기욤 드 로피탈의 재정적 지원을 받으며 그에게 미적분학을 가르쳤고, 그 과정에서 자신의 발견과 저작을 로피탈하고만 공유하겠다는 계약을 맺었다. 로피탈은 요한이 프랑스를 떠나고 난 뒤인 1696년 미적분학에 관한 저서를 출간했고 이 책은 호평을 받았다. 그러나 이 저서는 요한의 연구에 기초한 것으로 서문 또한 퐁트넬의 문장이었다. 요한은 훗날 바젤 대학에서 수학을 가르쳤으며, 그의 제자 중에는 레온하르트 오일러도 있었다.

요한 베르누이는 1717년 가상일의 원리(仮想일의 原理, principle of virtual work)를 개발하였는데, 단위하중법(單位荷重法, unit load method)라고도 한다.

[출처 : 위키피디아®]

예제 11.8 **단위하중법**

[예제 11.1]을 단위하중법을 사용하여 구하시오.

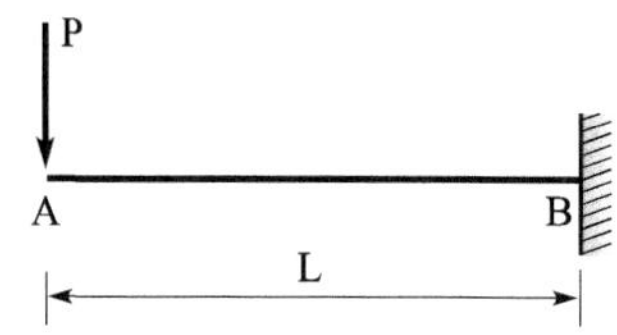

풀이

[연직변형 ; 처짐]

하중에 의한 M도

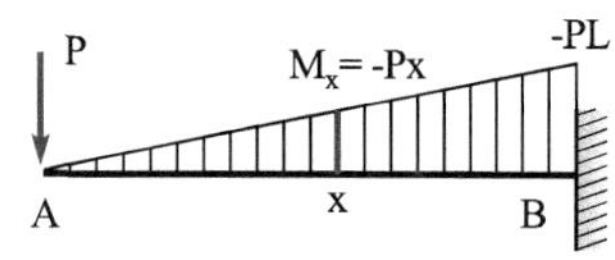

x위치에서의 모멘트는

$M_0 = -Px, \quad M_1 = -x$

$$\delta_A = \int_0^L \frac{M_0 M_1}{EI} dx = \int_0^L \frac{(-Px)(-x)}{EI} dx$$

$$= \frac{P}{EI}\left[\frac{x^3}{3}\right]_0^L = \frac{PL^3}{3EI}(\downarrow)$$

가상 하중에 의한 M도

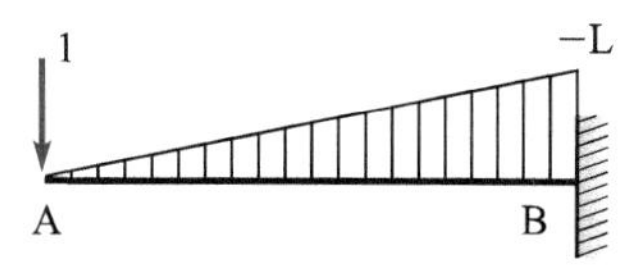

[회전각 ; 처짐각]

가상의 단위 모멘트에 의한 휨모멘트는

$M_1 = 1.0$

$$\theta_A = \int_0^L \frac{M_0 M_1}{EI} dx = \int_0^L \frac{(-Px)(+1.0)}{EI} dx$$

$$= \frac{P}{EI}\left[-\frac{x^2}{2}\right]_0^L = -\frac{PL^2}{2EI} \ (\curvearrowleft)$$

가상 모멘트에 의한 M도

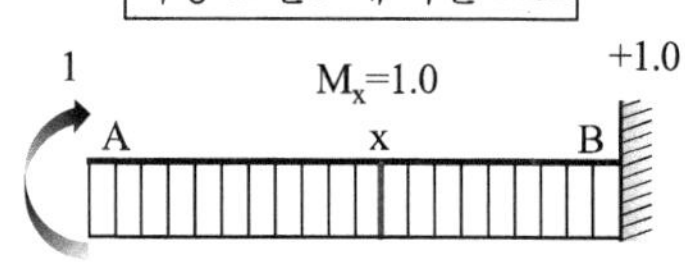

예제 11.9 **단위하중법**

그림과 같은 캔틸레버의 중앙 C점의 연직변형과 회전각을 단위하중법을 사용하여 구하시오. 다만, 부재의 휨강성 EI로 한다.

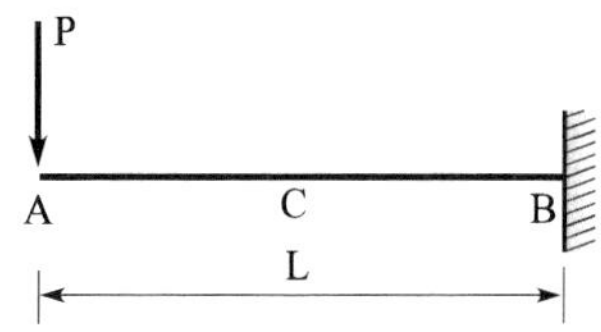

풀이

[연직변형 ; 처짐]

하중에 의한 M도

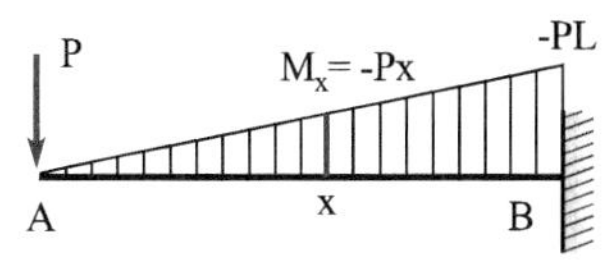

x위치에서의 모멘트는

$M_0 = -Px,$

$M_1 = -(x - L/2) \quad (x = L/2 \sim L)$

$$\delta_C = \int_0^L \frac{M_0 M_1}{EI} dx = \int_{L/2}^L \frac{-(-Px)(x - L/2)}{EI} dx$$

$$= \frac{P}{EI}\left[\frac{x^3}{3} - \frac{Lx^2}{4}\right]_{L/2}^L = \frac{5PL^3}{48EI}(\downarrow)$$

가상 하중에 의한 M도

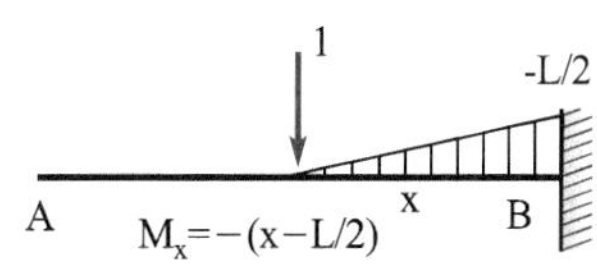

[회전각 ; 처짐각]

가상의 단위 모멘트에 의한 휨모멘트는

$M_1 = +1.0 \quad (x = L/2 \sim L)$

$$\theta_A = \int_0^L \frac{M_0 M_1}{EI} dx = \int_0^L \frac{(-Px)(1.0)}{EI} dx$$

$$= \frac{P}{EI}\left[-\frac{x^2}{2}\right]_{L/2}^L = -\frac{P}{2EI}\left[L^2 - \frac{L^2}{4}\right]$$

$$= -\frac{3PL^2}{8EI}(\curvearrowleft)$$

가상 모멘트에 의한 M도

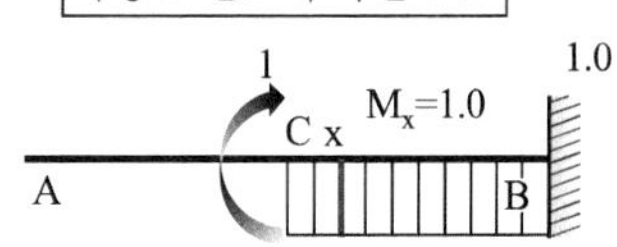

예제 11.10 **단위하중법**

A점의 처짐 δ_y, δ_x 그리고 처짐각 θ_A를 구하시오.

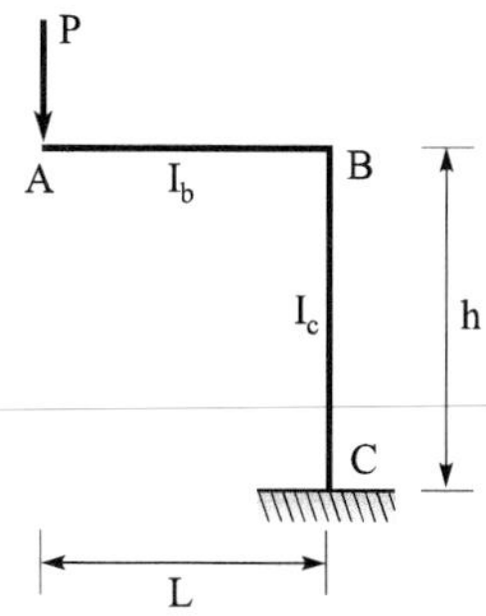

풀이

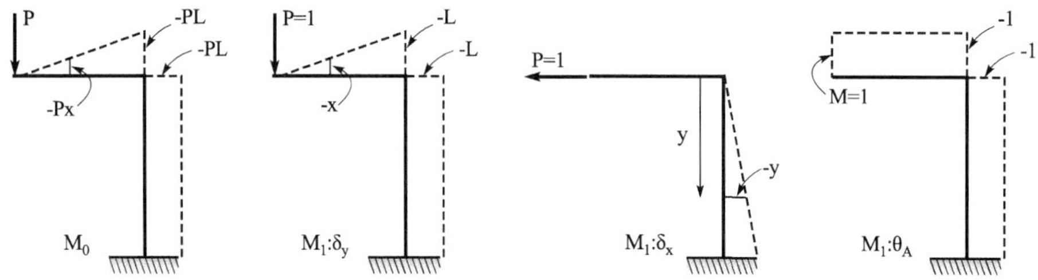

[연직변형 ; 연직처짐]

AB : M_0 =$-$Px, M_1 = $-$x ; BC : M_0 = $-$PL, M_1 = $-$L

$$\delta_y = \int_0^L \frac{(-Px)(-x)}{EI_b}dx + \int_0^h \frac{(-PL)(-L)}{EI_c}dy = \frac{P}{EI_b}\left[\frac{x^3}{3}\right]_0^L + \frac{PL^2}{EI_c}[y]_0^h$$

$$= \frac{PL^3}{3EI_b} + \frac{PL^2h}{EI_c} \ (\downarrow)$$

[수평변형 ; 수평처짐]

AB : M_0 =$-$Px, M_1 = 0 ; BC : M_0 = $-$PL, M_1 = $-$y

$$\delta_x = \int_0^L \frac{(-Px)(0)}{EI_b}dx + \int_0^h \frac{(-PL)(-y)}{EI_c}dy = \frac{PL}{EI_c}\left[\frac{1}{2}y^2\right]_0^h = \frac{PLh^2}{2EI_c} \ (\leftarrow)$$

[회전각 ; 처짐각]

AB : M_0 =$-$Px, M_1 = $-$1 ; BC : M_0 = $-$PL, M_1 = $-$1

$$\theta_A = \int_0^L \frac{(-Px)(-1)}{EI_b}dx + \int_0^h \frac{(-PL)(-1)}{EI_c}dy$$

$$= \frac{P}{EI_b}\left[\frac{1}{2}x^2\right]_0^L + \frac{PL}{EI_c}[y]_0^h = \frac{PL^2}{2EI_b} + \frac{PLh}{EI_c} \ (\curvearrowleft)$$

예제 11.11 **단위하중법**

δ_B를 구하시오. 다만, EI는 일정하다.

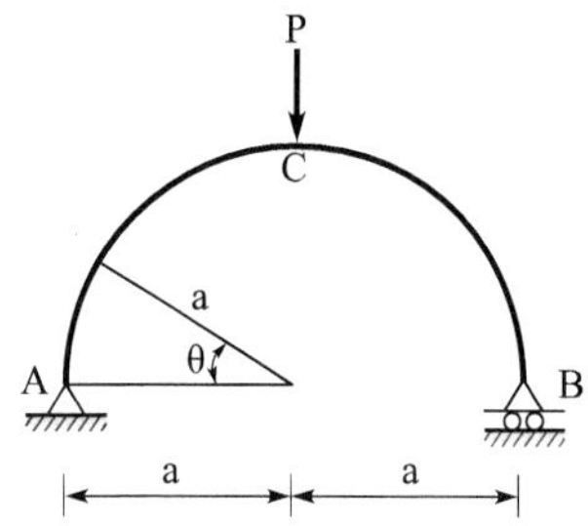

풀이

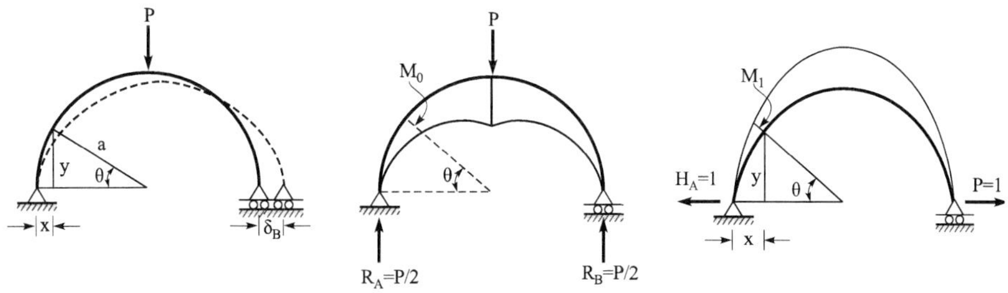

$X = a(1-\cos\theta),\ y = a\sin\theta \qquad M_0 = \frac{P}{2}\times\frac{Pa}{2}(1-\cos\theta) \qquad M_1 = H_A y = a\sin\theta$

[수평변형 ; 수평처짐]

$$\delta_B = \int\frac{M_0M_1}{EI}ds = \frac{2}{EI}\int_0^{\pi/2}\frac{P}{2}\times a(1-\cos\theta)\times a\sin\theta\times a d\theta = \frac{Pa^3}{EI}\int_0^{\pi/2}(1-\cos\theta)\sin\theta d\theta$$

$$= \frac{Pa^3}{EI}\int_0^{\pi/2}(\sin\theta-\cos\theta\sin\theta)d\theta = \frac{Pa^3}{EI}\left[-\cos\theta-\frac{1}{2}sin^2\theta\right]_0^{\pi/2}$$

$$= \frac{Pa^3}{EI}\left(-\frac{1}{2}+1\right) = \frac{Pa^3}{2EI}\ (\rightarrow)$$

예제 11.12 **단위하중법**

A점의 수평처짐 δ_A를 구하시오. 다만, EI는 일정하다.

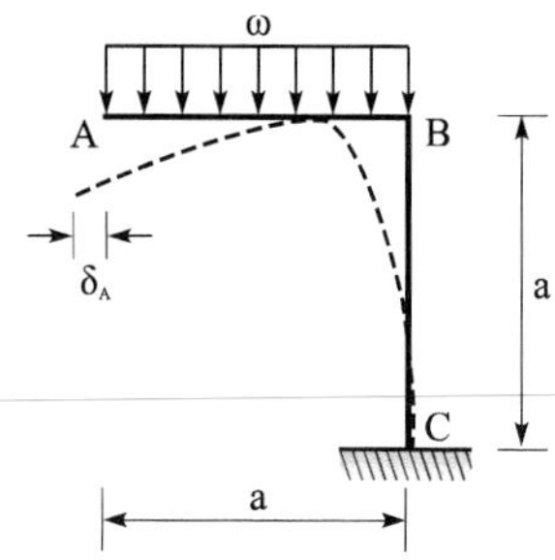

풀이

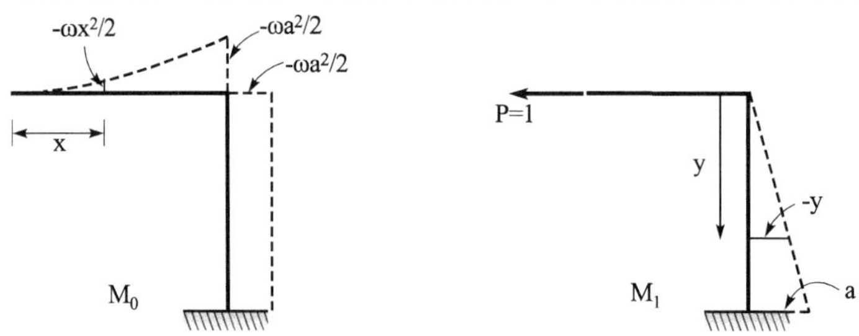

[수평변형 ; 수평처짐]

AB : $M_0=-\omega x^2/2$, $M_1=0$, BC : $M_0=-\omega a^2/2$, $M_1=-y$

$$\delta_A=\frac{1}{EI}\int_0^a\left(-\frac{\omega x^2}{2}\right)(0)dx+\frac{1}{EI}\int_0^a\left(-\frac{\omega a^2}{2}\right)(-y)dy=\frac{\omega a^2}{2EI}\left[\frac{1}{2}y^2\right]_0^a=\frac{\omega a^4}{4EI}\ (\leftarrow)$$

예제 11.12 단위하중법

트러스 C점의 처짐과 B점의 수평변위를 구하시오. 다만, E=800kN/cm², AD, DB부재 A=50cm², 기타 부재 A=40cm²이다.

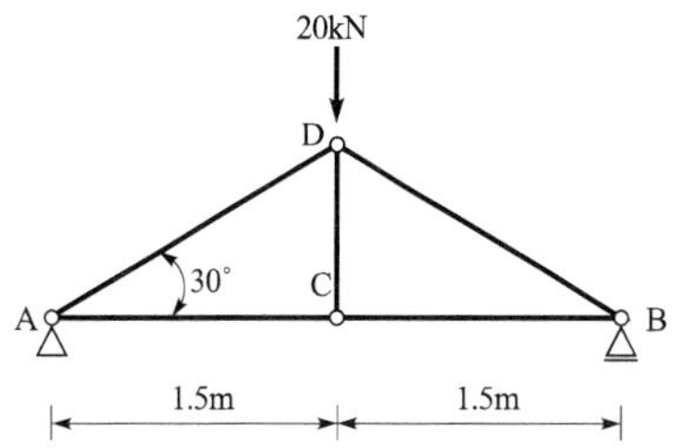

풀이

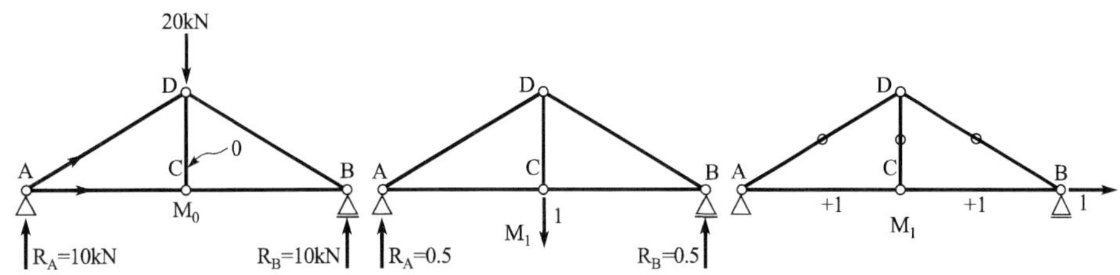

$AD \cdot \frac{1}{2} = -10, \quad \therefore AD = -20kN$ $\qquad AD \cdot \frac{1}{2} = -0.5, \quad \therefore AD = -1$

$AD \cdot \frac{\sqrt{3}}{2} + AC = 0, \quad \therefore AC = 10\sqrt{3}\,kN$ $\qquad AC = -(-1) \cdot \frac{\sqrt{3}}{2} = \frac{\sqrt{3}}{2}$

부재	N_0	N_1	L	N_0N_1L	A	EA	N_0N_1L/EA
AD, DB	−20	−1	$100\sqrt{3}$	$2000\sqrt{3}$	50	40000	$\sqrt{3}/20$
AC, CB	$10\sqrt{3}$	$\sqrt{3}/2$	150	2250	40	32000	2.25 / 32
DC	0	1	$50\sqrt{3}$	0	40	32000	0

[연직변형 ; 연직처짐]

$$\delta_C = \sum \frac{N_0N_1L}{EA} = 2 \times \left[\frac{(-20)(-1)(100\sqrt{3})}{(800)(50)} + \frac{(10\sqrt{3})(\sqrt{3}/2)(150)}{(800)(40)} \right]$$

$$= 2 \times \left(\frac{\sqrt{3}}{20} + \frac{2.25}{32} \right) = 0.314\,cm\ (\downarrow)$$

[수평변형 ; 수평처짐]

$$\delta_B = \sum \frac{N_0N_1L}{EA} = 2 \times \left[\frac{(10\sqrt{3})(1)(150)}{(800)(40)} \right] = 0.162\,cm\ (\rightarrow)$$

11.6 Castigliano의 정리

Castigliano의 정리 (Castigliano의 定理, Castigliano's theorem)는 1879년 이탈리아의 Alberto Castigliano가 발표한 탄성이론이다. 에너지 보존법칙에 따라 구조물에서 이루어지는 외부 일 양을 내부 일 양으로 계산하는 방법으로, 보 보다는 트러스나 골조 등에 유효한 방법이다.

정리 1 **Castigliano의 정리 1**

구조물에 하중이 작용하여 구조물 내에서 이루어지는 전 내부일을 구조물에 작용하는 어떤 집중하중 (또는 모멘트하중)으로 1회 미분하면 그 집중하중 (또는 모멘트하중) 방향의 변위 δ (또는 처짐각 θ)가 구해진다.

$$\delta = \frac{\partial W}{\partial P} \quad (\theta = \frac{\partial W}{\partial M_n}) \tag{11.28}$$

$$W = \int \frac{M^2}{2EI} dx + \int \frac{N^2}{2EA} dx + k \int \frac{Q^2}{2GA} dx \tag{11.29}$$

식 (11.29)를 식 (11.28)에 각각 대입하여 정리하면,

$$\delta = \frac{\partial W}{\partial P} = \frac{1}{EI} \int M \frac{\partial M}{\partial P} dx + \frac{1}{EA} \int N \frac{\partial N}{\partial P} dx + \frac{k}{GA} \int Q \frac{\partial Q}{\partial P} dx \tag{11.30}$$

$$\theta = \frac{\partial W}{\partial M_n} = \frac{1}{EI} \int M \frac{\partial M}{\partial M_n} dx + \frac{1}{EA} \int N \frac{\partial N}{\partial M_n} dx + \frac{k}{GA} \int Q \frac{\partial Q}{\partial M_n} dx \tag{11.31}$$

전단력에 의한 변형에너지는 극히 적으므로 무시한다.

정리 2 **Castigliano의 정리 2 ; 최소 일의 원리**

구조물에 대하여 아무 일도 하지 않은 외력으로서 구조물 내의 전 내부일을 1회 미분한 값은 영이 된다.

구조물에 작용하는 외력들은 구조체의 평형에 필요한 최소량의 일 만 한다. 즉, 구조물에 작용하는 외력들은 구조체 내에서 행하여지는 내부 일이 항상 최소량이 되도록 상호조절하여 구조물에 작용한다.

외력은 항상 구조물의 내부 일이 최소량이 되도록 구조물에 작용한다는 의미에서 이 정리를 최소일의 정리 또는 최소 일의 원리(最小 일의 原理, theorem of least work)라 부른다. Castigliano의 정리를 이용하여 변형량을 구하기 위해서는 아래의 순서를 따른다.

① 구하려는 변형량에 대응하는 가상하중을 작용시킨다.
② 실제하중과 가상하중에 의한 구조물의 외응력(N, Q, M)을 구한다.
③ 구조물에 작용하는 외응력(N, Q, M)과 처짐용 편미분값($\partial N/\partial P$, $\partial Q/\partial P$, $\partial M/\partial P$)과 처짐각용 편미분값($\partial N/\partial M_n$, $\partial Q/\partial M_n$, $\partial M/\partial M_n$)을 계산한 후, 가상하중을 영(zero)으로 한다.
④ 식 (11.30) 및 식 (11.31)을 이용해서 구하려는 변형량인 처짐과 처짐각을 구한다.

미니지식 **카를로 알베르토 카스티글리아노(Carlo Alberto Castigliano ; 이탈리아 1847~1884)**

Castigliano는 1866년 19세에 그의 고향인 Piedmont를 떠나 Umbria의 Terni 기술연구소에서 4년 동안 역학 및 기계 설계를 가르치고, 1870년에 토리노의 Polytechnic으로 돌아왔다. 그는 구조 이론에 대한 작업을 시작하여 1873년에 그의 유명한 논문의 첫 출판을 한 후, 북부 이탈리아 철도에서 일자리를 얻어 예술, 유지 보수, 서비스를 담당하는 사무국장이 되었다. 그는 죽을 때까지 그 지위를 유지했으며 계속해서 연구하고 글을 썼다.

Castigliano의 주요 공헌은 그의 이름으로 알려진 두 가지 정리이다.

첫 번째는 1873년에 발표된 논문의 내용으로, "선형 탄성 구조에 작용하는 힘(또는 모멘트)의 함수로 표현되는 변형에너지의 편미분은 힘(또는 모멘트)의 방향으로의 변위(또는 회전)과 같다(the partial derivative of the strain energy, considered as a function of the applied forces (or moments) acting on a linearly elastic structure, with respect to one of these forces (or moments), is equal to the displacement (or rotation)in the direction of the force (or moment) of its point of application)"이다.

두 번째는 1875년에 반력(또는 모멘트)의 작용점이 이동(또는 회전)을 일으키지 않을 때는 변형에너지를 그 반력(또는 모멘트)로 편미분한 값은 0이다(when the support corresponding to these reactions is unyielding, the partial derivative is zero)라는 정리를 발표하였다.

[출처 : ENCYCLOpedia.com]

예제 11.13 Castigliano 정리

[예제 11.1]을 Castigliano 정리를 사용하여 구하시오.

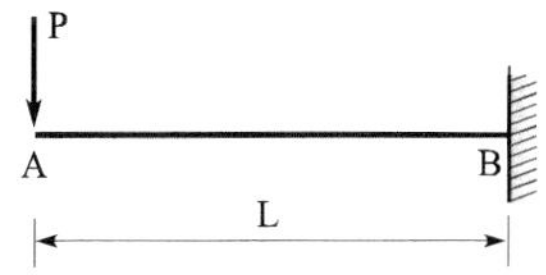

풀이

하중에 의한 M도

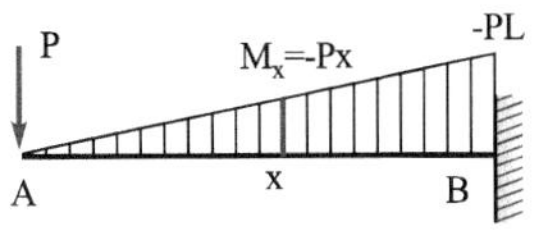

가상 하중에 의한 M도

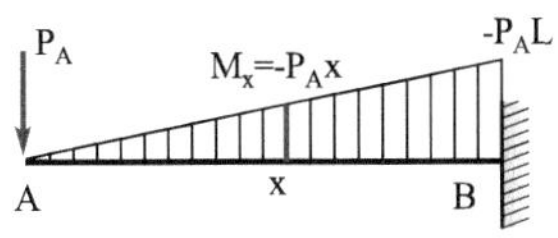

가상 모멘트에 의한 M도

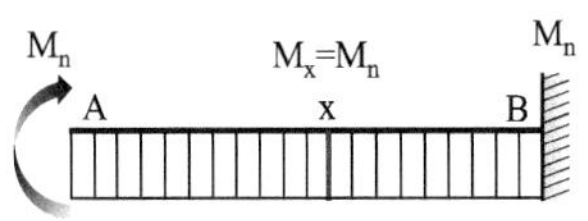

[연직변형 ; 처짐]

x위치에서의 모멘트는

$$M_x = -Px$$

$$W = \int_0^L \frac{M^2}{2EI}dx = \frac{1}{2EI}\int_0^L (-Px)^2 dx = \frac{1}{2EI} \times \left[\frac{P^2x^3}{3}\right]_0^L = \frac{P^2L^3}{6EI}$$

$$\delta_1 = \frac{\partial W}{\partial P} = \frac{\partial}{\partial P}\left(\frac{P^2L^3}{6EI}\right) = \frac{PL^3}{3EI}$$

$$\delta_2 = \frac{\partial W}{\partial P} = \frac{1}{EI}\int_0^L M\frac{\partial M}{\partial P}dx = \frac{1}{EI}\int_0^L (-Px)\frac{\partial(-Px)}{\partial P}dx$$

$$= \frac{1}{EI}\int_0^L Px^2 dx = \frac{P}{EI}\left[\frac{x^3}{3}\right]_0^L = \frac{PL^3}{3EI}$$

[주] $\delta = \dfrac{PL^3}{3EI}$; 외력에 의한 일 ; $W = \dfrac{1}{2}P\delta = \dfrac{1}{2}P\left(\dfrac{PL^3}{3EI}\right) = \dfrac{P^2L^3}{6EI} = W_M$

$$\delta_3 = \frac{2W_M}{P} = \frac{2}{P} \times \frac{P^2L^3}{6EI} = \frac{PL^3}{3EI} \ (\downarrow)$$

[회전각 ; 처짐각]

가상의 모멘트 M_n에 의한 휨모멘트는

$$M_x = -Px + M_n$$

$$\theta_A = \frac{\partial W}{\partial M_n} = \frac{1}{EI}\int_0^L M\frac{\partial M}{\partial M_n} = \frac{1}{EI}\int_0^L (-Px + M_n)(1)dx$$

$$= \frac{1}{EI}\left[\frac{-Px^2}{2}\right]_0^L = -\frac{PL^2}{2EI} \ (\curvearrowleft)$$

예제 11.14a **단위하중법, 탄성하중법, Castigliano 정리**

A점의 처짐 δ_A, θ_A를 단위하중법, 탄성하중법, Castigliano 정리를 사용해서 구하시오.

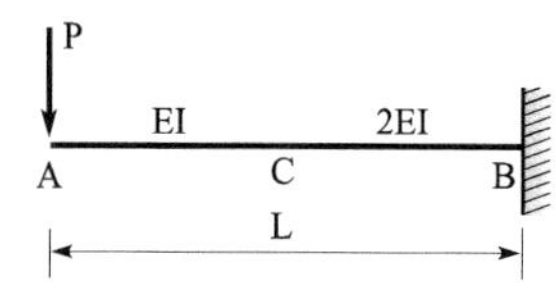

풀이

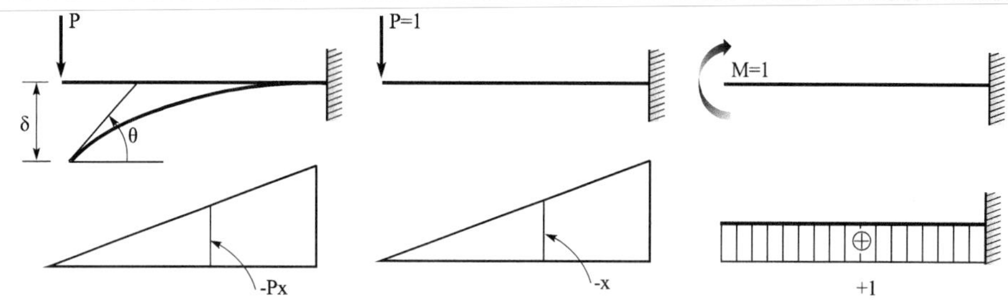

[단위하중법]

$$
\begin{aligned}
\delta_A &= \frac{1}{EI}\int_0^{L/2}(-Px)(-x)dx + \frac{1}{2EI}\int_{L/2}^{L}(-Px)(-x)dx \\
&= \frac{P}{EI}\left[\frac{1}{3}x^3\right]_0^{L/2} + \frac{P}{2EI}\left[\frac{1}{3}x^3\right]_{L/2}^{L} = \left(\frac{P}{EI}\times\frac{1}{3}\times\frac{L^3}{8}\right)+\left(\frac{P}{2EI}\times\frac{L^3}{3}\right)-\left(\frac{P}{2EI}\times\frac{1}{3}\times\frac{L^3}{8}\right) \\
&= \frac{3PL^3}{16EI}\ (\downarrow)
\end{aligned}
$$

$$
\begin{aligned}
\theta_A &= \frac{1}{EI}\int_0^{L/2}(-Px)(1)dx + \frac{1}{2EI}\int_{L/2}^{L}(-Px)(1)dx \\
&= \frac{P}{EI}\left[-\frac{1}{2}x^2\right]_0^{L/2} + \frac{P}{2EI}\left[-\frac{1}{2}x^2\right]_{L/2}^{L} \\
&= \left\{\frac{P}{EI}\times\left(-\frac{L^2}{8}\right)\right\}+\left\{\frac{P}{2EI}\times\left(-\frac{L^2}{2}+\frac{L^2}{8}\right)\right\} \\
&= -\frac{5PL^2}{16EI}\ (\curvearrowleft)
\end{aligned}
$$

예제 11.14b 단위하중법, 탄성하중법, Castigliano 정리

A점의 처짐 δ_A, θ_A를 단위하중법, 탄성하중법, Castigliano 정리를 사용해서 구하시오.

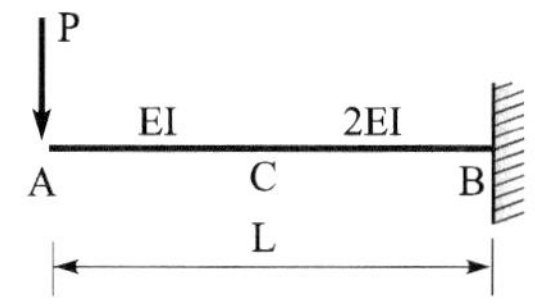

풀이

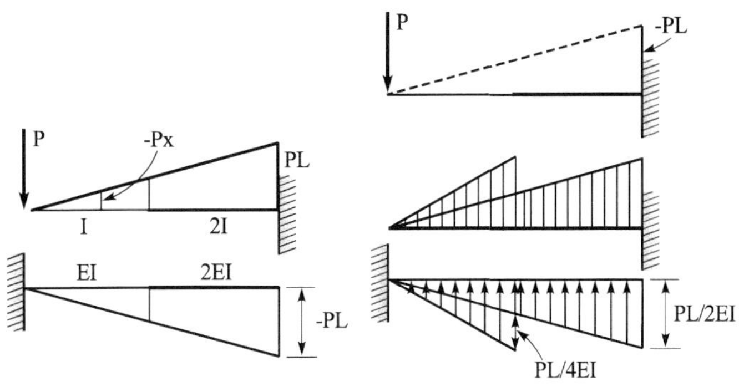

[탄성하중법]

$$\delta_A = [M_A] = -\left[\left(-\frac{PL}{2EI}\times L\times\frac{1}{2}\times\frac{2}{3}L\right)+\left\{\left(-\frac{PL}{4EI}\times\frac{L}{2}\times\frac{1}{2}\right)\times\left(\frac{L}{2}\times\frac{2}{3}\right)\right\}\right]$$

$$= \frac{3PL^3}{16EI}\ (\downarrow)$$

$$\theta_A = [Q_A] = -\left[\left(\frac{PL}{2EI}\times L\times\frac{1}{2}\right)+\left(\frac{PL}{4EI}\times\frac{L}{2}\times\frac{1}{2}\right)\right]$$

$$= -\frac{5PL^2}{16EI}\ (\curvearrowleft)$$

예제 11.14c **단위하중법, 탄성하중법, Castigliano 정리**

A점의 처짐 δ_A, θ_A를 단위하중법, 탄성하중법, Castigliano 정리를 사용해서 구하시오.

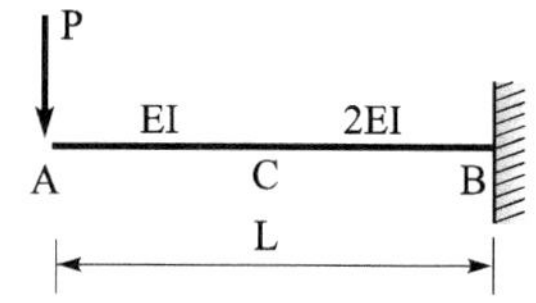

풀이

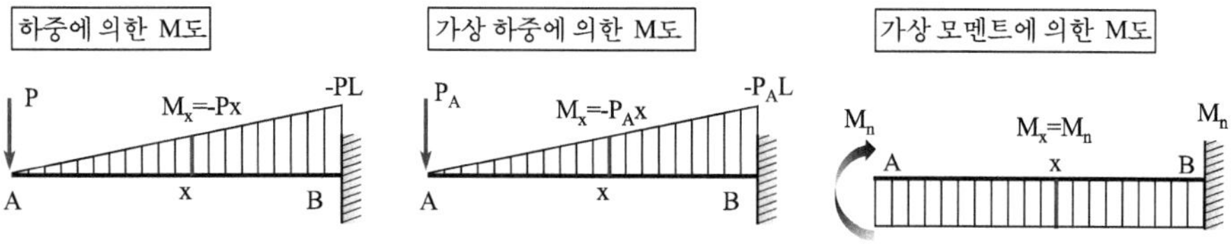

[Castigliano 정리]

x위치에서의 모멘트는

$M_x = -Px$

$$W = \int \frac{M^2}{2EI}dx = \int_0^{L/2} \frac{(-Px)^2}{2EI}dx + \int_{L/2}^{L} \frac{(-Px)^2}{4EI}dx$$

$$= \frac{P^2}{2EI}\left[\frac{1}{3}x^3\right]_0^{L/2} + \frac{P^2}{4EI}\left[\frac{1}{3}x^3\right]_{L/2}^{L} = \frac{P^2}{6EI}\frac{L^3}{8} + \frac{P^2}{12EI}\left(L^3 - \frac{L^3}{8}\right) = \frac{3P^2L^3}{32EI}$$

$$\delta_A = \frac{\partial W}{\partial P} = \frac{\partial}{\partial P}\left(\frac{3P^2L^3}{32EI}\right) = \frac{3PL^3}{16EI} \ (\downarrow)$$

x위치에서의 모멘트는

$M_x = -Px + M_n$

$$\theta_A = \frac{\partial W}{\partial M_n} = \frac{1}{EI}\int_0^L M\frac{\partial M}{\partial M_n} = \frac{1}{EI}\int_0^{L/2}(-Px + M_n)(1)dx$$

$$+ \frac{1}{2EI}\int_{L/2}^{L}(-Px + M_n)(1)dx = \frac{-P}{EI}\left[\frac{x^2}{2}\right]_0^{L/2} + \frac{-P}{2EI}\left[\frac{x^2}{2}\right]_{L/2}^{L}$$

$$= \frac{-P}{2EI}\left(\frac{L^2}{4}\right) + \frac{-P}{4EI}\left[L^2 - \frac{L^2}{4}\right] = -\frac{PL^2}{8EI} - \frac{3PL^2}{16EI} = -\frac{5PL^2}{16EI} \ (\curvearrowleft)$$

연습문제 *exercise*

11-1 캔틸레버의 변형

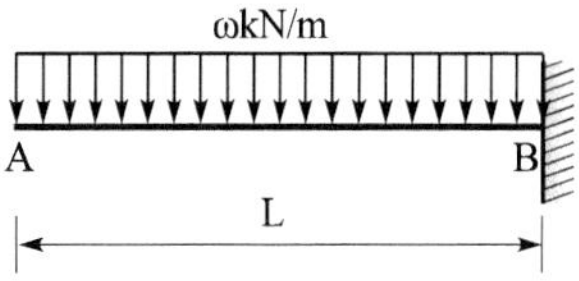

등분포하중을 받는 캔틸레버의 선단 A점의 연직변형 δ_A, 회전각 θ_A를 탄성곡선법 및 탄성하중법으로 구하시오. 다만, 보의 휨강성 EI는 일정하다.

11-2 단순보의 변형

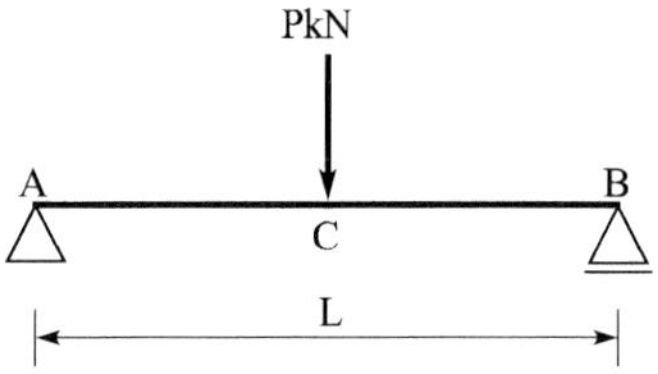

길이 L인 단순보에 집중하중 P가 작용하는 경우, 단부 A점의 회전각 θ_A와 중앙부 C점의 변형 δ_C를 탄성곡선법 및 탄성하중법으로 구하시오. 다만, 보의 휨강성 EI는 일정.

11-3 기둥의 변형에너지

그림과 같은 기둥에서 축방향력에 의한 축방향응력도 σ_n을 구하고, 압축에 의한 변형에너지 W_N을 구하시오. 다만, 재료의 영계수는 E_S=2.1×10^4 kN/cm^{2}이다.

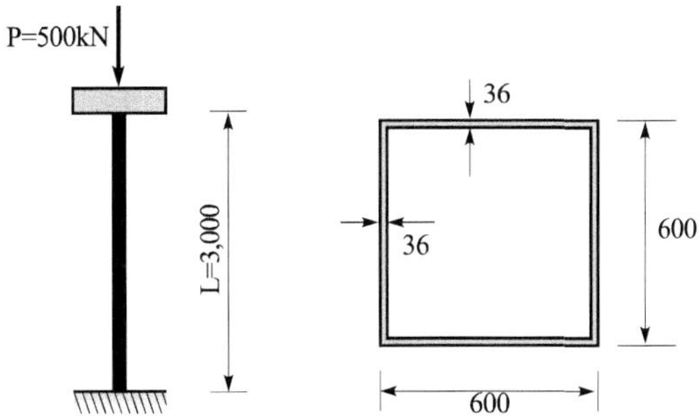

11-4 캔틸레버의 변형에너지

모멘트하중을 받는 캔틸레버의 고정단 B점의 휨모멘트에 의한 휨응력도 σ_t 및 σ_c를 구하고, 휨변형에너지 W_M을 구하시오. 다만, 재료의 영계수는 E_s=2.1×10^4 kN/cm^2이다.

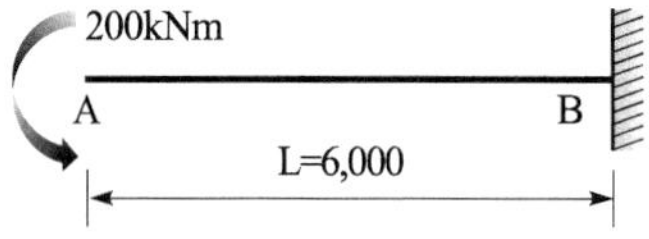

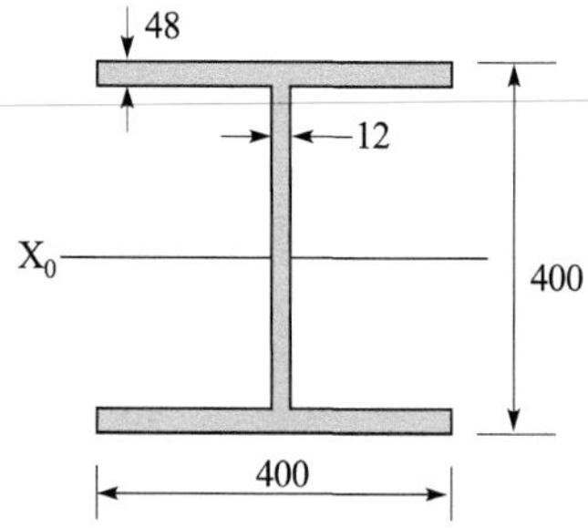

11-5 단순보의 변형에너지

그림과 같은 단순보에서 중앙 C점의 휨모멘트에 의한 휨응력도 σ_t 및 σ_c를 구하고, 휨변형에너지 W_M을 구하시오. 다만, 재료의 영계수는 E=2.1×10^3 kN/cm^2이다.

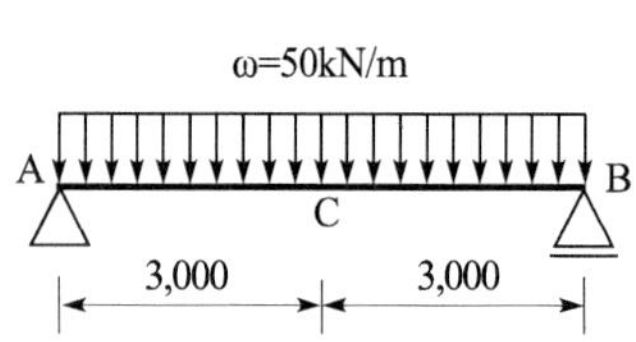

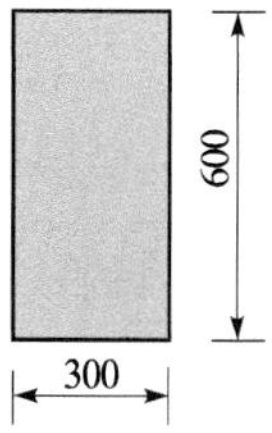

11-6 정정 트러스의 변형

그림과 같은 정정 트러스에서 E점의 연직변형량 δ_E를 구하시오.
다만, 영계수 E=2.1x10^4kN/cm^2, 부재의 단면적 A=50cm^2으로 한다.

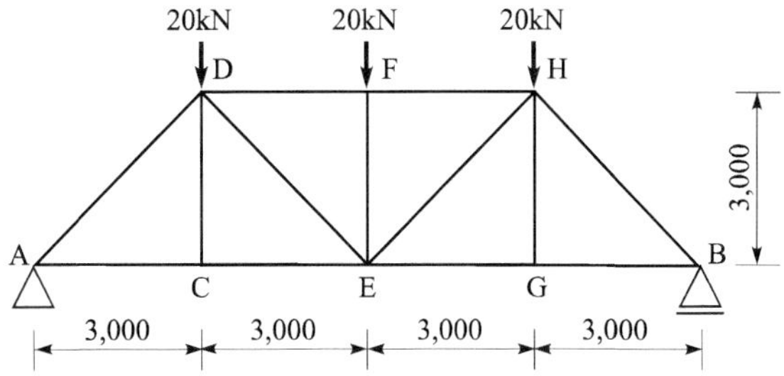

11-7 정정 트러스의 변형

그림과 같은 정정 트러스에서 E점의 연직변형량 δ_E를 구하시오.
다만, 영계수 E=2.1x10^4kN/cm^2, 부재의 단면적 A=100cm^2으로 한다.

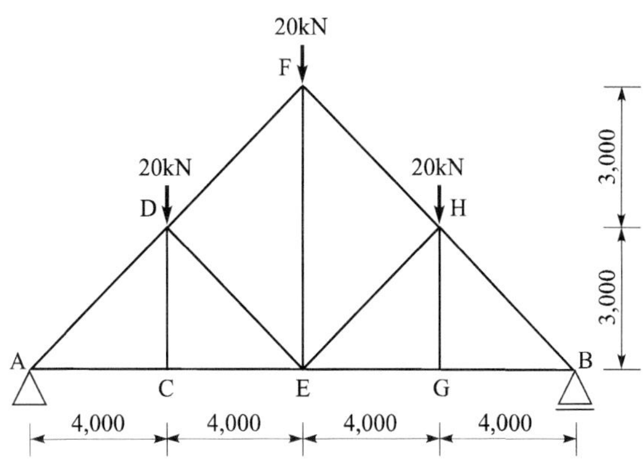

정정구조물의 변형 산정법

탄성곡선법 (2중적분법) Elastic Curve Method 탄성곡선식 : $EI\frac{d^2y}{dx^2} = -M \rightarrow \frac{d^2y}{dx^2} = -\frac{M}{EI}$ 처짐각 : $\theta = \frac{dy}{dx} = -\int \frac{M}{EI}dx + C_1$ 처짐 : $\delta = y = -\iint \frac{M}{EI}dxdx + C_1x + C_2$	▸ 이중적분법 ▸ 부재 전체의 변형곡선을 수식으로 표시할 수 있다는 점에 특징이 있으나 해법이 다소 불편하다.	▸ 탄성곡선 : 보가 하중을 받아 변형한 후, 부재축이 이루는 곡선 ▸ 부호규약 처짐; 하향→(+) 처짐각; 시계침방향→(+)
휨모멘트 면적법 (Greene의 정리) Moment-Area Method [정리 1] 보의 탄성곡선 위의 임의의 두 점 m, n에서의 접선각의 차이는 두 점 사이에 있는 M/EI圖의 면적과 같다. $\theta = \frac{A}{EI}$ [정리 2] 보의 탄성곡선 위의 임의의 두 점 m, n에서의 접선이 그 한 점 m에서 그은 수직선을 자르는 길이는 두 점 사이의 M/EI도가 그 한 점 m에 대하여 이루는 1차모멘트의 값과 같다. $\delta = \frac{A}{EI} \cdot x_o$	▸ 주로 보(선부재)의 변형계산에 편리한 방법	
탄성하중법 (Mohr의 정리) **Elastic Load Method or Conjugate Beam Method** [정리 1] 보의 한 점에 생기는 처짐각은 그 탄성하중에 의하여 보의 동일점에 생기는 전단력의 크기와 같다. [정리 2] 보의 한 점에 생기는 처짐은 그 탄성하중에 의하여 보의 동일점에 생기는 휨모멘트의 크기와 같다.	▸ 보의 변형계산에 가장 편리한 방법으로 휨모멘트 면적법과 비슷하면서 해법이 명쾌	▸ 탄성하중의 도심과 면적
단위하중법 (가상일의 원리) Unit Load Method 평형을 유지하고 있는 구조물에 가상의 외력 또는 기타 다른 원인에 의하여 그 평형의 위치부터 미소한 변위를 일으킨 때에 실제의 외력 및 구조물이 얻은 가상일의 총량은 0이다. 외력에 의한 가상일 = 내력에 의한 가상일 부호 : 처짐 또는 처짐각의 부호가 (+)이면 단위하중의 작용과 같은 방향	▸ 에너지법의 일종으로 트러스, 골조 및 아치에 대하여 유리한 해법	▸ 변형에너지(내부탄성에너지) ; 외력에 의하여 구조체 내에서 행하여지는 내부일
Catigliano의 정리 Catigliano' s Theorem $\delta = \frac{\partial W}{\partial P}, \theta = \frac{\partial W}{\partial M_n},$ $W = \int \frac{M^2}{2EI}dx + \int \frac{N^2}{2EA}dx + k\int \frac{Q^2}{2GA}dx$ [정리 1] 구조물에 외력(또는 휨모멘트)이 작용할 때 그 외력의 작용점이 힘의 방향으로 일으킨 변위 (또는, 처짐각)는 내력의 일을 그 힘으로 1차편미분한 값과 같다. [정리 2] 구조물에 생기는 반력 (모멘트)의 작용점이 이동(회전각)을 일으키지 않을 때는 내력의 일을 그 반력(모멘트)으로 편미분한 값은 0이 된다.	▸ 에너지법의 일종으로 트러스, 골조 및 아치에 대하여 유리한 해법	

※ 부정정 : 잉여미지반력, 내적미지력

에너지법 : i) 단위하중법, ii) Castigliano 정리, iii) Maxwell 정리

CHAPTER

12

부정구조물의 해법

12.1 부정정구조물의 해법 개요

12.2 변형일치법

12.3 Castigliano의 제2정리

12.4 특수한 부정정 보

CHAPTER 12

부정구조물의 해법

부정정구조물은 힘의 조합만으로는 답을 얻기 어렵고, 연립방정식을 풀 필요가 있다. 응력법(고전적인 응력법)은 부정정구조물의 특정 반력 또는 부재응력을 해석하는 것에 따라 부정정구조물을 정정화하여 정역학 지식만으로 응력값을 얻을 수 있도록 모색한 해법이다.

말하자면, 연립방정식을 풀 때에 미지수 X를 사용하지 않고 산술적으로 답을 구하는 것과 유사하다. 이런 의미로도 산술의 경우와 같이 응력법에서는 적절한 정정구조물을 선택하도록 모색하는 것이 중요하다. 정정화가 가능하다는 것으로부터 부정정구조물의 특징을 이해하면 좋겠다.

결과적으로, 연립방정식을 산술적으로 푸는 것이 되기 때문에, 미지의 반력과 부재응력수가 많은 경우에는 해석하는 것이 곤란하지만, 기본적인 접근은 응용의 범위가 넓으므로 소개하기로 한다.

12.1 부정정구조물의 해법 개요

부정정구조물의 해법은 연립방정식의 미지량을 부재응력으로 하는가, 절점변위로 하는가에 따라 「응력법」과 「변위법」으로 분류할 수 있으며, 부정정구조물의 응력해석에 관한 분류는 〈그림 12.1〉과 같다.

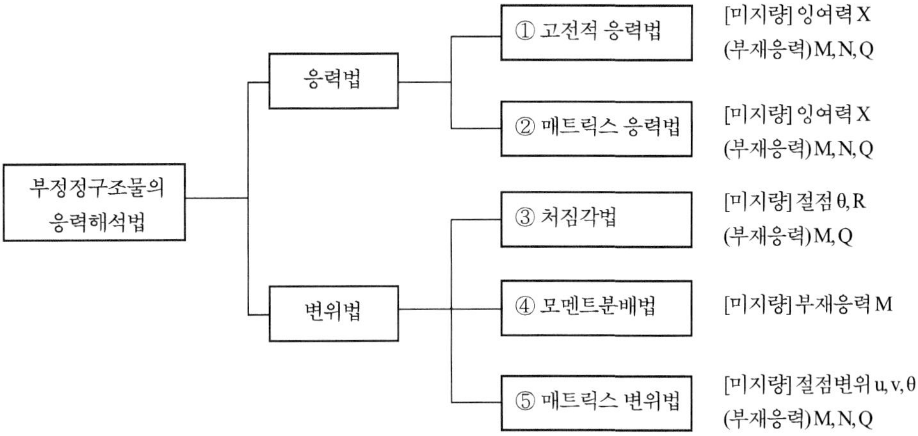

〈그림 12.1〉 부정정구조물의 응력해석법

(1) 응력법

① 고전적 응력법 : 단순한 부정정구조물 해석에 이용될 수 있는 응력법으로 부정정 차수가 작은 구조물에 적용된다. 정정구조물이 되도록 반력 또는 부재응력을 소거하고 이것을 미지량으로 하여 정정구조물 역학만을 이용하여 부재응력을 산정하는 해법으로 변형일치법(變形一致法, defromation method)이라고도 한다. 12장에서 다룬다.

② 매트릭스 응력법 : 일반적으로 다수의 잉여력을 미지량으로 하여 연립방정식을 세우지만, 미지량이 많게 되면 컴퓨터를 이용한 매트릭스 계산이 필요하게 되어 매트릭스법이 이용될 수 있다.

(2) 변위법

③ 처짐각법 : 요각법(撓角法, slope deflection method)이라고도 불리우는 처짐각법(처짐角法, slope deflection method)은 부재 단부의 휨모멘트와 회전각 및 부재각을 관계시켜, 힘의 평형관계를 이용하여 세운 연립방정식을 풀어서 미지량인 회전각과 부재각을 구한 후 부재의 응력을 구하는 해법이다. 13장에서 다룬다.

④ 모멘트분배법 : 고정법(固定法, moment distribution method)이라고도 불리우는 모멘트분배법(모멘트分配法, moment distribution method)은 처짐각법을 점근해법으로 푸는 해법으로 골조구조의 연직하중 작용 시 해법으로 많이 이용된다. 실제의 미지량은 휨모멘트라고 하는 부재응력이지만, 변위법의 방정식을 점근해법으로 푸는 것이므로 변위법으로 분류한다. 14장에서 다룬다.

⑤ 매트릭스 변위법 : 절점변위(수평변위, 연직변위, 회전각)을 미지량으로 하여 부재단 응력(축방향력, 휨모멘트, 전단력)과 절점변위를 관계시켜, 힘의 평형관계를 연립방정식으로 하여, 이것을 매트릭스법으로 계산하는 것이다.

이 장에서는 고전적응력법인 변형일치법과 에너지법의 일종인 Castigliano의 제2정리를 설명하며, 처짐각법은 13장, 모멘트분배법은 14장에서 다룬다.

12.2 변형일치법

변형일치법(變形一致法, defromation method)이란 부정정구조물에서 잉여미지반력을 제거하여 구조물을 정정구조물로 만들어 반력 제거점의 변형을 계산한 다음 다시 반력 제거점에 외력을 가하여 그 점에 생긴 변형을 없애게 할 때(즉 구조물을 처음 상태대로 부정정구조물로 만들 때) 이 변형을 없앤 외력들이 잉여미지 반력이 된다는 점을 이용한 부정정구조물 해법이다.

구조물이 고차 부정정구조물일 경우에는 잉여미지 반력수가 많아져서 계산이 복잡해지는 단점이 있지만, 잉여미지 반력수가 얼마 되지 않는 연속보, 단 스팬의 골조 또는 아치 구조물 등에 대한 부정정 응력해석에 이 방법을 사용하면 대단히 편리하다.

n차 부정정구조물은 미지량을 n개 줄이면 정정구조물로 된다. 정정구조물이면 종전부터 배워 온 정정구조역학 지식으로 문제를 풀 수 있다. 이를 위하여 적당히 지점반력을 제거하여 정정구조물로 한다. 그리하여 그 제거된 지점반력을 미지량('잉여력'이라고 함)으로 하여, 지점부에서는 변형이 0라고 하는 조건인 변형적합조건(變形適合條件, deformation compatibility condition)을 이용하여 답을 구할 수 있다. 여기서 미지량인 잉여력을 부정정여력(不静定余力, statically indeterminate redundant force)이라고도 한다.

같은 방법으로 부재응력을 제거하여 정정구조물로 하는 것도 가능하다. 예를 들면, 부재 도중에 핀절점을 가정하여 정정구조물로 하고, 그 부분의 휨모멘트를 잉여력으로 하는 것이 가능하다.

(1) 응력법의 계산순서

1차 부정정구조물의 경우, 응력법의 계산순서는 다음과 같다.

① 필요한 지점을 떼어내어 정정구조물로 한다. 어느 지점을 떼어내도 같은 결과를 얻을 수 있지만, 변형량 계산이 쉬운 지점 위치와 반력 종류를 선택하면 계산이 쉽게 된다.
② 정정구조물의 변형(떼어낸 지점부의 δ_0)와 부재응력 M_0, Q_0, N_0의 계산을 한다. 변형계산은 정정구조물의 변형공식을 이용하던가, Mohr의 정리에 의한 직접변형량을 구한다. 정정구조물의 부재응력 M_0, Q_0, N_0는 간단하게 계산할 수 있다.
③ 지점반력을 가정하고, 반력을 X라고 한다(X를 잉여력이라 한다). X의 방향은 임의로 설정할 수 있지만, 아래 계산에 있어서 설정한 방향이 변하지 않도록 유의한다.
④ 단위반력($X = 1.0$)시의 변형(δ_1)과 응력 M_1, Q_1, N_1의 계산을 한다. 변형·부재응력의 계산방법은 ②와 같다.
⑤ 지점에서의 변형상태를 고려한다. 변형의 적합조건 $\delta_0 + X\delta_1 = 0$에서 X를 산정한다.
⑥ 정정구조물 ②의 응력과 반력 X에 의한 ④의 응력을 합한다. 각 점의 응력은 다음과 같이 구할 수 있다.

$$M = M_0 + X \cdot M_1$$

$$Q = Q_0 + X \cdot Q_1$$

$$N = N_0 + X \cdot N_1$$

이상은 1차 부정정구조물의 경우이지만, n차 부정정구조물에서는 잉여력이 n개로 되어 n원 연립방정식을 해석할 필요가 생긴다. 2차 부정정구조물 정도까지가 응력법을 간편히 적용하는 한계일 것이다.

이상의 설명을 지점부의 변형이 영(zero)이라는 조건인 처짐을 이용하는 방법과 처짐각을 이용하는 방법이 있으며, 상세한 해법의 풀이는 다음과 같다.

(2) 처짐(δ) 이용법

〈그림 12.2〉의 부정정구조물에서 지점 A의 지점반력 R_A를 부정정여력(不靜定余力, statically indeterminate redundant force)으로 두고, 처짐이 영(zero)이라는 조건을 사용하는 풀이방법은 다음과 같다.

① 이동지점을 제거하고 캔틸레버로 만든다.
② 하중 ω를 작용시켜 처짐 δ_{A1}을 구하고, 지점반력 R_A를 작용시켜 처짐 δ_{A2}를 구한다.
③ $|\delta_{A1}| = |\delta_{A2}|$ 이므로, $\delta_A = \delta_{A1} + \delta_{A2} = 0$으로부터 부정정 여력 R_A를 구한다.
④ R_A와 힘의 평형조건식을 이용하여 나머지 반력 3개를 구한다.

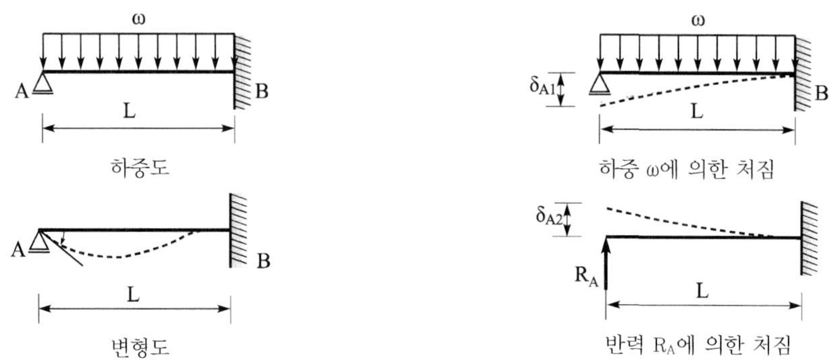

〈그림 12.2〉 처짐 이용 변형일치법

(3) 처짐각(θ) 이용법

〈그림 12.3〉의 부정정구조물에서 지점 B의 반력모멘트 M_B를 부정정여력(不靜定余力, statically indeterminate redundant force)으로 두고, 처짐각이 영(zero)이라는 조건을 사용하는 풀이방법은 다음과 같다.

① 고정단을 제거하여 단순보로 만든다.
② 하중 ω를 작용시켜 처짐각 θ_{B1}를 구하고, 반력모멘트 M_B를 작용시켜 처짐각 θ_{B2}를 구한다.
③ $|\theta_{B1}| = |\theta_{B2}|$이므로, $\theta_B = \theta_{B1} + \theta_{B2} = 0$으로부터 부정정여력 M_B를 구한다.
④ M_B와 힘의 평형조건식을 이용하여 나머지 반력 3개를 구한다.

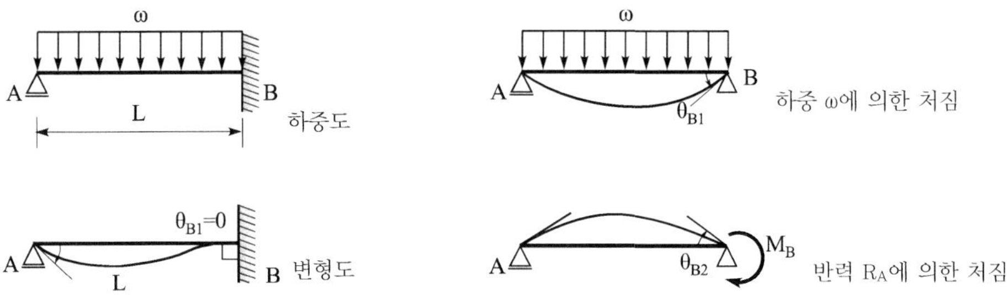

〈그림 12.3〉 처짐각 이용 변형일치법

예제 12.1 **변형일치법**

1차 부정정보의 반력을 구하고 응력도를 그리시오.
보의 휨강성 EI는 일정하다.

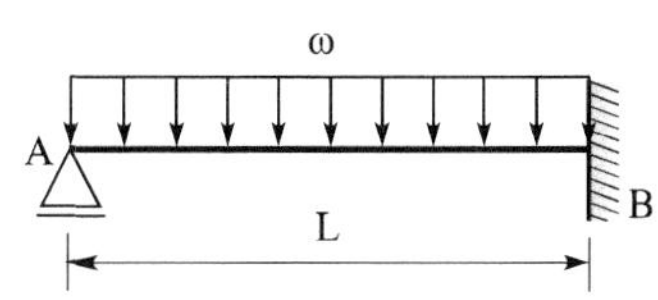

풀이

$$\delta_{A1} = \frac{\omega L^4}{8EI} \text{ (due to } \omega)$$

$$\delta_{A2} = -\frac{R_A L^3}{3EI} \text{ (due to } R_A)$$

$$\delta_A = \delta_{A1} + \delta_{A2} = \frac{\omega L^4}{8EI} - \frac{R_A L^3}{3EI} = 0$$

$$R_A = \frac{3\omega L}{8} \ (\uparrow)$$

$$\overset{(+\rightarrow)}{\sum} H = 0 \ ; \ H_B = 0$$

$$\overset{(+\uparrow)}{\sum} V = 0 \ ; \ 3\omega L/8 - \omega L + R_B = 0$$

$$R_B = \omega L - \frac{3\omega L}{8} = \frac{5\omega L}{8} \ (\uparrow)$$

$$\sum M_B = \frac{3\omega L}{8} \times L - \omega L \times \frac{L}{2} + M_B = 0$$

$$M_B = \frac{\omega L^2}{2} - \frac{3\omega L^2}{8} = \frac{\omega L^2}{8}$$

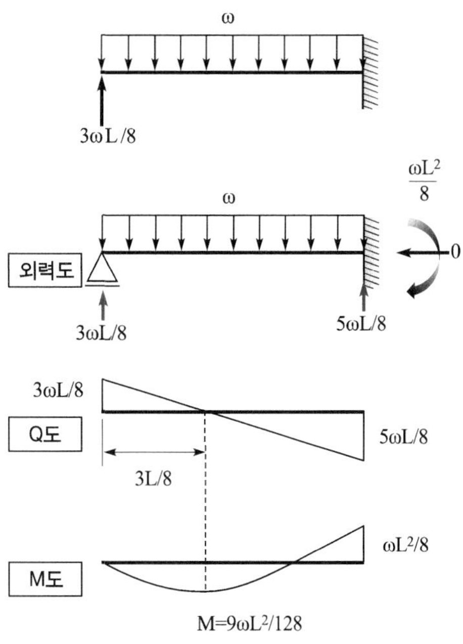

예제 12.2 **변형일치법**

등분포하중을 받는 연속보의 M도 및 Q도를 구하시오.
다만, 보부재의 휨강성 EI는 일정하다.

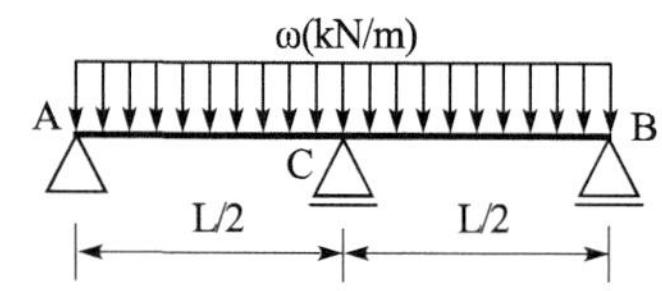

풀이

1) C점의 연직방향 고정(지점)을 제거하여 정정구조물로 만든다.

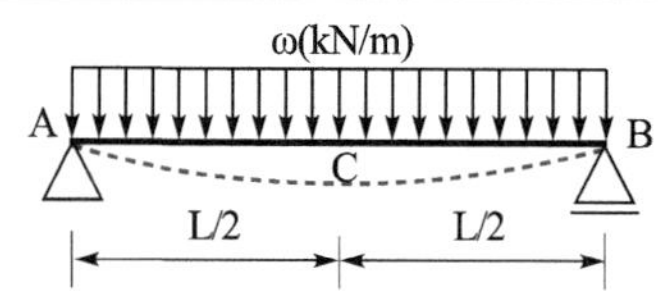

2) 정정구조물의 변형(지점 C점의 처짐 δ_0)과 응력 M_0, Q_0를 계산한다.

$$\delta_0 = \frac{5\omega L^4}{384EI} \ ; \ M_0 = \frac{\omega L^2}{8}, Q_0 = 0$$

3) 지점반력을 가정 ➡ 반력 X

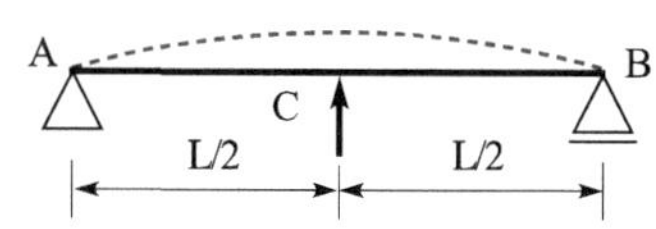

4) 반력(X=1.0) 작용시 변형(C점의 처짐 δ_1)과 응력 M_1, Q_1를 계산한다.

$$\delta_1 = -\frac{L^3}{48EI} \ ; \ M_0 = -\frac{L}{4}, \ Q_1 = \mp \frac{1}{2}$$

5) $\delta_0 + X\delta_1 = 0$로부터 X를 구한다.

$$\frac{5\omega L^4}{384EI} - X\frac{L^3}{48EI} = 0 ; X = \frac{5\omega L}{8}$$

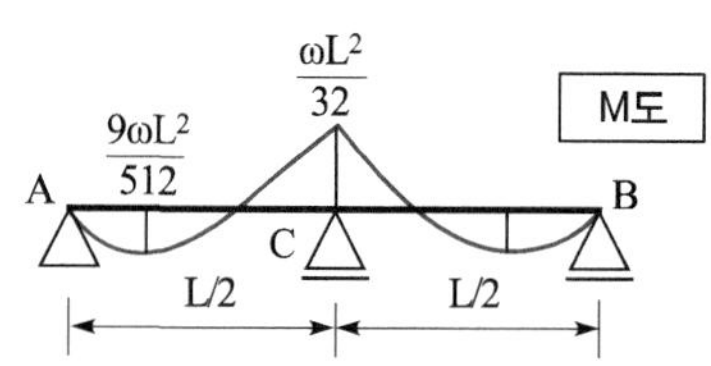

6) 정정구조물 2)의 응력과 4)의 부재응력의 X배한 것의 합을 구한다. C점의 응력

$$M_C = \frac{\omega L^2}{8} - \frac{5\omega L}{8} \times \frac{L}{4} = -\frac{\omega L^2}{32}$$

$$Q_C = 0 \mp \frac{5\omega L}{8} \times \frac{1}{2} = \mp \frac{5\omega L}{16}$$

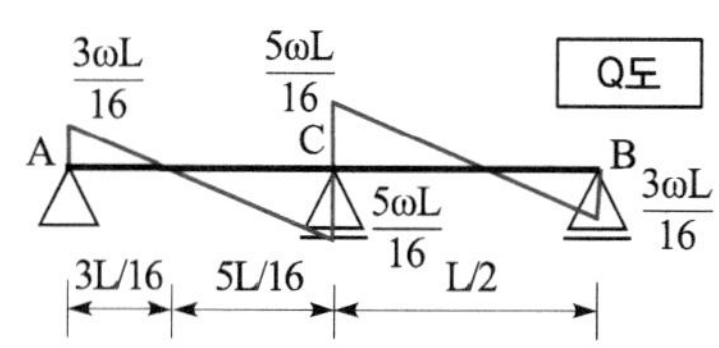

예제 12.3 **변형일치법**

집중포하중을 받는 연속보의 M도 및 Q도를 구하시오.
다만, 보부재의 휨강성 EI는 일정하다.

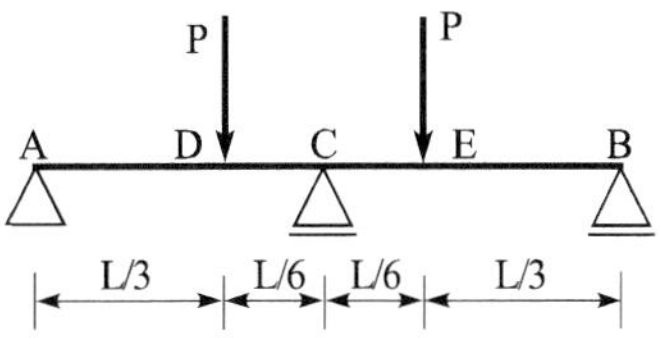

풀이

1) C점의 연직방향 고정(지점)을 제거하여 정정구조물로 만든다.

2) 정정구조물의 변형(지점 C점의 처짐 δ_0)과 응력 M_0, Q_0를 계산한다.

$$\delta_0 = \frac{23PL^3}{648EI} \;;\; M_0 = \frac{PL}{3},\; Q_0 = 0$$

3) 지점반력을 가정 ➡ 반력 X

4) 반력(X=1.0) 작용시 변형(C점의 처짐 δ_1)과 응력 M_1, Q_1를 계산한다.

$$\delta_1 = -\frac{L^3}{48EI} \;;\; M_0 = -\frac{L}{4},\; Q_1 = \mp\frac{1}{2}$$

5) $\delta_0 + X\delta_1 = 0$로부터 X를 구한다.

$$\frac{23PL^3}{648EI} - X\frac{L^3}{48EI} = 0 \;;\; X = \frac{46}{27}P$$

6) 정정구조물 2)의 응력과 4)의 부재응력의 X배한 것의 합을 구한다. C점의 응력

$$M_C = \frac{PL}{3} - \frac{46P}{27}\times\frac{L}{4} = -\frac{5PL}{54}$$

$$Q_C = 0 \mp \frac{46P}{27}\times\frac{1}{2} = \mp\frac{23P}{27}$$

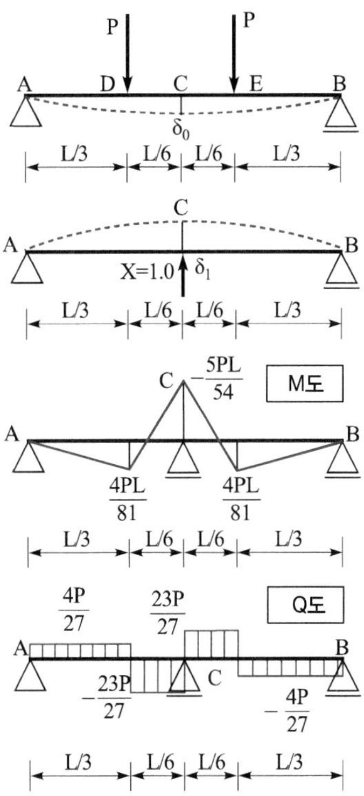

※ 집중하중이 작용하는 위치에서 휨모멘트와 전단력 값이 변화하는 것에 주의하여야 한다.

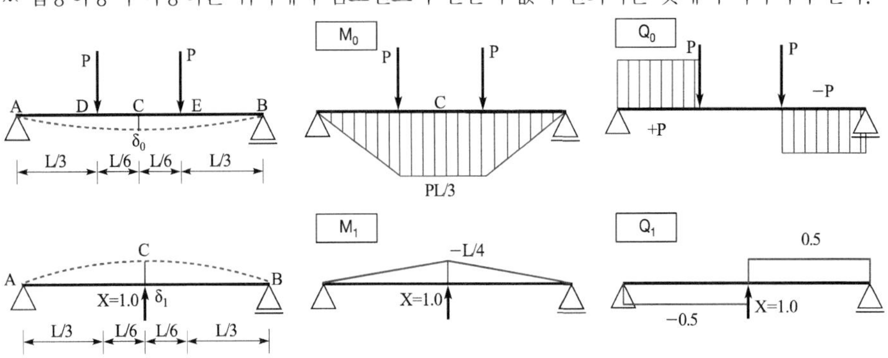

12.3 Castigliano의 제2 정리

Castigliano의 제2 정리는 제1 정리의 특수한 경우로서 최소 일의 원리(最小 일의 原理, theorem of least work)라 하며, 구조물의 변형이나 부정정 반력을 구할 때 사용한다.

구조물에 대하여 아무 일도 하지 않은 외력으로서 구조물 내의 전 내부일을 1회 미분한 값은 영이 된다. 즉, 구조물에 생기는 반력(모멘트)의 작용점이 이동(회전)을 일으키지 않을 때 내력의 일을 그 반력(모멘트)으로 편미분한 값은 0이 된다.

구조물에 대하여 아무 일도 하지 않은 외력으로 구조물 내의 전체 내부 일을 편미분한 값은 0이 되며, 구조물에 작용하는 외력들은 구조물의 평형유지에 필요한 최소량의 일만 한다.

$$\delta = \frac{\partial W}{\partial P_n} \; ; \; \delta = \frac{1}{EI}\int M\frac{\partial M}{\partial P_n}dx + \frac{1}{EA}\int N\frac{\partial N}{\partial p_n}dx + \frac{k}{GA}\int Q\frac{\partial Q}{\partial P_n}dx = 0 \qquad (12.2)$$

$$\theta = \frac{\partial W}{\partial M_n} \; ; \; \theta = \frac{1}{EI}\int M\frac{\partial M}{\partial M_n}dx + \frac{1}{EA}\int N\frac{\partial N}{\partial M_n}dx + \frac{k}{GA}\int Q\frac{\partial Q}{\partial M_n}dx = 0 \qquad (12.3)$$

예제 12.4 Castigliano의 제2 정리

[예제 12.1]을 Castigliano의 제2 정리로 구하시오.

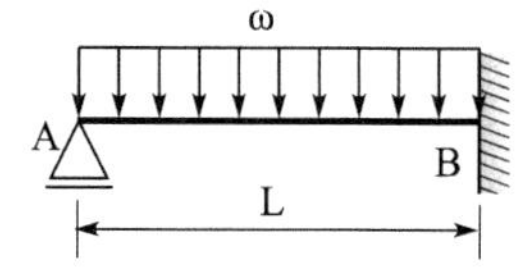

풀이

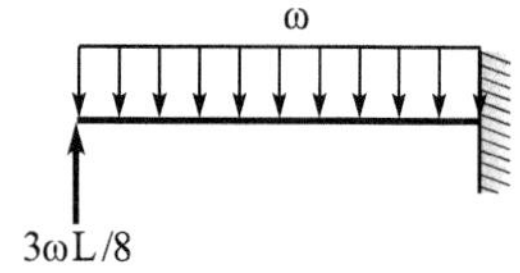

$\delta_A = 0, \; M = R_A x - \frac{\omega}{2}x^2, \; P_n = R_A; \; \frac{\partial M}{\partial R_A} = x$

$$\begin{aligned}\delta_A &= \frac{1}{EI}\int_0^L M\frac{\partial M}{\partial R_A}dx \\ &= \frac{1}{EI}\int_0^L (R_A x - \frac{\omega}{2}x^2)(x)dx \\ &= \frac{1}{EI}\int_0^L (R_A x^2 - \frac{\omega x^3}{2})dx\end{aligned}$$

$$= \frac{1}{EI}\left[R_A \cdot \frac{x^3}{3} - \frac{\omega}{2} \cdot \frac{x^4}{4}\right]_0^L$$

$$= \frac{1}{EI}\left(\frac{R_A L^3}{3} - \omega\frac{L^4}{8}\right) = 0$$

$$\therefore R_A = \frac{3\,\omega L}{8}$$

지점 B점의 반력 계산은 [예제 12.1] 참조.

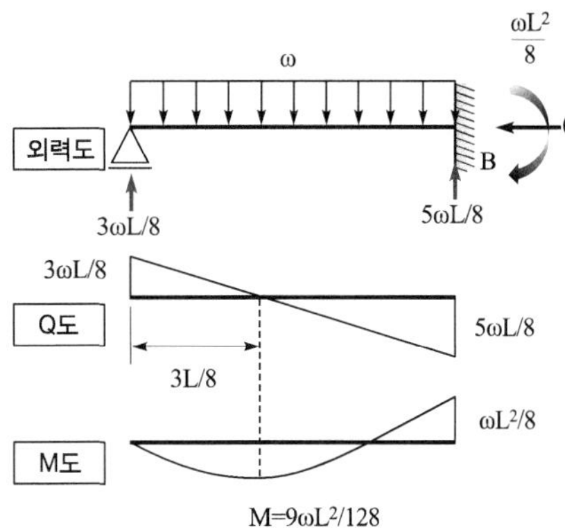

예제 12.5 Castigliano의 제2 정리

양단 고정보의 지점 모멘트 M_A, M_B를 구하시오.

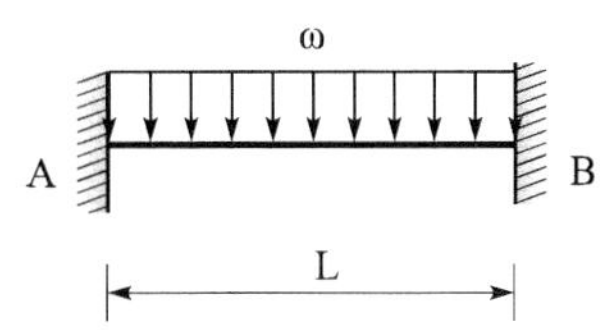

풀이

$$\theta = \frac{1}{EI}\int M\frac{\partial M}{\partial M_n}$$

$$\theta_A = \theta_B = 0\ ;\ M_A = M_B = M_0$$

$$M_x = M_0 + \frac{\omega L}{2}x - (\omega x)\frac{x}{2}$$

$$M_n = M_0\ ;\ \frac{\partial M}{\partial M_0} = 1$$

$$\theta_A = \theta_B = \frac{1}{EI}\int M\frac{\partial M}{\partial M_0}dx$$

$$= \frac{1}{EI}\int_0^L\left[M_0 + \frac{\omega L}{2}x - (\omega x)\frac{x}{2}\right](1)dx$$

$$= \frac{1}{EI}\left[M_0\,x + \omega\frac{L}{4}x^2 - \frac{\omega}{6}x^3\right]_0^L$$

$$= \frac{1}{EI}\left(\frac{\omega L^3}{12} + M_0 L\right) = 0$$

$$\therefore M_0 = -\frac{\omega L^2}{12}$$

$$M_A = -M_B = -\frac{\omega L^2}{12}$$

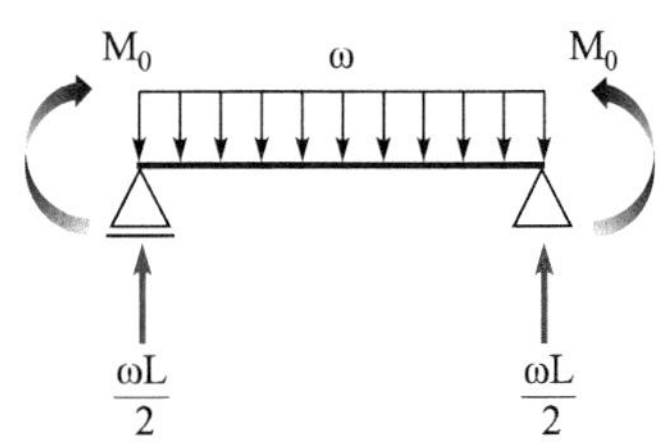

12.4 특수한 부정정 보

특수한 조건의 부정정 보의 해법을 나타낸다. 복잡해 보이지만, 변형을 사용해서 두 부재 사이의 힘의 교환을 정량화하여 문제의 해를 구한다.

예제 12.6 **특수한 부정정 보1**

부정정 보의 AC부재와 BC부재가 분담하는 하중의 크기를 구하고, P=20kN, L_1=4.0m, L_2=2.0m, $E_1I_1=E_2I_2$의 경우 응력을 구하시오.

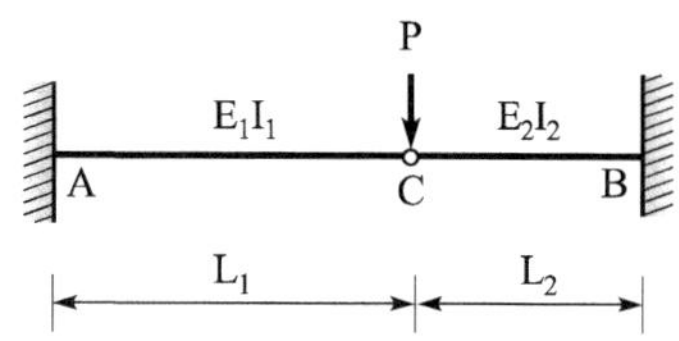

풀이

1) 정정구조물의 설정 : C점에서 보를 절단하여 AC부재와 BC부재인 2개의 정정구조물로 설정 후, P_1과 P_2를 작용시킨다.

$$\delta_1 = \frac{P_1L_1^3}{3E_1I_1} \text{(}P_1\text{에 의한 AC부재의 변형)},\ \delta_2 = \frac{P_2L_2^3}{3E_2I_2} \text{(}P_2\text{에 의한 BC부재의 변형)}$$

2) C점에서의 힘의 평형 ; $P_1 + P_2 = P$ (힘 P가 P_1과 P_2로 분해되어 있음)

3) 변형 적합조건 ; $\delta_1=\delta_2$

$$\frac{P_1L_1^3}{3E_1I_1} = \frac{P_2L_2^3}{3E_2I_2};\ P_1 = \left(\frac{L_2}{L_1}\right)^3 \frac{E_1I_1}{E_2I_2}P_2$$

4) 응력도

$$P_1 = \left(\frac{2.0}{4.0}\right)^3 P_2 = \frac{1}{8}P_2;\ \frac{1}{8}P_2 + P_2 = P = 20\,\text{kN};\ P_2 = 17.8\,\text{kN}, P_1 = 2.2\,\text{kN}$$

작용 외력 P는 경간(스팬)의 3승에 반비례하므로, 경간이 짧은 쪽이 많은 힘을 분담한다.

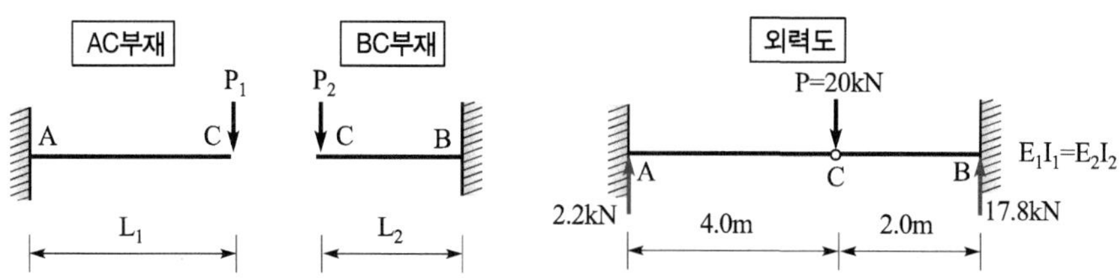

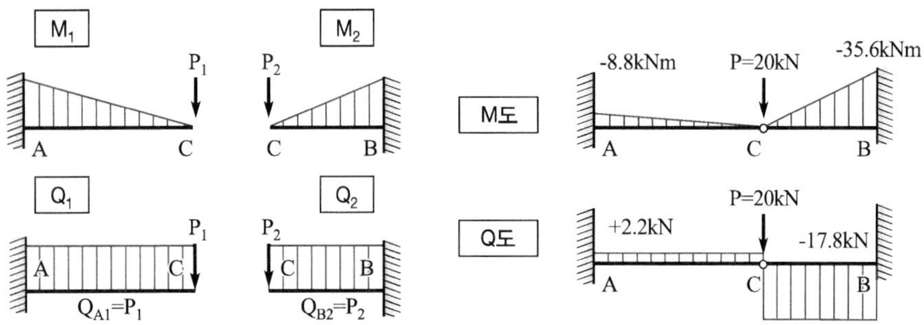

예제 12.7 **특수한 부정정 보2**

E점에서 교차하는 단순보(AB 및 CD)의 M도 및 Q도를 그리시오. 다만, 보부재의 휨강성은 EI이다.

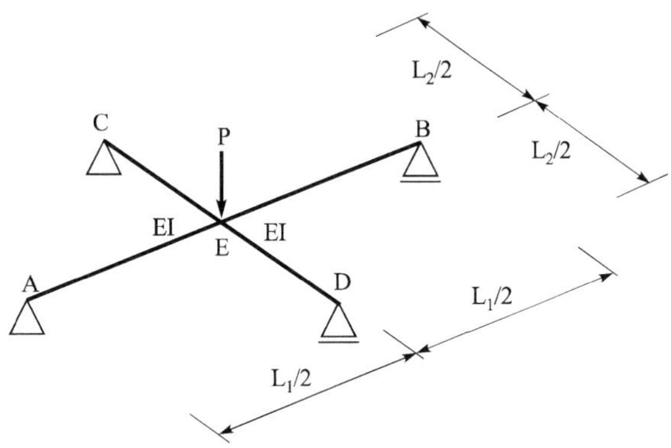

풀이

1) 정정구조물의 설정 : E점에서 교차하고 있는 보를 AB보와 CD보로 분리하여 단순보로 설정하고, P_1, P_2가 작용하는 것으로 한다.

$$\delta_1 = \frac{P_1 L_1^3}{48EI} \quad ; \quad \delta_2 = \frac{P_2 L_2^3}{48EI}$$

2) 보의 부재응력은 단순보로 구한다.

3) 힘의 평형조건 ; $P = P_1 + P_2$ (힘 P가 P_1과 P_2로 분해되어 있음)

4) 변형 적합조건 ; $\delta_1 = \delta_2$

$$\frac{P_1 L_1^3}{48EI} = \frac{P_2 L_2^3}{48EI} ; \; P_2 = \left(\frac{L_1}{L_2}\right)^3 P_1 ; \; P_1 = \frac{PL_2^3}{(L_1^3 + L_2^3)} ; \; P_2 = \frac{PL_1^3}{(L_1^3 + L_2^3)}$$

힘은 보 경간의 3승에 비례하여 분배되므로, P_1과 P_2의 값을 이용하여 M도 및 Q도를 작성할 수 있다.

5) $L_1=2L_2$의 경우 ; $P_1=P/9$, $P_2=8P/9$가 되어 대부분의 힘이 짧은 경간의 CD보에 분담되는 것을 알 수 있다.

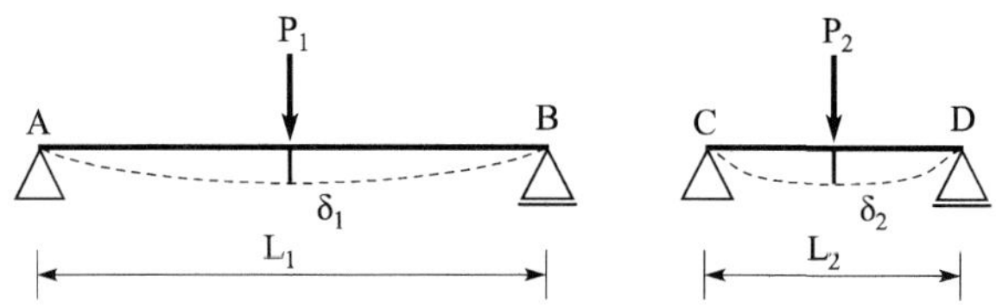

예제 12.8

특수한 부정정 보3

캔틸레버의 M도 및 Q도를 그리시오.
다만, 보의 휨강성 EI 및 케이블의 축방향강성 EA는 일정하다.

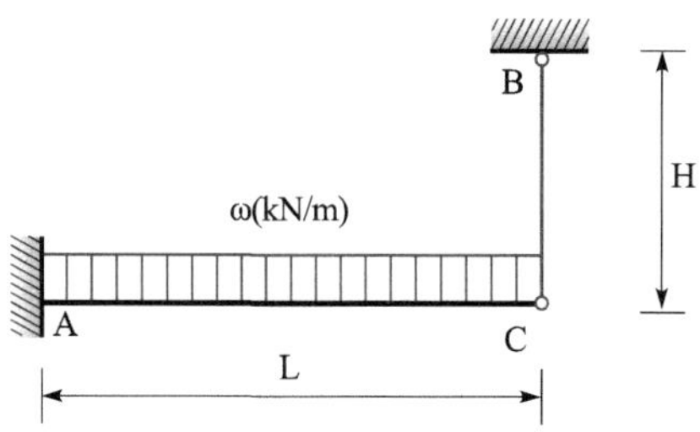

풀이

1) 정정구조물의 설정 : C점을 경계로 자유물체도를 만들고, C점의 변위를 구한다.

$$\omega\delta_{AC}=\frac{\omega L^4}{8EI}=\delta_0;\ \omega\delta_{AC}=\frac{XL^3}{3EI}=\delta_{11};\ \omega\delta_{BC}=\frac{XH}{EA}=\delta_{12}\ ;$$

$$\delta_2=\frac{P_2L_2^3}{48EI}$$

2) 적합조건 ; $\delta_0+\delta_1=\delta_0+(\delta_{11}+\delta_{12})=0$

하중 ω에 의한 처짐과 잉여력 X에 의한 처짐이 같아야 함.

$$\frac{\omega L^4}{8EI}+\left(\frac{XL^3}{3EI}+\frac{XH}{EA}\right)=0;\ \frac{\omega L^4}{8EI}=-X\left(\frac{L^3}{3EI}+\frac{H}{EA}\right);\ X=-\frac{\frac{\omega L^4}{8}}{(\frac{I}{A}H+\frac{L^3}{3})}$$

3) 특수한 경우 ;

EA=0 ; 캔틸레버가 됨 ➡ X=0 ; [예제 11.1~11.3, 11.8, 11.13]

EA=∞ ; 1단고정 타단지지 보가 됨 ➡ x=3ωL/8 ; [예제 12.1]

4) EA=EI/100, H=3.0m, L=9.0m, ω=10kN/m ➡ X=−15

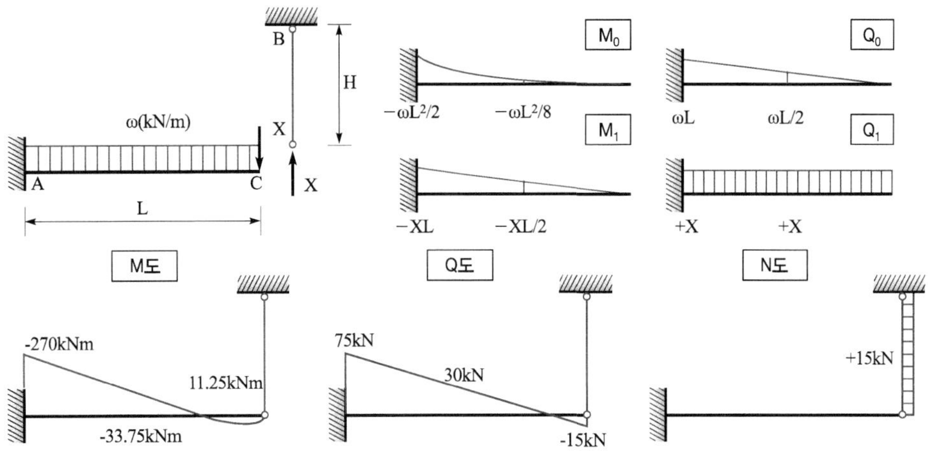
B
H
ω(kN/m)
X
A
C
X
L
M0
−ωL²/2
−ωL²/8
M1
−XL
−XL/2
Q0
ωL
ωL/2
Q1
+X
+X
M도
-270kNm
11.25kNm
-33.75kNm
Q도
75kN
30kN
-15kN
N도
+15kN

연습문제 *exercise*

12-1 변형일치법 1

그림과 같은 부정정보의 M도 및 Q도를 변형일치법을 사용해서 구하시오. 다만 보의 휨강성 EI는 일정하다.

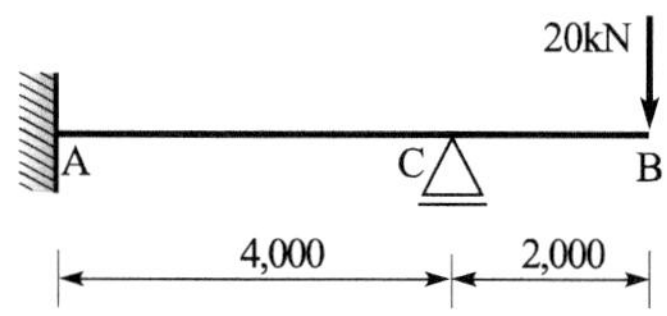

12-2 변형일치법 2

그림과 같은 부정정보의 M도 및 Q도를 변형일치법을 사용해서 구하시오. 다만 보의 휨강성 EI는 일정하다.

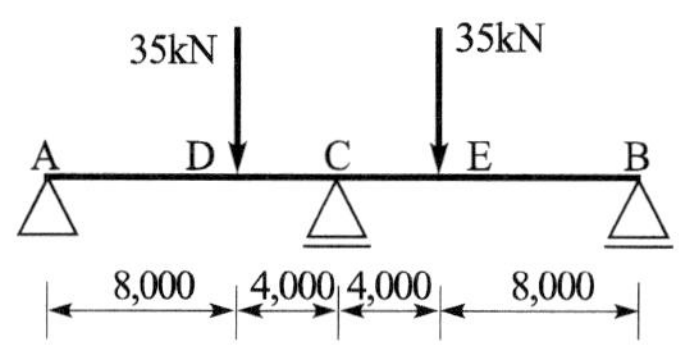

12-3 변형일치법 3

그림과 같은 부정정보의 M도 및 Q도를 변형일치법을 사용해서 구하시오. 다만 보의 휨강성 EI는 일정하다.

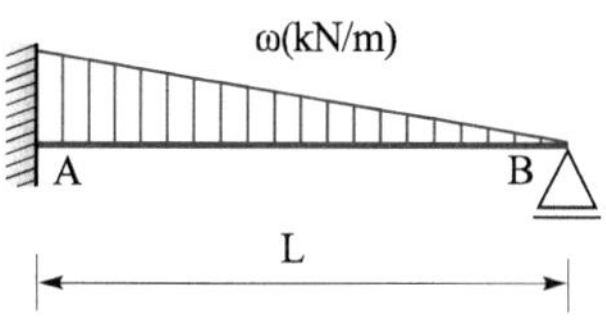

12-4 교차보 - 특수한 부정정 보

E점에서 교차하는 단순보(AB 및 CD)의 M도 및 Q도를 그리시오.
다만, 보부재의 휨강성 $EI=2.1 \times 10^8 kN \cdot cm^2$이다.

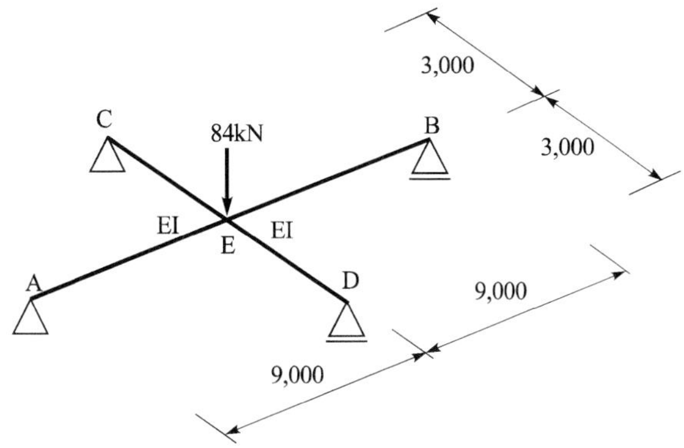

12-5 격자보의 변형

(1) 그림과 같은 단순보에서 하중점의 처짐을 구하시오. 다만, 보의 휨강성은 EI로 한다.
(2) 격자보에서 지점 A, B의 반력을 구하시오. 다만, 가로보와 세로보의 휨강성은 각각 EI_1, EI_2로 하고, 비틀림 저항은 무시한다.

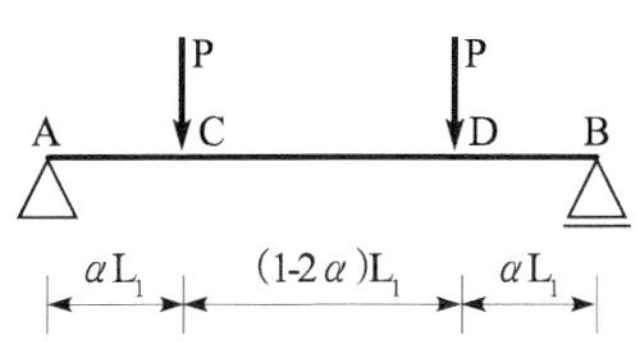

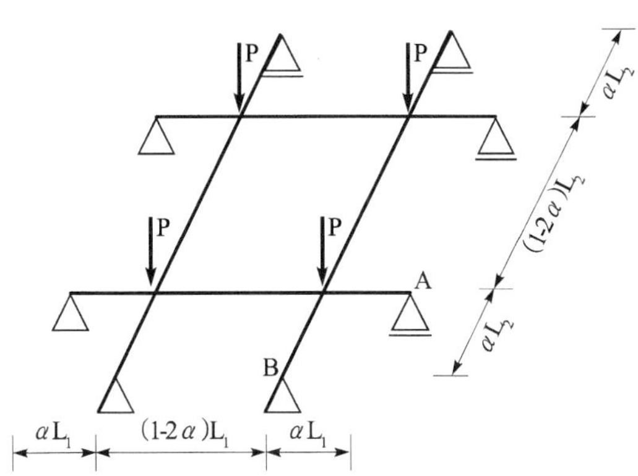

12-6 합성구조의 변형

그림과 같은 합성골조의 응력도(M도, Q도, N도)를 구하시오. B점 및 C점의 처짐을 구하시오.
다만, RC보의 단면은 30X50, E=2.1x10^3 kN/cm^2, 동파이프의 단면적은 20cm^2, E=2.1x10^4 kN/cm^2이다.

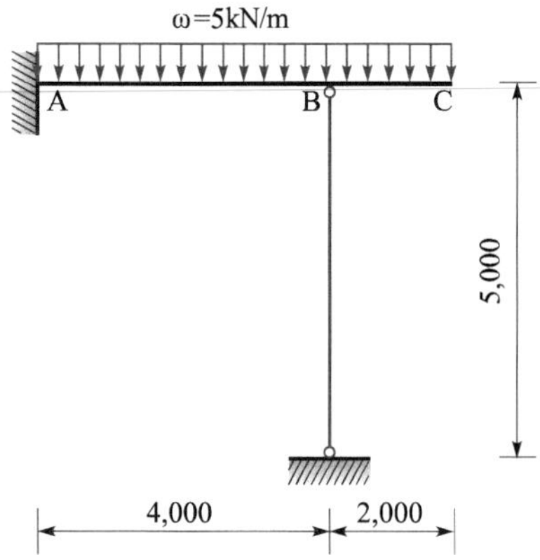

CHAPTER

13 처짐각법

13.1 처짐각법의 기본사항

13.2 처짐각법의 기본식

13.3 핀지점과 대칭조건

13.4 평형방정식

CHAPTER 13

처짐각법

부정정구조물의 부재응력을 구하기 위해서 변형을 미지량으로 하여 연립방정식을 풀어서 답을 구하는 변형법을 사용한다. 변형법의 하나인 처짐각법은 부정정구조물의 가장 기본적인 해석법이며, 전체 변형법의 기초가 되는 중요한 해법이다.

처짐각법에서는 구조물을 선재로 구성되는 골조로 모델링 하는데, 부재 양단의 절점회전각과 부재 자체의 기울기인 부재회전각의 2종류 변형량을 미지량으로 하여 부재 단부의 모멘트를 구하는 기본식을 유도한다. 그리하여, 절점에 있어 힘(모멘트)의 평형방정식을 푸는 것으로 부재 응력인 휨모멘트를 구한다. 이때 부재 중간의 하중의 영향은 고정단 모멘트로 평가되고, 부재 전단력은 부재 양단의 휨모멘트와 중간하중에서 산정된다.

처짐각법에 의하면, 다원의 연립방정식을 풀어서 미지량인 절점각 및 부재각을 구할 필요가 있다. 연립방정식 해법은 조금 귀찮은 일이지만, 14장에서 설명하는 모멘트분배법의 기초가 되는 해석방법이므로 기본을 이해하는 것은 매우 중요하다.

13.1 처짐각법의 기본사항

13.1.1 처짐각법의 특성

처짐각법 (처짐角法, slope deflection method)은 요각법 (撓角法, slope deflection method)이라고 불리우며, 골조의 변형량을 미지수로 하고 직선 형상의 등질 등단면 (동일 재료를 이용한 동일 단면)의 선재를 대상으로 부재 단부의 응력과 각 부재의 변형과의 관계를 평형조건식에 적용하여 응력을 구하는 방법으로서 변형의 관계로부터 간접적으로 부정정 여력을 얻는 변형법의 일종이다. 구조물의 휨변형만을 고려하므로 부정정 트러스에는 이용할 수 없다.

처짐각법은 미네소타 대학의 George Alfred Maney 교수가 1915년 소개한 보와 골조의 구조해석 방법으로 모멘트분배법이 개발되기 전까지 10년 이상 널리 사용되었다. J.B Johnson, C.W. Bryan 그리고 F.E. Turneaure가 쓴 "현대 프레임 구조의 이론과 실제(The Theory and Practice of Modern Framed Structures)"라는 책에 의하면, 처짐각법은 독일의 Otto Mohr 교수가 그의 저서 '강접합 노드를 갖는 트러스의 평가(Evaluation of Trusses with Rigid Node Connections)'에서 처음으로 개발하였고, 후에 Maney 교수가 독자적으로 개발하였다고 한다.

13.1.2 절점각 및 부재각

부재가 외력에 의하여 휘어졌을 때 부재의 임의 점에 있어서의 접선이 변형 전의 부재 축과 이루는 각을 절점각 또는 절점회전각(節点角 ; 節点回転角, rotation angle of joint)라 한다.

부재 AB가 A′B″으로 변형되면, 부재 AB는 평행이동(AB → A′B′)과 회전(A′B′ → A′B″)의 두 가지 요소를 합친 이동에 의해 변위 된다. 부재의 회전각을 부재각 또는 부재회전각(部材角 ; 部材回転角, deflection angle)이라 하고, 다음 식으로 나타낸다.

$$R = \frac{\delta}{L} \qquad (13.1)$$

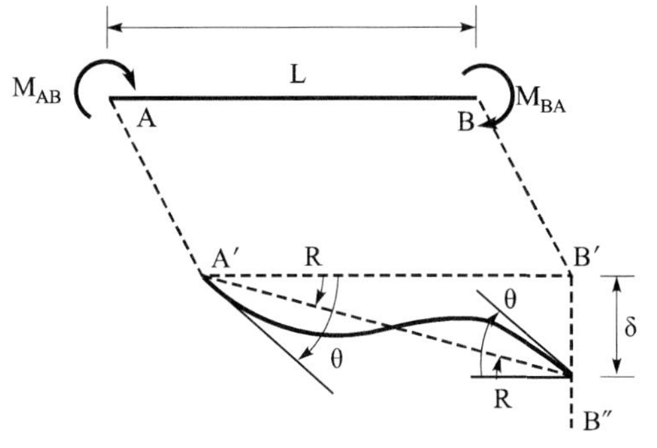

〈그림 13.1〉 절점각 및 부재각

13.1.3 처짐각법의 기본가정

(1) 선재 가정

대상으로 하는 구조물은 선재로 구성되는 골조라고 볼 수 있는 것으로 한다. 선재는 문자 그대로 직선 또는 곡선의 부재이고, 부재 양단의 상태만으로 중간의 응력상태를 표시할 수 있는 부재이다. 여기서는 직선 부재 만을 대상으로 한다.

(2) 강접 가정

부재는 상호 간에 강접합(剛接合, rigid connection)되어 있다고 가정한다. 강접합이라 함은 변형후에도 부재 상호 간에 각도의 변화가 없다. 이 가정에 따라, 각 절점의 절점 변위와 절점회전각은 접합된 각 부재에 대하여 같은 값으로 되고, 절점에 하나의 회전각을 고려하면 된다.

(3) 휨변형 만을 고려

실제 부재에는 휨모멘트, 축방향력, 전단력이 작용하고 있으므로 이들에 대응하여 휨변형, 축방향변형, 전단변형이 생기게 된다. 통상의 구조물에서는 휨변형이 다른 것에 비교하여 크기 때문에, 휨변형 만을 고려하고 다른 변형을 무시한다. 또한 트러스 구조에서는 축방향력 만 존재하므로 처짐각법의 적용 외로 한다.

(4) 한 종류 단면 부재

단면 부재는 한 종류로 부재 중간에서는 변화하지 않는 것으로 한다. 즉, Young 계수 E와 단면2차모멘트 I는 하나의 부재에 대하여 한 종류로 하고 있다. 부재 단면이 변화하는 경우에는 부재 단면이 변화하는 위치에 절점을 설정하여 별도 부재로 한다.

13.1.4 처짐각법의 계산순서

처짐각법의 계산순서는 다음과 같다.

① 부재 단부 휨모멘트를 부재 중간에 가해지는 하중을 고려하여 절점각(절점회전각)과 부재각(부재회전각)의 함수로 표시한다(처짐각법의 기본공식).

② 절점과 층의 모멘트의 합으로 연립방정식을 작성하고, 절점방정식과 층방정식으로 한다. 이것을 해석하여 절점과 부재의 변위인 절점(회전)각과 부재(회전)각을 구한다.

③ 구해진 절점(회전)각과 부재(회전)각을 기본공식에 대입하여 부재 단부의 휨모멘트를 계산하고, 전단력과 부재 중간 응력을 산정한다. 축방향력의 계산은 생략하는 경우가 많지만, 통상적으로 보의 축방향력은 계산을 생략하고, 기둥의 축방향력은 보의 전단력에서 계산한다.

④ 이상에서 얻어진 부재응력을 M (휨모멘트)도, Q (전단력)도, N (축력)도로 표시한다.

13.2 처짐각법의 기본식

강접합의 골조 내의 한 부재가 하중과 지지점에서의 변각, 변위에 의하여 변형할 때 부재 단부에 생기는 모멘트 M_{AB} 및 M_{BA}를 구하는 식을 구하기로 한다.

〈그림 13.2〉에서 (a)를 (b)~(e)로 분해할 수 있다. 〈그림 13.2(a)〉에서 재단모멘트 M_{AB}, M_{BA}를 표시하는 식은 다음과 같다.

아래의 계산에서 재단모멘트와 변각은 우회전하는 것을 정(+), 변위는 우회전 각에 의하여 생기는 것을 정(+)이라 한다.

$$\theta_A = \theta_{AA} - \theta_{AB} = \frac{1}{3}\frac{M_A{}'L}{EI} - \frac{1}{6}\frac{M_B{}'L}{EI}$$

$$= \frac{L}{6EI}[2M_A{}' - M_B{}']$$

$$\theta_B = \theta_{BB} - \theta_{BA} = \frac{L}{6EI}[2M_B{}' - M_A{}']$$

두 식으로부터,

$$M_A' = \frac{2EI}{L}(2\theta_A + \theta_B)$$

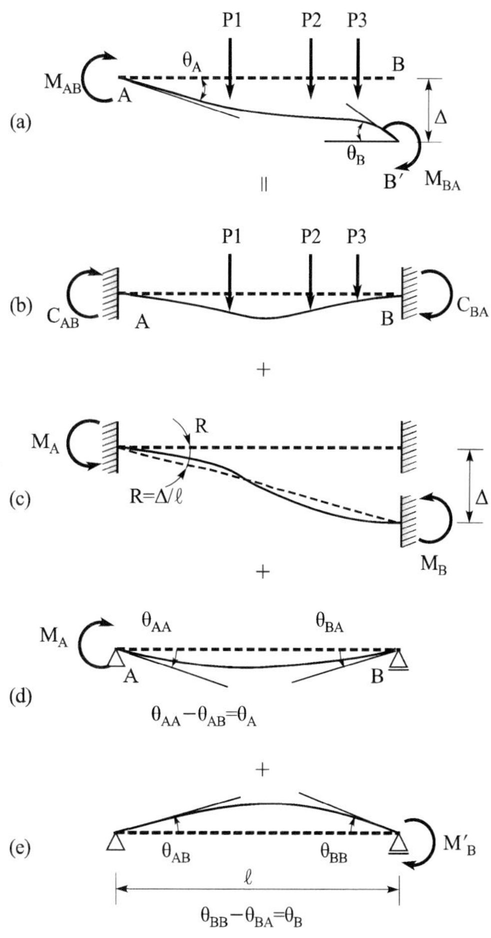

〈그림 13.2〉 처짐각법의 기본식

$$M_B' = \frac{2EI}{L}(2\theta_B + \theta_A)$$

$$\begin{aligned} M_{AB} &= M_A' - M_A + C_{AB} \\ &= \frac{2EI}{L}(2\theta_A + \theta_B) - \frac{6EI}{L^2}\Delta + C_{AB} \\ &= \frac{2EI}{L}(2\theta_A + \theta_B) - \frac{6EI}{L}R + C_{AB} \\ &= \frac{2EI}{L}(2\theta_A + \theta_B - 3R) + C_{AB} \end{aligned}$$

$$\begin{aligned} M_{BA} &= M_B' - M_B + C_{BA} \\ &= \frac{2EI}{L}(2\theta_B + \theta_A) - \frac{6EI}{L^2}\Delta + C_{BA} \\ &= \frac{2EI}{L}(2\theta_B + \theta_A - 3R) + C_{BA} \end{aligned}$$

처짐각법의 기본식은 다음과 같다.

$$M_{AB} = \frac{2EI}{L}(2\theta_A + \theta_B - 3R) + C_{AB} \tag{13.2}$$

13.3 핀지점과 대칭조건

건축구조물은 보 스팬이 같은 경우가 많고, 구조물이 대칭되는 경우도 많다. 또한, 작용하중도 대칭조건을 만족하는 경우가 많다. 이를 위하여, 대칭조건을 유효하게 사용하면, 구조계산을 대폭 생략할 수 있다. 수계산 시대에는 대칭조건을 어느 정도 유효하게 사용하여 계산량을 줄여 손 빠르게 계산을 하는 것이 기술자의 기량이었다.

현재처럼 계산을 컴퓨터가 이용되는 경우에는 계산량의 증대는 문제가 아니고, 얼마나 컴퓨터에 올바른 테이터를 입력하여 얼마나 차이없는 계산을 하는가가 문제이다. 따라서, 대칭조건의 유효성은 작지 않은 것이지만, 역학적 기초지식으로서 이해해 두는 것은 중요하다.

13.3.1 핀지점의 고정단모멘트

〈그림 13.3〉과 같이 핀지점의 경우를 검토한다. 오른쪽 지점이 핀인 경우 다음의 조건이 추가된다.

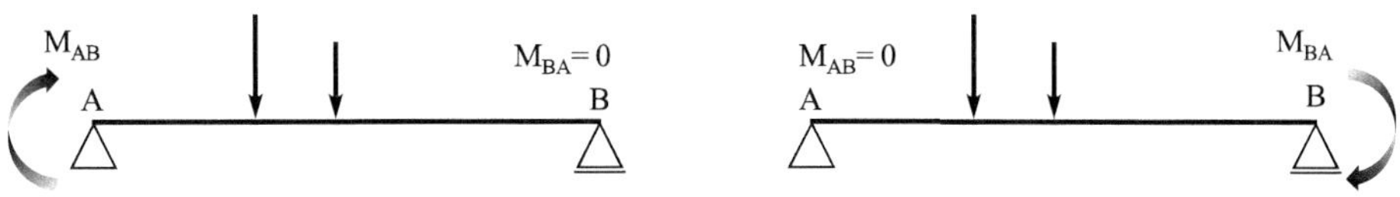

〈그림 13.3〉 핀지점 부재

- 보 부재이므로 δ=0 또는 R=0
- $M_{BA}=0$ (핀지점에서 모멘트=0)

처짐각법 기본공식인 식 (13.2)은

$$M_{AB}=\frac{2EI}{L}(2\theta_A+\theta_B)+C_{AB} \tag{13.3a}$$

$$M_{BA}=\frac{2EI}{L}(\theta_A+2\theta_B)+C_{BA}=0 \tag{13.3b}$$

가 되고, θ_B를 소거하면, 식 (13.3b)에서 $\theta_B=-\frac{1}{2}\theta_A-\frac{L}{4EI}C_{BA}$를 식 (13.3a)에 대입하면,

$$M_{AB}=\frac{2EI}{L}(1.5\theta_A)+C_{AB}-\frac{1}{2}C_{BA}=(0.75)\frac{2EI}{L}(2\theta_A)+H_{AB} \tag{13.4}$$

$$H_{AB}=C_{AB}-\frac{1}{2}C_{BA} \tag{13.5}$$

로 된다. 왼쪽 지점이 핀인 경우에도 같은 형태로 된다.

이 관계를 이용하면, 핀지점의 회전각은 소거되어 미지량으로 하지 않을 수 없다. 식 (13.4)의 θ_A 계수를 2로 하기 위해서는 강비 $k(=\dfrac{2EI}{L})$를 3/4배한 유효강비 k_e를 이용하여 다음의 H_{AB}와 H_{BA}를 C_{AB}와 C_{BA}의 대용으로 사용하면, 핀부분의 회전각은 모두 소거되므로 미지량은 없게 되고 적은 미지량으로 연립방정식의 계산량을 간략화 할 수 있다.

$$k_e = \frac{3}{4}k \tag{13.6}$$

$$H_{AB} = C_{AB} - \frac{1}{2}C_{BA}\ ;\ H_{BA} = C_{BA} - \frac{1}{2}C_{AB} \tag{13.7}$$

AB 부재의 어딘가가 핀인 경우

$$M_{AB} = \frac{3}{4} \cdot \frac{2EI}{L}(2\theta_A) + H_{AB}\ \text{(B지점이 핀인 경우)} \tag{13.8a}$$

$$M_{BA} = \frac{3}{4} \cdot \frac{2EI}{L}(2\theta_B) + H_{BA}\ \text{(A지점인 핀인 경우)} \tag{13.8b}$$

로 된다.

13.3.2 대칭 · 역대칭 조건

구조물과 하중이 대칭조건 또는 역대칭조건을 만족하는 경우에는 〈그림 13.4〉에 나타낸 것과 같은 변형상황이 된다. 그림과 같이 회전각의 값에 대칭 · 역대칭 조건을 부여할 수 있으므로, 이것을 이용하면 구조물 전체를 해석하지 않아도 그 절반을 해석하여 반대측 부분에 투영시키면 전체의 해석결과를 얻을 수 있다.

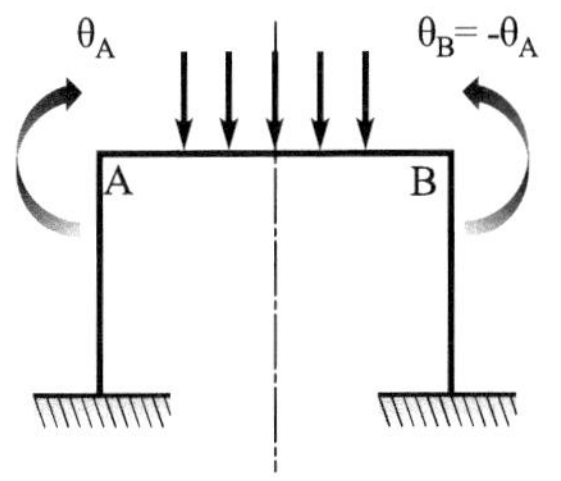

(a) 홀수 스팬 대칭하중

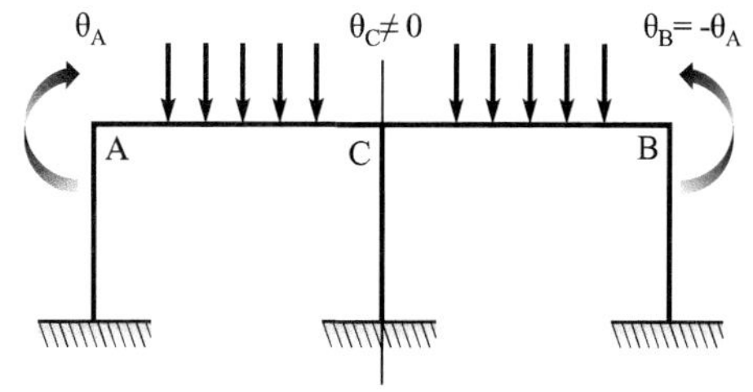

(b) 짝수 스팬 대칭하중

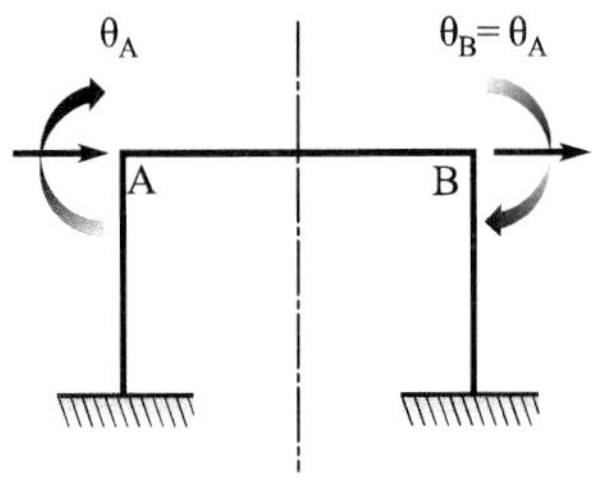

(C) 홀수 스팬 역대칭하중

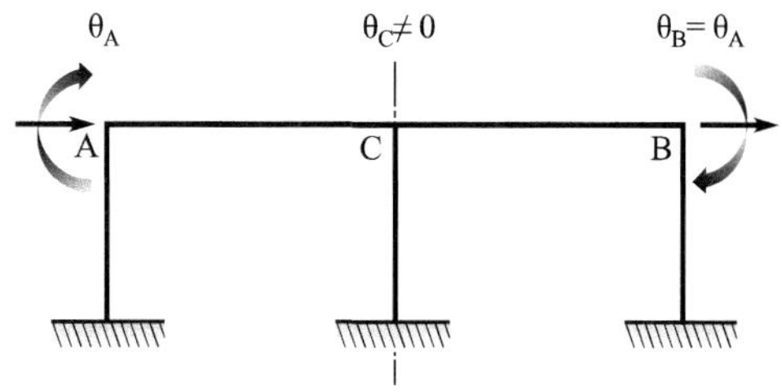

(d) 짝수 스팬 역대칭하중

〈그림 13.4〉 대칭 · 역대칭조건

다만, 짝수 스팬의 경우에는 〈그림 13.4(d)〉와 같이 중앙부 C의 기둥부분의 변형량이 존재하는 경우가 있으므로 주의한다. 이 경우에는 기둥강성을 1/2로 하고 오른쪽 절반을 무시하고 계산하여 얻은 응력의 2배를 중앙부 기둥의 부재응력으로 한다.

13.4 평형방정식

13.4.1 절점방정식

강(剛)절점에서 각 부재는 상호 각도를 갖고 회전하므로, 각 부재는 같은 양만큼 회전한다. 즉, 회전각 θ는 절점에서는 하나이고, 각 절점에서는 하나의 미지량(회전각)이 존재한다.

절점에 외력모멘트가 작용하는 경우 힘의 평형조건으로부터

절점에 생기는 모멘트의 합 = 외력모멘트

이므로, 〈그림 13.5〉처럼 O점에 기둥과 보에 상당하는 4개의 부재가 접합된 경우 모멘트 식인 절점방정식(節点方程式, joint condition)을 얻을 수 있다.

$$M_{OA} + M_{OB} + M_{OD} + M_{OD} = M_{\text{외력}} \tag{13.9}$$

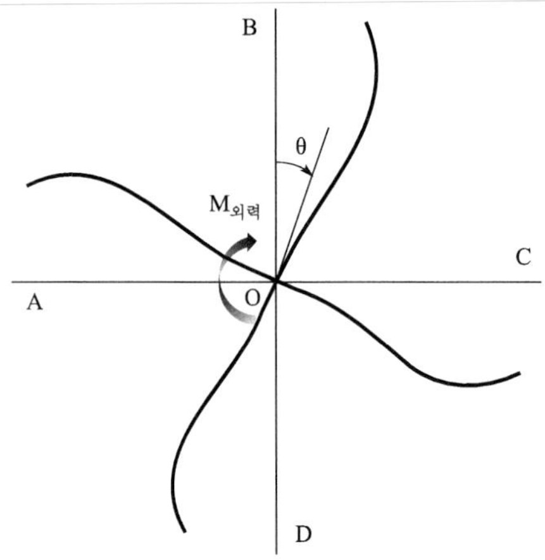

〈그림 13.5〉 절점모멘트의 평형과 절점방정식

절점에 이동이 생기지 않아서 부재각이 생기지 않는 경우, 또는 부재각을 무시할 수 있는 경우에는 절점방정식 만을 이용하여 부재응력을 구할 수 있다.

절점마다 절점방정식과 회전미지량 θ (또는 φ)를 구할 수 있으므로

방정식 수 = 미지량의 수

로 되며, n개의 절점에 대하여 n개의 식을 얻을 수 있고, n원 연립방정식을 풀면, n개의 회전각의 답을 구할 수 있다. 여기서, 식 (13.2) 또는 식 (13.8)로 휨모멘트가 계산된다.

13.4.2 층 방정식

절점이 이동하여 부재각이 생길 때 절점방정식만으로는 답을 구할 수 없고, 전단력 식인 층방정식(層方程式, shear condition)이 필요하게 된다. 골조에 수평력이 작용하면, 기둥

에 전단력이 생겨서 기둥이 수평방향으로 이동한다. 이처럼 기둥에 부재각이 존재하는 경우에는 수평력에 대하여 층전단력의 평형식인 층방정식을 이용하여 기둥의 부재각을 결정할 수 있다.

이 경우에도 엄밀하게는 기둥의 신축에 따라 보에도 부재각이 생기지만, 저층의 건물에서 그 영향이 작으므로 무시하여 보의 부재각 R=0으로 한다. 수평외력과 층전단력의 평형은 〈그림 13.6〉과 같이 2층 골조의 경우에는

$$P_2 = {}_2Q_{C1} + {}_2Q_{C2}$$

$$P_1 + P_2 = {}_1Q_{C1} + {}_1Q_{C2}$$

로 된다. N층에서 기둥 갯수가 L인 경우

$$\sum_{j=i}^{N} P_j = \sum_{k=1}^{L} {}_iQ_k \qquad (13.10)$$

여기서, P_i : i층에 작용하는 수평력 (kN)

${}_iQ_k$: i층의 k번째 기둥의 전단력 (kN)

즉, 「어떤 층보다 상부에 작용하는 수평 외력의 합은 그 층 기둥 전단력의 합인 층전단력과 같다」는 관계를 유도할 수 있다.

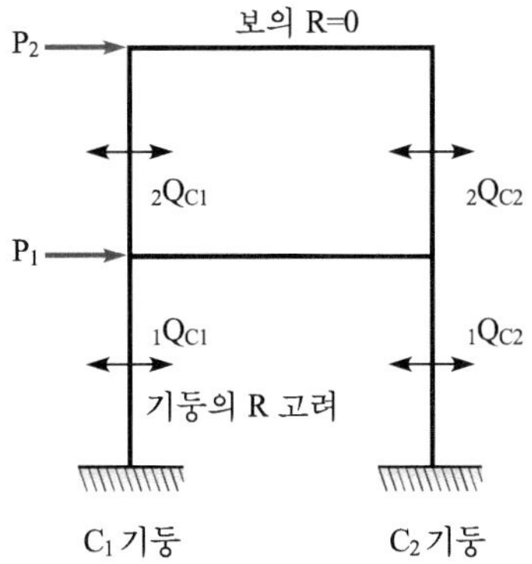

〈그림 13.6〉 기둥의 전단력

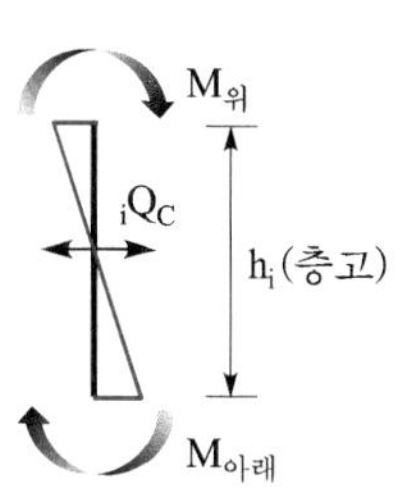

〈그림 13.7〉 기둥의 전단력과 휨모멘트의 관계

한편, 각 기둥의 전단력과 휨모멘트의 관계는

$$ {}_{i}Q_{k} = -\frac{M_{아래} + M_{위}}{h_{i}} \quad (13.11) $$

이므로, 이것을 식 (13.10)에 대입하면 층전단력과 휨모멘트의 관계식이 층에 대하여 하나 얻을 수 있다(〈그림 13.7〉).

기둥에 부재각이 있는 경우의 해법은 층방정식을 이용하여 다음의 검토와 순서에 따른다.

(1) 가정사항

① 보가 신축하지 않는다고 하고, 어느 층의 기둥머리 절점의 수평변형량은 동일하다고 한다(강한 바닥판 가정).

② 층에 대하여 식 (13.2)의 R은 하나로 한다(①에 따라, 상하층의 수평변형량의 차이를 층고로 나눈 부재각은 하나의 값이다).

③ 보의 부재각은 R=0으로 한다(기둥의 신축을 무시하므로 보의 부재각은 0이다).

(2) 층방정식

식 (13.10)의 우변에 식 (13.11)을 대입하면, 각 기둥 상하의 θ와 층의 R을 미지량으로 하여 층별로 식을 하나씩 세울 수 있다.

(3) 전체 방정식

① 절점각 θ → 미지수의 수와 같은 수의 절점방정식

② 부재각 R → 층의 수와 같은 수의 층방정식

미지수와 식의 숫자가 일치하고, (절점수 + 층수)원의 연립방정식을 풀면 답을 구할 수 있게 된다.

예제 13.1 처짐각법

1차 부정정보의 반력을 구하고 응력도를 그리시오.
보의 휨강성 EI는 일정하다.

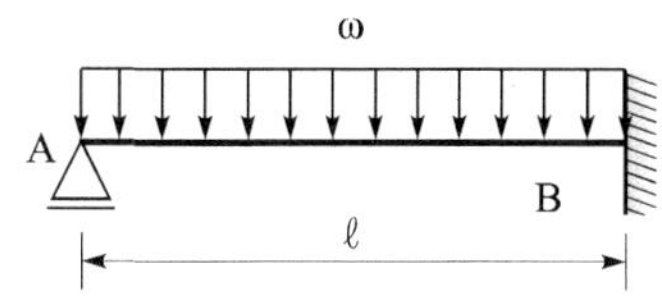

풀이

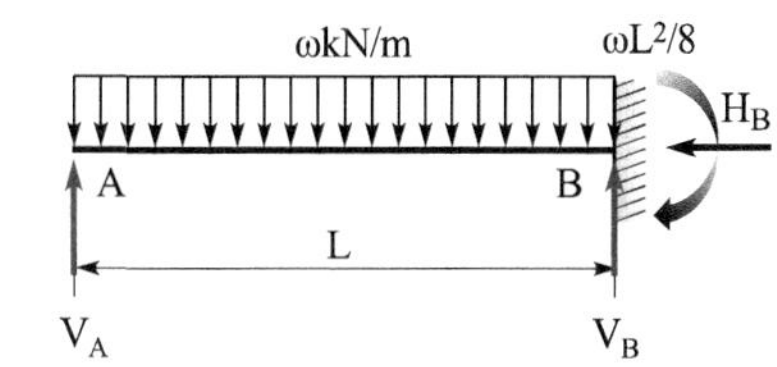

1) 미지수 ; A점에서만 회전이 발생한다.
   $\theta_B=0$
2) 고정단모멘트 ;

$$C_{AB}=-\frac{1}{12}\omega L^2,\ C_{BA}=\frac{1}{12}\omega L^2$$

3) 기본방정식 ;

$$M_{AB}=\frac{2EI}{L}(2\theta_A+\theta_B-3R)+C_{AB}$$

$$M_{AB}=\frac{2EI}{L}(2\theta_A)-\frac{1}{12}\omega L^2$$

$$M_{BA}=\frac{2EI}{L}(\theta_A)+\frac{1}{12}\omega L^2$$

4) 절점방정식 ; $\sum M_A=M_{AB}=0$

$$\theta_A=\frac{\omega L^3}{48EI}$$

5) 재단모멘트

$$M_{AB}=0,\ M_{BA}=\frac{\omega L^2}{8}$$

$$\sum M_B=V_A\times L-\omega L\times\frac{L}{2}+\frac{\omega L^2}{8}=0$$

$$V_A=\frac{1}{L}\left(\frac{\omega L^2}{2}-\frac{\omega L^2}{8}\right)=\frac{3\omega L}{8}$$

$$\sum H=0\ ;\ H_B=0$$

$$\sum V=0\ ;\ 3\omega L/8-\omega L+V_B=0$$

$$V_B=\omega L-\frac{3\omega L}{8}=\frac{5\omega L}{8}\ (\uparrow)$$

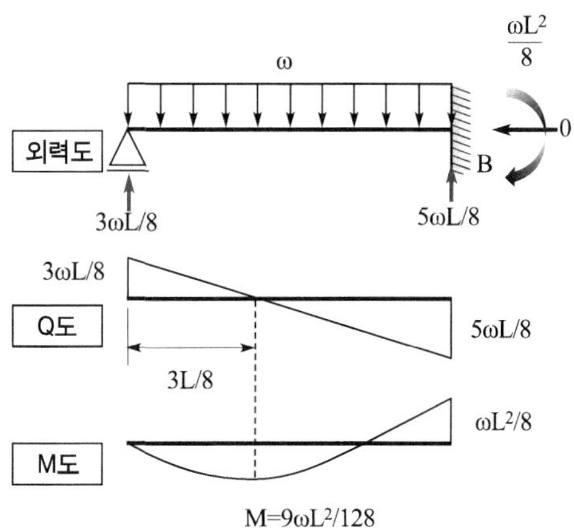

※ [예제 12.1]에서 구한 값과 비교하여 보기 바란다.

예제 13.2 처짐각법 (절점방정식 1)

B점에 모멘트 외력 M_B가 작용하는 경우 골조의 부재응력 (M도, Q도, N도)를 구하시오.

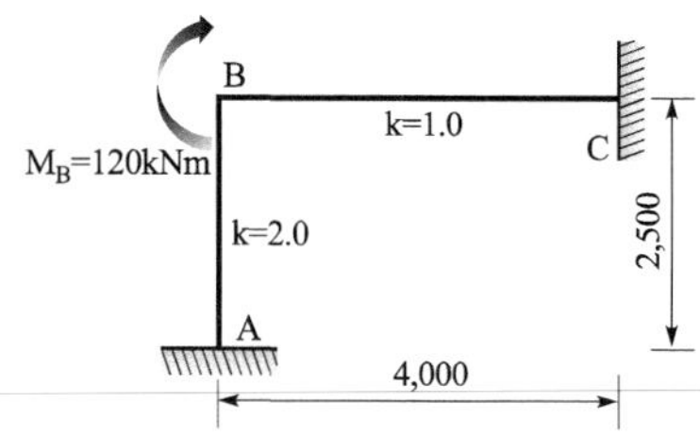

풀이

1) 미지수 ; θ_B=?, θ_A=θ_C=0, R=0(B점이 이동 안함)

2) 고정단모멘트 ;
중간하중이 작용하지 않음.

3) 기본방정식 ;

$$M_{AB} = \frac{2EI}{L}(2\theta_A + \theta_B - 3R) + C_{AB}$$

$$M_{AB} = 2(\theta_B),\ M_{BA} = 2(2\theta_B),$$

$$M_{BC} = (2\theta_B),\ M_{CB} = (\theta_B)$$

4) 절점방정식 ; $\sum M_B = M_{외력}$

$$\sum M_B = M_{BA} + M_{BC} = 4\theta_B + 2\theta_B = 120kNm$$

$$\theta_B = 20kNm$$

5) 재단모멘트 ;

$$M_{AB} = 40kNm,\ M_{BA} = 80kNm,$$

$$M_{BC} = 40kNm,\ M_{CB} = 20kNm$$

6) 보 BC의 전단력 $Q_B = -\frac{40+20}{4.0} = -15kN$

기둥 AB의 전단력 $Q_C = -\frac{80+40}{2.5} = -48kN$

7) 자유물체도에서 보의 전단력 → 기둥의 축력
기둥의 전단력 → 보의 축력으로 변함

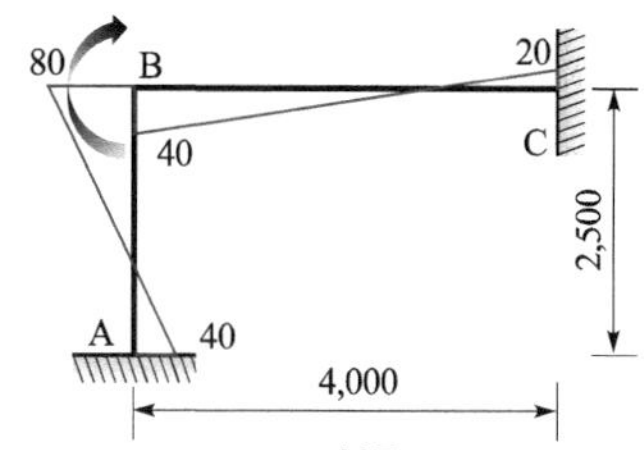

M도

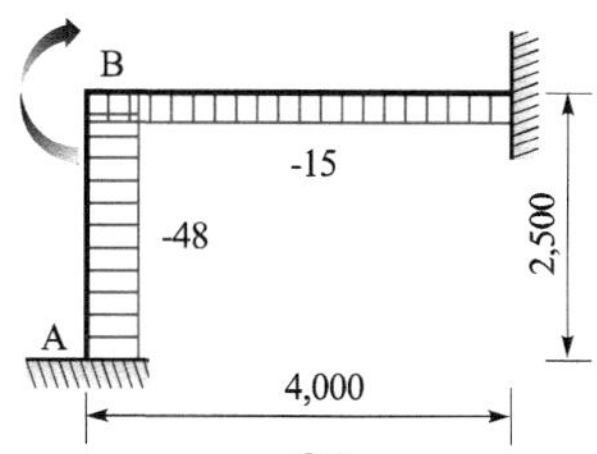

Q도

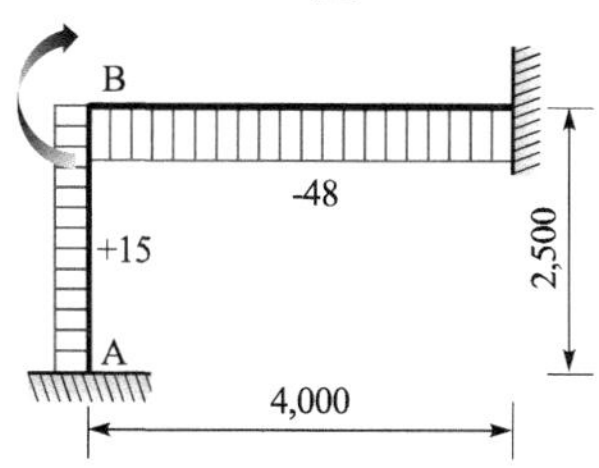

N도

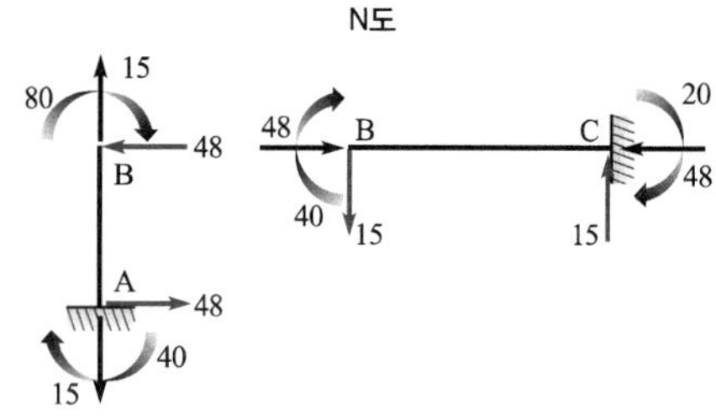

예제 13.3 **처짐각법 (절점방정식 2)**

등분포하중을 받는 연속보의 부재응력 (M도, Q도)를 구하시오. $E=2.1\times10^4 kN/cm^2$

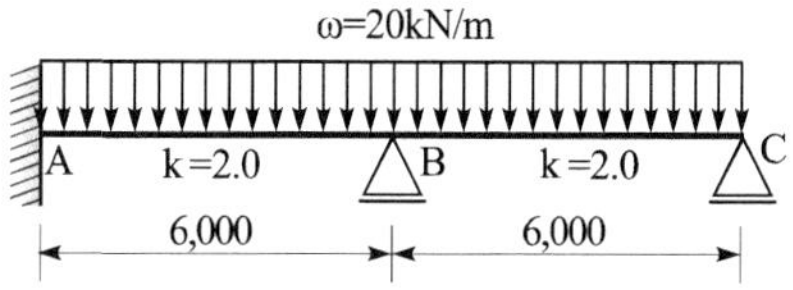

풀이

1) 미지수 ; θ_B=?, $\theta_A=\theta_C=0$, R=0(B점이 이동 안함)

2) 고정단모멘트 ;

$$C_{AB}=-\frac{1}{12}\omega L^2=-60kNm,\ C_{BA}=+60kNm,\ H_{BC}=-\frac{1}{8}\omega L^2=-90kNm$$

3) 기본방정식 ; $M_{AB}=\frac{2EI}{L}(2\theta_A+\theta_B-3R)+C_{AB}$

$$M_{AB}=2(\theta_B)-60,\ M_{BA}=2(2\theta_B)+60,\ M_{BC}=1.5(2\theta_B)-90,$$

4) 절점방정식 ; $\sum M_B=0$

$$\sum M_B=M_{BA}+M_{BC}=4\theta_B+60+3\theta_B-90=7\theta_B-30=0 \therefore \theta_B=4.286kNm$$

5) 재단모멘트 ;

$$M_{AB}=2\times4.286-60=-51.43kNm,\quad M_{BA}=4\times4.286+60=77.14kNm$$

$$M_{BC}=3\times4.286-90=-77.14kNm$$

6) 보 AB의 전단력 ; 자유물체도

$$Q_{AB}=\frac{\omega L}{2}-\frac{M_{AB}+M_{BA}}{L}=60-\frac{-51.43+77.14}{6.0}=55.72kN$$

$$Q_{BA}=55.72-120=-64.28kN$$

$$\sum M_B=R_A\times6-51.43+77.14-20\times6\times3=0,$$

$$R_A=20\times3+\frac{51.43-77.14}{6}=55.72kN,\quad R_B=120-55.72=64.28kN$$

보 BC의 전단력 ; 자유물체도

$$\sum M_C=R_B'\times6-77.14-20\times6\times3=0,\ R_B'=20\times3+\frac{77.14}{6}=72.86kN$$

$$R_C=72.86-120=-47.14kN \qquad \sum R=55.72+64.28+72.86+47.14=240$$

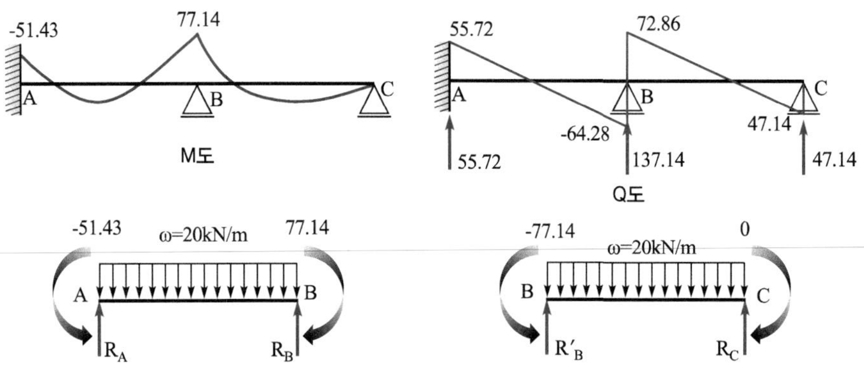

〈자유물체도〉

예제 13.4 **처짐각법 (절점방정식 2)**

등분포하중을 받는 연속보의 부재응력 (M도, Q도)를 구하시오. $E=2.1\times10^4 kN/cm^2$

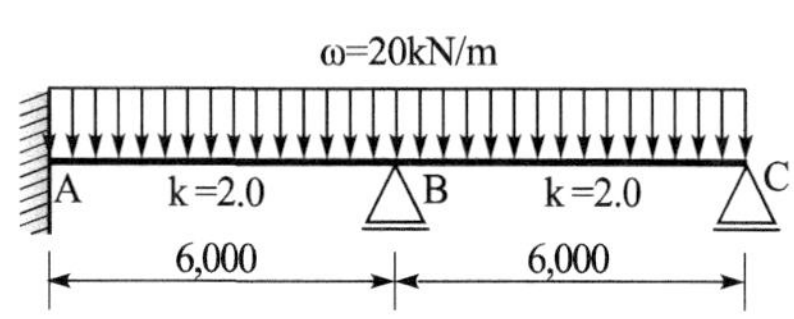

풀이

[별해] 등가강비 사용예를 설명한다.

1) 미지수 ; θ_B=?, θ_A=0, R=0(B점이 이동 안함)

2) 고정단모멘트 ;

$$C_{AB}=-\frac{1}{12}\omega L^2=-60kNm,\quad C_{BA}=+60kNm,\quad H_{BC}=-\frac{1}{8}\omega L^2=-90kNm$$

3) 기본방정식 ; $M_{AB}=\dfrac{2EI}{L}(2\theta_A+\theta_B-3R)+C_{AB}$

$$M_{AB}=2(\theta_B)-60,\quad M_{BA}=2(2\theta_B)+60,\quad M_{BC}=1.5(2\theta_B)-90$$

3′) 기본방정식 ; $M_{AB}=\dfrac{2EI}{L}(2\theta_A+\theta_B-3R)+C_{AB}$

$$M_{BC}=2(2\theta_B+\theta_C)-60,\quad M_{CB}=2(2\theta_C+\theta_B)+60$$

※ 힌지 또는 롤러인 경우, M=0이므로 θ_C는 미지수에서 제거됨

$$M_{CB}=0\ ;\ \theta_C=-\frac{1}{2}\theta_B-15 \Rightarrow M_{BC}=2(2\theta_B-0.5\theta_B-15)-60=1.5(2\theta_B)-90$$

4) 절점방정식 ; $\sum M_B = 0$

$\sum M_B = M_{BA} + M_{BC} = 4\theta_B + 60 + 3\theta_B - 90 \ = 7\theta_B - 30 = 0$

$\therefore \theta_B = 4.286\text{kNm}$

5) 재단모멘트 ;

$M_{AB} = 2 \times 4.286 - 60 = -51.43\text{kNm}$

$M_{BA} = 4 \times 4.286 + 60 = 77.14\text{kNm}$

$M_{BC} = 3 \times 4.286 - 90 = -77.14\text{kNm}$

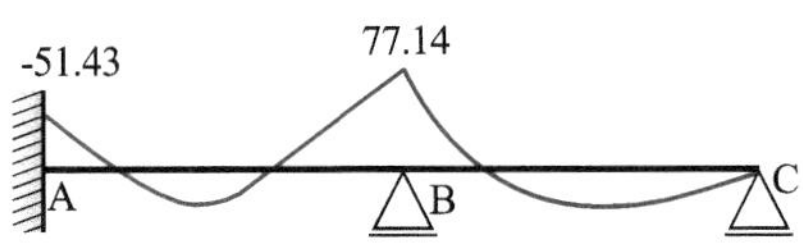

M도

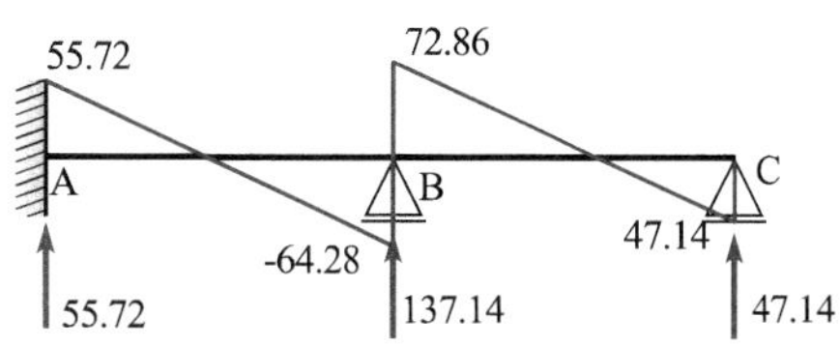

Q도

예제 13.5 **처짐각법 (절점방정식 3)**

골조의 부재응력 (M도, Q도)를 구하시오.
기둥부재 500×500, 보부재 300×700

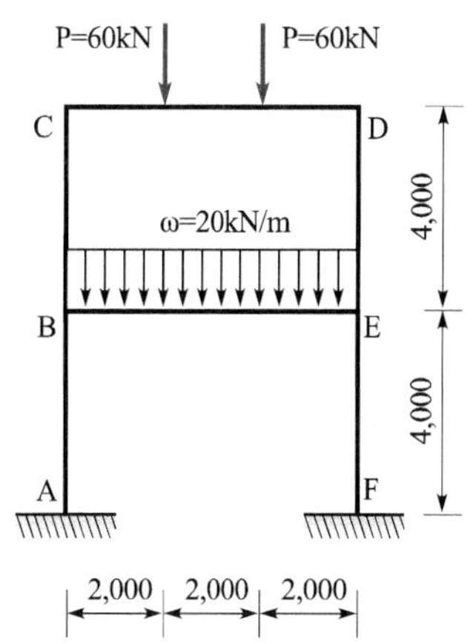

풀이

1) 미지수 ; $\theta_B = -\theta_E = ?$, $\theta_C = -\theta_D = ?$, $\theta_A = \theta_F = 0$, R=0(좌우 대칭)

2) 고정단모멘트 ;

$$C_{BE} = -C_{EB} = -\frac{1}{12}\omega L^2 = -\frac{20 \times 6^2}{12} = -60\text{kNm},$$

$$C_{CD} = -C_{DC} = -\frac{2PL}{9} = -\frac{2 \times 60 \times 6}{9} = -80\text{kNm}$$

3) 기본방정식 ; $M_{AB}=\frac{2EI}{L}(2\theta_A+\theta_B-3R)+C_{AB}$

$M_{AB}=1.0(\theta_B)$, $M_{BA}=1.0(2\theta_B)$, $M_{BC}=1.0(2\theta_B+\theta_C)$,

$M_{CB}=1.0(2\theta_C+\theta_B)$, $M_{BE}=1.1(2\theta_B+\theta_E)-60=1.1\theta_B-60$,

$M_{CD}=1.1(2\theta_C+\theta_D)-80=1.1\theta_C-80$

4) 절점방정식 ; $\sum M_B=0$, $\sum M_C=0$

$\sum M_B=M_{BA}+M_{BC}+M_{BE}=2\theta_B+(2\theta_B+\theta_C)+1.1\theta_B-80=5.1\theta_B+\theta_C-80=0$

$\sum M_C=M_{CB}+M_{CD}=(2\theta_C+\theta_B)+(1.1\theta_C-80)=\theta_B+3.1\theta_C-80=0$

$\therefore \theta_B=7.16\text{kNm}, \theta_C=23.48\text{kNm}$

5) 재단모멘트 ; θ_B와 θ_C를 기본방정식에 대입하여 재단모멘트를 구함.

$M_{AB}=7.16\,\text{kNm}$, $M_{BA}=14.32\,\text{kNm}$, $M_{BC}=37.80\,\text{kNm}$, $M_{CB}=54.12\,\text{kNm}$

$M_{BE}=-52.12\,\text{kNm}$, $M_{CD}=-54.17\,\text{kNm}$

보 BE 및 CD의 중앙 모멘트 ;

$M_{center}=M_{BE}+\frac{\omega L^2}{8}=-52.12+90=37.88\,\text{kNm}$

$M_{center}=M_{CD}+\frac{PL}{3}=-54.17+60\times 6/3=65.83\,\text{kNm}$

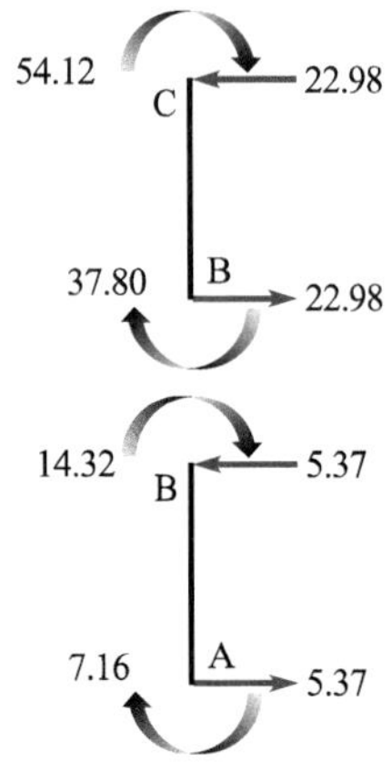

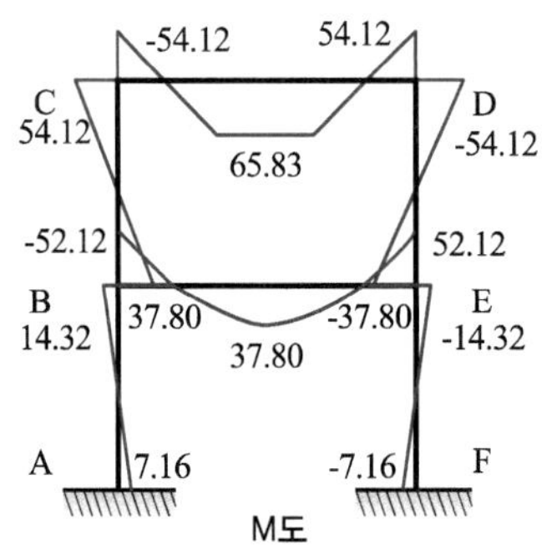

M도

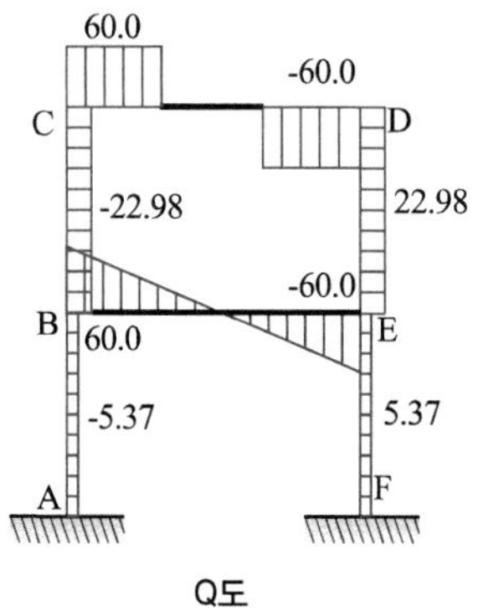

Q도

예제 13.6 처짐각법 (층방정식 1)

골조의 부재응력 (M도, Q도, N도)를 구하시오.
$E=2.1\times10^4 kN/cm^2$

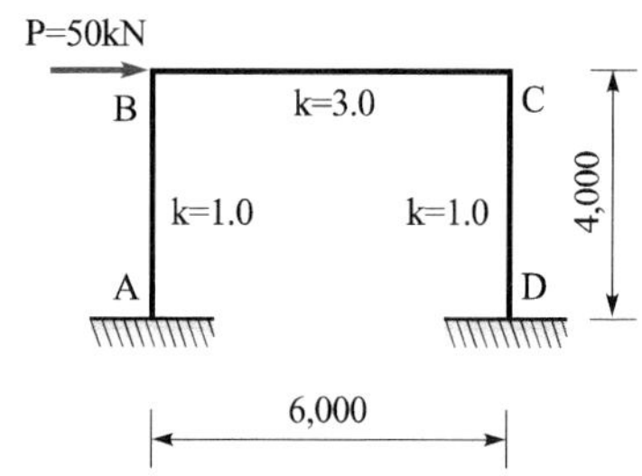

풀이

1) 미지수 ; $\theta_B=\theta_C=?$(좌우 역대칭), $\theta_A=\theta_D=0$, R=?

2) 고정단모멘트 ;
절점하중이어서 고정단모멘트는 없음.

3) 기본방정식 ;

$$M_{AB}=\frac{2EI}{L}(2\theta_A+\theta_B-3R)+C_{AB}$$

$$M_{AB}=1.0(\theta_B-3R)=M_{DC}$$

$$M_{BA}=1.0(2\theta_B-3R)=M_{CD}$$

$$M_{BC}=3.0(2\theta_B+\theta_C)=9\theta_B=M_{CB}$$

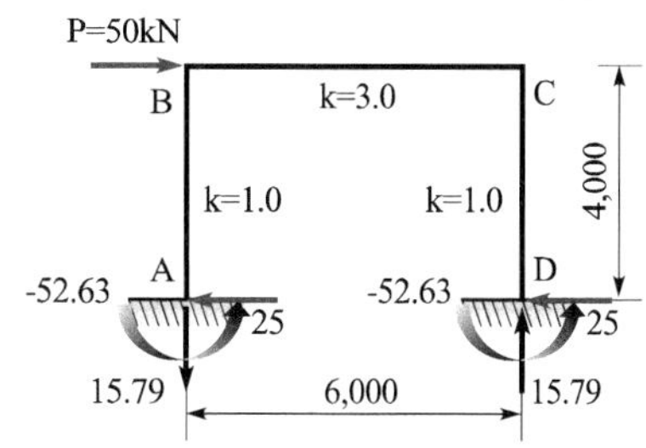

외력도

4) 절점방정식 ; $\sum M_B=0$

$$\sum M_B=M_{BA}+M_{BC}=(2\theta_B-3R)+(9\theta_B)$$

$$=11\theta_B-3R=0$$

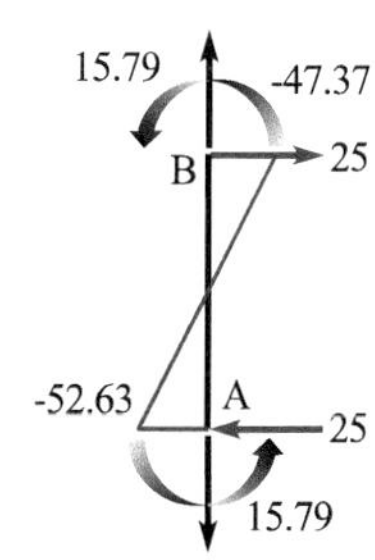

5) 층방정식 ; $Q=\sum Q_{기둥}$

$$50\times4+(M_{AB}+M_{BA})\times2$$

$$=200+(3\theta_B-6R)\times2$$

$$=6\theta_B-12R+200=0$$

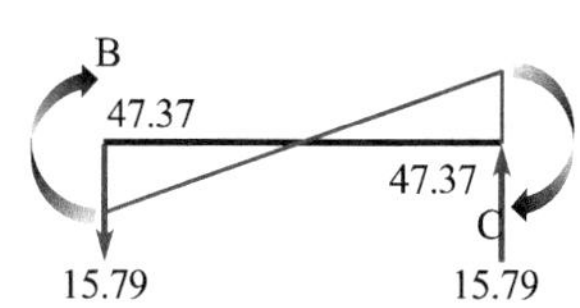

$$\therefore \theta_B=5.263\,kNm,\quad R=\frac{11}{3}\times5.263=19.298\,kNm$$

6) 재단모멘트 ; θ_B와 R을 기본방정식에 대입하여 재단모멘트를 구함.

$$M_{AB}=M_{DC}=5.263-3\times19.298=-52.631\,kNm$$

$$M_{BA}=M_{CD}=2\times5.263-3\times19.298=-47.368\,kNm$$

$M_{BC} = M_{CB} = 9 \times 5.263 = 47.367 \, \text{kNm}$

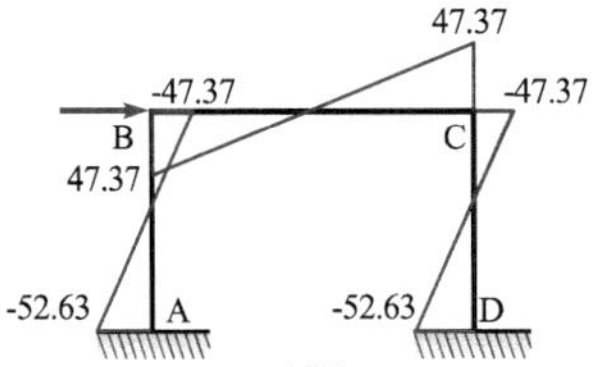

M도

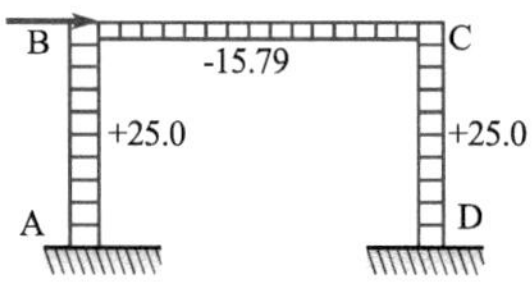

Q도

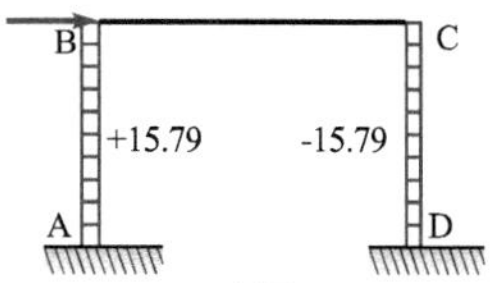

N도

예제 13.7

처짐각법 (층방정식 2)

골조의 부재응력 (M도, Q도, N도)를 구하시오.

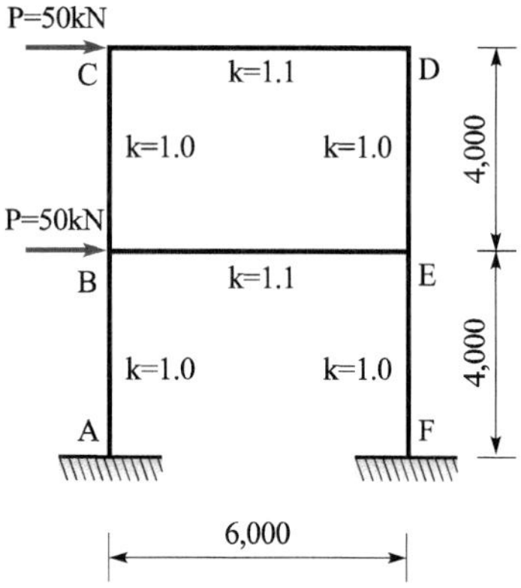

풀이

1) 미지수 ; $\theta_A=\theta_F=0$, $\theta_B=\theta_E=?$, $\theta_C=\theta_D=?$(역대칭), $R_1=?$, $R_2=?$

2) 고정단모멘트 ;
절점하중이어서 고정단모멘트는 없음.

3) 기본방정식 ; $M_{AB} = \dfrac{2EI}{L}(2\theta_A + \theta_B - 3R) + C_{AB}$

$M_{AB} = 1.0(\theta_B - 3R_1)$, $M_{BA} = 1.0(2\theta_B - 3R_1)$, $M_{BC} = 1.0(2\theta_B + \theta_C - 3R_2)$,
$M_{BE} = 1.1(2\theta_B + \theta_E)$, $M_{CD} = 1.1(2\theta_C + \theta_D)$

4) 절점방정식 ; $\sum M_B = 0$, $\sum M_C = 0$

$\sum M_B = M_{BA} + M_{BC} + M_{BE} = (2\theta_B - 3R_1) + (2\theta_B + \theta_C - 3R_2) + 3.3\theta_B = 0$

$7.3\theta_B + \theta_C - 3R_1 - 3R_2 = 0$ ·········· ①

$\sum M_C = M_{CB} + M_{CD} = (2\theta_C + \theta_B - 3R_2) + 3.3\theta_C = \theta_B + 5.3\theta_C - 3R_2 = 0$

$\theta_B + 5.3\theta_C - 3R_2 = 0$ ·········· ②

5) 층방정식 ; $Q = \sum Q_{기둥}$

$$Q_2 = -\frac{M_{BC}+M_{CB}}{4.0}\times 2 = -\frac{2\theta_B+\theta_C-3R_2+2\theta_C+\theta_B-3R_2}{2} = -\frac{3\theta_B+3\theta_C-6R_2}{2} = 50$$

$$3\theta_B+3\theta_C-6R_2 = -100 \quad \cdots\cdots ③$$

$$Q_1 = -\frac{M_{AB}+M_{BA}}{4.0}\times 2 = -\frac{\theta_B-3R_1+2\theta_B-3R_1}{2} = 100,\ 3\theta_B-6R_1 = -200 \quad \cdots\cdots ④$$

※ 식①~식④의 4원 연립방정식을 산술적으로 풀거나, [별해]에서 설명하는 점근해법을 사용해서 미지수의 값을 구한 후, 기본방정식에 대입한다.

$\theta_B = 36.98$ kNm, $\theta_C = 18.03$ kNm, $R_1 = 51.83$ kNm, $R_2 = 44.18$ kNm

6) 재단모멘트 ; 미지수 θ_B, θ_C, R_1, R_2를 기본방정식에 대입하여 재단모멘트를 구함.

$M_{AB} = -118.51$ kNm, $M_{BA} = -81.53$ kNm, $M_{BC} = -40.55$ kNm,

$M_{CB} = -59.50$ kNm, $M_{BE} = 122.03$ kNm, $M_{CD} = 59.50$ kNm,

7) 부재의 전단력 및 축력

$$Q_{AB} = -\frac{-118.51-81.53}{4.0} = 50.01\text{ kN},\quad Q_{BC} = -\frac{-40.55-59.50}{4.0} = 25.01\text{ kN}$$

$$Q_{BE} = -\frac{122.03+122.03}{6.0} = -40.68\text{ kN},\quad Q_{CD} = -\frac{59.50+59.50}{6.0} = -19.83\text{ kN}$$

$$N_{BC} = -Q_{CD} = 19.83\text{ kN},\quad N_{AB} = N_{BC}-Q_{BE} = 19.83+40.68 = 60.51\text{ kN}$$

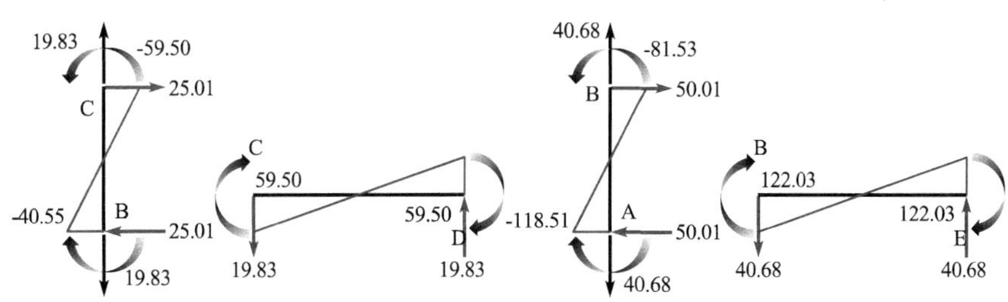

〈자유물체도〉

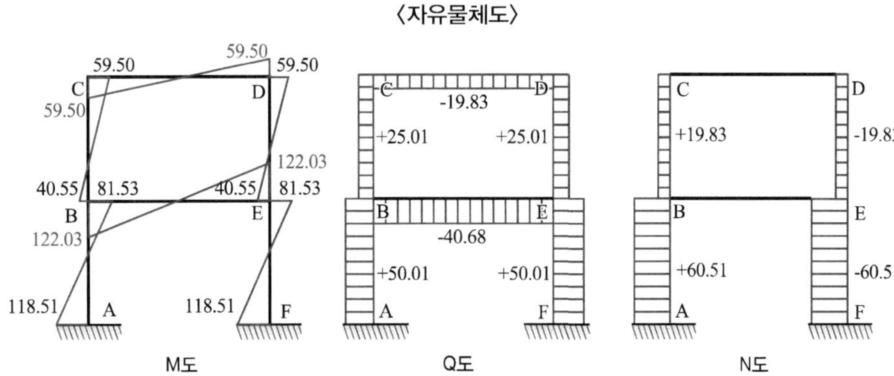

〈외응력도 - M도, Q도, N도〉

예제 13.8 **처짐각법 (층방정식 2)**

골조의 부재응력 (M도, Q도, N도)를 구하시오.

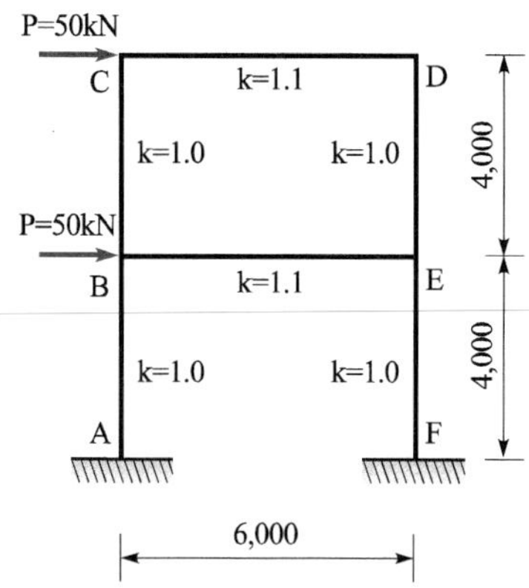

풀이

[별해]

처짐각법의 연립방정식을 점근해법인 반복법 (反復法 : iteration)에 따라 해석하는 경우를 예시한다.

제1회의 값을 $\theta_B = 0$, $\theta_C = 0$로 하여 R_1 및 R_2를 계산하고, 이후 구해진 값을 사용하여 순차계산을 행하고, 같은 값이 구해지면, 계산을 종료한다.

반복법으로 구한 미지수의 값을 계산값과 비교하면 충분한 정밀도를 갖고 있는 것을 알 수 있다. 이 방법을 더욱 발전시킨 방법이 제14장에 기술한 모멘트분배법이다.

	반복법	계산값
θ_B	36.98 kNm	36.98 kNm
θ_C	18.02 kNm	18.03 kNm
R_1	51.82 kNm	51.83 kNm
R_2	44.17 kNm	44.18 kNm

	1	2	3	4	5	6	7	8
$\theta_B = -\frac{1}{7.3}(\theta_C - 3R_1 - 3R_2)$	0	20.548	29.373	33.392	35.273	36.165	36.590	36.793
$\theta_C = -\frac{1}{5.3}(\theta_B - 3R_2)$	0	5.557	11.280	14.639	16.372	17.227	17.641	17.840
$R_1 = \frac{100}{3} + \frac{\theta_B}{2}$	$\frac{100}{3}$	43.607	48.02	50.029	50.970	51.416	51.628	51.730
$R_2 = \frac{100}{6} + \frac{1}{2}(\theta_B + \theta_C)$	$\frac{100}{6}$	29.719	36.993	40.682	42.489	43.363	43.782	43.983
	9	10	11	12	13	14	15	16
$-\frac{1}{7.3}(\theta_C - 3R_1 - 3R_2) = \theta_B$	36.890	36.937	36.959	36.970	36.975	36.978	36.979	36.979
$-\frac{1}{5.3}(\theta_B - 3R_2) = \theta_C$	17.936	17.982	18.004	18.014	18.019	18.022	18.023	18.024
$\frac{100}{3} + \frac{\theta_B}{2} = R_1$	51.778	51.802	51.813	51.818	51.821	51.822	51.823	51.823
$\frac{100}{6} + \frac{1}{2}(\theta_B + \theta_C) = R_2$	44.080	44.126	44.148	44.159	44.146	44.167	44.168	44.168

연습문제 *exercise*

13-1 처짐각법

그림과 같은 부정정보의 M도 및 Q도를 처짐각법으로 구하시오. 다만 보의 휨강성 EI는 일정하다.

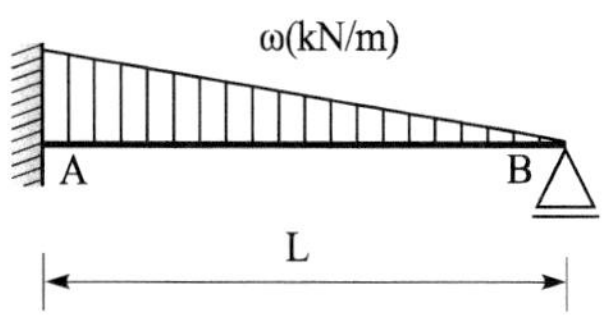

13-2 처짐각법 - 절점방정식 1

그림과 같은 골조의 부재응력 (M도 및 Q도)를 처짐각법을 사용해서 구하시오. 다만 보의 휨강성 EI는 일정하다.

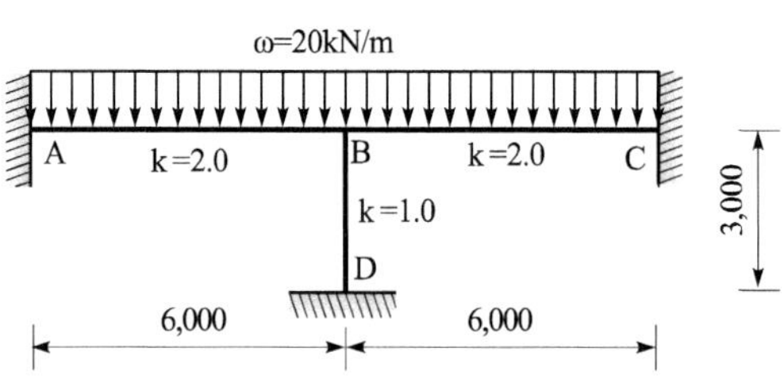

13-3 처짐각법 - 절점방정식 2

그림과 같은 구조물의 부재응력 (M도 및 Q도)를 처짐각법을 사용해서 구하시오. 다만 보의 휨강성 EI는 일정하다.

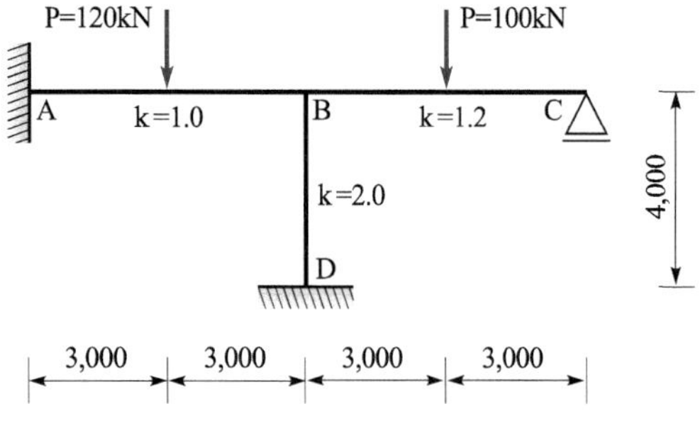

13-4 처짐각법 - 절점방정식 3

그림과 같은 골조의 부재응력 (M도 및 Q도)를 처짐각법을 사용해서 구하시오. 다만 부재의 E는 일정하다.

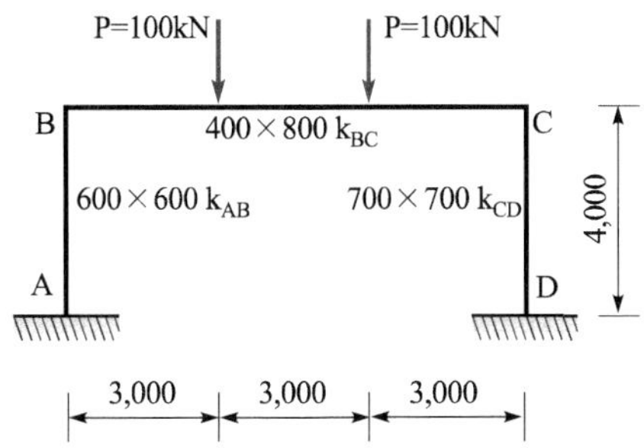

13-5 처짐각법 - 층방정식

그림과 같은 구조물의 부재응력 (M도 및 Q도)를 처짐각법을 사용해서 구하시오

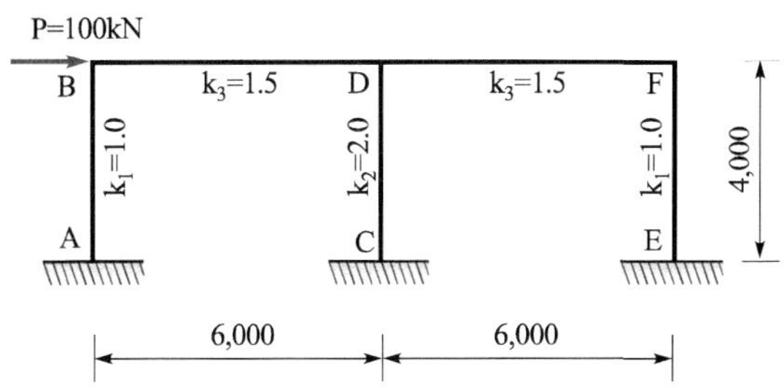

13-6 처짐각법

그림과 같은 구조물의 응력도(M도 및 Q도) 및 변형도를 처짐각법을 사용해서 구하시오.

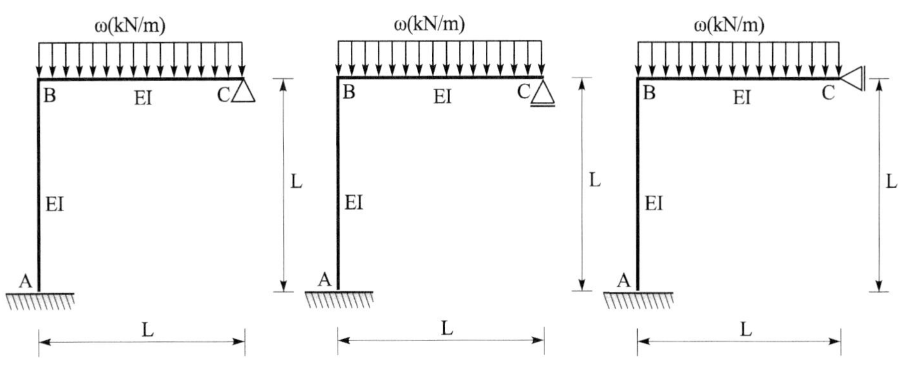

13-7 처짐각법 - 변단면보

그림과 같은 변단면보를 처짐각법으로 풀고 응력도(M도 및 Q도) 및 B점의 처짐을 구하시오.

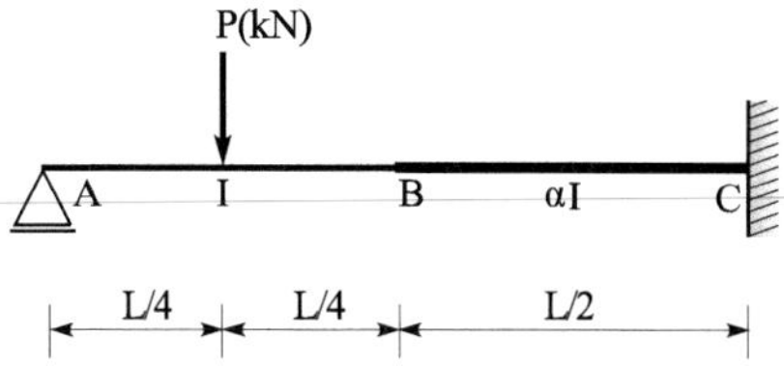

CHAPTER

14 모멘트분배법

14.1 모멘트분배법의 기본사항
14.2 모멘트분배법의 계산순서
14.3 모멘트분배법의 작표계산의 순서
14.4 유효강비

CHAPTER

14

모멘트분배법

모멘트분배법은 처짐각법의 연립방정식을 해석하는 방법을 간편하게 하여 작표에 의해 용이하게 계산할 수 있도록 한 것이다. 13장에서 설명한 연립방정식의 점근해법을 더욱 간단하게 하고 작표 원칙만 이해하면 누구나 계산할 수 있도록 하고 있다. 또한, 처짐각법처럼 변형을 미지량으로 한 것은 아니고, 휨모멘트 그 자체를 미지량으로 하여서 부재응력을 직접적으로 구할 수 있다.

모멘트분배법을 가장 편리하게 이용할 수 있는 구조물은 연속보이다. 골조에 대해서는 기둥에 부재각이 생기지 않는 경우에 적용하는 것이 적절하다. 부재각이 생기는 경우에는 작표계산이 번거로워지므로, 간편하게 답을 구할 수 있다고 하는 모멘트분배법의 장점이 없어져 버린다.

모멘트분배법의 작표계산 법칙은 다소 귀찮지만, 모멘트분배법의 계산을 통해 힘이 평형을 이루고 있는 감각을 얻을 수 있으면 좋겠다.

14.1 모멘트분배법의 기본사항

14.1.1 모멘트분배법의 특징

모멘트분배법 (모멘트分配法, moment distribution method)은 1930년 일리노이 대학의 Hardy Cross 교수에 의해 직접 도상에서 계산할 수 있는 새로운 방법[5])으로 제안된 일종의

5) Hardy Cross (1930), "Analysis of Continuous Frames by Distributing Fixed-End Moment," Trans., ASCE, Vol. 96.

반복법으로 비교적 간단하게 손 계산으로 부정정 구조물의 재단모멘트를 구할 수 있는 근사해법이다.

주로 직사각형 골조의 해법에 가장 많이 쓰이며 연속보 등에 생기는 휨모멘트를 근사적으로 구하기 위하여 사용된다. 그러나 구조물의 휨변형만을 고려하므로 부정정 트러스에는 이용할 수 없다.

고정모멘트법의 이론의 근본은 처짐각법이나 번잡한 수식을 사용하지 않고 직접 도상에서 수치 계산을 할 수 있는 반복법으로 엄밀해에 대단히 가까운 근사적인 풀이의 한 방법이다. 참고로 5회 분배에 의한 모멘트 값의 수렴 정도는 1회 분배 시 약 72%, 2회 분배 시 약 97%, 3회 분배 시 약 98%, 4회 분배 시 약 99.8%, 5회 분배 시 약 100% 수렴하기 때문에 보통은 2~3회 정도 반복 계산을 하는 것이 좋다(해법건축구조역학, 장동찬 장성훈, 기문당, P.444).

모멘트분배법의 기본적인 특징으로서는 다음과 같은 것이 있다.

① 기본 가정은 처짐각법과 같고 절점회전각을 고려한 변위법의 일종이다.

② 변위법이기는 하지만 계산방법을 고안하여 부재응력으로 휨모멘트를 직접 구할 수 있다.

③ 단순한 반복계산에 따라 해가 구해진다(손 계산에 적합하다).

④ 반복계산 횟수에 따라 계산정밀도가 향상되므로 필요 정밀도를 얻을 수 있는 선에서 계산을 끝내면 좋다(통상은 2~3회 정도 반복계산이 좋다).

14.1.2 모멘트분배법의 원리

모멘트분배법은 절점에 있는 불평형모멘트인 해제모멘트 M_r의 모멘트분배와 분배된 모멘트의 부재 타단에의 모멘트 도달을 반복하는 것에 따라, 최종적으로 휨모멘트 평형조건을 만족하는 상태를 얻는 방법이다. 하중이 작용하면 절점은 회전을 하는데, 인위적으로 절점을 구속하기 위하여 가해진 모멘트를 절점회전구속모멘트(節點廻轉拘束모멘트, locking moment) 또는 불평형모멘트(不平衡모멘트, unbalanced moment)라 한다.

(1) 절점에서의 해제모멘트

고정상태로 구속된 절점을 원래의 상태로 해제하기 위하여, 불평형모멘트와 크기가 같고 반대 방향으로 가해진 모멘트를 해제모멘트(解除모멘트, releasing moment)라 한다. 각 절점에 있어서 부재 단부에 생기는 휨모멘트는 평형되지 않으면 안된다. 계산과정에 있어서 부재 단부의 휨모멘트 합이 0이 되지 않는 경우 그 값의 역부호 모멘트가 불평형모멘트인 해제모멘트 M_r로 된다.

(2) 모멘트의 분배

절점에 작용하는 해제모멘트 M_r은 절점에 연결되어있는 부재에 분배되어 분담된다. 〈그림 14.1〉은 기둥과 보의 4부재로 구성되어 있는 골조이다. 절점 O에서 각각의 타단은 A, B, C, D이고, 부재의 강비는 $k_A \sim k_D$로 한다. 중간하중이 없으므로 고정단모멘트는 0이다. 고정단의 회전각은 0, 즉 $\theta_A=\theta_B=\theta_C=\theta_D=0$이며, 미지량은 θ_O뿐이다.

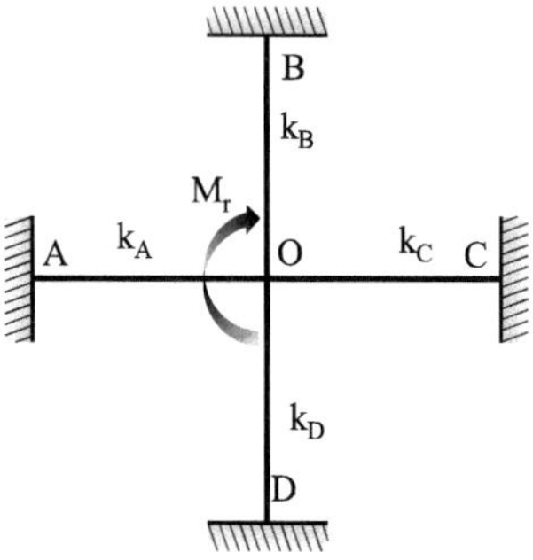

〈그림 14.1〉 모멘트의 분배

부재 단부 모멘트는 다음과 같이 된다.

$$M_{OA}=k_A(2\theta_O),\ M_{OB}=k_B(2\theta_O),\ M_{OC}=k_C(2\theta_O),\ M_{OD}=k_D(2\theta_O) \qquad (14.1)$$

O점의 절점모멘트 평형에 따라

$$M_r=M_{OA}+M_{OB}+M_{OC}+M_{OD}=2(k_A+k_B+k_C+k_D)\theta_O$$

$$\theta_O=\frac{M_r}{2(k_A+k_B+k_C+k_D)}=\frac{M_r}{2\sum k}$$

따라서,

$$M_{OA} = \frac{k_A}{\sum k} M_r, \quad M_{OB} = \frac{k_B}{\sum k} M_r, \quad M_{OC} = \frac{k_C}{\sum k} M_r, \quad M_{OD} = \frac{k_D}{\sum k} M_r \tag{14.2}$$

결과로서

$$M_{OA} = \mu_A M_r, \quad M_{OB} = \mu_B M_r, \quad M_{OC} = \mu_C M_r, \quad M_{OD} = \mu_D M_r \tag{14.3}$$

여기서, $\mu_i = \dfrac{k_i}{\sum k}$; 분배율(分配率, distribution factor) ; $\sum \mu_i = 1.0$

M_r은 $\mu_A \sim \mu_D$의 비율에 따라 분배되고, 분배된 $M_{OA} \sim M_{OD}$를 분배모멘트(分配모멘트, distribution moment)라 한다.

(3) 모멘트의 도달

해제모멘트 M_r에 따라 θ_O가 어떤 값을 갖으면, 그것에 의해 각 부재의 반대편 A~D단에 생기는 휨모멘트를 도달모멘트(到達모멘트, carry-over moment)라 하며, 다음과 같이 된다.

$$M_{AO} = k_A(\theta_O), \quad M_{BO} = k_B(\theta_O), \quad M_{CO} = k_C(\theta_O), \quad M_{DO} = k_D(\theta_O)$$

여기서 식 (14.1)의 관계를 고려하면,

$$M_{AO} = \frac{1}{2} M_{OA}, \quad M_{BO} = \frac{1}{2} M_{OB}, \quad M_{CO} = \frac{1}{2} M_{OC}, \quad M_{DO} = \frac{1}{2} M_{OD} \tag{14.4}$$

가 되고, 분배모멘트 $M_{OA} \sim M_{OD}$의 1/2이 〈그림 14.2〉에서와 같이 반대편 고정단에 도달하는 것을 알게 된다. 이 1/2을 도달율(到達率, carry-over factor)라 한다.

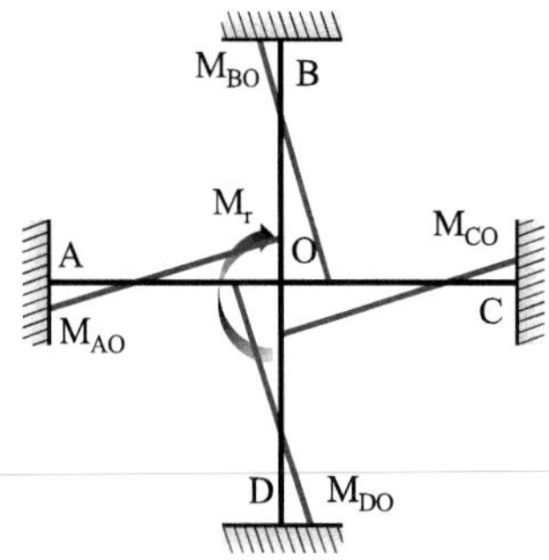

〈그림 14.2〉 모멘트의 도달

미니지식 **하디 크로스(Hardy Cross ; 미국, 1885년~1959)**

하디 크로스는 1935년경부터 1960년대까지 세계적으로 가장 널리 사용된 구조해석 방법의 하나인 모멘트분배법의 창시자이다.

하디 크로스는 토목공학 전공으로 1908년에 매사추세츠 공과대학교에서 이학사 학위를, 1911년에 하버드 대학교에서의 공학석사 학위를 취득하였다. 모멘트분배법은 하버드 대학교 시절에 처음 개발되었다. 그는 브라운 대학교의 토목공학과 조교수로 임용되어 7년간 가르쳤으며, 1921년에는 일리노이 주립 대학교 어바나-샴페인의 구조공학 교수로 임용되었다. 일리노이 대학교 시절에 그는 모멘트 분배법을 발전시켰으며, 학생들에게도 가르쳤다. 그의 대표적인 제자로는 뉴마크-베타법을 개발한 나단 뉴마크(Nathan M. Newmark)교수가 있다.

모멘트 분배법은 부재의 고정단모멘트로부터 시작하여 순차적으로 구조물 전체의 평형이 만족될 때까지 반복적으로 불균형모멘트를 분배하고 인접 부재로 배분하는 방법이다. 모멘트분배법은 기본적으로 처짐각법에서 발전된 것이나, 처짐각법에서 미지수를 각 절점의 처짐각으로 하는 것에 비해, 모멘트분배법에서는 처짐각과 부재의 상대적 강도로부터 유도한 부재단 모멘트를 미지수로 하여 해석한다.

[출처 : 위키피디아®]

14.2 모멘트분배법의 계산순서

모멘트분배법에서는 부재 양단 절점은 고정이라고 가정하여 부재에 작용하는 하중에 의한 절점모멘트를 계산한다. 계속하여 각 절점에 작용하는 절점모멘트 합계치와 반대부호의 해제모멘트를 고려한다. 절점모멘트와 해제모멘트의 합은 0가 되고, 절점에서 모멘트는 평형이 된다.

따라서, 해제모멘트를 절점에 연결되어 있는 부재에 분배하고, 타단의 고정단에 모멘트를 도달시킨다. 이 순서를 각 절점에 반복하여 계산해 가면, 최종적으로 절점모멘트가 평형되어 평형상태를 얻을 수 있다.

이 계산순서를 정리하면 다음과 같이 된다.

① 고정단모멘트의 계산
부재 단부를 고정으로 하여 중간하중에 의한 부재의 고정단모멘트(固定端모멘트, fix end moment)를 구한다. 기둥처럼 중간하중이 없는 부재에서는 고정단모멘트는 0이다.

② 해제모멘트의 계산
절점에서 고정단모멘트의 합계치와 크기는 같고 부호가 반대인 해제모멘트(解除모멘트, releasing moment), Mr을 합하여 절점의 평형을 도모한다(즉, 고정단모멘트의 합 + 해제모멘트 = 0).

③ 분배모멘트의 계산
절점의 해제모멘트 M_r (불평형모멘트와 크기는 같고 부호는 반대)를 부재의 타단이 고정이라고 가정하여, 절점에 접합되어 있는 부재에 분배한다. 〈그림 14.1〉과 같이 강비 k_A~k_D의 4부재가 접합되어 있다고 하면, 분배율(分配率, distribution factor)를 이용하여, $M_{OA} = \mu_A M_r$, $M_{OB} = \mu_B M_r$, $M_{OC} = \mu_C M_r$, $M_{OD} = \mu_D M_r$로 되어, M_r을 μ_A~μ_D의 비율에 따라 분배하여, M_{OA}~M_{OD}를 분배모멘트(分配모멘트, distribution moment)로 한다.

④ 도달모멘트의 계산

분배모멘트 M_{OA}~M_{OD}의 1/2을 부재 반대편에 도달시킨다. 즉,

$$M_{AO}=\frac{1}{2}M_{OA},M_{BO}=\frac{1}{2}M_{OB},M_{CO}=\frac{1}{2}M_{OC},M_{DO}=\frac{1}{2}M_{OD}$$

로 되며, 이를 도달모멘트(到達모멘트, carry-over moment)라 한다.

⑤ ②~④의 작업을 전체 절점에 대하여 실시한다.

⑥ 각 절점에 대하여 도달모멘트의 합을 구하고, 역방향 값을 새로운 해제모멘트 M_r로 한다. 이것은 ②에 유사한 작업이다.

⑦ 이후 ③~⑥의 작업을 전체 절점에 대하여 반복한다. 해제모멘트가 충분히 작게 된다면 계산을 종료한다(통상은 2~3회 반복한다).

⑧ ①, ③, ④의 모멘트 값을 합한다(③, ④의 값은 반복 횟수 분이다).

14.3 모멘트분배법 작표계산의 순서

모멘트분배법의 계산은 계산도표를 사용하면 편리하다. 〈그림 14.3〉에 계산도표를 예시하고, 이 도표를 이용하여 다음의 순서로 계산을 실시한다.

① 계산도표를 이용

절점 A, B, C, ・・・에 대하여 부재 AB, BC, ・・・가 있다. 예를 들면, ED란에는 부재 ED의 E단 모멘트(M_{ED})를 기입한다.

② 분배율 DF(distribution factor)의 계산

각 부재 강비를 이용하여 분배율, $\mu_i = k_i/\sum k$를 계산하고 DF 칸에 기입한다. 여기서 각 절점에 대하여 $\sum \mu_i = 1.0$이 되는 것에 주의한다. 대칭조건이 있는 경우에는 유효

강비 k_e를 사용한다.

③ 고정단모멘트 FEM(fix end moment)의 계산
중간하중에 의한 고정단모멘트(C_{AB}, C_{BA})를 계산하고 FEM 칸에 기입한다. 타단 핀의 경우에는 (H_{AB}, H_{BA})를 이용한다.

④ 각 절점에서 FEM 합계값에 역부호를 취한 것을 해제모멘트 M_r로 하고, 표 밖에 기입한다. ($\sum FEM + M_r = 0$)인 것에 유의하고, 계산 중에 체크한다.

⑤ 해제모멘트에 분배율(DF)을 곱한 것이 분배모멘트이고, 이것을 D_1란에 기입한다.

⑥ 도달모멘트는 분배모멘트(D_1)의 절반 값을 부재 반대 측에 도달시킨다. 이것을 C_1란에 기입한다. EH의 D_1란의 1/2을 HE의 C_1란에 기입하고, HE의 D_1란의 1/2을 EH의 C_1란에 기입한다.

⑦ 각 절점에서 C_1란 합계값에 역부호를 취한 것을 해제모멘트 M_r로 한다.

⑧ ⑤~⑦을 반복하고, ⑦이 전체 모멘트에 비교하여 작게 된 경우, 분배모멘트 D_1의 계산 ⑤를 종료한다. 일반적으로는 2회 정도 반복하고 3회째 분배를 종료한다.

⑨ 각 절점에서 전체 부재 모멘트를 집계하여 각 부재 단부의 휨모멘트, 재단모멘트로 한다.

예제 14.1 모멘트분배법

등분포하중을 받는 연속보의 부재응력(M도, Q도)를 구하시오. $E=2.1\times10^4 kN/cm^2$

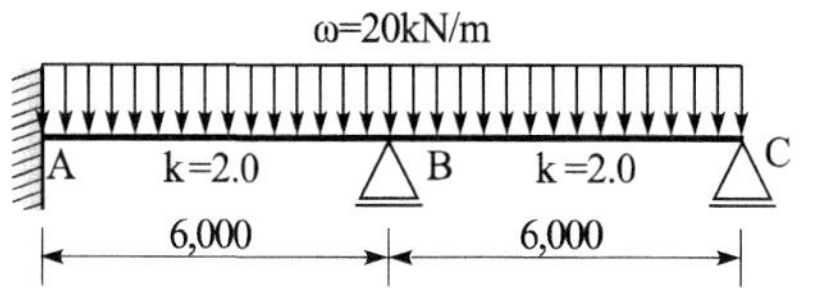

풀이

1) 분배율 ; $k_{AB}=2.0, k_{BC}=2.0;\ \mu_{AB}=\frac{2.0}{2.0+2.0}=0.5, \mu_{BC}=\frac{2.0}{2.0+2.0}=0.5$

2) 고정단모멘트 ; $C_{AB}=-\frac{1}{12}\omega L^2=-60kNm,\ C_{BA}=+60kNm$

3) 모멘트 분배 ;

	A		B			C	
	AB	Mr	BA	BC	Mr	CB	Mr
DF	-		(0.5)	(0.5)		-	
FEM	-60		60	60	0	60	-60
D1	0		0	0		-60	
C1	0		0	-30	+30		0
D2	0		15	15		0	
C2	7.5		0	0	0	7.5	-7.5
D3	0		0	0		-7.5	
Σ	-52.5		75	-75		0	

4) 보 AB의 전단력 ; 자유물체도

$\sum M_B=R_A\times6-52.5+75.0-20\times6\times3=0,$

$R_A=20\times3+\frac{52.5-75.0}{6}=56.25kN,\quad R_B=120-56.25=63.75kN$

보 BC의 전단력 ; 자유물체도

$\sum M_C=R_B'\times6-75.0-20\times6\times3=0, R_B'=20\times3+\frac{75.0}{6}=72.5kN$

$R_C=72.5-120=-47.5kN \quad \sum R=56.25+63.75+72.5+47.5=240$

$M_{CENT}=\frac{\omega L^2}{8}-\frac{M_{AB}+M_{BA}}{2}=\frac{20\times6^2}{8}-\frac{52.5+75.0}{2}=90-63.75=26.25$

$M_{CENT}=90-\frac{75}{2}=52.5$

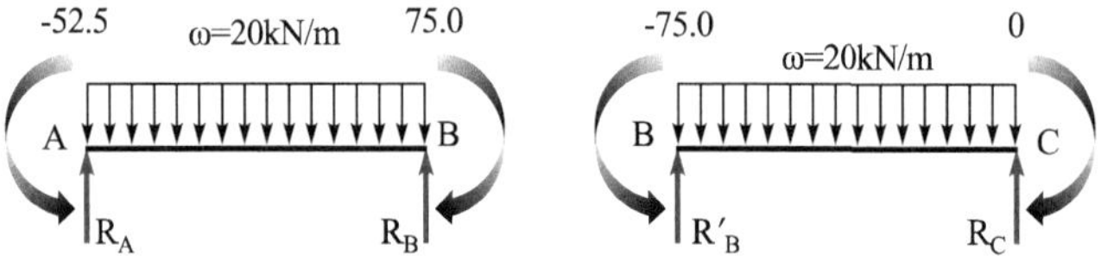

〈자유물체도〉

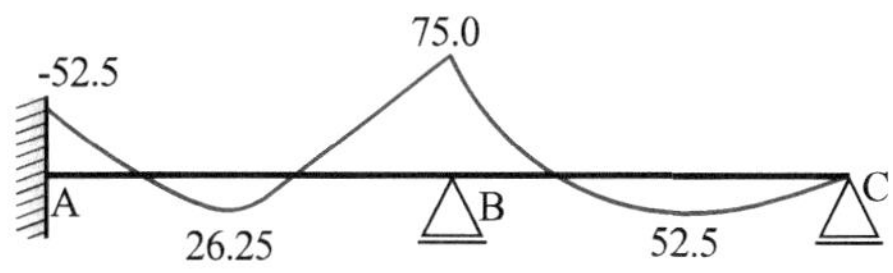

M도

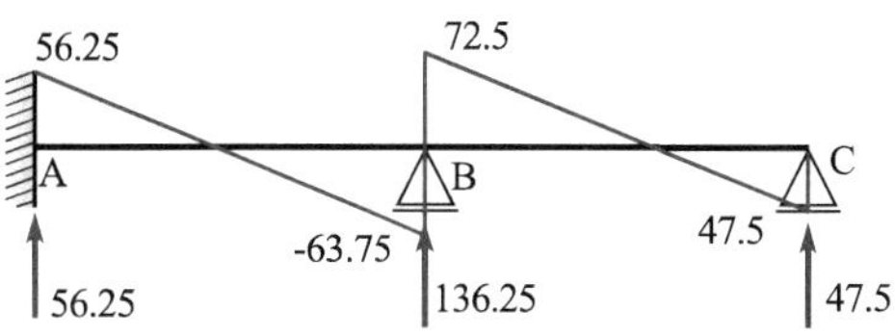

Q도

예제 14.2 **모멘트분배법**

[예제 14.1]을 유효강비를 사용해서 부재응력 (M도, Q도)를 구하시오. E=2.1x10^{4}kN/cm^2

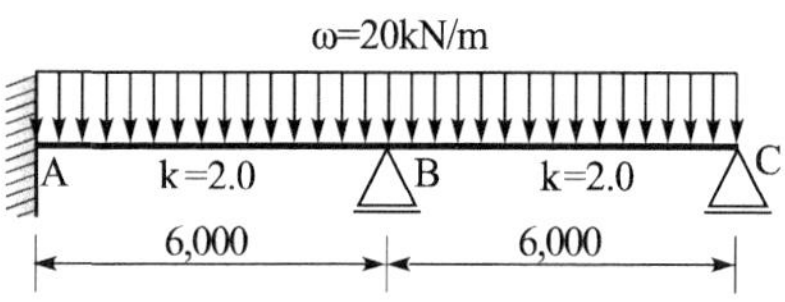

풀이

※ 유효강비를 사용해서 풀이를 한다.

1) 분배율 ; $k_{AB}=2.0,\ {}_ek_{BC}=1.5;\ \mu_{AB}=\dfrac{2.0}{2.0+1.5}=0.57,\ \mu_{BC}=\dfrac{1.5}{2.0+1.5}=0.43$

2) 고정단모멘트 ;

$$C_{AB}=-\frac{1}{12}\omega L^2=-60\text{kNm},\ C_{BA}=+60\text{kNm},\ H_{BC}=-\frac{1}{8}\omega L^2=-90\text{kNm}$$

3) 모멘트 분배 ;

	A: AB	Mr	B: BA	BC	Mr	C: CB
DF	-		(0.57)	(0.43)		-
FEM	-60	-	60	-90	+30	-
D1	0		17.1	12.9		-
C1	8.55	-	0	0	0	-
D2	0		0	0		-
Σ	-51.45		77.1	-77.1		0

4) 보 AB의 전단력 ; 자유물체도

$$\sum M_B=R_A\times6-51.45+77.1-20\times6\times3=0,$$

$$R_A = 20 \times 3 + \frac{51.45 - 77.1}{6} = 55.73\,\text{kN},\quad R_B = 120 - 55.73 = 64.27\,\text{kN}$$

보 BC의 전단력 ; 자유물체도

$$\sum M_C = R_B' \times 6 - 77.1 - 20 \times 6 \times 3 = 0, R_B' = 20 \times 3 + \frac{77.1}{6} = 72.85\,\text{kN}$$

$$R_C = 72.85 - 120 = -47.15\,\text{kN}$$

$$\sum R = 55.73 + 64.27 + 72.85 + 47.15 = 240$$

$$M_{CENT} = \frac{\omega L^2}{8} - \frac{M_{AB} + M_{BA}}{2} = \frac{20 \times 6^2}{8} - \frac{51.45 + 77.1}{2} = 90 - 64.28 = 25.72$$

$$M_{CENT} = 90 - \frac{77.1}{2} = 51.45$$

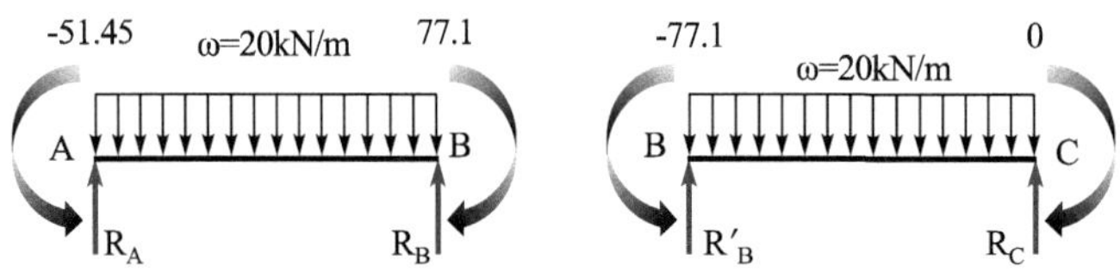

〈자유물체도〉

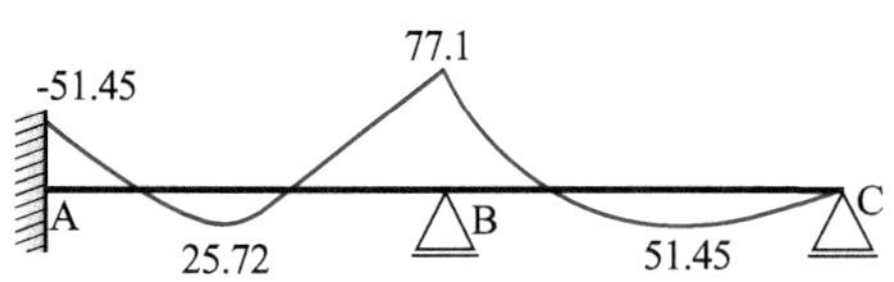

M도

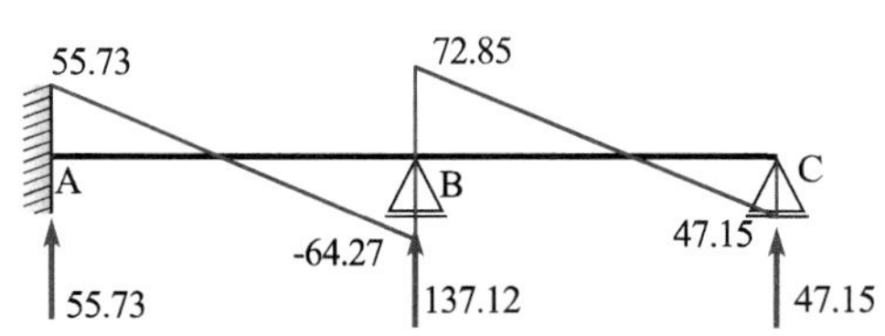

Q도

예제 14.3 **모멘트분배법**

골조의 부재응력 (M도, Q도)를 구하시오.
기둥부재 500×500, 보부재 300×700

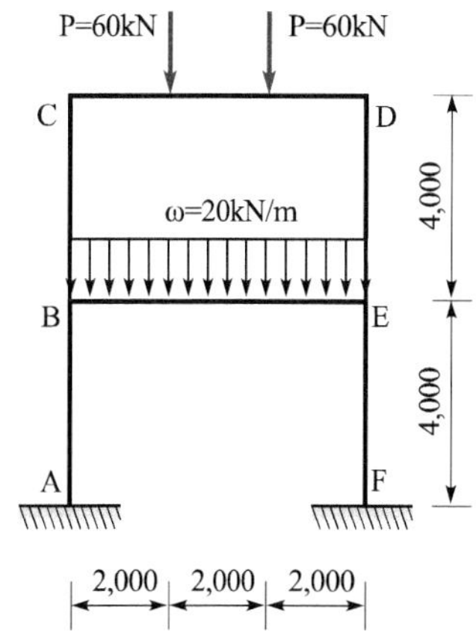

풀이

1) 분배율 ; $k_{AB}=k_{FE}=1.0, k_{BC}=k_{ED}=1.0, k_{BE}=k_{CD}=1.1$

$$\mu_{BA}=\frac{1.0}{1.0+1.0+1.1}=0.32, \mu_{BC}=\frac{1.0}{3.1}=0.32, \mu_{BE}=\frac{1.1}{3.1}=0.36$$

$$\mu_{CB}=\frac{1.0}{1.0+1.1}=0.48, \ \mu_{CD}=\frac{1.1}{2.1}=0.52$$

2) 고정단모멘트 ;

$$C_{BE}=-C_{EB}=-\frac{1}{12}\omega L^2=-\frac{20\times 6^2}{12}=-60\text{kNm},$$

$$C_{CD}=-C_{DC}=-\frac{2PL}{9}=-\frac{2\times 60\times 6}{9}=-80\text{kNm}$$

3) 모멘트 분배 ;

4) 재단모멘트 ;

$M_{AB}=8.25\,\text{kNm}, M_{BA}=15.17\,\text{kNm}, M_{BC}=37.06\,\text{kNm}, M_{CB}=54.07\,\text{kNm}$

$M_{BE}=-52.22\,\text{kNm}, M_{CD}=-54.07\,\text{kNm}$

※ 참고로 [예제 13.5]에서 처짐각법으로 구한 재단모멘트는 다음과 같다.

$M_{AB}=7.16\,\text{kNm}, \ M_{BA}=14.32\,\text{kNm}, \ M_{BC}=37.80\,\text{kNm}, \ M_{CB}=54.12\,\text{kNm}$

$M_{BE}=-52.12\,\text{kNm}, \ M_{CD}=-54.17\,\text{kNm}$

C D

	CB	-	CD	Mr	DC	DE	-	Mr
DF	(0.48)		(0.52)		(0.52)	(0.48)		
FEM	0		-80	+80	80	0		-80
D1	38.4		41.6		-41.6	-38.4		
C1	9.6		-20.8	11.2	20.8	-9.6		-11.2
D2	5.38		5.82		-5.82	-5.38		
C2	-1.35		-2.91	4.26	2.91	1.35		-4.26
D3	2.04		2.22		-2.22	-2.04		
Σ	54.07		-54.07		54.07	-54.07		

B E

	BA	BC	BE	Mr	EB	EF	ED	Mr
DF	(0.32)	(0.32)	(0.36)		(0.36)	(0.32)	(0.32)	
FEM	0	0	-60	+60	60	0	0	-60
D1	19.2	19.2	21.6		-21.6	-19.2	-19.2	
C1	0	19.2	-10.8	-8.4	10.8	0	-19.2	8.4
D2	-2.69	-2.69	-3.02		3.02	2.69	2.69	
C2	0	2.69	1.51	-4.2	-1.51	0	-2.69	4.2
D3	-1.34	-1.34	-1.51		1.51	1.34	1.34	
Σ	15.17	37.06	-52.22		52.22	-15.17	-37.06	

A F

		AB	Mr				FE	Mr
DF		-					-	
FEM		0					0	
D1		0					0	
C1		9.6					-9.6	
D2		0					0	
C2		-1.35					1.35	
D3		0					0	
Σ		8.25					-8.25	

보 BE 및 CD의 중앙 모멘트 ;

$$M_{center} = M_{BE} + \frac{\omega L^2}{8} = -52.22 + 90 = 37.78\,\text{kNm}$$

$$M_{center} = M_{CD} + \frac{PL}{3} = -54.07 + 60 \times 6/3 = 65.93\,\text{kNm}$$

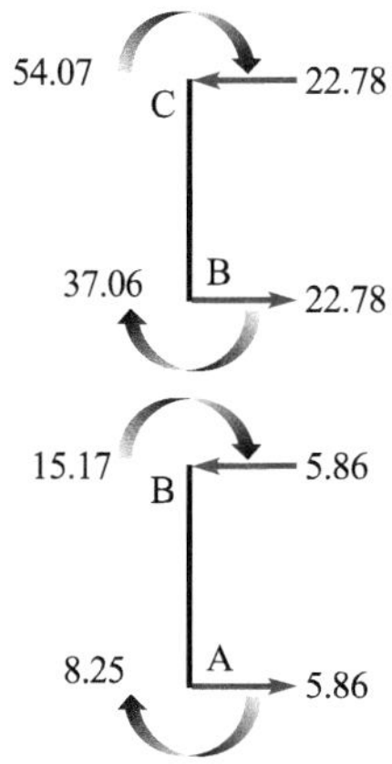

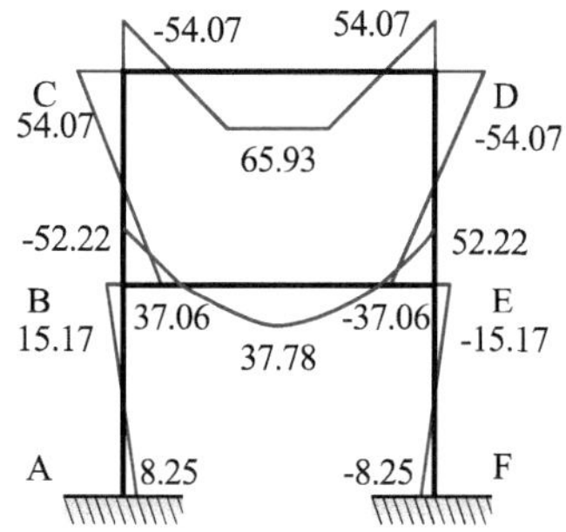

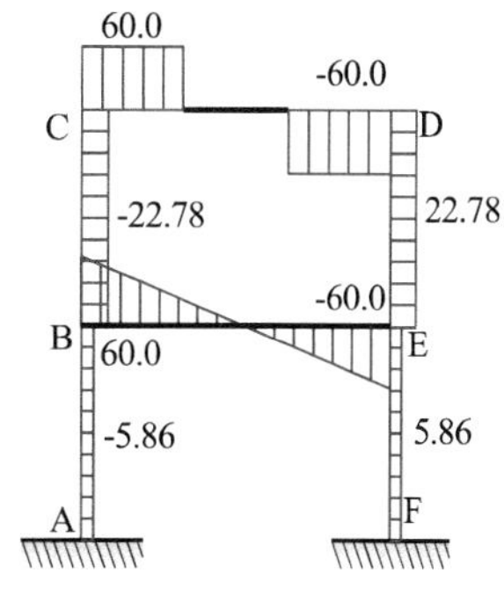

[강비 계산]

$$I_C = \frac{50 \times 50^3}{12} = 5.2 \times 10^5 \text{cm}^4, \quad I_B = \frac{30 \times 70^3}{12} = 8.6 \times 10^5 \text{cm}^4$$

$$k_C = \frac{I}{L} = \frac{5.2 \times 10^5}{400} = 1.3 \times 10^3, \ k_B = \frac{I}{L} = \frac{8.6 \times 10^5}{600} = 1.433 \times 10^3$$

$$\frac{k_B}{k_C} = \frac{1.433 \times 10^3}{1.3 \times 10^3} \cong 1.1$$

예제 14.4 **모멘트분배법**

구조물의 부재응력 (M도, Q도)를 구하시오.

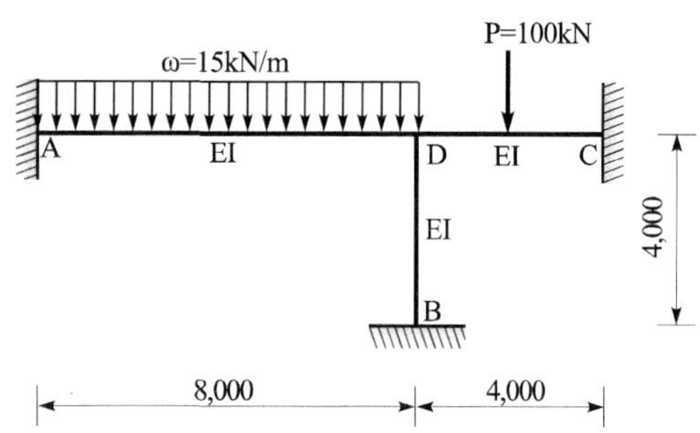

풀이

1) 분배율 ; $k_{AD} = EI/8 = k_1, \ k_{DC} = EI/4 = 2k_1, \ k_{DB} = EI/4 = 2k_1$

$$\mu_{DA} = \frac{1}{1+2+2} = \frac{1}{5} = 0.2, \ \mu_{DC} = \frac{2}{5} = 0.4, \ \mu_{DB} = \frac{2}{5} = 0.4$$

2) 고정단모멘트 ;

$$C_{AD}=-C_{DA}=-\frac{1}{12}\omega L^2=-\frac{15\times 8^2}{12}=-80\,\text{kNm}$$

$$C_{DC}=-C_{CD}=-\frac{PL}{8}=-\frac{100\times 4}{8}=-50\,\text{kNm}$$

3) 모멘트 분배 ;

B	BD
DF	-
FEM	0
D1	0
C1	-6
D2	0
Σ	-6

			A			D				C
	-	-	AD	Mr	DA	DB	-	DC	Mr	CD
DF	-	-	-		(0.2)	(0.4)	-	(0.4)		-
FEM			-80		+80	0	-	-50	-30	+50
D1			0		-6	-12		-12		0
C1			-3		0	0		0	0	-6
D2			0		0	0		0		0
Σ			-83		74	-12		-62		44

4) 재단모멘트 ;

$M_{AD}=-83.0\,\text{kNm},\ M_{DA}=74\,\text{kNm},\ M_{DC}=-62\,\text{kNm},\ M_{CD}=44\,\text{kNm},$

$M_{DB}=-12\,\text{kNm},\ M_{BD}=-6\,\text{kNm}$

5) 부재 응력 ;

$$M_{0(AD)}=\frac{\omega L^2}{8}=\frac{15\times 8^2}{8}=120\,\text{kNm},\quad M_{0(DC)}=\frac{PL}{4}=\frac{100\times 4}{4}=100\,\text{kNm}$$

$$M_{CENT(AD)}=120+\frac{-83-74}{2}=41.4\,\text{kNm},\quad M_{CENT(DC)}=100+\frac{-62-44}{2}=47.0\,\text{kNm}$$

$$Q_{AD}=-\left(\frac{-83.0+74.0}{8.0}\right)+60=61.125\,\text{kN},\quad Q_{DA}=-\left(\frac{74.0-83.0}{8.0}\right)-60=-58.875\,\text{kN}$$

$$Q_{DC}=-\left(\frac{-62.0+44.0}{4.0}\right)+50=54.5\,\text{kN},\ Q_{CD}=-\left(\frac{44.0-62.0}{4.0}\right)-50=-45.5\,\text{kN}$$

$$Q_{BD}=Q_{DB}=-\left(\frac{-12.0-6.0}{4}\right)=4.5\,\text{kN}$$

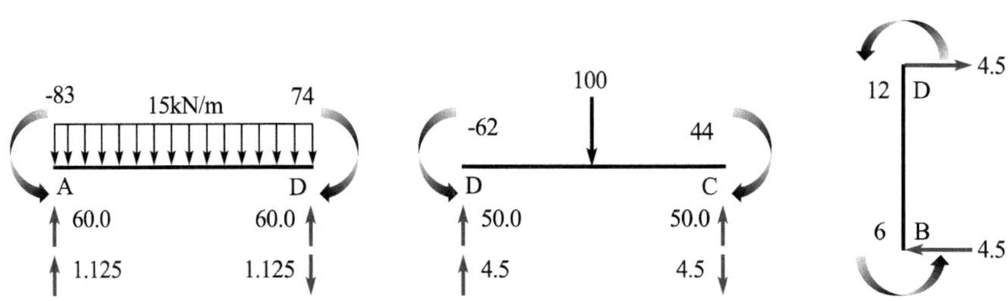

〈자유물체도〉

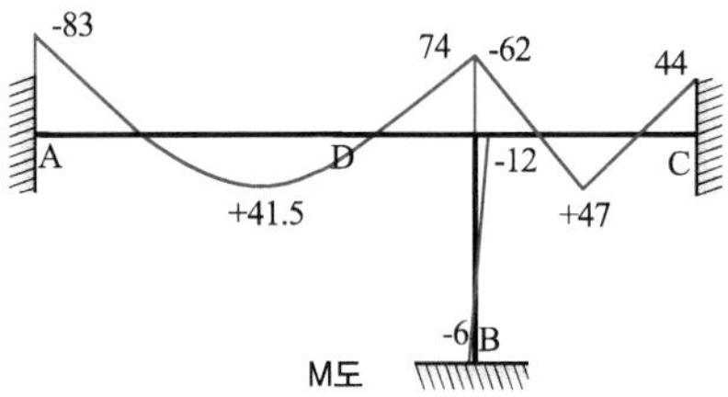

M도

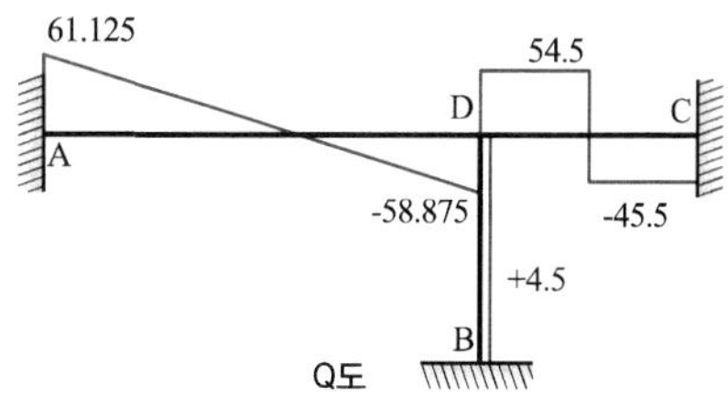

Q도

부재응력도

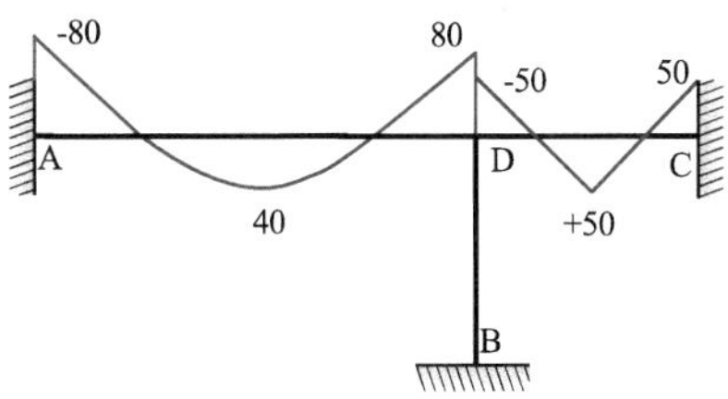

하중에 의한 모멘트

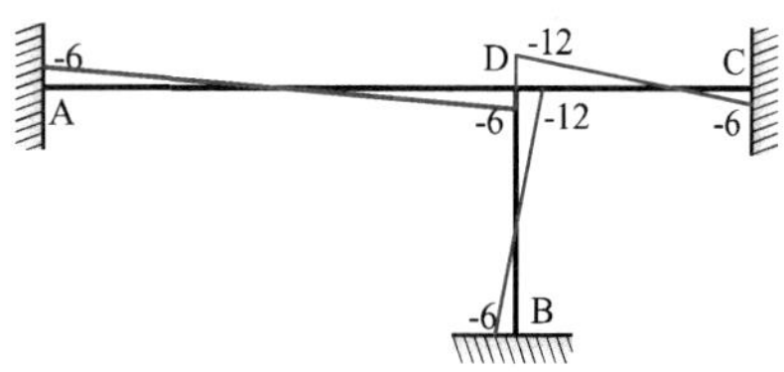

불평형모멘트에 의한 분배 및 도달모멘트

※ 부재응력도 중 M도는 하중에 의한 모멘트와 불평형모멘트에 의한 분배 및 도달모멘트의 합이 된다.

예제 14.5 **모멘트분배법**

구조물의 부재응력 (M도, Q도)를 구하시오.

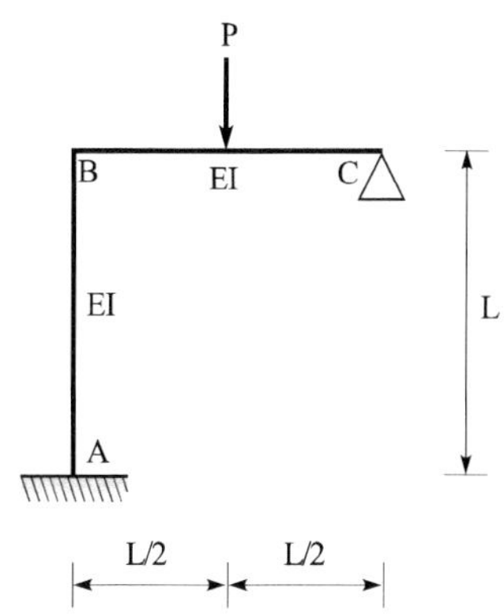

풀이

1) 분배율 ; $k_{BA}=\dfrac{2EI}{L}=k,\ k_{BC}=\dfrac{3}{4}k;\ \mu_i=\dfrac{k_i}{\sum k_i}$

$$\mu_{BA}=\frac{1}{1+3/4}=\frac{4}{7},\ \mu_{BC}=\frac{3/4}{1+3/4}=\frac{3}{7}$$

2) 고정단모멘트 ;

$$C_{BC}=-C_{CB}=-\frac{PL}{8},\quad H_{BC}=C_{BC}-\frac{1}{2}C_{CB}=-\frac{PL}{8}-\frac{1}{2}\left(\frac{PL}{8}\right)=-\frac{3PL}{16}$$

3) 모멘트 분배 ;

	A: AB	B: BA	-	BC	Mr	C: CB
DF	-	(4/7)	-	(3/7)		-
FEM	0	0	-	-3PL/16	3PL/16	
D1	0	3/28		9/112		
C1	3/56	0		0	0	
D2	0	0		0		
Σ	3/56	3/28		-3/28		

4) 재단모멘트 ;

$$M_{AB} = \frac{3PL}{56}, M_{BA} = \frac{3PL}{28}, M_{BC} = -\frac{3PL}{28}$$

5) 부재 응력 ;

$$M_{CENT(BC)} = \frac{PL}{4} - \frac{3PL/28}{2} = \frac{11PL}{56}$$

$$Q_{BC} = \frac{P}{2} + \frac{3P}{28} = \frac{17P}{28}, \quad Q_{CB} = \frac{P}{2} - \frac{3P}{28} = \frac{11P}{28}$$

$$Q_{BA} = Q_{AB} = -\left(\frac{\frac{3PL}{28} + \frac{3PL}{56}}{4}\right) = -\frac{9P}{56}$$

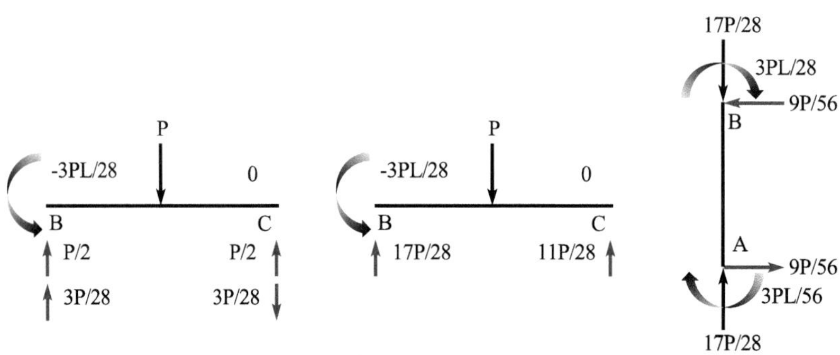

자유물체도

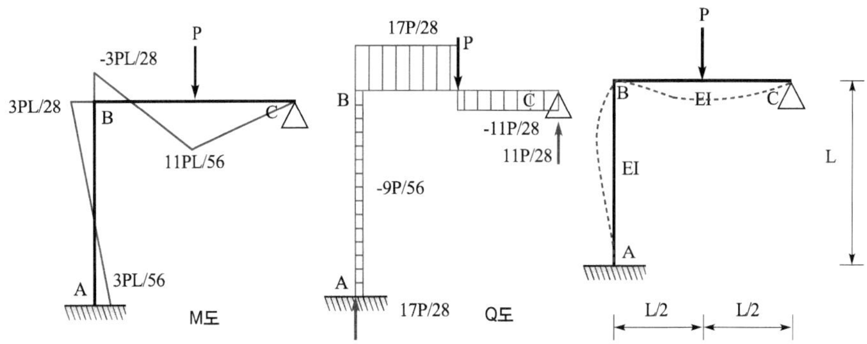

부재응력도　　　　변형도

예제 14.6 **모멘트분배법**

구조물의 부재응력 (M도, Q도)를 구하시오.

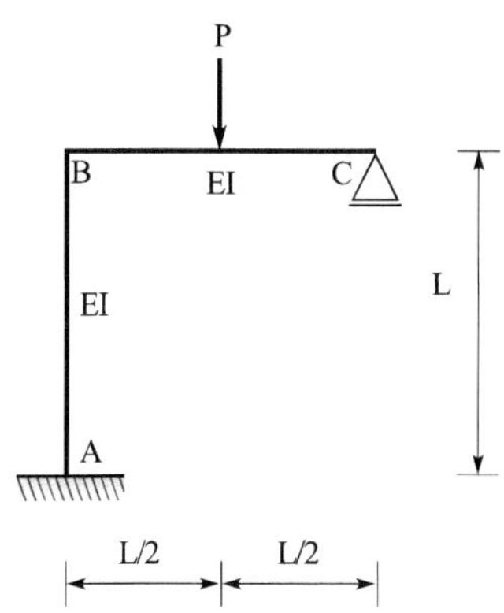

풀이

1) 분배율 ; $k_{BA}=\dfrac{2EI}{L}=k,\ k_{BC}=\dfrac{3}{4}k$; $\mu_i=\dfrac{k_i}{\sum k_i}$

$$\mu_{BA}=\frac{1}{1+3/4}=\frac{4}{7},\ \mu_{BC}=\frac{3/4}{1+3/4}=\frac{3}{7}$$

2) 고정단모멘트 ;

$$C_{BC}=-C_{CB}=-\frac{PL}{8},\quad H_{BC}=C_{BC}-\frac{1}{2}C_{CB}=-\frac{PL}{8}-\frac{1}{2}\left(\frac{PL}{8}\right)=-\frac{3PL}{16}$$

3) 모멘트 분배 ;

	A	B				C
	AB	BA	-	BC	Mr	CB
DF	-	(4/7)	-	(3/7)		-
FEM	0	0	-	-3PL/16	3PL/16	
D1	0	3/28		9/112		
C1	3/56	0		0	0	
D2	0	0		0		
∑	3/56	3/28		-3/28		

4) 모멘트 분배에 의한 C점의 가상 반력 ;

$$\sum H = -R_C + \frac{\frac{3PL}{28} + \frac{3PL}{56}}{L} = 0, \quad R_C = \frac{9P}{56}$$

$$C_{AB} = \frac{2EI}{L}(2\theta_A + \theta_B - 3R) + FEM \ ;$$

$$C_{AB} = -\frac{6EI}{L} \cdot \frac{\Delta}{L} = -\frac{6EI\Delta}{L^2} \simeq -70$$

5) 가상 횡력에 의한 모멘트 분배 ;

	A	B				C
	AB	BA	-	BC	Mr	CB
DF	-	(4/7)	-	(3/7)		-
FEM	-70	-70	-	0	+70	
D1	0	40		30		
C1	20	0		0	0	
D2	0	0		0		
∑	-50	-30		30		

6) 가상 횡력에 의한 C점의 가상 반력 ;

$$\sum H = -P_C + \frac{-30-50}{L} = 0, \quad P_C = -\frac{80}{L}$$

$$R_C + \alpha P_C = 0 \ ; \ \alpha = -\frac{R_C}{P_C} = -\frac{\frac{9P}{56}}{-\frac{80}{L}} = \frac{9PL}{4480}$$

7) 재단 모멘트 ;

$$M_{AB} = \frac{3PL}{56} + (-50)\left(\frac{9PL}{4480}\right) = -\frac{3PL}{64}, \quad M_{BA} = \frac{3PL}{28} + (-30)\left(\frac{9PL}{4480}\right) = \frac{3PL}{64}$$

$$M_{BC} = -\frac{3PL}{28} + (30)\left(\frac{9PL}{4480}\right) = -\frac{3PL}{64}$$

8) 반력 체크 ; $\sum M = -\frac{3PL}{64} + P \times \frac{L}{2} - V_C \times L = 0$; $V_C = (-3+32)\frac{P}{64} = \frac{29P}{64}$

$$M_D = \frac{PL}{4} - \frac{1}{2} \cdot \frac{3PL}{64} = \frac{32PL}{128} - \frac{3PL}{128} = \frac{29PL}{128}$$

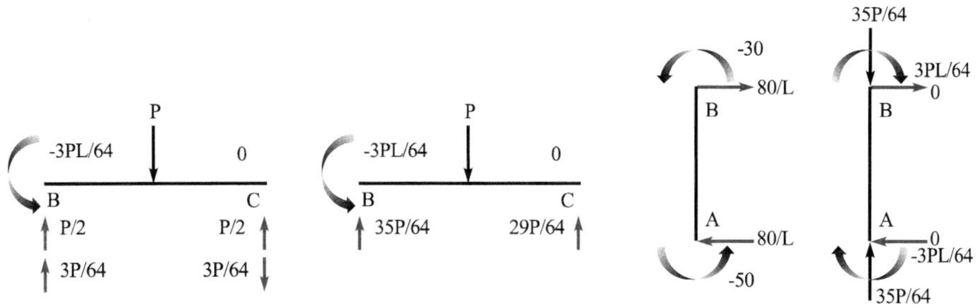

자유물체도

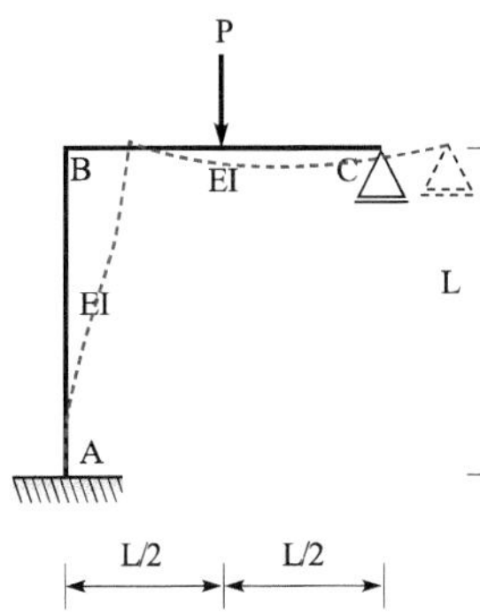

변형도

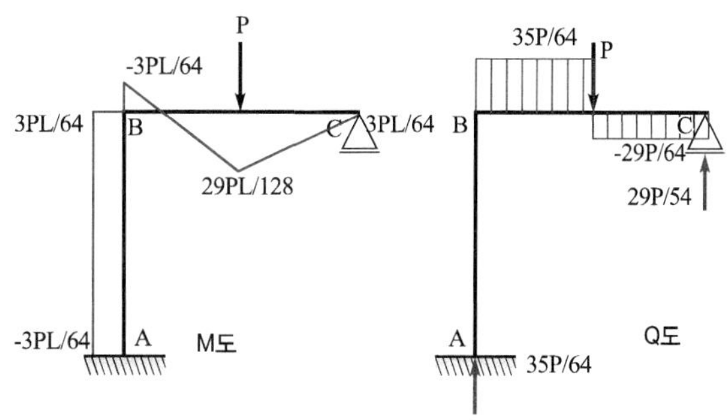

부재 응력도

예제 14.7 모멘트분배법

구조물의 부재응력 (M도, Q도)를 구하시오.

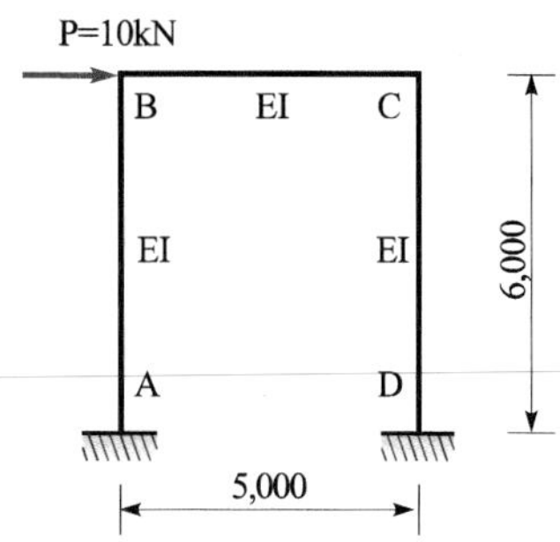

풀이

1) 분배율 ; $k_{BA} = \frac{I}{6}$, $k_{BC} = \frac{I}{5}$; $\mu_i = \frac{k_i}{\sum k_i}$

$$\mu_{BA} = \frac{\frac{I}{6}}{\frac{I}{6}+\frac{I}{5}} = \frac{\frac{5I}{30}}{\frac{11I}{30}} = \frac{5}{11}, \mu_{BC} = \frac{\frac{I}{5}}{\frac{11I}{30}} = \frac{6}{11}$$

2) 고정단모멘트 ;

$$M_{AB} = -\frac{6EI\Delta}{L^2} = -\frac{EI\Delta}{6} \simeq 22\,kNm$$

3) 모멘트 분배 ;

A	AB
DF	-
FEM	22
D1	-
C1	-5
D2	-
C2	1.4
D3	-
C3	-0.4
D4	-
Σ	18.0

	-	BA (B)	BC	Mr	CD	CD (C)	-	Mr (D)	DC
DF	-	(5/11)	(6/11)		(6/11)	(5/11)	-		-
FEM		22	-	-22	-	22	-	-22	-22
D1		-10	-12		-12	-10			-
C1		0	-6	6	-6	0		6	-5
D2		2.7	3.3		3.3	2.7			-
C2		0	1.7	-1.7	1.7	0		-1.7	1.4
D3		-0.8	-0.9		-0.9	-0.8			-
C3		0	-0.5	0.5	-0.5	0		0.5	-0.4
D4		0.2	0.3		0.3	0.2			-
Σ		14.1	-14.1		-14.1	14.1			18.0

4) 기둥 상단의 전단력 평형 ;

$$\sum H = H \times r + M_{AB} + M_{BA} + M_{CD} + M_{DC} = 0;\ H = -(14.1 + 18.0) \times \frac{2}{6} = -10.7$$

5) 재단 모멘트 ;

$$M_{AB} = M_{DC} = 18.0 \times \frac{10}{-10.7} = -16.8\,\text{kNm}$$

$$M_{BA} = M_{CD} = 14.1 \times \frac{10}{-10.7} = -13.1\,\text{kNm}$$

$$M_{BC} = M_{CB} = -14.1 \times \frac{10}{-10.7} = -13.1\,\text{kNm}$$

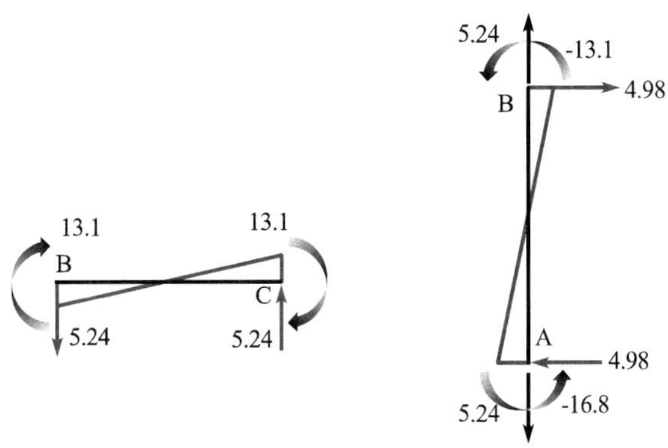

자유물체도

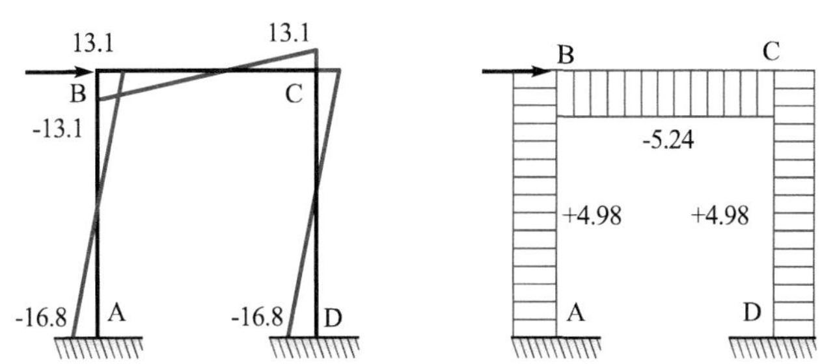

부재 응력도

예제 14.8 **모멘트분배법**

구조물의 재단모멘트를 구하시오.

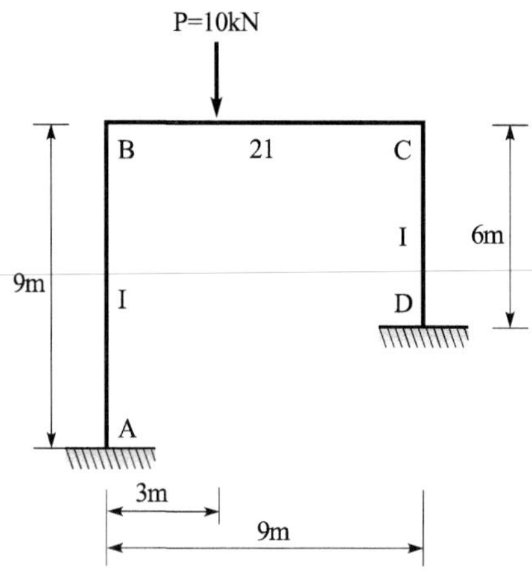

풀이

1) 분배율 ;

	L	I	k=I/L
AB	9	I	I/9
BC	9	2I	2I/9
CD	6	I	I/6

B점 ; $\sum k = 3I/9 = I/3 ; DF_{BA} = 1/3 = 0.33, DF_{BC} = 2/3 = 0.67$

C점 ; $\sum k = (9+12)I/54 = 21I/54 : \ DF_{CB} = 12/21 = 0.57, \quad DF_{CD} = 9/21 = 0.43$

2) 고정단모멘트 ;

$C_{BC} = -Pab^2/L^2 = -10 \times 3 \times 6^2/9^2 = -13.33$ kNm

$C_{CB} = +Pba^2/L^2 = 10 \times 3^2 \times 6/9^2 = +6.67$ kNm

3) 모멘트 분배 ;

μ	(0.33)		(0.67)			(0.57)	(0.43)	
FEM	0		-13.33	+13.33		6.67	0	-6.67
D1	4.4		8.93			-3.80	-2.87	
C1	0		-1.9	+1.9		4.47	0	-4.47
D2	0.63		1.27			-2.55	-1.92	
C2	0		-1.28	+1.28		0.64	0	-0.64
D3	0.42		0.86			-0.36	-0.28	
C3	0		-0.18	+0.18		0.43	0	-0.43
D4	0.06		0.12			-0.25	-0.18	
Σ	5.52		-5.51			5.25	-5.25	
	M_{ba}		M_{bc}			M_{cb}	M_{cd}	

		μ
0	0	FEM
0	0	D1
2.2	-1.44	C1
0	0	D2
0.32	-0.96	C2
0	0	D3
0.21	-0.14	C3
0	0	D4
2.73	-2.54	Σ
M_{ab}	M_{dc}	

4) 작용하중에 의한 모멘트분배 후 C점의 가상 반력 ;

$$R_C = -(M_{BA}+M_{AB})/9-(M_{CD}+M_{DC})/6 = -(5.51+2.73)/9-(-5.25-2.54)/6$$

$$= 0.383\ \text{kN}$$

$$C_{AB} = C_{BA} = \frac{2EI}{L}(2\theta_A+\theta_B-3R) = -\frac{6EI\Delta}{L^2} = -\frac{6EI\Delta}{9^2}$$

$$= -0.074EI\Delta \quad \Rightarrow -74 \quad \text{if} \quad EI\Delta = 1{,}000$$

$$C_{CD} = C_{DC} = -\frac{6EI\Delta}{L^2} = -\frac{6EI\Delta}{6^2} = -0.167EI\Delta \quad \Rightarrow -167 \quad \text{if} \quad EI\Delta = 1{,}000$$

6) 가상 횡력에 의한 C점의 가상 반력 ;

$$P_C = -(M_{BA}+M_{AB})/9-(M_{CD}+M_{DC})/6$$

$$= -(-64.46-68.48)/9-(-100.01-132.99)/6$$

$$= 53.60$$

$R_C + \alpha \times P_C = 0$;

$\alpha = - R_C / P_C = - 0.383 / 53.60 = - 0.00715$

5) 가상 횡력에 의한 모멘트분배 ;

μ	(0.33)		(0.67)			(0.57)	(0.43)	
FEM	-74		0	+74		0	-167	+167
D1	24.42		49.58			95.19	71.81	
C1	0		47.60	-47.60		24.79	0	-24.79
D2	-15.71		-31.89			-14.43	-10.66	
C2	0		-7.07	+7.07		-15.95	0	+15.95
D3	2.33		4.74			9.09	6.86	
C3	0		4.55	-4.55		2.37	0	-2.37
D4	-1.50		-3.05			-1.35	-1.02	
Σ	-64.46		64.46			100.01	-100.01	

-74
0
12.21
0
-7.86
0
1.17
0
-68.48

	μ
-167	FEM
0	D1
35.91	C1
0	D2
-5.33	C2
0	D3
3.43	C3
0	D4
-132.99	Σ

7) 재단 모멘트 ;

$M_{AB} = 2.73 + (-0.00715) \times (-68.48) = 3.22$

$M_{BA} = 5.51 + (-0.00715) \times (-64.46) = 5.97$

$M_{BC} = -5.51 + (-0.00715) \times (64.46) = -5.97$

$M_{CB} = 5.25 + (-0.00715) \times (100.01) = 4.54$

$M_{CD} = -5.25 + (-0.00715) \times (-100.01) = -4.54$

$M_{DC} = -2.54 + (-0.00715) \times (-132.99) = -1.59$

8) 반력 체크 ;

$H_A = -(M_{BA} + M_{AB})/h_1 = -(3.22 + 5.97)/9 = -1.02\ \text{kN}(\rightarrow)$

$H_D = -(M_{CD} + M_{DC})/h_2 = (4.54 + 1.59)/6 = 1.02\ \text{kN}(\leftarrow)$

$\sum H = H_A + H_D = 0 \quad \therefore \text{OK}$

$M_A = M_{AB} = 3.22\ \text{kNm} \quad ; \quad M_D = M_{DC} = -1.59\ \text{kNm}$

$\sum M_D = 0\ ;$

$$V_A = -[M_A + M_D - P(L-a) - H_A(h_1 - h_2)]/L$$
$$= [-3.22 + 1.59 + 10 \times 6 + 1.02 \times 3]/9 = +6.83\ kN \quad (\uparrow)$$

$V_D = [3.22 - 1.59 + 10 \times 3 - 1.02 \times 3]/9 = +3.17\ \text{kN} \quad (\uparrow)$

$\sum V = +6.83 + 3.17 - 10 = 0 \qquad \therefore \text{OK}$

연습문제 *exercise*

14-1 모멘트분배법

그림과 같은 구조물의 부재응력 (M도 및 Q도)를 모멘트분배법으로 구하시오.

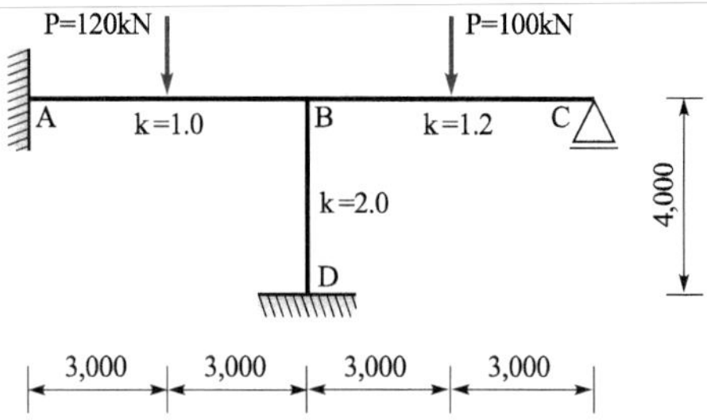

14-2 모멘트분배법

그림과 같은 구조물의 부재응력 (M도 및 Q도)를 모멘트분배법으로 구하시오.

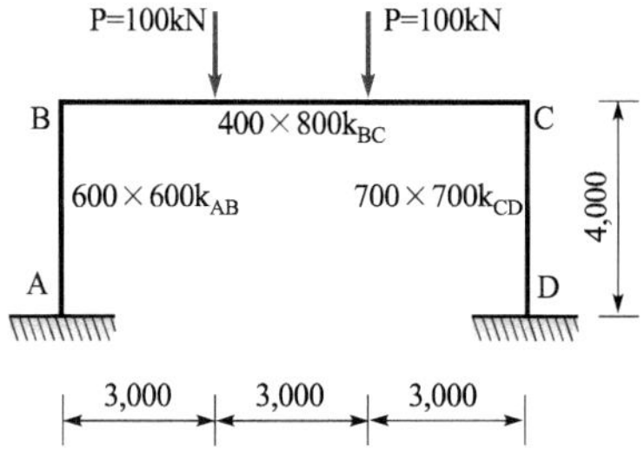

14-3 모멘트분배법

그림과 같은 구조물의 부재응력 (M도 및 Q도)를 모멘트분배법으로 구하시오.

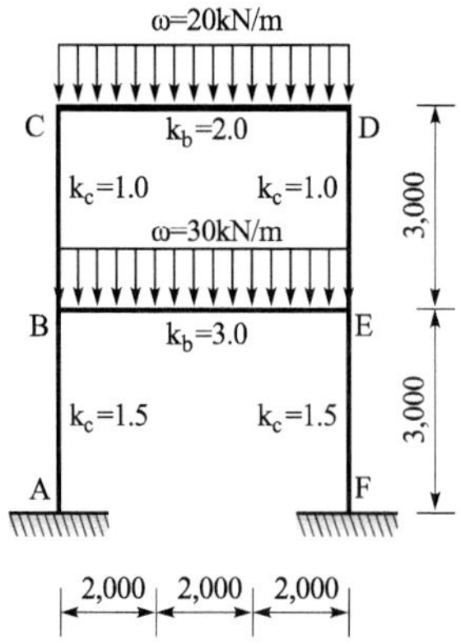

APPENDIX

참고문헌

1. 건축구조기준, KBC 2019, 국토교통부, 2019.
2. 건축구조설계의 이해(Design of Building Structures), 이원호 외 5인 공저, 기문당, 2003
3. 건축구조역학 강의노트, 이원호, 광운대 구조공학연구실, p.158, 2013.9
4. 건축구조역학 1, 정광량 역(和泉正哲 著), 탐구문화사, p.274, 1995.1
5. 건축구조역학 2, 정광량 역(和泉正哲 著), 탐구문화사, p.292, 1994.1
6. 건축물설계하중, KDS 41 12 00 : 2019, http://www.kcsc.re.kr, 국토교통부, 2019.3
7. 건축의 구조계획, 건축구조설계 시리즈 편집위원회, 이건사, 1982.
8. 구조계획, 대한건축학회, 건축학전서 4, 기문당, 1997.
9. 구조계획, 신건축학대계 편집위원회, 대광서림, 1990.
10. 구조계획법, 건축공학연구회 역, 영국사, 1984.
11. 구조역학, 박연수 박선준 강대흥 공저, 구미서관, p.448, 2018.8
12. 구조역학, 박영석 정태주 공저, 구미서관, p.403, 2017.2
13. 기본건축구조공학, 함성권, 창지사, p.705, 1981.1
14. 내진설계일반 KDS 17 10 00 : 2018, http://www.kcsc.re.kr, 국토교통부, 2018.12
15. 윤리규약, 한국건축구조기술사회, 2010.6 개정, http://www.ksea.or.kr
16. 해법 건축구조역학, 장동찬 장성훈 공저, 기문당, p.480, 2020.1
17. 建築構造の力学 I, 寺本隆幸, 森北出版株式會社, p.243, 2019.3
18. 建築構造の力学 II, 寺本隆幸, 森北出版株式會社, p.204, 2019.3
19. 構造力学の基本, 山浦晋弘, 学藝出版社, p.212, 2018.3
20. 構造力學演習 I, 岡田 章 宮里直也 共著, 彰國社, p.117, 2014.8
21. 構造力学演習 II, 岡田 章, 宮里直也 共著, 彰國社, p.139, 2014.11
22. 構造力学演習 III, 岡田 章, 宮里直也 共著, 彰國社, p.167, 2015.7
23. 日本建築構造技術者協會, "建築構造の設計", オーム, 1993.
24. SE委員會, "構造計算の實務", 建築技術, 1996.
25. Statically Indeterminate Structures, Wadi S. Rumman, John Wiley & Sons, Inc., p.504, 1991.1
26. Structural Mechanics, Chwen-Sen Chen, Scientific & Technical Publishing Co., Ltd., 2011.5

INDEX

찾아보기

INDEX

찾아보기

ㄱ

가상일의 원리(仮想일의 原理) ················ 303, 322
가속도의 법칙(加速度의 法則) ························ 25
가스트 영향계수 ··· 74
간접하중(間接荷重) ······································· 85
강성중심(剛性中心) ······································· 74
강절점수(剛節點數) ······································· 58
강접합(剛接合) ·· 344
강체구조물(剛体構造物) ································· 74
개방형 건축물(開放形 建築物) ························ 74
건축가(建築家) ·· 4
건축주(建築主) ·· 4
겔버보 ··· 60, 121
격점(格点) ·· 152
경계조건(境界條件) ····································· 280
경제성(經濟性) ·· 2, 9
계획설계(計劃設計) ······································· 11
고정 모멘트(固定 모멘트) ······························ 52
고정단모멘트(固定端모멘트) ·························· 373
고정법(固定法) ·· 325
고정보(固定보) ·· 60
고정지점(固定支点) ······································· 52
고정하중(固定荷重) ···························· 16, 67, 84
곡률(曲率) ·· 282
골조(骨組) ·· 64,128
골조방식(骨彫方式) ······································· 79
공간도(空間図) ·· 27
공액보(共軛보) ·· 290
관성의 법칙(慣性의 法則) ······························ 25
교대하중(交代荷重) ······································· 85
구조계산(構造計算) ································· 5, 10
구조계산서(構造計算書) ································· 15
구조계획(構造計劃) ································· 4, 10
구조공학(構造工學) ·· 9
구조기술자(構造技術者) ·································· 9
구조도면(構造図面) ······································· 15
구조물 변형량의 산정 ··································· 17
구조물(構造物) ·· 9
구조물에 생기는 외응력 산정 ························ 17
구조설계(構造設計) ·· 4
구조설계도서(構造設計図書) ···························· 5
구조설계자(構造設計者) ·································· 4
구조설계자의 윤리 ·· 18
구조역학(構造力學) ·· 9
구조해석(構造解析) ········· 22, 55, 59, 89, 93, 202
국제단위계(SI단위계) ···································· 44
규모(規模) ·· 75
균질성(均質性) ··· 211
기능성(機能性) ·· 8
기둥 ··· 64
기본풍속(基本風速) ······································· 74
기준경도풍높이(基準傾度風높이) ······················ 74
기획업무(企劃業務) ······································· 10

ㄴ

내구성(耐久性) ·· 7
내력에 의한 가상일 ····································· 322
내민보 ··· 60,116
내응력 산정 ·· 17
내응력(內應力) ·· 16

내응력과 재료 허용강도의 비교 ··· 17

ㄷ

다층골조구조(多層骨組構造) ··· 61
단면1차모멘트(斷面1次모멘트) ··· 175
단면2차모멘트(斷面2次모멘트) ··· 179
단면2차반경(斷面2次半徑) ··· 179, 189
단면계수(斷面係數) ··· 179, 183
단면극2차모멘트(斷面極2次모멘트) ··· 191
단면상승모멘트(斷面相乘모멘트) ··· 194
단면의 핵(斷面의 核) ··· 271
단면주2차모멘트(斷面主2次모멘트) ··· 195
단순보(單純보) ··· 60, 93
단위(單位) ··· 44
단위하중법(單位荷重法) ··· 279, 303, 322
단주(短柱) ··· 255
도달모멘트(到達모멘트) ··· 371, 374
도달율(到達率) ··· 371
도식해법(図式解法) ··· 25
도심(図心) ··· 176, 177
동적계수(動的係数) ··· 76
동적해석법(動的解析法) ··· 80
등가정적해석법(等価靜的解析法) ··· 76
등방성(等方性) ··· 211
등변분포하중(等邊分布荷重) ··· 84, 85
등분포하중(等分布荷重) ··· 84

ㄹ

로시-포렐 ··· 75
리히터 스케일 ··· 75

ㅁ

모멘트 중심(中心) ··· 34
모멘트면적 정리1(모멘트面積 定理1) ··· 286
모멘트면적 정리2(모멘트面積 定理2) ··· 287
모멘트반력(모멘트反力) ··· 51
모멘트분배법(모멘트分配法) ··· 325, 368, 369
모멘트의 팔 ··· 34
문형 골조(門形 骨組) ··· 60,129
밑면전단력(밑면剪斷力) ··· 76

ㅂ

바리농의 정리 ··· 37, 38
반력 산정 ··· 17
반력(反力) ··· 16,51,89
반력수(反力數) ··· 58
반복법(反復法) ··· 362
반복하중(反复荷重) ··· 85
반응수정계수(反応修整係数) ··· 76
방위와 방향(方位와 方向) ··· 24
벽(壁) ··· 64
변형(變形) ··· 205
변형도(變形度) ··· 205
변형일치법(變形一致法) ··· 325, 326
변형적합조건(變形適合條件) ··· 59
변형적합조건(變形適合條件) ··· 326
보 ··· 64
부재각(部材角) ··· 343
부재수(部材數) ··· 58
부재응력(部材應力) ··· 89
부재회전각(部材回転角) ··· 343
부정정구조물 (不静定構造物) ··· 57
부정정여력(不靜定余力) ··· 326, 328
분력(分力) ··· 31
분배모멘트(分配모멘트) ··· 371, 373
분배율(分配率) ··· 371, 373
분포하중(分布荷重) ··· 85
분해(分解) ··· 31
불안정구조물(不安定構造物) ··· 55

비탄성좌굴(非彈性座屈) ······ 255
비틀림반력(비틀림反力) ······ 51

ㅅ

사용성 검토 ······ 17
사용성(使用性) ······ 2, 8
사용응력(使用應力) ······ 217
사용재료의 선택 ······ 17
사하중(死荷重) ······ 67, 84
사후설계관리업무(事後設計管理業務) ······ 13
선형 탄성(線形 彈性) ······ 207
설하중(雪荷重) ······ 16, 85
세장비(細長比) ······ 259
세칸트 모듈러스 ······ 216
소성(塑性) ······ 207
소성이론(塑性理論) ······ 279
수식해법(數式解法) ······ 25
수직변형도(垂直變形度) ······ 205
수직응력도(垂直応力度) ······ 203
수평반력(水平反力) ······ 51
수평하중(水平荷重) ······ 85
쉘 ······ 64
슬래브 ······ 64
시간이력해석법(時間履歷解析法) ······ 80
시공성(施工性) ······ 9
시력도(示力図) ······ 27
시방서(示方書) ······ 15
실시설계(實施設計) ······ 12

ㅇ

아치 ······ 64
안전률(安全率) ······ 218
안전성 검토 ······ 17
안전성(安全性) ······ 2, 7
안정(安定) ······ 55
안정구조물(安定構造物) ······ 55
압축력(壓縮力) ······ 153
압축변형도(壓縮變形度) ······ 205
압축응력(壓縮応力) ······ 16, 54
압축재(圧縮材) ······ 62
연력도(連力図) ······ 27
연속보(連續보) ······ 60
연직반력(鉛直反力) ······ 51
연직하중(鉛直荷重) ······ 85
영계수(영係數) ······ 208
외력(外力) ······ 16, 51
외력에 의한 가상일 ······ 322
외응력(外應力) ······ 16,89
요각법(撓角法) ······ 325, 342
우력(偶力) ······ 35
운동 제1법칙(관성의 법칙) ······ 25
운동 제2법칙(가속도의 법칙) ······ 25
운동 제3법칙(작용반작용의 법칙) ······ 25
운동법칙(運動法則) ······ 25
유연구조물(柔軟構造物) ······ 74
응답스펙트럼해석법(応答스펙트럼解析法) ······ 80
응력도(応力度) ······ 202
이동지점(移動支点) ······ 52
이동하중(移動荷重) ······ 84
인장력(引張力) ······ 153
인장응력(引張応力) ······ 54
인장재(引張材) ······ 62

ㅈ

자유물체도(自由物体図) ······ 54, 90
작용반작용의 법칙(作用反作用의 法則) ······ 25
작용점(作用点) ······ 24
장주(長柱) ······ 255
허용강도와 내응력의 비교 ······ 17
저감계수(低減係數) ······ 69
적설하중(積雪荷重) ······ 70

적재하중(積載荷重) ········ 68, 84
전단력(剪斷力) ········ 16, 54
전단력도(剪斷力図, Q図) ········ 94
전단변형도(剪斷變形度) ········ 206
전단응력도(剪斷応力度) ········ 176, 203, 233
전단탄성계수(剪斷彈性係數) ········ 209
절단법(節斷法) ········ 162
절점(節点) ········ 53
절점각(節点角) ········ 343
절점방정식(節点方程式) ········ 350
절점법(節点法) ········ 157
절점수(節點數) ········ 58
절점회전각(節点回転角) ········ 343
접선 탄성계수(接線 彈性係數) ········ 216
정역학(靜力學) ········ 40
정정 골조(靜定 骨組) ········ 128
정정 아치(靜定 아치) ········ 142
정정구조물(靜定構造物) ········ 57
좌굴(座屈) ········ 255
좌굴계수(挫屈係數) ········ 262
좌굴응력도(挫屈応力度) ········ 259
좌굴하중(座屈荷重) ········ 255
주축(主軸) ········ 195
중간설계(中間設計) ········ 12
중립축(中立軸) ········ 228
중심(中心) ········ 177
중심(重心) ········ 177
중심하중(中心荷重) ········ 85
중요도계수(重要度係数) ········ 76
지역계수(地域係数) ········ 76
지점(支点) ········ 51
지진하중(地震荷重) ········ 16, 75, 85
직능의 확립 ········ 18
직접하중(直接荷重) ········ 85
진도(震度) ········ 75
질량참여율(質量參與率) ········ 80
집중하중(集中荷重) ········ 83, 85

ㅊ

처짐 ········ 280
처짐각 ········ 280
처짐각법(처짐角法) ········ 325, 342
체적탄성계수(體積彈性係數) ········ 211
초기 탄성계수(初期 彈性係數) ········ 216
최소 일의 원리(最小 일의 原理) ········ 313, 332
축력(軸力) ········ 16
축방향력(軸方向力) ········ 54
축방향응력도(軸方向応力図, N図) ········ 92, 226
충격하중(衝擊荷重) ········ 85
층방정식(層方程式) ········ 350

ㅋ

캔틸레버 ········ 60, 106
케이블 ········ 64

ㅌ

탄성계수(彈性係數) ········ 207
탄성곡선(彈性曲線) ········ 280
탄성곡선법(彈性曲線法) ········ 279, 322
탄성이론(彈性理論) ········ 279
탄성좌굴(彈性座屈) ········ 255
탄성좌굴하중(彈性挫屈荷重) ········ 256
탄성하중법(彈性荷重法) ········ 279, 289, 322
탄성한계(彈性限界) ········ 207
트러스 ········ 60, 64

ㅍ

편심하중(偏心荷重) ········ 85, 241
평행사변형(平行四邊形) ········ 26

평형조건식(平衡條件式) ·········· 128,142
포아슨 비(포아슨 比) ·········· 209
풍하중(風荷重) ·········· 16, 71, 85

ㅎ

하중 산정 ·········· 16, 17
하중(荷重) ·········· 51, 89
합력(合力) ·········· 25
합성(合成) ·········· 25
합성골조(合成骨組) ·········· 165
합성응력도(合成應力度) ·········· 240
해제모멘트(解除모멘트) ·········· 369, 373
허용응력(許容應力) ·········· 217
허용응력도 설계법(許容應力度 設計法) ·········· 244
허용응력도(許容應力度) ·········· 244
활하중(活荷重) ·········· 16, 68, 84
회전반경(回轉半徑) ·········· 189
회전지점(回転支点) ·········· 52
후크의 법칙(후크의 法則) ·········· 207
휨모멘트 ·········· 54
휨모멘트도(휨모멘트図, M図) ·········· 94
휨모멘트면적법(휨모멘트面積法) ·········· 279, 285, 322
휨응력도(휨應力度) ·········· 203, 228
휨재(휨材) ·········· 62
힘 ·········· 22
힘의 모멘트 ·········· 34
힘의 방향(方向) ·········· 24
힘의 삼각형 법칙(三角形 法則) ·········· 26
힘의 수평성분(水平成分) ·········· 24
힘의 연직성분(鉛直成分) ·········· 24
힘의 크기 ·········· 24
힘의 평행사변형 법칙(平行四邊形 法則) ·········· 26
힘의 평형조건(平行條件) ·········· 57

기타

1차 응력(一次 应力) ·········· 152
2차 응력(二次 应力) ·········· 152
Castigliano의 정리(定理) ·········· 279, 312, 313, 322
Mohr의 정리(Mohr의 定理) ·········· 291
SI단위(SI單位) ·········· 23, 44

A

allowable stress design method ·········· 244
allowable stress ·········· 17, 217, 244
alternative load ·········· 85
arch ·········· 64
architect ·········· 4
axial force ·········· 16, 54
axial force diagram, AFD ·········· 92
axial load ·········· 85
axial stress ·········· 226

B

base shear ·········· 76
beam ·········· 64
bending member ·········· 62
bending moment ·········· 54
bending moment diagram, BMD ·········· 94
bending stress ·········· 203, 228
boundary condition ·········· 280
buckling coefficient ·········· 262
buckling load ·········· 255
buckling stress ·········· 259
buckling ·········· 255
bulk modulus ·········· 211

C

cable ·········· 64
cantilever ·········· 60, 106

cantilevered beam ········· 60, 116
carry-over factor ········· 371
carry-over moment ········· 371, 374
Castigliano's theorem ········· 279, 312
center of gravity ········· 177
center of moment ········· 34
center of section ········· 177
centroid ········· 176, 177
client ········· 4
column ········· 64
combined stress ········· 240
compatibility condition ········· 59
component ········· 31
composite frame ········· 165
composition ········· 25
compression member ········· 62
compression ········· 153
compressive strain ········· 205
compressive stress ········· 16, 54
concentrated load ········· 83, 85
conjugate beam ········· 290
conjugate beam method ········· 322
constructability ········· 9
construction administration ········· 13
construction documents ········· 12
continuous beam ········· 60
core of section ········· 271
couple of forces ········· 35
curvature ········· 282

D

dead load, DL ········· 16, 67, 84
deflection angle ········· 280, 343
deflection ········· 280
deformation compatibility condition ········· 326
deformation ········· 205
defromation method ········· 325, 326
design development ········· 12
direct load ········· 85
distributed load ········· 85
distribution factor ········· 371, 373
distribution moment ········· 371, 373
durability ········· 7
dynamic analysis method ········· 80
dynamic coefficient ········· 76

E

earthquake load, EL ········· 75
eccentric load ········· 85, 241
economy ········· 2, 9
elastic buckling ········· 255
elastic buckling load ········· 256
elastic curve method ········· 279,322
elastic curve ········· 280
elastic limit ········· 207
elastic load method ········· 289, 322
elastic theory ········· 279
elements of force ········· 24
equilibrium equation ········· 128, 142
equivalent static analysis method ········· 76
external force ········· 16, 51
external stresses ········· 16, 89

F

first law of motion ········· 25
first moment of area ········· 175
fix end moment ········· 373
fixed end beam ········· 60
fixed moment ········· 52
fixed support ········· 52
force parallelogram ········· 26

force polygon ··· 27
force ··· 22
free body diagram ··· 54, 90
function ··· 8
funicular polygon ··· 27

G

Gerber's beam ··· 121
graphical method ··· 25
Greene's theorem ··· 322

H

hinged beam ··· 60
hinged support ··· 52
homogeneous ··· 211
Hooke's law ··· 207
horizontal load ··· 85
horizontal reaction ··· 51

I

impact load ··· 85
importance factor ··· 76
indirect load ··· 85
inelastic buckling ··· 255
initial tangent modulus ··· 216
internal stresses ··· 16
isotropy ··· 211
iteration ··· 362

J

JMA(Japan Meteorological Agency) ··· 75
joint condition ··· 350
joint ··· 53, 152

L

law of action and reaction ··· 25
law of motion ··· 25
linear elasticity ··· 207
linked polygon ··· 27
live load, LL ··· 16, 68, 84
load ··· 51, 89
long column ··· 255

M

magnitude ··· 24, 75
mathematical method ··· 25
member stress ··· 89
method of joint ··· 157
method of section ··· 162
modal participation factor ··· 80
modulus of elasticity ··· 207
Mohr's theorem ··· 291
moment arm ··· 34
moment distribution method ··· 325, 368, 369
moment of force ··· 34
moment of inertia ··· 179
moment of section ··· 179
moment resisting frame ··· 64,128
moment-area method ··· 279, 285, 322
moving load ··· 84
MSK (Medvedev-Sponheus-Karnik) ··· 75
multi-story frame ··· 61

N

neutral axis ··· 228
node ··· 53
normal strain ··· 205

normal stress ······ 203

P

panel point ······ 152
plastic theory ······ 279
plasticity ······ 207
point of application ······ 24
Poisson's ratio ······ 209
polar moment of inertia ······ 191
portal frame ······ 60, 129
primary stress ······ 152
principal axis ······ 195
principal moment of inertia ······ 195
principle of virtual work ······ 303
product moment of inertia ······ 194
project planning ······ 10

R

radius of gyration ······ 189
rahmen ······ 64, 128
reaction force ······ 16,51,89
reduction factor ······ 69
releasing moment ······ 369, 373
repeated load ······ 85
resolution ······ 31
response modification coefficient ······ 76
response spectrum analysis ······ 80
resultant ······ 25
rigid connection ······ 344
roller support ······ 52
Rossi–Forel ······ 75
rotation angle of joint ······ 343
rotational reaction ······ 51

S

safety factor ······ 218
safety ······ 2, 7
schematic design ······ 11
secant modulus ······ 216
second law of motion ······ 25
secondary stress ······ 152
section modulus ······ 179, 183
seismic intensity ······ 75
seismic load ······ 16, 75, 85
serviceability ······ 2, 8
shear condition ······ 350
shear force ······ 16, 54
shear force diagram, SFD ······ 94
shearing modulus ······ 209
shearing strain ······ 206
shearing stress ······ 176, 203, 233
short column ······ 255
SI unit ······ 23, 44
simple beam ······ 60, 93
site coefficient ······ 76
slab ······ 64
slenderness ratio ······ 259
slope deflection method ······ 325, 342
snow load, SL ······ 16, 71, 85
space diagram ······ 27
specifications ······ 15
stable ······ 55
stable structure ······ 55
statical moment ······ 175
statically determinate arch ······ 142
statically determinate frame ······ 128
statically determinate structure ······ 57
statically indeterminate redundant force ······ 326, 328
statically indeterminate structure ······ 57
statics ······ 40
strain ······ 205

stress ··· 202
structural analysis and design ··· 4
structural calculation sheet ··· 15
structural calculation ··· 5, 10
structural drawing and specification ··· 5
structural drawing ··· 15
structural engineer ··· 4, 9
structural engineering ··· 9
structural planning ··· 4, 10
structure ··· 9
support ··· 51
System of International unit ··· 44

T

tangent modulus ··· 216
tensile stress ··· 54
tension member ··· 62
tension ··· 153
the first moment area theorem ··· 286
the second moment area theorem ··· 287
theorem of least work ··· 313, 332
theory of structural analysis and design ··· 9
third law of motion ··· 25
time history analysis ··· 80
torsional reaction ··· 51
truss ··· 60, 64

U

uniformly distributed load ··· 84, 85
uniformly varying load ··· 84, 85
unit ··· 44
unit load method ··· 279, 303, 322
unstable structure ··· 55

V

Varignon's Theorem ··· 37, 38
vertical load ··· 85
vertical reaction ··· 51

W

wall ··· 64
wind load, WL ··· 16, 71, 85
working stress ··· 217

Y

Young's modulus ··· 208

■ 저자소개

이 원 호 (李元虎 Tiger Waon-Ho Yi)

현직 : 광운대학교 공과대학 건축공학과 교수
전공 : 건축구조 (내진공학, 복합구조, 방재공학)

학력 : 한양대학교 공과대학 건축공학과, 공학사
한양대학교 대학원 건축공학과, 공학석사
미시간대학교 대학원 토목공학과, 공학박사

경력 : 광운대학교 공대학장, 환경대학원장, 동해문화예술관장, 대학원장, 광운한림원장, 광운학원 정책실장 역임

국립방재연구소 소장 역임
대통령직속 규제개혁위원 역임
대통령직속 중앙환경분쟁조정위원 역임

서울시 건축심의위원, 구조안전진단위원, 건설기술심의위원, 건설안전관리본부 설계자문위원, 도시계획심의위원 역임
건설교통부 서울지방항공청 설계자문위원, 신공항건설 심의위원, 중앙설계심의위원, 서울지방항공청 설계자문위원, 중앙건축위원 역임
국민안전처 정책자문위원 (안전정책분과 위원장) 역임
국민안전처 지진방재대책 개선추진단 단장 역임

국방부 특별건설기술 심의위원 역임
경기도 재난위험시설 심의위원 역임
조달청 기술평가위원 역임
민주평화통일자문회의 자문위원 역임

한국전산구조공학회 이사, 부회장, CODE2012 위원장, 회장 역임
한국면진제진협회 면진기술위원회 위원장, 회장 역임
한국복합화건축기술협회 회장 역임
한국화산방재학회 회장 역임
대한건축학회 총무담당 이사, 부회장 역임, 현 참여이사
한국건축구조기술사회 부회장 역임

㈜롯데물산 사외이사 역임

현 행정안전부 정책자문위원, 정책연구심의위원
현 행정안전부 정부청사관리소 기술자문위원
현 행정안전부 위기관리 매뉴얼협의회 위원
현 국가기술표준원 공공서비스 전문위원
현 서울특별시 안전관리자문단원
현 이천시 지진피해시설물 위험도평가단원
현 국토안전관리원 기술자문위원, 정밀안전진단평가위원,
현 국토안전관리원 지진안전시설물 인증심의위원

현 한국복합화건축기술협회 명예회장
현 콘크리트산업발전포럼 공동대표
현 안전생활실천시민연합 이사, 안전정책연구소장
현 한국 공학한림원 정회원

기본건축구조역학 정가 25,000원

저자 : 이원호

발행인 : 임해진
발행처 : 도서출판 구미서관
인쇄 : 2021년 5월 25일
발행 : 2021년 5월 29일

등록 : 1979년 6월 29일 No.9-6호

주소 : 서울시 마포구 신촌로 2길 5-15 구미빌딩
전화 : 02-333-1101
팩스 : 02-335-2201
http://www.goomibook.com

ISBN 979-11-6257-163-7 (93540)